# LEÇONS ÉLÉMENTAIRES

DE

# CHIMIE

## PHOTOGRAPHIQUE

ÉTUDE SUR LES PRODUITS ET LES OPÉRATIONS
USITÉS EN PHOTOGRAPHIE

PAR

## L. MATHET

CHIMISTE, PHARMACIEN DE 1re CLASSE

PARIS
SOCIÉTÉ GÉNÉRALE D'ÉDITIONS
24, Boulevard Saint-Germain, 24

*(Tous droits réservés)*

PC
193

# LEÇONS ÉLÉMENTAIRES

## DE

# CHIMIE PHOTOGRAPHIQUE

# LEÇONS ÉLÉMENTAIRES

DE

# CHIMIE

## PHOTOGRAPHIQUE

PAR

## L. MATHET

CHIMISTE, PHARMACIEN DE $1^{re}$ CLASSE

## PARIS

## SOCIÉTÉ GÉNÉRALE D'ÉDITIONS

24, BOULEVARD SAINT-GERMAIN, 24

(Tous droits réservés)

# PRÉFACE

En présentant au lecteur ces leçons de *chimie photographique*, mon intention n'a pas été d'écrire un traité de photographie, ni d'exposer méthodiquement les opérations qu'elle comporte.

J'ai eu plutôt en vue de faire connaître les produits qu'elle emploie, et cela d'une façon toute spéciale pour cette application ; car, si tous les *traités généraux* que l'amateur a sous la main indiquent ceux dont il faut se munir pour procéder aux opérations, bien peu font mention, même d'une manière succincte, des qualités qu'ils doivent posséder pour convenir à cet objet ; il en est de même des indications théoriques qui motivent leur emploi.

L'étude théorique des diverses opérations photographiques nous démontrera que si, en apparence, elles sont souvent longues et compliquées, chacun de ces détails a sa raison d'être et qu'on ne saurait, dans la plupart des circonstances, sans compromettre le résultat final, s'éloigner des prescriptions minutieuses qui servent à les décrire.

Il est donc indispensable de bien connaître les produits que nous utilisons et les réactions successives par lesquelles il faut passer, pour arriver à produire une image au moyen d'une impression lumineuse.

C'est là surtout le but que je me suis efforcé d'atteindre dans ces leçons élémentaires de chimie photographique, dans lesquelles j'ai rangé les opérations et les produits sous leur ordre alphabétique, pour qu'il fût très facile de se reporter au sujet sur lequel on désire avoir quelques renseignements.

Je n'ai pas hésité à donner le mode de préparation des produits, quand cette préparation est tellement simple, qu'au moyen d'un matériel restreint et à la portée de tous, on peut facilement la mener à bien.

L'expérience de tous les jours ne nous démontre-t-elle pas que l'amateur photographe doit être à même de préparer quelques produits si, se trouvant éloigné des centres d'approvisionnement, il ne veut pas être souvent pris au dépourvu.

J'ai enfin insisté sur les falsifications et les impuretés qui peuvent altérer les substances usitées en photographie, en donnant les moyens de les reconnaître par des réactions simples. Beaucoup d'insuccès qui déroutent, par la raison qu'on ne sait à quoi les attribuer, n'ont pas d'autres causes que cette impureté.

Je tenais, avant de commencer l'étude des produits, à bien exposer le but de cet ouvrage et à dire que ma seule ambition,

en le présentant au public, était de mieux
faire connaître l'art de la photographie, dans
lequel l'amateur trouve un vaste champ
d'observation et d'étude.

Mars 1890.

# LEÇONS ÉLÉMENTAIRES

DE

# CHIMIE PHOTOGRAPHIQUE

---

**ACÉTATES**. — Les acétates résultent de la combinaison de l'acide acétique et d'une base. Si l'acide acétique qui se neutralise est pur, ainsi que la base, le sel formé sera dans les mêmes conditions ; tout au plus s'il pourrait être acide ou alcalin, suivant le cas où l'on aurait employé un excès de l'un ou l'autre composant. Les acétates seront facilement reconnus à ce caractère que, traités à chaud par quelques gouttes d'acide sulfurique, on percevra nettement l'odeur caractéristique de l'acide acétique.

Quelques acétates sont usités en photographie. Nous allons les passer en revue dans les articles suivants.

**Acétate d'ammoniaque** $C^4H^3(AzH^3)O^4$. — *Préparation*. — Bien que ce sel existe à l'état

1.

cristallisé très déliquescent, il est plus connu sous sa forme liquide, que l'on désigne en pharmacie sous le nom d'*esprit de Mindérérus*. Il renferme sous cette forme environ 1/5 d'acétate d'ammoniaque cristallisé et marque 5° Baumé. On peut facilement le préparer en saturant l'acide acétique du commerce par du carbonate d'ammoniaque, jusqu'à ce que les papiers de tournesol bleu et rouge indiquent que la neutralité est atteinte.

*Usages.* — Ce sel n'a reçu que peu d'applications en photographie; tout au plus aurons-nous à le signaler dans la formule d'un bain destiné à augmenter la rapidité des glaces au gélatino-bromure, formule qui a été donnée par M. Ducos du Hauron. L'acétate d'ammoniaque agit ici comme agent conservateur; donnons d'abord la formule de ce bain :

```
Eau distillée.............. 1000 cent. cubes.
Nitrate d'argent cristallisé  10 grammes.
Acétate d'ammoniaque....    0 gr. 50.
```

Baigner les glaces une minute dans ce mélange, les laver à trois reprises dans de l'eau distillée, afin d'enlever la majeure partie du nitrate d'argent libre, les égoutter et enfin les sécher aussi rapidement que possible. On arrivera ainsi à communiquer aux glaces une rapidité trois à quatre fois plus grande. Mais il est bon de faire observer qu'elles ne pourront pas se conserver longtemps après ce traitement.

L'acétate d'ammoniaque, dans cette formule, joue le rôle d'agent conservateur, c'est-à-dire qu'il a pour but de s'opposer à ce que la petite quantité de nitrate d'argent, restée dans la couche de gélatine, ne soit trop rapidement réduite par celle-ci.

*Altérations.* — La solution d'acétate d'ammoniaque s'altère naturellement en perdant une partie de son alcali, de telle sorte qu'elle ne tarde pas à devenir acide. On y remédie facilement en ramenant la neutralité au moyen de quelques gouttes d'ammoniaque. Comme impuretés, l'acétate d'ammoniaque peut renfermer toutes celles apportées soit par l'acide acétique, soit par le carbonate d'ammoniaque.

**Acétate de soude** ($C^4H^3NaO^4$). — *Préparation.* — Ce corps peut être facilement préparé en saturant de l'acide acétique par du carbonate ou mieux du bicarbonate de soude ; ce dernier sel est, en effet, généralement plus pur que le carbonate neutre.

*Propriétés.* — On trouve dans le commerce deux sortes d'acétates de soude, l'un est cristallisé et l'autre fondu. Ce dernier seul entre dans la composition des bains de virage à l'acétate de soude que l'abbé Laborde indiqua le premier. Deux raisons font donner à l'acétate fondu cette préférence et la motivent. En effet, l'acétate de soude préparé par saturation de l'acide acétique commercial peut renfermer et renferme souvent du formiate de soude, des produits goudronneux organiques. Ce sont là des corps réducteurs des sels d'or et d'argent ; un bain de virage préparé avec un acétate ainsi souillé ne tarderait pas à devenir inerte, parce que l'or serait réduit par le formiate de soude et les produits organiques.

En fondant l'acétate de soude, on le porte à une température assez élevée pour que le formiate moins stable se décompose en donnant naissance à une faible quantité de carbonate de soude ; quant aux produits goudronneux, ils sont ou volatilisés ou carbonisés, comme le prouve la teinte grise que conserve souvent l'acétate de soude fondu que l'on trouve dans le commerce. Par cette opération, le produit se trouve non seulement purifié, mais encore rendu légèrement alcalin ; cette dernière condition est essentielle pour que les réactions qui doivent s'opérer dans la composition du bain de virage puissent se produire et être complètes quelques heures après sa préparation. Nous aurons d'ailleurs à revenir longuement sur ce sujet quand l'article *Virage* sera traité.

*Altérations.* — Malgré la fusion, l'acétate de

soude peut renfermer du chlorure de sodium,
des sels de plomb, de fer ou de cuivre, que les
ustensiles ou le carbonate de soude peuvent y
avoir introduits. Le chlorure de sodium nuit au
virage, disent certains auteurs; d'autres, au
contraire, en font figurer une petite quantité
au nombre des composants de la formule du
virage qu'ils préconisent. Cette divergence
d'opinion nous fera du moins admettre que
l'acétate de soude souillé par une faible proportion de chlorure de sodium ne se trouve pas
pour cela impropre aux opérations photographiques. Pour ceux qui désireraient éliminer
un tel acétate, j'indiquerai la méthode facile qui
servira à constater la présence d'un chlorure;
il n'y a, en effet, qu'à aciduler légèrement la
solution d'acétate de soude au moyen de quelques gouttes d'acide azotique pur, en ajoutant
ensuite quelques gouttes d'une solution de nitrate d'argent, on verra se former un précipité
caillebotté de chlorure d'argent, noircissant à
la lumière; l'absence de ce précipité indiquera,
au contraire, que l'acétate de soude ne renferme pas de chlorures.

La présence des sels de plomb, de fer ou de
cuivre est toujours nuisible, car les uns,
comme ceux de fer, peuvent amener la réduction du sel d'or; les autres, modifier la couleur
des épreuves d'une façon désagréable. On re-

connaîtra les sels de plomb au moyen d'une solution d'iodure de potassium ou de chromate de potasse, qui produiraient toutes deux un précipité jaune d'iodure ou de chromate de plomb. Les sels de fer se reconnaîtront au moyen d'une solution de cyanure jaune, qui donne, avec les sels de fer, un précipité de bleu de Prusse.

Enfin les sels de cuivre seraient décelés au moyen d'une lame de fer décapée, qui se recouvrira d'une couche de cuivre, s'il existe même une faible quantité d'un sel de ce métal dans la solution d'acétate de soude que l'on examine.

**Acéto-tungstate de soude.** — Ce sel se prépare par la combinaison d'un équivalent d'acétate de soude avec un équivalent de tungstate de soude. Il peut remplacer l'acétate de soude dans les formules de bain de virage. Il est assez usité aujourd'hui, parce qu'il permet d'obtenir facilement ces tons brun-rouge qui ont une certaine faveur. On peut faire les mêmes remarques au sujet de l'acéto-tungstate de potasse qui fournit, lui, des tons noir-bleu.

**Acétone**, $C^6H^6O^2$. — *Préparation*. — La distillation sèche de l'acétate de chaux fournit de l'acétone.

$$2C^4H^3CaO^4 = C^6H^6O^2 + C^2O^4 \, 2\,CaO$$

C'est aussi un des produits de décomposition
de l'acide acétique par la chaleur ; il s'en produit d'assez fortes proportions dans la distillation du bois en vase clos, qui fournit l'acide
acétique. C'est là la source des acétones que
l'on trouve dans le commerce.

L'acétone est un liquide éthéré, incolore, qui
bout à 56° ; il est miscible avec l'eau, l'alcool
et l'éther ; il dissout très bien le coton-poudre ;
cette solution étendue d'eau laisse précipiter
le pyroxyle en flocons blancs, légers, qui se
laissent facilement laver, et qui, séchés de nouveau, donnent ce que l'on nomme *le pyroxyle
précipité*.

*Usages*. — On introduit une certaine quantité
d'acétone dans les collodions dits normaux, qui
doivent fournir une couche épaisse et résistante.
Dès le début du procédé au gélatino-bromure, on
avait conseillé d'introduire dans l'émulsion une
assez forte proportion d'acétone, dans le but
d'obtenir une dessiccation plus rapide des plaques recouvertes de gélatine sensible ; on a
abandonné aujourd'hui ce procédé, car les
étuves à courant d'air permettent d'obtenir une
dessiccation suffisamment rapide. Il nous reste
encore à signaler, comme application de l'acétone, l'usage que l'on peut en faire dans la
préparation des émulsions mixtes au collodion
et à la gélatine, inventées par Vogel. On dissout

des pellicules sèches de gélatino-bromure dans
de l'acide acétique cristallisable, du coton-poudre dans de l'acétone ; ces deux solutions mélangées fournissent l'émulsion mixte aussi sensible que le gélatino-bromure et qui, étendue
sur des plaques, sèche rapidement. Cette préparation peut présenter de grands avantages
durant de longs voyages, et nous y reviendrons
à l'article émulsion.

**Acides.** — On entend, par acide, un corps
qui peut se combiner avec une base, pour donner naissance à un sel. La plupart des acides,
du moins lorsqu'ils sont solubles, ont un goût
aigrelet, piquant ; les acides minéraux puis-
sants et concentrés détruisent les tissus, possèdent une action corrosive. La combinaison
d'un acide avec une base donne naissance,
avons-nous dit, à un sel ; nous aurions dû
ajouter ou à plusieurs sels, car il est des acides
dits monobasiques qui n'exigent qu'un équivalent de base pour être totalement saturés ;
d'autres, dits bibasiques, comme l'acide sulfurique, l'acide oxalique, exigent au contraire
deux équivalents de base pour former un sel
neutre ; si on ne leur fournit qu'un équivalent
de base, il en résulte un sel dit acide. C'est
ainsi qu'il existe un oxalate acide de potasse
et un oxalate neutre. Enfin, il existe des acides

à atomicité plus grande ; il en est de tribasiques,
de quadribasiques, etc.

**Acide acétique** — $C^4H^4O^4$ ou $C^4H^3O^3(HO)$
pour indiquer que cet acide est monobasique.

*Préparation.* — L'acide acétique se forme
dans une foule de circonstances, et, sans parler des réactions synthétiques où il prend naissance, on sait que l'alcool oxydé sous l'influence
du noir de platine et plus communément sous
celle de certains mycodermes, dont le plus
connu est le *Micoderma vini*, donne de l'acide
acétique. Le seul procédé industriel qui fournisse l'acide acétique que l'on emploie dans les
opérations photographiques est la distillation
du bois. En effet, lorsqu'on distille du bois en
vase clos, il se dégage de la vapeur d'eau,
entraînant des matières goudronneuses, de
l'acide acétique, de l'esprit de bois, de l'acétone et divers éthers. Une distillation fractionnée permet d'éliminer les parties les plus
volatiles (éthers, acétone, esprit de bois), puis
il passe de l'acide pyroligneux ou acide acétique
impur, souillé de matières goudronneuses. On
le sature par du carbonate de soude, et ce pyro-
lignite noirâtre est fondu sans dépasser 300° ;
il en résulte un acétate de soude beaucoup
plus pur. La masse est reprise par l'eau, amenée à cristallisation, et le sel cristallisé est

traité dans un vase distillatoire par deux équivalents d'acide sulfurique. On obtient de l'acide acétique monohydraté ou cristallisable ; ce produit est vendu tel quel ou étendu d'eau.

*Propriétés.* — L'acide acétique est un liquide incolore, transparent, soluble dans l'eau en toutes proportions, d'une odeur particulière, connue de tous. A l'état monohydraté, il se prend en masses cristallines au-dessous de la température de $+17°$, d'où son nom d'acide acétique cristallisable ; sa densité est 1,063 à $+15°$. Il présente comme l'alcool une contraction de volume quand on le mélange avec de petites quantités d'eau, de sorte que la densité qui devrait s'abaisser, par le fait de ce mélange, augmente au contraire jusqu'à posséder une densité de 1,073, qui a lieu lorsqu'on a mêlé 2 équivalents d'eau et 1 équivalent d'acide ; à partir de cette concentration, la densité suit une marche inverse, de telle sorte que l'acide à 55 0/0 et l'acide pur ont à peu près la même densité. Cette anomalie empêche que l'on puisse se servir de l'aréomètre pour évaluer la concentration de l'acide acétique.

*Usages.* — Quoique l'acide acétique n'ait reçu ni de nombreuses, ni d'importantes applications dans les opérations photographiques, il est cependant utile de connaître les raisons qui motivent son emploi. On voit figurer l'acide acétique dans plusieurs formules de bains d'argent employés comme sensibilisateurs dans les procédés négatifs au collodion sec.

Il sert à communiquer une acidité assez prononcée à ces bains, qui, sans cette réaction acide, ne donneraient que des négatifs voilés ou couverts de métallisations.

Les bains de développement au sulfate de fer, dont on se sert dans le procédé au collodion humide, contiennent tous une assez forte proportion d'acide acétique, et cela pour deux raisons : la première, c'est que l'acide acétique transforme en acétates les carbonates et bicarbonates calcaires que l'eau ordinaire, qui sert de dissolvant, renferme toujours. On évite ainsi la précipitation de carbonate de fer, corps très oxydable et insoluble ; mais la seconde raison qui motive l'emploi de l'acide acétique est de beaucoup plus importante ; en effet, une solution neutre de sulfate de fer réduirait instantanément l'azotate d'argent qui imprègne la couche de collodion.

Un développement ainsi fait donnerait immédiatement à l'image toute l'intensité dont elle est susceptible ; l'opérateur ne pourrait en arrêter la formation au point où elle a atteint toute l'harmonie désirable. Une assez forte proportion d'acide acétique modère cette réduction et permet de conduire le développement à son gré, de l'arrêter au point qui est jugé le plus convenable.

L'acide acétique, comme je l'ai dit en parlant de l'acétone, fait partie des émulsions mixtes au gélatino-bromure et au collodion, comme étant susceptible de dissoudre les pellicules de gélatino-bromure et le coton-poudre. Nous voyons enfin que l'on fait usage, comme premier bain de lavage, après le développement des papiers positifs recouverts de gélatino-bromure, d'une eau renfermant quelques millièmes d'acide acétique. C'est dans le but déjà mentionné de transformer les carbonates calcaires de l'eau en acétates et éviter ainsi qu'il ne se forme, dans la trame même du papier ou dans le corps de la gélatine encore imprégnés de sels de fer, du carbonate de fer qui, en se peroxydant rapidement, communiquerait aux épreuves une teinte jaune désagréable et presque impossible à détruire.

*Altérations.* — L'acide acétique est ordinairement dans un état de pureté satisfaisant; il pourrait cependant contenir de petites quantités d'acétone, de furfurol et d'acide formique, corps qui prennent tous naissance par la décomposition de l'acide acétique sous l'influence de la chaleur. L'acide formique est le seul corps qui pourrait être nuisible, dans le cas où l'acide acétique est destiné à l'acidulation des bains d'argent, mais non dans son emploi dans les bains de développement. L'acide formique est, en effet, un réducteur puissant des sels d'argent, et tout acide acétique contenant de l'acide formique, additionné de quelques gouttes d'une solution de nitrate d'argent, laissera bientôt déposer, surtout à chaud, un précipité d'argent réduit.

**Acide azotique** ($AzO^5,4HO$). — Ce symbole s'applique à l'acide azotique commercial, qui est de l'acide quadrihydraté; on connaît bien l'acide azotique anhydre ($AzO^5$) et l'acide monohydraté ($AzO^5HO$), mais ces deux acides ne présentent qu'un intérêt théorique.

Nous n'avons pas à nous occuper de sa préparation, qui fait partie de la grande industrie chimique; je conseillerai seulement à l'amateur photographe de s'approvisionner de préférence d'acide azotique *purifié*, que l'on trouve dans le commerce.

*Propriétés.* — L'acide azotique, à quatre équivalents d'eau, constitue un liquide incolore lorsqu'il vient d'être préparé, mais qui ne tarde pas à prendre à l'air et à la lumière une légère teinte jaune. Il répand à l'air des fumées blanches, bout à 123° C., possède une densité de 1,42; à cette concentration, sous laquelle il est vendu habituellement, il renferme 40 0/0 d'eau.

On sait que l'acide azotique tache les étoffes
de laine, de soie, la peau, les ongles, et en général toutes les matières animales en jaune; ces
taches ne disparaissent pas en les touchant avec
une eau ammoniacale.

L'acide azotique attaque tous les métaux
usuels, le platine et l'or exceptés ; il en résulte
un azotate du métal dissous ; l'étain, toutefois,
ne fournit pas un azotate, mais une poudre
blanche, qui constitue l'acide stannique.

L'action de l'acide azotique sur les matières
organiques donne lieu à un trop grand nombre
de produits pour que nous puissions les signaler
ici; nous nous contenterons de mentionner les
suivants :

Quand on fait agir de l'acide azotique sur le
sucre ou l'amidon, ces substances sont oxydées
et transformées en acide oxalique ; la cellulose
(coton, papier), traitée par un mélange d'acide
sulfurique et d'acide azotique fumant, se transforme en pyroxyle ou coton-poudre, dont il existe
plusieurs variétés, comme nous le verrons lorsque je traiterai de ce produit.

*Usages.* — Outre l'emploi de l'acide azotique
dans la préparation du coton-poudre et des
azotates, nous lui trouvons encore quelques applications dans les opérations photographiques;
entre autres, nous le voyons figurer dans quelques formules de bain d'argent, pour la sensibi-

lisation du collodion destiné à être conservé. L'acidité communiquée ainsi à ces bains sensibilisateurs a pour but de retarder la combinaison de l'azotate d'argent et des matières organiques, origine du voile et des métallisations ; elle facilite, en outre, la formation du bromure d'argent et s'oppose à celle de précipités pulvérulents, qui criblent la plaque de points à jour.

Dans la préparation des émulsions au gélatino-bromure par le procédé par ébullition, on n'obtient que des images voilées, si les composants présentent une réaction alcaline ; aussi a-t-on le soin de donner à la solution de bromure une réaction acide à peine sensible, au moyen de quelques gouttes d'acide azotique dilué ; la solution d'azotate d'argent doit être employée neutre.

On a conseillé de traiter les clichés au gélatino-bromure, bien lavés et que l'on veut renforcer (soit au moyen du bichlorure de mercure, soit au moyen de l'acide gallique ou pyrogallique), par un bain renfermant 2 à 3 0/0 d'acide azotique. Ce bain acide détruit, d'une part, les quelques traces d'hyposulfite de soude qui pourraient rester dans la couche ; de l'autre, si le cliché est légèrement voilé par de l'argent réduit (soit par le fait d'une exposition trop longue, soit par un développement mal conduit), on augmentera par ce traitement le brillant du cliché.

En voici la raison : L'image et le voile sont partiellement dissous par l'acide azotique ; la première, formée par une couche relativement considérable d'argent, n'est guère affectée, tandis que la couche légère de métal, qui produit le voile, peut être ou totalement enlevée, ou du moins considérablement affaiblie. Après le renforcement, le voile aura complètement disparu, ou sa faible opacité ne sera guère nuisible aux contrastes plus accentués du cliché.

Il faut toutefois se rappeler que les bains acides, et particulièrement ceux qui renferment de l'acide azotique, attaquent la gélatine, lui font perdre son adhérence ; il sera donc nécessaire de passer les clichés dans un bain d'alun ordinaire, et mieux d'alun de chrome, avant de les traiter par l'acide azotique dilué. Enfin, on doit ajouter que la légère réaction acide que conserve la couche s'oppose assez efficacement à la coloration de la gélatine quand le renforcement est fait au moyen de l'acide gallique et du nitrate d'argent.

*Impuretés.* — Il nous suffira de signaler que l'acide azotique ordinaire du commerce renferme souvent de petites quantités d'acide chlorhydrique. La présence de ce dernier peut occasionner de légères pertes d'argent quand, au moyen d'un acide ainsi souillé et de l'argent vierge, on veut préparer du nitrate d'argent fondu ou cristallisé. Mais le même inconvénient n'existe plus quand on dissout de l'argent allié, qui est généralement transformé en chlorure, pour le priver du sel de cuivre auquel l'azotate d'argent se trouve mélangé.

**Acide chlorhydrique** (HCl). — L'acide chlorhydrique, ou *esprit de sel*, est un produit que l'industrie fournit en grandes quantités et à bas prix, sous un état assez impur ; aussi sera-t-il plus avantageux de se procurer de l'acide chlorhydrique purifié. L'acide chlorhydrique pur constitue un liquide incolore, répandant à l'air d'abondantes fumées blanches, qui deviennent plus opaques et plus abondantes en présence des vapeurs que répand l'ammoniaque.

*Propriétés.* — L'acide chlorhydrique dissout la plupart des métaux ; il n'attaque l'argent que superficiellement, en formant du chlorure d'argent insoluble ; il ne dissout l'or et le platine que si on l'additionne d'une certaine quantité d'acide azotique, mélange que l'on nomme *eau régale*. Toutefois, par les réactions qui prennent naissance, on ne peut dire que l'eau régale soit un simple mélange ; les deux corps s'attaquent mutuellement

$$AzO^5, HO + HCl = AzO^4 + Cl + 2HO$$

Le principe actif de l'eau régale, soit comme agent oxydant, soit comme corps chlorurant, est réellement le chlore naissant, auquel, dans le premier cas, s'ajoute l'action de l'acide hypoazotique. L'eau régale se prépare ordinairement par le mélange de trois parties d'acide chlorhydrique et d'une partie d'acide azotique.

Pour revenir à l'acide chlorhydrique, je dirai que l'acide commercial et l'acide purifié sont constitués par une solution saturée de gaz chlorhydrique, c'est-à-dire en renfermant à peu près 480 volumes, car telle est la solubilité de ce gaz dans l'eau à zéro. Cette solution a pour densité 1,21 ; à cette concentration, l'analyse fait connaître que, pour six équivalents d'eau, il y a un équivalent d'acide ; exposée à l'air, tant qu'elle répand des fumées blanches, elle perd de l'acide, arrive à ne peser que 1,12, et ne renferme plus qu'un équivalent d'acide pour douze équivalents d'eau.

*Usages.* — L'acide chlorhydrique, transformé en eau régale, sert à préparer le chlorure d'or et le chlorure de platine ; il sert à précipiter l'argent des dissolutions qui en renferment ; mais il faut éviter de traiter ainsi les solutions de cyanure ou d'hyposulfite de soude qui ont servi au fixage : avec le cyanure, on mettrait en liberté des quantités d'acide cyanhydrique qui ne seraient pas sans danger ; avec l'hyposulfite, on serait incommodé par le gaz sulfureux qui se dégagerait, et d'ailleurs le chlorure d'argent se trouverait mélangé d'une grande quantité de soufre. L'acide chlorhydrique dilué convient très bien comme agent décolorant des clichés jaunis par l'acide pyrogallique (voile jaune). Cet acide détruit cette coloration jaune, qui est une véritable teinture de la gélatine : on sait qu'un bain renfermant 2 à 3 0/0 d'acide chlorhydrique convient parfaitement pour cette application ; ce bain est en outre, la plupart du temps, additionné de 5 0/0 d'alun ordinaire ou d'alun de chrome, pour combattre l'effet de tous les bains acides sur les couches de gélatine, qui tend à les détacher de leur support. Les doigts tachés par les bains de développement à l'acide pyrogallique sont très facilement nettoyés par un bain faible d'acide chlorhydrique ; le même qui sert à la décoloration des clichés suffit presque toujours.

Les clichés développés à l'oxalate de fer et lavés après cette opération dans une eau calcaire sont recouverts d'une couche d'oxalate de chaux qui forme ce que l'on nomme le voile blanc laiteux. L'eau acidulée par l'acide chlorhydrique dissoudra ce précipité sans aucune difficulté.

Signalons comme dernière application de l'acide chlorhydrique, ou plutôt de l'eau régale, l'addition d'un centimètre cube de cette dernière par 600 centimètres cubes d'émulsion au collodio-bromure, préparée suivant la formule du D$^r$ Monckhoven. On a ainsi l'assurance que le produit est acide et ne contient pas un excès de nitrate d'argent; de plus, l'action de l'eau régale détruit les produits argentico-organiques qui seraient la cause de voile.

*Impuretés.* — L'acide ordinaire du commerce est, avons-nous dit, très impur; il est jauni par le chlorure de fer, il contient en outre des traces d'acide sulfureux et de chlorure d'arsenic.

Il faut éviter d'employer un tel acide dans la préparation de l'eau régale que l'on destine à transformer l'or ou le platine en chlorure. Malgré que l'on puisse assez facilement purifier l'acide commercial, je crois que l'amateur photographe agira plus sagement en se procurant de l'acide pur qu'en cherchant à éliminer les corps volatils nuisibles et en opérant ensuite la distillation dans des appareils en verre, toujours assez fragiles.

**Acide chromique** ($CrO^3$). — Comme dans toutes ses applications photographiques, cet acide peut être remplacé plus simplement par des solutions de bichromate de potasse neutres ou acides; je ne fais ici que le mentionner en renvoyant le lecteur à l'article Bichromate de potasse, pour trouver la théorie et l'énoncé de ces applications.

L'acide chromique se présente en cristaux rouge sang, très déliquescents, qui attaquent fortement les tissus animaux en les oxydant; il oxyde aussi un grand nombre de matières organiques, quelquefois avec une extrême violence ; c'est ainsi qu'il faut se garder de mettre ce corps en contact avec de l'alcool; sans cela, si l'acide chromique est bien sec et l'alcool assez concentré, l'oxydation produit assez de chaleur pour enflammer ce dernier.

**Acide citrique** ( $C^{12}H^8O^{14}$ ), ou mieux ( $C^{12}H^5O^{11},3HO$ ). — Cet acide se rencontre mélangé avec l'acide oxalique et l'acide tartrique dans plusieurs végétaux. Les fruits sont plus riches que les parties herbacées; les cerises, les groseilles, les oranges et les citrons en contiennent une assez grande quantité, et surtout ces derniers, desquels on le retire du reste.

*Préparation.* — Le jus de citron, abandonné à lui-même jusqu'à ce qu'il éprouve un commencement de fermentation qui le clarifie, est filtré et saturé par du carbonate de chaux. Le citrate de chaux insoluble qui se forme est décomposé par de l'acide sulfurique; il en résulte du sulfate de chaux, que l'on sépare par filtration, et la dissolution d'acide citrique est évaporée jusqu'à cristallisation.

*Propriétés*. — L'acide citrique se présente en gros cristaux (prismes droits à base rhombe), solubles dans les trois quarts de leur poids d'eau froide ; cette solution ne tarde pas à se recouvrir de moisissures qui vivent en détruisant l'acide citrique. L'acide citrique est soluble dans l'alcool et dans l'éther. Les corps oxydants le détruisent et donnent de l'acide carbonique et de l'acétone.

Il ne précipite pas à froid l'eau de chaux, comme le font l'acide oxalique et l'acide tartrique ; ce n'est qu'à l'ébullition qu'il se forme un citrate basique de chaux.

*Usages*. — L'acide citrique sert à préparer le citrate de fer ammoniacal, dont il sera question plus loin, le citrate d'ammoniaque, corps qui ont reçu quelques applications en photographie. C'est comme retardateur qu'on le fait intervenir dans les bains de développement à l'acide pyrogallique, ou à l'oxalate de fer. Dans ce dernier, il a seulement pour but d'éviter la production du voile ; dans le premier, il conserve cette même action, en y ajoutant celle de s'opposer à la coloration rapide des solutions aqueuses d'acide pyrogallique. Il est vrai que l'on emploie presque toujours aujourd'hui des solutions d'acide pyrogallique mélangées d'une forte dose de sulfite de soude, sel qui s'oppose très énergiquement à l'oxydation de l'acide pyrogallique, s'oxydant plus tôt lui-même ; de plus, on ajoute de petites quantités d'un acide au mélange ; il en résulte de l'acide sulfureux plus avide encore d'oxygène que le sulfite de soude. Beaucoup d'opérateurs ont recommandé l'acide citrique comme agent propre à mettre en liberté cette petite quantité d'acide sulfureux ; M. Audra, faisant remarquer avec juste raison que l'acide citrique (ou mieux, doit-on dire, le citrate de soude, car c'est ce corps qui se forme en réalité) étant un retardateur, qui devient gênant pour développer une glace sous-exposée, il valait mieux le remplacer par de l'acide sulfurique, le sulfate de soude étant un corps indifférent dans le développement.

Dès le début du procédé au gélatino-chlorure, le D$^r$ Eder avait fait connaître le développement au citro-oxalate ; depuis lors, on a sensiblement simplifié la préparation de ce développateur appliqué au gélatino-chlorure, sans cependant cesser de faire intervenir une forte dose de ces agents dits retardateurs de la réduction des sels d'argent ; parmi ceux-ci, les formules signalent le plus souvent de l'acide citrique ou ses sels de potasse ou d'ammoniaque.

Comme tous les acides, l'acide citrique jouit de la propriété de décolorer les clichés jaunis

par le bain pyrogallique. Nous connaissons les
bains proposés dans ce but par MM. Heckel,
Balagny, etc., qui, pour produire leur maximum
d'effet, doivent être employés immédiatement
après la révélation et avant tout lavage.

L'acide citrique, comme l'acide tartrique,
l'acide borique (et, en général, tous les acides
qui ne réduisent pas le nitrate d'argent), a la
propriété de rendre les combinaisons que contracte l'azotate d'argent avec les matières organiques plus stables; c'est à ce titre qu'il fait
partie des bains destinés à la sensibilisation
des papiers positifs ou, ce qui est préférable,
sert à communiquer une réaction acide au papier albuminé que l'on vient de sensibiliser. Au
lieu donc de dissoudre une certaine proportion
d'acide citrique dans le bain d'argent positif,
on prépare ce dernier avec l'azotate d'argent
seul, et la feuille de papier qui vient d'être sensibilisée, après avoir été égouttée ou épongée
dans plusieurs doubles de papier buvard, est
mise quelques instants à flotter, le côté albuminé en dessus, sur un bain acide renfermant
ordinairement un mélange d'acide citrique et
d'acide tartrique. Après quelques instants, le
papier a absorbé une quantité suffisante de solution acide pour lui assurer une conservation
de quelques semaines. Certains auteurs font
mélanger une certaine quantité d'acide chlorhy-

drique aux acides organiques dont il vient d'être question ; la conservation du papier avec toute sa blancheur est alors pour ainsi dire illimitée, car l'acide chlorhydrique élimine ou plutôt transforme tout le nitrate d'argent rèsté dans l'albumine en chlorure ; or, comme c'est le nitrate d'argent resté libre qui provoque l'altération du papier, cette dernière se trouve par cela même écartée ; mais comme conséquence, on n'obtient que de mauvais résultats de ce papier au tirage et dans les opérations qui le suivent. Cette dernière manière d'agir n'est donc pas recommandable, tandis qu'on peut retirer de bons résultats de l'emploi de l'acide citrique seul ou mélangé d'acide tartrique. L'acide perchlorique, à la dose de quelques gouttes mélangées au bain d'argent, permet d'arriver au même but, tout en fournissant des images qui virent plus facilement ; on peut même ajouter que la texture du papier est moins affectée par cette minime dose d'acide perchlorique que par les acides citrique et tartrique, qui, à la longue, lui enlèvent un peu de sa solidité en transformant la cellulose en hydro-cellulose.

**Acide fluorhydrique (HFl).** — Cet acide constitue un corps des plus dangereux à manier à l'état concentré, et qui, même à l'état d'assez forte dilution, ne cesse pas cependant d'exercer sur la peau une action très marquée; aussi n'en aurais-je pas parlé s'il n'avait été conseillé, dans ces derniers temps, pour détacher les pellicules de gélatine du verre et obtenir ainsi, soit des clichés retournés, soit des clichés pelliculaires.

On peut parfaitement obtenir le même résultat avec un bain d'acide chlorhydrique à 5 ou 6 pour 100 d'eau, ou bien en produisant au sein de la couche des quantités infinitésimales d'acide fluorhydrique qui ne présentent plus alors aucun danger. C'est ce dernier moyen que j'emploie pour détacher les vieux clichés de leur support de verre, ou pour obtenir des clichés pelliculaires. Voici comment j'opère : les clichés à détacher sont mis à tremper sept à huit minutes dans une solution à 1 ou 2 pour 100 de fluorure de sodium, sans les laver, je les place dans une autre cuvette renfermant de l'acide sulfurique très dilué, à 1 centième au plus. Au bout de quelques instants la gélatine abandonne le verre. Il ne reste plus qu'à laver la pellicule en la maniant au moyen d'une plaque de verre sur laquelle on l'étale.

**Acide gallique** ($C^{14}H^6O^{10}$). *Préparation.* — La noix de galle, substance très riche en tanin, pulvérisée, humectée et exposée à l'air pendant quelques mois, subit une fermentation particulière, que l'on nomme *fermentation gallique*; elle a pour effet de transformer le tanin en acide gallique. On exprime la masse, le résidu est traité par l'eau bouillante, et l'acide gallique cristallise par refroidissement. On peut plus rapidement obtenir l'acide gallique en faisant bouillir l'extrait aqueux de noix de galle avec de l'acide sulfurique étendu.

*Propriétés.* — L'acide gallique est un acide monobasique qui se présente sous forme d'aiguilles soyeuses, renfermant deux équivalents d'eau de cristallisation. Il est inodore, d'une saveur astringente, soluble dans 100 parties d'eau froide et dans 3 parties d'eau bouillante, très soluble dans l'alcool, moins soluble dans l'éther.

Les solutions aqueuses ne précipitent pas la gélatine ainsi que le fait le tanin, elles noircissent au contact de l'air; par suite de l'oxydation, il se dégage en même temps de l'acide carbonique. En présence des alcalis la réaction est immédiate.

L'acide gallique réduit les sels solubles d'or et d'argent. Chauffé vers 200°, dans un courant d'acide carbonique, il se décompose en acide pyrogallique et acide carbonique.

$$C^{14}H^6O^{10} = C^2O^4 + C^{12}H^6O^6$$

*Usages.* — L'acide gallique est aujourd'hui principalement employé à la préparation de l'acide pyrogallique, et n'est guère plus usité dans les opérations photographiques.

Le développement des glaces à l'albumine sèche et du papier négatif à l'iodure d'argent s'opère au moyen d'une solution saturée d'acide gallique pur ; dès que l'image apparaît, par le fait de la réduction de la petite quantité de nitrate d'argent restée dans la couche d'albumine, on additionne cette solution d'acide gallique d'une autre de nitrate d'argent fortement acidulée par l'acide acétique, de façon à augmenter la vigueur de l'image, par superposition de l'argent réduit lentement, qui se porte sur les parties impressionnées et où la première réduction s'était opérée. L'acide gallique, en solution neutre ou acide, ne réduit pas l'iodure ou le bromure d'argent, car l'acide gallique constitue un excellent conservateur des glaces au collodion sec, c'est-à-dire qu'il communique à la couche de collodion sensibilisé et bien lavé, pour éliminer toute trace d'azotate d'argent, la propriété de rester poreuse, d'être pénétrée en un mot par les révélateurs que l'on fera agir sur elle après l'exposition. Plucker, Duchesne-Fournet emploient, comme préservateurs des glaces au collodion sec, des solutions composées de tanin, d'acide gallique et d'un peu de dextrine ; Manmers Russel Gordon associe l'acide gallique à la gomme, et Constant-Delessert préparait d'excellentes couches au moyen d'un liquide renfermant de petites quantités d'albumine et d'acide gallique. Toutes ces substances additionnelles avaient pour but d'augmenter encore la porosité de la trame du collodion. Nous aurons d'ailleurs à revenir plus longuement sur ces opérations lorsqu'il sera question du collodion sec.

Rappelons seulement ici cette précaution essentielle, qui est inhérente aux propriétés de l'acide gallique et consistant en ceci : comme l'acide gallique est un réducteur du nitrate d'argent, si on veut que les glaces au collodion sec, qui ont été recouvertes d'un préservateur dont il fait partie, puissent se conserver, il est absolument nécessaire que les glaces aient subi des lavages très soignés, ·de telle sorte qu'il ne reste plus dans la couche du nitrate d'argent. Il sera toujours prudent de rejeter les deux premières doses de préservateur qui auront recouvert la glace ; celles-ci, après un séjour de quelques instants, auront déplacé le liquide imprégnant le collodion et entraîné les minimes quantités de sel d'argent qui pouvaient y subsister ; la troisième servira seulement de préservateur ; on pourra alors procéder au séchage en toute sécurité.

**Acide pyrogallique** ($C^{12}H^6O^6$). *Prépa-*

*ration*. — L'acide pyrogallique ou pyrogallol, pour rappeler que c'est un phénol, se prépare en introduisant dans une cornue tubulée de l'acide gallique mélangé de deux fois son poids de pierre ponce concassée. On chauffe au bain de sable vers 200° et on fait passer un courant d'acide carbonique; le pyrogallol se sublime. On le prépare en chauffant vers 120°, dans une marmite autoclave, de l'acide gallique et de l'eau.

*Propriétés*. — L'acide pyrogallique se présente en lamelles ou en aiguilles d'un blanc éclatant. Sa saveur est amère, son odeur a quelque chose d'astringent.

Il fond vers 115° et se sublime vers 280°. Il se dissout dans 2 p. 1/2 d'eau à 15°, caractère qui permet de le distinguer de l'acide gallique, avec lequel il est quelquefois mélangé et qui est beaucoup moins soluble dans l'eau. Le pyrogallol est très soluble dans l'alcool et dans l'éther.

La solution aqueuse d'acide pyrogallique absorbe l'oxygène de l'air en se colorant. En présence d'un alcali, l'absorption d'oxygène est excessivement rapide, et l'on peut employer cette réaction pour doser l'oxygène contenu dans un mélange gazeux.

L'acide pyrogallique, en solution neutre, réduit les sels d'or et d'argent, mais non ses composés halogènes qui interviennent dans les opérations de la photographie. Les solutions alcalines possèdent à un degré plus élevé ce pouvoir réducteur; le chlorure, l'iodure et le bromure d'argent, dont la réduction a été commencée par la lumière ou par un traitement exaltant trop leur sensibilité, sont décomposés par ces solutions alcalines qui brunissent rapidement au contact de l'air. On a heureusement trouvé des substances qui s'opposent à la coloration trop rapide de ces solutions réductrices. Le sulfite de soude, l'acide salicylique, remplissent cette dernière condition.

*Usages.* — L'acide pyrogallique est l'agent révélateur par excellence des surfaces sensibles préparées au collodion sec ou au gélatino-bromure; dans certaines circonstances, il convient très bien pour le gélatino-chlorure, comme le prouvent les magnifiques résultats que l'on peut obtenir en traitant les glaces de M. Tondeur. Sur le conseil de M. Régnault, on substitua l'acide pyrogallique à l'acide gallique comme agent de révélation des glaces à l'albumine et du papier à l'iodure d'argent. On faisait alors usage de solutions neutres, qui devaient être additionnées d'une petite quantité de nitrate d'argent rendu acide au moyen de l'acide acétique; on opérait ainsi ce que l'on nomme un développement physique. Le major Russel, en 1862, démontra la supériorité d'un développement alca-

lin ou chimique; il faisait les remarques nécessaires pour pouvoir, d'une part, l'appliquer au
collodion sec; de l'autre, il faisait aussi connaître
les principales causes d'insuccès.

Depuis cette époque, les développements pyrogalliques alcalins ont été régularisés, simplifiés, et enfin améliorés par la découverte de
substances permettant de les conserver à peu
près incolores pendant tout le temps que dure
la révélation; ceci est très important pour éviter
la coloration des couches de gélatine. Aujour-
d'hui, à la suite de ces perfectionnements, on
peut dire que les solutions alcalines d'acide pyrogallique constituent le meilleur agent développateur, et je leur accorde cette préférence, parce
que, dans l'état actuel, c'est par ce moyen que,
dans la majorité des cas, on peut le plus aisément conduire la formation du cliché. En variant les doses des composants, on peut obtenir
des contrastes très marqués ou beaucoup de
douceur, une intensité très grande et, surtout,
on peut corriger de grands écarts de pose.
M. Paul Poiré a indiqué tout dernièrement
une autre substance qui exalte la faculté réductrice de l'acide pyrogallique à la façon des
alcalis, sans en avoir les inconvénients: je veux
parler du sulfite de soude en solution à peu près
saturée. On ne sait pas encore si le sulfite de
soude agit par son alcalinité propre ou si, une

petite quantité étant décomposée, la base se porte
sur l'acide pyrogallique pour en exalter le pouvoir réducteur.

Je me borne à ces généralités, qui seules peuvent trouver leur place à l'article qui traite de
l'acide pyrogallique, me réservant de donner
les dosages et les détails nécessaires quand il
sera question du développement.

*Altérations, impuretés.* — L'acide pyrogallique étant un produit assez cher, il n'est pas
étonnant qu'il ait été soumis à des falsifications ;
il n'est pas rare de lui trouver mélangées des
quantités plus ou moins fortes d'acide gallique
ou de sucre pulvérisé. L'acide gallique sera aisément découvert en traitant l'acide pyrogallique
par une petite quantité d'eau. Celle-ci dissoudra
facilement l'acide pyrogallique soluble dans trois
fois son poids d'eau et laissera pour résidu l'a-
cide gallique, qui est au contraire très peu solu-
bre dans ce liquide. Au moyen de l'alcool, il
sera facile de déceler le sucre. Il faut conserver
l'acide pyrogallique dans des flacons bien bouchés, à l'abri des émanations ammonicales qui
le rendent brun ; les solutions que donneraient
un tel acide seraient moins actives et colorées.

Les solutions alcooliques se conservent fort
longtemps ; les solutions aqueuses acides brunissent sans doute plus lentement que les solutions neutres, mais elles ne se conservent néan-

moins pas un temps très long, et il faut toujours
éviter d'employer des solutions qui ont bruni,
car on peut parfois leur attribuer la formation
du voile rouge; de telles solutions ont d'ailleurs
perdu beaucoup de leur pouvoir réducteur. On a
enfin signalé que l'acide sulfureux qui se trouve
mis en liberté dans les solutions de pyrosulfite acidulées faisait subir à la longue une décomposition à l'acide pyrogallique, ou du moins
l'altérait de telle façon que les résultats obtenus
avec une pareille solution préparée depuis longtemps, quoique incolore, étaient bien inférieurs
à ceux que fournissait cette même solution peu
de temps après être préparée. Je ne puis cer-
tifier que ce fait ne se produise, mais je n'ai pas
été amené à le constater. Pourquoi d'ailleurs
ne pas employer l'acide pyrogallique toujours
sous forme solide, que l'on dissout aux doses
voulues dans les solutions de sulfite au moment
du développement.

**Acide sulfurique.** *Préparation, propriétés.* — ($SHO^4$, ou mieux $S^2H^2O^8$). L'acide sulfurique est préparé dans l'industrie, qui en con-
somme d'énormes quantités, par l'oxydation de
l'acide sulfureux provenant de la combustion du
soufre, par l'oygène de l'air, l'acide hypo-azotique
et la vapeur d'eau servant d'intermédiaires à
cette oxydation. Cette opération se fait dans de

grands appareils, connus sous le nom de chambres de plomb. On obtient ainsi de l'acide sulfurique très étendu d'eau, que l'on concentre dans des chaudières de plomb, jusqu'à ce qu'il possède une densité 1,71 ou 60° Baumé. On ne peut pousser plus loin la concentration dans le plomb, car à ce degré déjà le métal est attaqué. Pour l'avoir plus concentré, on a recours à des alambics de platine ou à de larges cuvettes en porcelaine. On arrive à une concentration de 66° Baumé. L'acide sulfurique se présente alors sous l'aspect d'un liquide oléagineux, ce qui lui a fait donner le nom d'*huile de vitriol*, très lourd, sa densité étant 1,84, très avide d'eau, à laquelle il se mélange en produisant beaucoup de chaleur. Aussi doit-on, toutes les fois qu'il faut étendre l'acide sulfurique, verser ce dernier dans l'eau ; agir autrement exposerait à des projections du liquide acide. L'eau, en effet, arrivant au contact d'une quantité d'acide sulfurique relativement considérable, peut être subitement réduite en vapeur qui, par sa force d'expansion, projette le liquide et occasionne des brûlures. L'acide sulfurique désorganise les tissus en les déshydratant et les carbonisant. Avant de laver une partie du corps qui vient d'être touchée par de l'acide sulfurique, il est bon d'essuyer l'endroit touché, puis de procéder au lavage avec une eau légèrement alcaline, l'eau de chaux, par exemple. L'acide sulfurique fait subir à la cellulose une modification particulière, que l'on met à profit pour préparer le parchemin végétal. Il attaque la plupart des métaux pour former des sulfates avec dégagement d'hydrogène. On reconnaît facilement l'acide sulfurique et les sulfates solubles à ce qu'ils précipitent le chlorure de baryum ; le sulfate de baryte qui se forme est *insoluble dans les acides.*

*Usages.* — L'acide sulfurique est peu usité en photographie ; à peine si nous aurons à le signaler pour le décapage des glaces, pour aciduler les solutions de pyrosulfite et celle de sulfate de fer ; il s'oppose dans cette dernière à une trop rapide peroxydation du sel de fer.

Quelquefois les images positives sur papier au gélatinobromure prennent un ton noir plus chaud en les passant dans une eau légèrement acidulée par l'acide sulfurique. Je mentionnerai encore la préparation du sulfate de fer, sous forme de solution, qu'il peut être utile de pouvoir obtenir dans le cas où il ne serait pas possible de se procurer du sulfate de fer cristallisé. On n'a qu'à introduire quelques centaines de grammes de pointes fines et 500 à 600 grammes d'eau dans un flacon ; on ajoute peu à peu 80 à 100 grammes d'acide sulfurique et on bouche le flacon avec un bouchon portant une petite rainure longitudinale, qui permettra à l'hydrogène de se dégager.

Au bout de quarante-huit heures, on trouvera, la plupart du temps, des cristaux de sulfate de fer au fond du flacon mêlés à l'excès de
fer, le tout recouvert d'un liquide vert émeraude,
à peine acide ; c'est ce liquide qui, filtré, rem-
placera avantageusement la solution préparée
avec le sulfate de fer cristallisé ; il faudra seulement se rappeler qu'étant saturée, elle renferme
trois fois plus de sulfate de fer que celle indiquée couramment dans les formules, qui est à
30 pour 100 ; on l'étendra donc de deux volumes
d'eau distillée, ou bien on n'en emploiera qu'une
quantité trois fois moindre.

**Acide tartrique** $(C^8H^6O^{12}$ ou $C^3H^4O^{10}, 2HO)$.
— L'acide tartrique libre, ou combiné avec la
potasse, se rencontre dans beaucoup de produits
végétaux ; les raisins, par exemple, renferment
du birtartrate de potasse, qui se dépose dans les
tonneaux sous forme de tartre.

*Préparation*. — Le tartre brut est décoloré
et purifié en le faisant dissoudre dans de l'eau
bouillante que l'on additionne d'argile ; celle-ci,
en se déposant, entraîne la matière colorante.
On filtre, on ajoute ensuite de la craie ; le bitar-
trate de potasse se dédouble en tartrate neutre
de potasse qui reste en solution et en tartrate de
chaux qui se dépose. Ce dernier est séparé. La
solution claire de tartrate de potasse, traitée

par du chlorure de calcium, laisse précipiter
tout son acide tartrique sous forme de tartrate
de chaux qui est joint au premier obtenu. Ce
tartrate de chaux, bien lavé, est traité par de
l'acide sulfurique ajouté en léger excès; il se
forme du sulfate de chaux qui se dépose dans
la solution d'acide tartrique rendu libre. On
évapore et fait cristalliser. Ces cristaux sont très
beaux et très volumineux s'il se trouve un très
léger excès d'acide sulfurique.

*Usages*. — Il peut remplacer l'acide citrique
comme agent de décoloration des clichés.
M. Audra a signalé l'avantage qu'il y avait à
aciduler les solutions de sulfate de protoxyde
de fer avec cet acide pour les préserver de l'oxydation ou même pour ramener à l'état de proto-
sel les sels de peroxyde de fer. On peut ainsi
remettre à neuf un bain de développement à
l'oxalate de fer qui a servi ou ramener à la couleur vert émeraude une solution de proto-sulfate
de fer qui s'est partiellement peroxydée. Sous
l'influence d'une lumière un peu vive, l'acide
tartrique est réduit, de l'acide carbonique se
dégage, et l'hydrogène naissant, qui résulte de
cette réduction, vient à son tour ramener le peroxyde de fer à l'état de protoxyde. Si c'est un
bain d'oxalate ayant déjà servi que l'on traite
ainsi, on verra qu'une fois régénéré il donnera
des images plus dures; il se trouve, en effet, mé-

langé d'une certaine proportion de bromure de potassium, provenant, par double décomposition, de la réduction du bromure d'argent des premiers clichés développés.

**Air**. — *Composition*. — L'air était un des quatre éléments des anciens ; en 1640, Galilée démontra que c'est un corps pesant, au moyen de deux pesées successives d'un même ballon vide d'air et après y avoir comprimé un certain volume de ce gaz. John Mayow reconnut qu'il existait dans l'air un *principe subtil*, qui favorisait singulièrement la combustion ; mais c'est à Lavoisier que revient l'honneur d'avoir le premier fait connaître la véritable composition de l'air. Il conclut, après la mémorable expérience qu'il poursuivit pendant douze jours consécutifs, que l'atmosphère renferme, outre le principe subtil de John Mayow, auquel il donna le nom d'oxygène, un autre gaz, incapable d'entretenir la combustion, dans lequel les animaux périssent rapidement ; il lui appliqua le nom d'azote. L'air, disait-il encore, renferme un cinquième d'oxygène et quatre cinquièmes d'azote. Les analyses exécutées depuis, en différents lieux de la terre, sur de l'air pris à différentes altitudes, ont toujours fourni des nombres constants et s'écartant peu de ceux que Lavoisier avait primitivement annoncés. On peut donc considérer la composition de l'air comme constante et uniforme, représentée en chiffres ronds par 21 volumes d'oxygène et 79 volumes d'azote ; mais ce n'est pas une combinaison, c'est un simple mélange de ces deux gaz ; la loi des proportions définies, le pouvoir réfringent de l'air ainsi que sa solubilité dans l'eau nous en fournissent facilement la preuve.

L'atmosphère, outre les deux principaux composants que nous venons de signaler, renferme encore des proportions variables de vapeur d'eau, des proportions à peu près invariables d'acide carbonique, de très faibles quantités d'ozone, de vapeurs nitreuses et nitriques, et en suspension des poussières minérales et organiques provenant de la désagrégation des corps qui nous environnent ; puis des germes, des bactéries, de ces principes qu'on ne peut définir encore et qu'on désigne sous le nom de miasmes.

Il n'entre certes pas, dans le cadre de l'étude spéciale qui nous occupe, de passer en revue tous ces divers éléments normaux ou accidentels que l'on peut rencontrer dans le milieu où nous vivons ; aussi me bornerai-je à faire ressortir d'une manière générale les précautions à prendre pour amoindrir l'effet nuisible qu'ils présentent sur nos préparations photographiques, car, il faut bien le reconnaître, cette action des éléments de l'air est la plupart du temps une action destructive, une source multiple d'altérations.

*Action des divers éléments de l'air.* — 1° L'oxygène, nous le savons, agit directement sur le sulfate de protoxyde de fer pour le faire passer à l'état supérieur d'oxydation, état sous lequel il perd toute action réductrice. Les solutions légèrement acidulées conservent la couleur distinctive vert émeraude des sels ferreux plus longtemps que les solutions neutres ; néanmoins, cette oxydation les altère à leur tour. M. Audra a signalé l'acide tartrique comme pouvant remplacer avantageusement l'acide sulfurique, afin de maintenir les solutions de fer en bon état de conservation. C'est qu'en effet l'acide tartrique agit comme corps réducteur et est par conséquent non seulement capable de préserver le sulfate de fer de l'oxydation, mais peut encore ramener au vert une solution jaunie, cela sous l'influence d'une vive lumière. De même on peut restaurer un bain de développement à l'oxalate de fer qui a servi et qui s'est peroxydé, en l'additionnant de quelques centimètres cubes d'une solution d'acide tartrique à 10 pour 100. N'oublions pas cependant qu'un tel développement ainsi revivifié donnera généralement des clichés assez durs ; il contiendra en effet du bromure provenant de la réduction du bromure d'argent des premiers clichés développés. On a conseillé de parer à ce défaut en l'additionnant de quelques gouttes d'une solution d'hyposulfite de 1 pour 200.

L'oxygène colore rapidement les solutions neutres et surtout alcalines d'acide pyrogallique; celles qui sont acides ou additionnées de sulfites résistent plus longtemps à cette action altérante; on peut utiliser ces dernières solutions tant que leur coloration n'est pas plus prononcée que celle du cognac. Les mêmes remarques peuvent s'appliquer aux solutions d'hydroquinon; pour ces dernières, on sait que si quelques parcelles d'hydroquinon restent non dissoutes, la coloration est très rapide.

Notons enfin que l'oxygène agit sur le sulfite de soude en cristaux ou en solution pour le faire passer à l'état de sulfate de soude, état sous lequel il n'est plus capable de préserver les solutions d'acide pyrogallique ou d'hydroquinon de l'oxydation.

Conservez donc le sulfite de soude cristallisé ou ses solutions en flacons parfaitement bouchés.

2° L'azote ne présente pas directement d'affinités pour nos réactifs : il modère sur eux l'action de l'oxygène, comme il la modère sur nos organes respiratoires et sur nos combustions.

3° L'acide carbonique n'existe dans l'air qu'à un état d'extrême dilution, et malgré les sources

nombreuses et abondantes qui en déversent
continuellement dans l'atmosphère, la proportion
de ce gaz ne varie pas et correspond à 4 ou
6 parties sur 10,000 d'air. L'assimilation du
carbone par les parties vertes des plantes vient,
avec une harmonie merveilleuse, en contrebalancer les productions incessantes. L'action de
l'acide carbonique est négligeable ; tout au plus
aurons-nous à signaler celle qu'il exerce sur
l'eau de chaux, qu'il prive peu à peu de son
alcali en le transformant en carbonate de chaux
insoluble ; le même effet se produit sur l'eau
de baryte : il carbonate les bases alcalines, la
magnésie, etc...

Nous retrouverions ce gáz dans l'eau distillée
exposée à l'air.

4° L'ozone joue un rôle très actif dans la nature ; il se combine directement à l'azote, en
donnant naissance aux vapeurs nitreuses et
nitriques que nous constatons dans l'atmosphère. Comme les décharges électriques, ainsi
que l'a démontré M. Houzeau, amènent la formation de l'ozone, il n'est pas étonnant que
les pluies d'orages soient plus riches en azotate
d'ammoniaque que les pluies ordinaires, car l'o-
zone dans ces circonstances se forme en plus
grande quantité, et par suite les composés ni-
treux et nitriques suivent la même progression ;
ces derniers ne tardent pas à se combiner avec

les vapeurs ammoniacales que l'air renferme également. L'ozone enfin, à cause de son pouvoir oxydant énergique, purifie l'air d'une foule de corps nuisibles, tels que les miasmes. Un des résultats de cette combustion est la formation de nitrates qui ont une influence considérable et heureuse sur la vie à la surface de la terre.

5° Les vapeurs ammoniacales, les émanations du gaz, les vapeurs sulfhydriques, dont la proportion devient quelquefois assez considérable dans les lieux habités, ont une action très fâcheuse sur nos préparations photographiques. En parlant de la vapeur d'eau, nous signalerons les moyens que l'on peut employer pour les préserver de ces émanations qui sont de beaucoup plus nuisibles que l'humidité, car celle-ci n'agit que lentement, tandis que les émanations dont il est ici question ont vite mis hors d'usage les glaces sèches qui, sous leur influence, ne donnent plus que des images voilées.

6° Les poussières métalliques et organiques, chacun le sait, sont une source d'ennuis lors de la préparation des surfaces sensibles ; elles s'attachent à la couche qui fournit ensuite des clichés criblés de points à jour, qui présentent des fusées opaques formées d'argent réduit quand ce sont des poussières métalliques qui se sont déposées sur des surfaces imbibées de nitrate d'argent. Les poussières qui s'attachent aux plaques recouvertes de gélatine bichromatée pour les tirages phototypiques sont l'origine de la déchirure de la couche pendant l'impression.

Durant les opérations d'étendage et de séchage des glaces, on devra veiller à provoquer le moins de poussière possible : par exemple, en arrosant le local quelques instants à l'avance, puis en filtrant l'air qui pénètre dans les étuves ou les séchoirs à travers plusieurs doubles d'une mousseline, ou mieux à travers du coton cardé peu tassé. Les glaces seront placées dans une position presque verticale, la couche sensible en dessous. On peut confondre avec les poussières organiques ou minérales, provenant de la désagrégation de tout ce qui nous entoure, une foule d'autres corps qui flottent dans l'atmosphère, comme les bactéries, les spores, dont le nombre devient véritablement effrayant dans l'air des villes populeuses, vu les effets qu'on doit leur attribuer depuis que la question des microbes a pris corps dans l'hygiène et la médecine. Mais, tandis que l'action des poussières minérales ou organiques se réduit à un effet purement physique ou chimique, quand il s'agit de spores et de bactéries, l'effet peut devenir plus important, au point que la destruction ou une altération profonde de la substance contaminée pourra en être la conséquence.

Tel est le cas des gelées de gélatine, de l'albumine et de beaucoup de nos solutions. Nous savons, en effet, que l'albumine abandonnée quelque temps à l'air contracte une odeur désagréable ; on prétend que, sous cet état de légère putréfaction qui l'a rendue plus fluide, la préparation du papier albuminé est plus facile ; c'est possible ; mais n'est-ce pas au détriment de la bonne conservation des épreuves positives ? Une solution gélatineuse exposée à l'air ne tarde pas à se liquéfier d'abord à la surface, puis dans toute la masse. Examinée alors au microscope, nous la verrons remplie d'une foule d'êtres s'agitant, étendant leurs réseaux, se multipliant, vivant enfin en détruisant la gélatine, la modifiant et lui faisant acquérir une odeur repoussante. L'altération de la gélatine, sous l'influence de ces germes divers, n'a pas besoin d'être poussée assez loin pour que nos yeux ou notre odorat nous la fassent reconnaître avant qu'elle ait perdu ses propriétés essentielles, sans lesquelles elle devient inapplicable à la préparation des émulsions par exemple. Bien avant cette constatation facile, qui nous la ferait rejeter, elle a perdu sa propriété adhésive ; ses produits de décomposition voilent nos émulsions.

Aussi, quand on veut faire mûrir une émulsion à froid pendant quelques jours, il est prudent de l'additionner d'un antiseptique ; aucun, en

pareil cas, ne m'a donné d'aussi bons résultats
que l'acide salicylique. Pour ne pas faire traîner
cette étude en longueur, je ne rapporterai pas
tous les nombreux essais qui m'ont fourni cette
conclusion que je me contente seulement d'an-
noncer.

Le même antiseptique pourra toujours être
ajouté aux émulsions (à la dose de $0^{gr},50$ par
$100^{cc}$); on évitera sûrement, en agissant ainsi,
la production du voile qui peut survenir par
le fait d'un séchage un peu long, et les glaces ne
seront plus sujettes aux soulèvements, opére-
rait-on pendant les plus grandes chaleurs de
l'été.

Dans la fabrication en grand, on met en
œuvre immédiatement les émulsions pcur en
recouvrir les glaces, dont la dessiccation est activement poussée ; néanmoins, beaucoup d'entre
nous ont eu à se plaindre des glaces préparées
pendant les mois chauds, et je crois, après
de nombreuses expériences, que l'addition de
la minime quantité d'acide salicylique que j'ai
conseillée mettrait les fabricants à l'abri des
réclamations que le *frilling*, que l'on constate
sur certaines de leurs glaces, ne manque pas de
leur amener.

L'alcool s'oppose également d'une façon très
efficace à l'altération des émulsions que l'on
veut faire mûrir à froid ; dès que le refroidisse-

ment les a fait prendre en gelée, on n'a qu'à les recouvrir d'une couche de 1 centimètre environ d'alcool fort, qui stérilisera tous les germes qui arriveront à son contact. On rejette, bien entendu, l'alcool au moment d'employer l'émulsion.

6° Il nous reste à parler maintenant de la vapeur d'eau contenue dans l'atmosphère. Cette humidité est une des principales causes de l'altération de nos préparations photographiques, de nos clichés et des épreuves terminées. Sous l'influence d'un air très humide, chacun le sait, les glaces au collodion sec, à la gélatine, les papiers sensibilisés, etc., ne tardent pas à présenter des piqûres, même des traces de moisissures ; le papier sensible jaunit, les clichés se tachent ; nous n'en finirions pas si on voulait énumérer tous les mécomptes que l'état hygrométrique élevé de l'air nous occasionne ; je me contenterai de signaler les principaux remèdes ou moyens de préservation que l'on peut employer pour la conservation des produits que l'humidité détériore.

On emploie, pour la conservation des papiers au chlorure d'argent et des papiers au platine, des étuis métalliques renfermant du chlorure de calcium ; on préserve les glaces de la lumière et jusqu'à un certain point de l'humidité par l'emballage dans des boîtes de carton ; certai-

nement des papiers et des boîtes métalliques
seraient préférables, et ce dernier genre d'emballage est spécialement à recommander quand
on entreprend de longs voyages dans des pays
où à une chaleur élevée se joint un air chargé
de vapeur d'eau.

Les clichés vernis, ou mieux encore collo-
dionnés et vernis, offrent toutes les chances de
conservation désirables, car le collodion est un
corps à structure serrée, peu hygrométrique,
beaucoup moins que les vernis résineux, qui
présentent à leur tour une plus grande résistance
au frottement. Les clichés pelliculaires, exposés
des deux côtés à l'action de l'air, devront être
traités sur leurs deux faces comme les clichés
sur verre. Malgré toutes ces précautions, on ne
devra pas néanmoins négliger de ranger les
boîtes ou paquets de clichés que l'on tient à
conserver dans des armoires placées dans des
pièces dont l'air se renouvelle, où l'on fait du
feu pendant l'hiver; dans cette même armoire, on
pourra conserver la provision de glaces; mais il
faudra éviter d'y remiser, comme on le fait
souvent, beaucoup de produits chimiques, dont
les émanations sont nuisibles; de ce nombre
sont : l'ammoniaque et son carbonate, les acides,
l'iode ou le brome. Toutefois, ce moyen n'est
pas toujours suffisant, tandis que le meuble,
dont je vais donner la description en quelques

mots, assure une conservation presque indéfinie
aux glaces sèches. Les papiers au chlorure d'argent et aux sels de platine s'y conservent très
bien ; il en est de même de la provision de
gélatine destinée aux émulsions ; étant peu coûteux, je le crois tout à fait recommandable ;
d'ailleurs, il peut être construit sur des dimensions plus ou moins grandes, suivant le nombre
ou la quantité d'objets qu'il doit pouvoir contenir.
Il consiste essentiellement en une caisse de bois
doublée de zinc parfaitement soudé à l'intérieur ; les dimensions de 70 centimètres de
hauteur sur 50 à 60 centimètres de profondeur
seront suffisantes pour le plus grand nombre
d'amateurs. Cette caisse, ou armoire, est garnie
d'étagères en bois servant d'appui aux diverses
séries d'objets ; chacun peut les espacer à son
gré ou en faire établir le nombre qui lui semble
le plus convenable ; le compartiment du bas
sera toutefois assez grand pour pouvoir y placer
une cuvette en porcelaine destinée à recevoir
de la chaux vive concassée très grossière-
ment.

L'armoire est, à sa partie ouverte, garnie
d'une large feuillure recouverte de drap sur sa
partie extérieure ; il est bon de donner à cette
feuillure une largeur de 4 à 5 centimètres ; sur
elle s'appuie une porte doublée de zinc, qui y
est maintenue par des ressorts, de la même

façon que la planchette des châssis négatifs est
pressée sur la glace.

La chaux n'aura pas besoin d'être renouvelée
plus de deux ou trois fois par an, selon les climats. Malgré sa simplicité, ce meuble permettra
de conserver les produits les plus altérables
par l'humidité ; il sera infiniment plus commode
que les étuis à chlorure de calcium, car il n'o-
bligera pas à rouler les papiers ; j'ai des glaces
au gélatino-bromure qui y ont séjourné plus de
trois ans et qui ne présentent aucun signe d'altération, pas même la marque des onglets de
papier qui servent à les séparer.

Les épreuves au chlorure d'argent, d'un ton
si riche quelque temps après leur production,
ne tardent pas à perdre énormément ; nous laissons de côté, bien entendu, les causes destruc-
tives qui proviennent du manque de soins apportés à leur tirage : d'un côté, la lumière jaunit
l'albumine, détruit les couleurs d'aniline avec
lesquelles on colore les papiers albuminés ; de
l'autre, il faut attribuer à l'humidité une large
part dans ces changements et dans les formations
d'une foule de taches. Sans doute, l'encaustique
résineux les préserve un peu, outre que celui-
ci leur donne de la profondeur en faisant ressortir les détails dans les ombres ; pour cette
double raison, on ne doit pas négliger d'encaus-
tiquer les épreuves après le satinage ; mais ce

n'est pas là un remède suffisant, puisqu'on a cherché et on cherche encore à éviter les tirages au chlorure d'argent.

Les épreuves sur papier au gélatino-chlorure et au gélatino-bromure présentent plus de stabilité ; il en est de même des tirages à la gomme laque. Les épreuves au charbon, sans présenter une inaltérabilité absolue sous l'influence de l'air humide, se conservent cependant très bien, surtout si elles ont été fortement alunées ; les épreuves au platine et aux encres grasses peuvent être considérées comme durables, tant sous l'action de l'air humide que sous celle des autres émanations qui ternissent nos épreuves à l'argent. Ces dernières se conservent beaucoup mieux dans des albums que lorsqu'elles sont exposées à l'air, et presque indéfiniment, lorsqu'elles ont été traitées avec soin, en les plaçant entre deux verres dont on réunit les tranches, d'abord d'un papier d'étain et ensuite d'une bordure de papier de telle couleur ou dessin que l'on veut qui leur sert d'encadrement ; si les épreuves sont collées sur Bristol, on choisit les verres de la dimension du carton.

**Albumine**. — *Propriétés*. — L'albumine se rencontre dans le blanc d'œuf, où elle se trouve enfermée dans de larges cellules, à

parois excessivement minces, qui l'empêchent
de couler facilement; elle y est associée à quelques sels, elle existe aussi dans le sérum du
sang et dans la lymphe.

L'albumine desséchée, se présente sous forme
de lamelles ou masses cornées d'un blanc jaunâtre, susceptibles de se redissoudre dans l'eau.
Ces solutions sont visqueuses et filantes; portées
à une température de 60 à 70° C., l'albumine
coagulée s'en séparé en formant une masse
blanche opaque, élastique, que tout le monde
connaît, puisqu'elle constitue le blanc d'œuf
cuit.

L'albumine coagulée ne se dissout plus dans
l'eau. L'alcool la précipite également de ses dissolutions, comme le fait la chaleur; de même, les
sels de cadmium, l'acide nitrique étendu, le
bichlorure de mercure, le nitrate d'argent, etc.,
font passer l'albumine de l'état soluble à l'état
insoluble; beaucoup d'autres sels, comme le
sulfate de soude, sans la précipiter, abaissent
seulement le degré auquel la chaleur la coagule.
Les solutions d'albumine, exposées à l'air, deviennent plus fluides et contractent une odeur
désagréable; les bactéries que l'air ambiant y
dépose s'y multiplient et la transforment partiellement en peptones; dans ce phénomène de
réduction, l'hydrogène naissant décompose les
sulfates contenus normalement dans le blanc

d'œuf : ainsi prennent naissance les produits sulfurés odorants.

L'albumine, mélangée à du bichromate de potasse et le mélange étant sec, passe peu à peu à l'état insoluble sous l'influence de la lumière. Cette propriété est mise à profit dans certaines opérations photographiques.

*Préparation*. — L'albumine que l'on emploie pour les usages photographiques est toujours extraite de l'œuf. Le moyen le plus connu pour l'obtenir consiste à détruire mécaniquement les cellules qui la contiennent, par un battage énergique, au moyen d'un balai d'osier. La neige ainsi produite est abandonnée au repos durant quelques heures ; l'albumine se sépare des débris cellulaires et se rassemble sous la mousse, où elle forme un liquide épais que l'on passe à l'étamine pour la débarrasser de quelques corps étrangers ; elle est alors utilisable pour les diverses opérations que nous signalerons. Il est nécessaire d'opérer le battage en neige, dans des vases de faïence ou de porcelaine seulement, avec un balai d'osier, et d'écarter tout instrument métallique (ceux d'argent excepté) ; on doit donc éviter l'emploi de ces petites batteuses mécaniques dont on se sert couramment dans les ménages ; on s'exposerait, sans cela, à introduire des parcelles de métal dans l'albumine, ce qui serait la source de taches en forme de fusées ou d'étoiles, formées par de l'argent réduit. Le battage en neige est assez long et assez pénible pour celui qui n'en a pas un peu la pratique ; aussi préfère-t-on souvent préparer l'albumine par le procédé plus expéditif indiqué par M. Akland. On met dans une éprouvette à pied, ou tout autre ustensile transparent, étroit et profond, 100 centimètres cubes de blancs d'œuf ; on ajoute 10 centimètres cubes d'eau acidulée par 1 centimètre cube d'acide acétique cristallisable, et au moyen d'un agitateur on opère un mélange parfait ; à mesure qu'il se produit, on sent que l'agitateur rencontre moins de résistance de la part du liquide. L'acide acétique, même à cette faible dose, désagrège le tissu cellulaire emprisonnant l'albumine, et dès qu'un mélange intime est obtenu, on laisse le tout deux heures en repos. Au bout de ce temps, un dépôt peu abondant gagne le fond de l'éprouvette ; au-dessus se trouve une couche claire d'albumine que surnage un magma plus léger. Au moyen d'une pipette, on n'a plus qu'à retirer la couche d'albumine et la passer à l'étamine. Ainsi obtenue, elle conserve une légère réaction acide, qui ne nuit en rien à son emploi ; elle est même favorable dans certains cas, par exemple dans la mise en pratique du procédé au collodion albuminé (procédé Taupenot) ; il serait d'ailleurs facile de la neutraliser au moyen de quelques gouttes d'ammoniaque étendue.

*Usages*. — Nous allons d'abord nous occuper des applications de l'albumine aux procédés négatifs, pour donner ensuite la description de celles qu'elle a reçus dans le tirage des positifs.

1° *Comme substratum adhérent*. — Pour obvier aux soulèvements et aux ampoules qui se produisent souvent sur les couches de collodion sec ou conservé, on a recours à un premier substratum formé d'une couche très mince d'albumine. Ce même moyen peut avantageusement être appliqué quand il s'agit des verres que l'on veut recouvrir de gélatino-bromure qui doit être développé dans les pays très chauds. Dans ces deux cas, outre que l'albumine assure une parfaite adhérence, elle assure encore une rigoureuse propreté de la glace. La solution albumineuse convenable pour cet emploi doit être très étendue, car la plus légère couche suffit. Un blanc d'œuf pour un litre d'eau constitue une proportion très convenable. Les glaces polies sont recouvertes d'une couche de ce liquide filtré ; on écarte les bulles d'air au moyen d'une barbe de plume, on relève la glace et on laisse sécher à l'abri des poussières. Dès que ce résultat est obtenu, on peut les recouvrir de collodion ; si elles doivent recevoir du gélatino-bromure, il faut de plus insolubiliser l'albumine au moyen d'un jet de vapeur, ou plus simplement en les baignant dans une cuvette contenant de l'alcool à 90°. Il faut toutefois remarquer que les émulsions ne sont pas très faciles à étendre sur ces couches d'albumine coagulée. Si on ajoute, au contraire, 1 à 2 0/0 de silicate de potasse à la solution albumineuse, les glaces qui ont reçu ce substratum peuvent être recouvertes d'émulsion sans qu'il soit nécessaire de coaguler l'albumine ; de plus, la gélatine s'étend alors très facilement.

2° *Procédé négatif à l'albumine.* — Niepce de Saint-Victor eut le premier l'idée d'employer l'albumine pour l'obtention des négatifs. Il est certain que, comme finesse et brillant, rien n'égale ce procédé ; mais il n'est guère pratiqué, pour ne pas dire jamais, à cause de la lenteur de l'impression. Cet état d'abandon nous dispensera d'entrer dans de bien longs détails, qui deviendront peut-être utiles le jour où l'on se décidera à remettre ce procédé en vogue pour l'obtention des positives à projection ou stéréoscopiques. Dans ces petites dimensions, en effet, la partie la plus délicate du procédé, l'extension de l'albumine en couches parfaitement régulières, devient relativement facile, et comme toutes les autres opérations sont courantes et tout aussi simples que dans les autres procédés, il n'y aurait rien d'étonnant à voir l'albumine remise en vogue. Qui ne connaît les belles positives de la maison Lévy ainsi obtenues; il est vrai que le virage en est difficile et que les opérateurs que nous citons n'ont pas divulgué le procédé opératoire qu'ils mettent en œuvre pour obtenir la richesse de ton de leurs épreuves.

Le procédé négatif à l'albumine repose sur les deux faits suivants : en premier lieu, l'albumine à l'état liquide est susceptible de dissoudre les iodures et les bromures alcalins; cette solution, étendue en couche mince sur une glace, fournit, après dessiccation, une surface où ces sels sont uniformément répartis; en second lieu, une telle surface, soumise à l'influence du nitrate d'argent, devient le siège de plusieurs réactions dont le résultat est : coagulation de l'albumine par le nitrate d'argent. Dans cette couche devenue insoluble, mais restée poreuse, les iodures et bromures alcalins sont transformés en iodure et bromure d'argent uniformément répartis dans les pores de l'albumine, qui les retient à l'état d'extrême finesse; enfin l'albumine et l'azotate d'argent forment une combinaison, l'albuminate d'argent, sensible à la lumière. On a prétendu que toutes les fois que le bromure d'argent et l'iodure d'argent se forment à l'état d'extrême division, comme ceux qui prennent naissance dans les

pores de l'albumine, ils ne présentaient qu'une
sensibilité très faible; tandis que lorsqu'ils se
forment à l'état de grains de dimensions ap-
préciables leur sensibilité était extrêmement
exaltée; c'est sous ce dernier état qu'ils existent
dans les émulsions au gélatino-bromure qui ont
mûri. Le simple examen des sensibilités, bien
différentes, des deux produits semblerait donner
la preuve de cette assertion; heureusement, il
n'est pas toujours vrai que la sensibilité doive
marcher de pair avec la grosseur du grain des
composés sensibles; cela l'est un peu, incontes-
tablement; mais aussi il est facile de démontrer
que la sensibilité du bromure d'argent dépend
de son mode de formation et du milieu où il
prend naissance, ce qui constitue, si l'on veut,
une nouvelle manière d'être, un état isomé-
rique. Mais revenons au procédé à l'albumine;
en premier lieu, nous devons recouvrir nos
glaces (1) ou nos verres d'une couche mince de
la solution suivante, après les avoir parfaitement polies par les moyens ordinaires :

| | |
|---|---|
| Albumine d'œufs frais......... | 100 cent. cubes. |
| Iodure d'ammonium........... | 1 gramme. |
| Bromure de potassium........ | $0^{gr},25$ |
| Iode en paillettes............ | $0^{gr},25$ |

---

(1) L'albumine exigeant des surfaces rigoureusement
planes pour les dimensions au-dessus du $9{\times}12$, on ne
devra absolument se servir que de glaces, réservant le

Ce liquide doit être filtré plusieurs fois,
notamment au moment de s'en servir ; on doit
veiller avec soin, durant cette opération, qu'il ne
se produise pas des bulles d'air, qui se maintiennent très longtemps au sein de ce liquide
mucilagineux. La glace doit être privée de poussières au moment où l'on va la recouvrir d'albumine ; ces poussières doivent être d'ailleurs
évitées jusqu'à complète dessiccation, car par
capillarité il se fait autour d'elles un bourrelet
de liquide d'une épaisseur plus considérable ; il
en résulte au développement des taches d'un
diamètre assez grand.

Les glaces d'une certaine dimension, à partir
du 13 $\times$ 18, sont recouvertes au moyen d'une
pipette dont l'extrémité affleure le verre ; cela
pour éviter les bulles d'air d'une série de
traînées assez rapprochées du liquide dont nous
avons donné la formule ; au moyen d'un agitateur roulé doucement on l'étend en nappe uniforme, on déverse un excédent du liquide en
redressant la glace, que l'on saisit au moyen
d'une bonne ventouse appliquée au centre de
sa face postérieure. Il s'agit maintenant d'égaliser parfaitement la couche d'albumine, tout en
ne conservant de ce liquide à sa surface que ce

---

verre plus ou moins gondolé pour les petites épreuves ;
vu leurs faibles dimensions, le verre pourra suffire.

qui est nécessaire pour produire une couche
très mince ; on a recours généralement pour
cela à la force centrifuge, et on y procède en
attachant la ventouse, au moyen d'un crochet
dont elle est munie à sa partie inférieure, à un
fil ou mince cordonnet auquel on a imprimé une
torsion de quelques tours. Là réside le point
délicat de la préparation : le fil est-il trop tordu,
le mouvement sera rapide et la couche d'albumine trop mince ; le mouvement est-il trop lent
par manque de torsion, la couche sera trop
épaisse, surtout sur les bords, l'action centrifuge
n'ayant pas été assez forte pour projeter le liquide surabondant, qui s'est seulement accumulé
sous forme de bourrelet sur les bords de la
glace. C'est une affaire de pratique et d'observation. Les verres de petite dimension sont plus
faciles à préparer ; on les couvre d'albumine
par affleurement sur ce liquide, placé dans une
cuvette légèrement inclinée, et on égalise la
couche au moyen de la ventouse suspendue à
un fil, comme on le fait pour les grandes glaces.
Dès que l'albumine forme sur la surface des
verres ou des glaces une couche uniforme, on
enlève l'excédent réuni sur les tranches au
moyen de bandes de papier buvard, et sans les
séparer de la ventouse on les transporte, face en
dessous, sur trois blocs à caler dont l'extrémité supérieure se termine en pointe aiguë, qui

servent de support à la glace ; ces blocs sont convenablement placés pour que les pointes ne supportent la glace qu'en trois points placés très près des bords. Les blocs reposent eux-mêmes sur une plaque métallique que l'on peut chauffer en dessous au moyen d'une lampe à alcool.

La dessiccation est vite obtenue, et les glaces en cet état peuvent se conserver un temps indéfini à l'abri de l'humidité ; il n'y aura qu'à les sensibiliser au fur et à mesure des besoins, car, après cela, elles ne se conserveront pas en bon état au delà de cinq à six jours.

La sensibilisation se fera sur un bain de nitrate d'argent à 10 0/0, auquel on ajoutera également 10 0/0 d'acide acétique cristallisable. On immergera la glace d'un coup ; tout temps d'arrêt sera marqué par un fil ; ces lignes sont formées par la rétraction que subit l'albumine au moment ou le nitrate d'argent la coagule ; au bout de trois minutes environ, les réactions qui doivent s'opérer et que nous avons indiquées plus haut sont complètes. Il faut maintenant débarrasser la glace du nitrate d'argent libre qui reste dans la couche ; sans cela l'altération de la surface serait très rapide. On y procède par un lavage dans trois cuvettes renfermant une large provision d'eau distillée, et en dernier lieu sous une nappe de liquide provenant d'une pissette.

Il n'y a plus qu'à laisser sécher la glace verticalement sur un chevalet. Si on les recouvre d'un préservateur (tanin, acide gallique) avant de procéder au séchage, on pourra conserver les glaces durant douze à quinze jours sans qu'elles présentent des traces de voile ou de réduction. (Pour tout ce qui concerne l'exposition, le développement et le fixage des glaces à l'albumine, consulter les articles : Acide pyrogallique, Acide gallique, Exposition, Développement, Fixage.)

Dans le but de donner plus de porosité à la couche d'albumine et la rendre plus rapide, plus apte à être pénétrée par les révélateurs, on a proposé d'ajouter à la solution d'albumine iodurée et bromurée de la gomme, de la dextrine ou du sucre.

3° *Applications diverses.* — L'albumine a reçu une autre application dans les procédés négatifs, je veux parler du collodion sec albuminé, plus connu sous le nom de procédé Taupenot, dont les résultats que nous en obtenions il y a une dizaine d'années excitent toujours notre admiration. Nous aurons l'occasion d'en dire quelques mots à l'article *Collodion sec.*

M. Audra a préconisé, dans le but d'obtenir des glaces au gélatino-bromure très propres, exemptes des taches dites de graisse, d'ajouter à l'émulsion lavée environ 5 à 6 0/0 d'albumine.

Une gélatine qui fournit seule de nombreuses taches de cette nature fournit, au contraire, des couches absolument propres après cette addition ; elle est donc à recommander quand on prépare les émulsions par le procédé ammoniacal qui donne souvent des glaces criblées de taches opaques que l'albumine fait totalement disparaître. Il est évident qu'après que l'émulsion a été additionnée d'albumine, elle ne doit pas être portée à une température supérieure à 55° C., pour en éviter la coagulation.

La purification de la gélatine au moyen d'un blanc d'œuf, avant de la faire entrer dans la préparation des émulsions, conduit à peu près aux mêmes résultats que celui indiqué par M. Audra ; mais la gélatine ainsi purifiée renferme des produits solubles, que lui a cédés l'albumine, et qui forment avec le nitrate d'argent, au moment de la préparation de l'émulsion, un dépôt grossier que l'on enlève du reste facilement par décantation et filtration, opérations qu'on lui fait d'ailleurs toujours subir avant de l'étendre sur les glaces.

Cette purification s'opère de la manière suivante : pour un litre de solution de gélatine à 15 0/0 portée à la température de 35°, on ajoute l'albumine obtenue d'un blanc d'œuf, on mélange intimement et on porte le tout au bain-marie bouillant pendant un quart d'heure.

On filtre à chaud pour séparer le coagulum d'albumine et les impuretés qu'il a emprison- nées.

La solution claire est employée aux doses et aux moments indiqués dans l'article qui concerne les émulsions du gélatino-bromure.

*Applications de l'albumine aux procédés positifs.* — La plus importante de toutes les applications photographiques de l'albumine est bien certainement celle de la préparation du papier albuminé. Ce produit, sensibilisé ou non, étant un produit absolument commercial, je me dispenserai d'en donner le mode préparatoire, je me contenterai d'indiquer les qualités qu'il doit posséder.

Le papier albuminé consiste en du papier de choix, spécialement fabriqué pour cet objet, qu'on a recouvert d'albumine chlorurée à un état de concentration plus ou moins grand soit d'albumine, soit de chlorure. Plus l'albumine est concentrée, plus le papier est brillant. Suivant la quantité de chlorure, on aura des papiers qui après sensibilisation renfermeront ou une très faible dose de chlorure d'argent ou une proportion importante. L'excès dans l'un ou l'autre sens présente des inconvénients; avec une dose exagérée de chlorure alcalin, on appauvrira rapidement le bain sensibilisateur et les images seront lourdes et empâtées; si au

contraire l'albumine ne renferme que quelques
millièmes de chlorure alcalin, comme cela se
pratique pour la préparation de quelques papiers,
dits économiques, on n'obtiendra que des
images faibles sans vigueur, lentes à venir, et
de plus ces papiers seront difficiles à sensibiliser
sans produire des taches. Les papiers préparés
sur une solution d'albumine renfermant de
3 à 4 0/0 de chlorure alcalin sont ceux qui se
trouvent dans les meilleures conditions. Une
expérience faite sur un tel papier renseignera
facilement sur ce que doit fournir tel autre d'un
dosage à peu près égal. On pourrait d'ailleurs
se renseigner plus rigoureusement en sachant
qu'un papier à 4 0/0 nécessite, par feuille,
2 grammes de nitrate d'argent environ, pour la
transformation du chlorure alcalin en chlorure
d'argent. Si on veut essayer un papier quelconque, on titre 100$^{cc}$ du bain avant et après
la sensibilisation d'une demi-feuille; la différence entre les résultats des deux analyses
indique d'une façon très approchée, et par une
simple proportion, la quantité de chlorure alcalin
contenue dans l'albumine qui a servi à préparer
le papier que l'on essaye.

La sensibilisation du papier se fait sur un
bain d'azotate d'argent dont le titre ne doit
guère s'élever au-dessus de 12 00, ni s'abaisser au-dessous de 9 à 10 0/0; ce bain est

neutralisé, ou même rendu légèrement alcalin,
en l'additionnant d'une solution de bicarbonate
de soude, jusqu'à ce que l'on constate la précipitation d'une petite quantité de carbonate
d'argent qu'on laisse déposer, après quoi on
filtre la partie claire dans la cuvette de sensibilisation. Comme le bain positif se charge des
sels provenant de la double décomposition qui
s'opère durant la sensibilisation, que des produits organiques provenant des parties solubles
de l'albumine le colorent, il est préférable de
n'en préparer qu'une quantité assez faible, et
de le renouveler, lorsqu'il ne donne plus les
mêmes résultats que dès le début.

Il est bien possible de décolorer ces bains
positifs, soit au moyen d'une petite quantité
d'alun ou de permanganate de potasse, qui précipite les matières organiques, soit au moyen
du kaolin ou de quelques gouttes d'une solution
de chlorure de sodium, qui entraîne mécaniquement ces mêmes impuretés, le chlorure de
sodium donnant naissance à du chlorure d'argent insoluble, qui agit de la même façon que le
kaolin.

Ces moyens de restauration peuvent être
employés une ou deux fois, après quoi il vaut
mieux mettre le bain d'argent aux résidus et en
composer un neuf.

Le papier doit être mis en contact avec la

surface du bain d'argent d'une manière régulière, sans temps d'arrêt, qui produirait des
fils pour la même raison que celle que j'ai indiquée à propos des glaces à l'albumine, on
écarte autant que possible les bulles d'air, que
l'on détruit d'une façon complète en soulevant
la feuille dès qu'elle a repris sa planimétrie, et
la remettant de nouveau en contact avec le bain
pendant le temps nécessaire à la sensibilisation complète. Généralement durant l'été deux
minutes sont nécessaires pour cette opération;
avec les temps froids, on laisse flotter le papier
cinq minutes sur le bain d'argent. Dans tous
les cas, ce temps doit être assez long pour que
le nitrate d'argent imprègne toute l'épaisseur
de la couche d'albumine, sans gagner sensiblement les pores du papier. On s'assure d'ailleurs
d'une façon très précise du moment où les conditions ci-dessus sont remplies, en passant sur
le dos de la feuille et dans un angle un pinceau
fin imbibé d'une solution faible de chromate
jaune de potasse. Dès que l'on perçoit que le
trait prend la coloration rougeâtre, propre au
chromate d'argent, la sensibilisation est complète et on soulève définitivement la feuille, que
l'on égoutte au-dessus de la cuvette et que l'on
suspend pour procéder à une dessiccation aussi
rapide que possible, après quoi le papier peut
être imprimé ou être conservé dans un endroit

très sec. Malgré cette précaution, le papier
sensibilisé sur bain neutre ou légèrement alcalin
ne pourra se conserver plus de deux à trois jours
sans jaunir et devenir inutilisable; j'ai même
rencontré des papiers qui, bien que traités
avec toutes les précautions possibles, jaunis-
saient en quelques heures; or, comme les papiers jaunis, malgré la décoloration que leur
font en partie subir les bains de virage (surtout
ceux qui renferment du chlorure de chaux) ou
les bains de fixage, donnent des images moins
fraîches, l'amateur, pour éviter cet inconvénient,
devrait s'astreindre à ne préparer le papier qu'au
fur et à mesure du besoin, ce qui n'est pas très
pratique; aussi, bien que les résultats obtenus
en sensibilisant les papiers sur bains acides
soient un peu moins beaux, ils présentent du
moins l'avantage et l'agrément de se conserver
blancs durant quelques semaines. Voici une
formule de bain acide.

Eau................... 100 cent. cubes.
Nitrate d'argent........ 10 grammes.
Acide citrique......... 3 —

J'ai déjà signalé l'acide perchlorique comme
pouvant avantageusement remplacer l'acide citrique, en ce sens qu'il conserve tout aussi bien
la blancheur du papier sensibilisé et que le virage
est plus facile. En effet, les acides rendent tou-

jours l'opération du virage plus longue et s'opposent aux colorations si riches que l'on obtient si facilement avec les papiers neutres. Pour combattre ces causes perturbatrices, dues à la réaction acide du papier sensibilisé sur les bains de composition analogue à celui dont la formule se trouve quelques lignes plus haut, on ne doit jamais négliger de saturer cette acidité au moyen de quelques centimètres cubes d'une solution saturée de bicarbonate de soude, ajoutée à la deuxième eau de lavage, dans laquelle on immerge les épreuves avant de les virer. C'est pour éviter cet emploi des bains acides et les inconvénients qui en sont la conséquence que Monckoven a proposé d'ajouter au bain de sensibilisation une forte dose d'un sel neutre, l'azotate de magnésie; ce bain est ainsi formulé par son auteur :

    Eau distillée.......... 100 cent. cubes.
    Nitrate d'argent....... 12 grammes.
    Azotate de magnésie... 12    —

Ce bain peut servir jusqu'à épuisement, en ayant soin de lui ajouter 10 centimètres cubes d'une solution de nitrate d'argent à 20 0/0, c'est-à-dire 2 grammes de sel d'argent par feuille sensibilisée.

Nous aurions enfin à signaler les solutions préservatrices, sur lesquelles on fait flotter l'envers de la feuille sensibilisée sur bain neutre, après l'avoir égouttée. Ces solutions sont généralement composées d'une assez forte dose d'acide citrique et d'acide tartrique dissous dans une eau légèrement gommée ; certaines formules comprennent même de l'acide chlorhydrique. Je ferai remarquer, comme je l'ai dit à l'article ACIDE CITRIQUE, que je ne suis pas partisan de cette dernière addition ; car je démontre, en parlant de l'exposition du papier albuminé, qu'il est nécessaire, pour la vigueur des positives, que le papier renferme une certaine quantité de nitrate d'argent libre, ce qui ne saurait être en présence de l'acide chlorhydrique, qui a pour effet de le transformer, sinon totalement en chlorure, si le flottage n'est pas assez prolongé, du moins d'en réduire la proportion à des doses très faibles et insuffisantes.

J'ai donné toutes ces formules pour la sensibilisation du papier albuminé, parce que, dans bien des circonstances ou dans des pays éloignés, il faut pouvoir disposer de toutes les ressources ; mais elles sont presque inutiles à la majorité des amateurs, qui s'approvisionnent de papier sensible se conservant. Beaucoup de maisons nous l'offrent aujourd'hui à un prix inférieur à celui que devrait y consacrer le photographe qui veut le préparer lui-même, et aussi avec des qualités

qui le rapprochent beaucoup du papier fraîchement sensibilisé sur bain neutre. Si, après avoir
reçu le papier, on a la précaution de le débiter
aux dimensions sous lesquelles on doit l'employer, qu'on le conserve à plat dans la petite
armoire à dessiccation décrite dans l'article Air,
on aura une provision de papier utilisable durant
un temps très long. On peut aussi l'intercaler
entre les feuillets d'un cahier de papier buvard,
passé dans une solution de carbonate de soude
à 8 0/0 et que l'on a parfaitement séché ensuite.

Pour tout ce qui concerne l'exposition, le
virage et le fixage du papier albuminé, consulter les différents articles où ces opérations
sont décrites suivant leur ordre alphabétique.

*Applications diverses.* — Nous venons de
passer en revue les principales applications
photographiques de l'albumine que l'amateur
peut être appelé à exécuter lui-même; il me
reste à dire quelques mots de quelques autres
moins importantes pour lui, puisqu'elles sortent
généralement du cadre des opérations qu'il entreprend ou qui sont moins courantes.

De ce nombre, je citerai en premier lieu
l'emploi du papier albuminé coagulé dans les
tirages au charbon. Dans le procédé par simple
transfert, on superpose le papier mixtionné
insolé, avant de procéder au développement,

sur un papier albuminé dont l'albumine a été
coagulée par la vapeur ou immersion dans l'alcool fort. Dès que l'on a obtenu l'adhérence des
deux surfaces, on soumet au bain d'eau chaude
destiné à dépouiller l'image. (Voyez DÉVELOP-
PEMENT DES ÉPREUVES AU CHARBON.)

Dans les impressions photographiques aux
encres grasses, dans la phototypie, puisque ce
nom a prévalu, la couche de gélatine qui forme
la surface imprimante doit être très adhérente
à son support, pour résister aux efforts de la
presse et pouvoir fournir de nombreux exemplaires. Un des moyens conseillés pour obtenir
cette grande adhérence consiste à recouvrir la
glace d'un premier substratum d'albumine bichromatée, que l'on rend insoluble en l'insolant
par le dos, de façon à n'insolubiliser complètement que la partie de la couche en contact avec
le verre; la face libre, ne l'étant que partiellement, reste susceptible de s'incorporer à la gélatine dont on la recouvrira. Cette solution d'albumine bichromatée a la composition suivante :

| | |
|---|---|
| Eau...................... | 100 cent. cubes. |
| Ammoniaque............. | 60 — |
| Bichromate de potasse. | 2$^{gr}$,50 |
| Albumine............... | 120 cent. cubes. |

Au lieu d'albumine bichromatée, certains
opérateurs préfèrent recouvrir les glaces sup-

5.

port d'une couche d'albumine renfermant de 2 à 3 0/0 de silicate de potasse, qu'on laisse parfaitement sécher avant de les recouvrir de gélatine bichromatée.


**ALCOOLS**. — Sous le nom d'alcools, on comprend en chimie des principes neutres, composés de carbone, d'hydrogène et d'oxygène, capables de s'unir directement avec les acides et de les neutraliser en formant des *éthers ;* cette union est accompagnée par la séparation des éléments de l'eau. Les principes susceptibles de satisfaire à ces conditions sont fort nombreux. Aussi on les a groupés en séries ou classes, qui comprennent chacune les alcools qui ont le même mode de formation. Nous n'aurons à étudier sous le nom d'*alcools* que ceux dits *d'oxydation*, et encore bornerons-nous notre étude aux deux qui ont reçu des applications photographiques, à savoir : l'alcool méthylique et l'alcool éthylique ou alcool proprement dit. Quand nous aurons, dans la suite, à décrire un corps, que son mode de formation ou ses propriétés font ranger dans cette grande famille des alcools, nous aurons soin de le rappeler.


**Alcool méthylique** ($C^2H^4O^2$ ou $C^2H^2, H^2O^2$). — L'alcool méthylique, que l'on nomme encore

*alcool de bois* et improprement *méthylène*,
est un liquide mobile d'une odeur spiri-
tueuse, très franche lorsqu'il est pur, mais
possédant souvent une odeur empyreumatique
parce qu'il n'a pas été purifié de tous les
produits qui passent avec lui à la distillation. Sa
densité est à zéro de 0, 814; il bout à 66°, brûle
avec une flamme bleue peu éclairante. Il se
mêle à l'eau en toutes proportions, ses propriétés dissolvantes sont intermédiaires entre
celles de l'eau et celles de l'alcool ordinaire.

*Préparation.* — On retire l'alcool méthylique
des produits de la distillation du bois, où il
se trouve dans les proportions d'un centième
environ. Sa purification est difficile, car les
autres produits qui l'accompagnent ont un
point d'ébullition qui se rapproche du sien.
L'alcool méthylique commercial, obtenu par des
distillations répétées, à une température comprise entre 60 et 70°, renferme encore de l'acétone
et de l'éther méthylacétique. L'alcool méthylique pur exige pour sa préparation des opérations assez complexes qui en font un produit
coûteux, de sorte que dans les opérations photographiques où il est question de méthylène,
d'acétate de méthyle, on entend toujours dési-
gner l'alcool méthylique impur ou commercial,
qui est, au contraire, à plus bas prix, plus économique que l'alcool dit de vin, et a d'ailleurs

des propriétés particulières qui en font rechercher l'emploi.

*Usages.* — L'alcool méthylique peut remplacer l'alcool ordinaire pour alimenter les lampes à alcool. Il dissout très bien le coton-poudre. M. Balagny a mis à profit cette propriété de l'alcool méthylique impur, c'est-à-dire renfermant de l'acétone, dans les proportions de 22 à 25 0/0, pour composer un collodion qui fournit une couche très tenace et inextensible dont voici la formule :

| | |
|---|---|
| Éther à 62°................ | 100 cent. cubes. |
| Alcool dénaturé à 95° (1).... | 100    — |
| Coton-poudre à basse température................ | 2 grammes. |
| Huile de ricin............. | 4 cent. cubes. |

Il indique ce collodion pour la confection des pellicules transparentes au gélatino-bromure, ce que l'on nomme des *plaques souples*.

L'alcool méthylique, ajouté en faible proportion aux vernis à la gomme-laque, prévient le dépôt d'une matière cireuse blanche qui s'opère sans cela durant plusieurs mois après leur préparation. Dans beaucoup de vernis alcooliques,

---

(1) Cet alcool dénaturé est ainsi composé :

| | |
|---|---|
| Alcool ordinaire à 95°............. | 80 cent. cubes. |
| Alcool méthylique impur à 90°..... | 20    — |

l'esprit de bois peut remplacer l'alcool ordinaire en augmentant un peu la dose du dissolvant.

**Alcool éthylique ou alcool ordinaire**, $C^4H^6O^2$ ou $C^4H^4(H^2O^2)$. — *Préparation.* — Tout le monde sait que les solutions sucrées sont susceptibles de fermenter sous l'influence d'un ferment spécial (la levure de bière), et qu'après un certain temps, si la liqueur n'est pas trop fortement concentrée, elle ne renferme plus du tout de sucre, celui-ci s'étant transformé sous l'influence du ferment en alcool et acide carbonique.

L'action du ferment est complexe ; plusieurs phases seraient à noter durant cette transformation des matières sucrées, leur étude nous montrerait que la production d'alcool et d'acide carbonique que nous venons de signaler est accompagnée de la formation de produits secondaires, mais passons. Comme le vin est le premier liquide d'où l'alcool fut retiré, on donne encore à l'alcool ordinaire le nom *d'alcool de vin ;* celui que l'on peut se procurer dans le commerce a rarement aujourd'hui cette provenance ; il provient soit de la distillation des marcs, des jus ou macération de betteraves, ou encore des traitements des glucoses extraits des grains (orge, blé, maïs), des pommes de terre.

Tous ces alcools sont souillés par des alcools dits supérieurs (alcool amylique), qui s'y rencontrent en fort petites quantités, il est vrai, depuis que les appareils distillatoires ont été grandement perfectionnés, ou que de nouvelles méthodes de rectification sont même mises en usage.

Néanmoins, ces alcools de grains ou de marcs ne laissent pas que de présenter de graves inconvénients pour la santé lorsqu'ils sont destinés à la consommation. Au point de vue des usages photographiques, ces minimes quantités d'alcool amylique ne présentent aucun effet nuisible; tout alcool qui marque 95 à 96° à l'alcoomètre de Gay-Lussac et qui, versé en petite quantité sur la main, ne laisse pas, après évaporation, percevoir une odeur désagréable peut être utilisé. L'alcool absolu (à 100° Gay-Lussac) ou complètement déshydraté peut être quelquefois indispensable ; cela est assez rare, et j'aurai soin d'indiquer le degré de l'alcool dont on doit faire usage, toutes les fois que celui-ci figure dans une formule. J'ai à peine besoin d'indiquer que la richesse d'un alcool ou son degré s'estime au moyen d'un densimètre, à graduation spéciale pour cet objet, qui a été établie par Gay-Lussac. Je rappelerai seulement que les indications de l'alcoomètre doivent toujours être corrigées, en les ramenant au moyen des tables dressées pour cet objet à la température de 15°. On plonge donc un thermomètre dans l'alcool dont on veut essayer le degré pendant un temps assez long pour qu'il y ait égalité de température ; après quoi on observe le degré indiqué d'une part par le thermomètre et de l'autre par l'alcoomètre ; la table fait connaître la correction à faire, en plus ou en moins, suivant que la température de l'alcool est au-dessous ou au-dessus de $+ 15°$ C.

*Propriétés et usages.* — L'alcool se mélange à l'eau en toutes proportions ; comme ce corps, s'il est même moyennement concentré, est très avide d'eau, on constate une élévation de température à la suite de ce mélange. Si l'eau est aérée, on voit une multitude de petites bulles se dégager du liquide, car l'air est à peine soluble dans l'alcool concentré ou étendu ; c'est pour une raison semblable que si l'on dédouble l'alcool avec de l'eau ordinaire, toujours plus ou moins calcaire, le mélange se trouble bientôt et laisse déposer au fond du vase une couche blanche, formée de carbonate et de sulfate de chaux, substances qui sont bien moins solubles dans l'alcool étendu que dans l'eau.

Les principales applications photographiques de l'alcool résident dans son emploi à la préparation du collodion simple (ou normal), ou io-

duré et bromuré ; puis vient la fabrication des
vernis, pour lesquels on emploie souvent de
l'alcool dit *dénaturé*, dont la composition est, à
peu de chose près, celle que nous avons indiquée en parlant de l'alcool méthylique. L'alcool
dénaturé étant dégrevé des droits énormes qui
pèsent sur l'alcool de consommation, il en résulte une grande économie.

On emploie encore l'alcool pour hâter la dessiccation des clichés au gélatino-bromure. Toute
substance imbibée d'eau, telle que l'est un
cliché que l'on vient de laver, mise en contact
avec de l'alcool, cède son eau à ce liquide ; dans
la masse du corps humide, l'alcool prend la
place de l'eau ; or, comme l'alcool est un corps
volatil, on comprend qu'en passant le cliché
dans deux cuvettes qui renferment une large
provision de ce liquide on puisse obtenir en une
demi-heure au plus la dessiccation, qui demanderait, sans cet artifice, près d'une journée en
hiver et plusieurs heures en été. C'est donc un
procédé qui peut rendre des services en voyage.
D'ailleurs, on peut se servir longtemps des deux
mêmes doses d'alcool, en ayant soin de les
verser dans des flacons séparés et de ne pas
intervertir l'ordre de leur emploi. Celui de la
première cuvette perd assez vite son degré
élevé et devient moins actif, tandis que le second baisse beaucoup moins vite.

L'alcool destiné à la préparation du collodion ioduré et bromuré, ou même du collodion normal, qui doit être ioduré et bromuré au fur et à mesure des besoins, au moyen de solutions alcooliques de ces sels, ne doit pas être acide. Cette constatation doit être faite, parce que l'on rencontre quelquefois de l'alcool provenant de la distillation de liquides partiellement aigris qui renferment de petites quantités d'acide acétique ; l'on a constaté que les collodions photographiques, préparés avec de l'alcool présentant cette cause d'impureté, sont plus altérables.

Le degré nécessaire pour qu'un alcool soit susceptible de fournir un bon collodion ne doit pas être inférieur à 95 degrés centésimaux (ou 40° Cartier) ; l'alcool d'un degré tant soit peu inférieur donnera des collodions présentant des réseaux très marqués, tandis qu'ils ne sont visibles qu'au moyen d'une forte loupe si le degré est convenable et le pyroxyle de bonne qualité.

Les solutions iodurées et bromurées destinées à être ajoutées au collodion normal dans le but de l'iodurer et de le bromurer, ou de le sensibiliser, comme on dit très improprement, doit présenter ce même degré élevé ; certains auteurs recommandent même de l'alcool absolu. M. A. Martin a fait remarquer, en effet, que les iodures et bromures de cadmium retiennent presque toujours une petite quantité d'oxyde de cadmium ; un tel mélange est soluble dans l'eau ou dans l'alcool hydraté, tandis que l'alcool absolu dissout seulement l'iodure et le bromure de cadmium, l'oxyde restant à l'état de dépôt que l'on doit enlever par filtration, car l'oxyde de cadmium hâte la décomposition des collodions.

Il peut être utile d'évaluer en volumes les poids d'alcool indiqués dans un grand nombre de formules, car il est plus expéditif de mesurer que de peser, et quelquefois plus exact, si on a le soin préliminaire de rejeter tous les verres et éprouvettes gradués dont la graduation n'est pas exacte ; cela, je dois en prévenir le lecteur, est assez fréquent et mérite un contrôle. Pour cette évaluation, on se basera sur les données ci-après :

100 centimètres cubes d'alcool absolu pèsent 80 grammes (ou mieux 79$^{gr}$,50).

100 centimètres cubes d'alcool à 95 degrés pèsent 82 grammes.

**Aluns.** — On désigne sous le nom général d'aluns des sels résultant de la combinaison de 1 équivalent de l'un des sulfates de protoxyde de potassium, de sodium, d'ammoniaque, de rubidium ou de cæsium, avec 1 équivalent de l'un des sulfates de sesquioxyde d'aluminium, de chrome, de fer ou de manganèse, et 24 équivalents d'eau. Tous ces aluns ont la forme de l'alun ordinaire, ils appartiennent au système cubique, et peuvent cristalliser ensemble, sans que la forme du composé en soit altérée.

On dit qu'ils sont isomorphes, pour exprimer cette remarquable propriété.

En photographie, on emploie pour les mêmes usages trois sortes d'aluns : L'alun de potasse ou alun ordinaire :

$$KO,SO^3 + Al^2O^3,3SO^3 + 24HO;$$

L'alun d'ammoniaque, qui remplace presque toujours le premier, à cause de son plus bas prix, et qui a d'ailleurs sensiblement les mêmes propriétés, sa formule est :

$$AH^4O,SO^3 + Al^2O^3 3SO^3 + 24HO,$$

Et l'alun de chrome, qui est un sulfate de potasse et de sesquioxyde de chrome :

$$KO,SO^3 + Cr^2O^3,3SO^3 + 24HO.$$

Je ne dirai rien de la préparation des aluns, qui constituent des produits industriels ; on les trouve à bas prix dans le commerce, et je passerai rapidement en revue leurs applications aux opérations photographiques.

La gélatine, mise en contact avec une solution assez concentrée de l'un des trois aluns que nous avons cités, subit une espèce de tannage qui la rend moins soluble dans l'eau chaude, ou du moins la température de cette dernière doit être plus élevée pour en opérer la dissolution ; de même si, dans l'eau qui est destinée à dissoudre de la gélatine, on ajoute une faible quantité d'alun ordinaire, ou mieux encore d'alun de chrome, on constatera que la dissolution se prend en gelée.à une température de 2 à 4° plus élevée, que cette gelée est plus consistante. On constate encore que, si on veut la redissoudre au moyen de la chaleur, il faut élever la température de 5 à 20° plus haut pour obtenir cette nouvelle dissolution ; plus on a ajouté d'alun, plus la température doit être élevée. Sous l'influence d'une proportion de 5 0/0 d'alun de chrome (rapportée au poids de la gélatine sèche), la gelée ne fond plus que difficilement et à une température élevée (70° C. environ); les pellicules sèches qui en proviennent sont dures comme de la corne et n'absorbent plus l'eau que difficilement et en très petite quantité.

Cette propriété nous donne facilement la raison des diverses applications photographiques de l'alun. Toute gélatine trop tendre, absorbant facilement l'eau et en trop grande quantité, ce qui rend les couches de gélatino-bromure fragiles et susceptibles de se plisser, de se détacher même de la glace, sera améliorée par l'addition de $0^{gr},50$ à 1 gramme d'alun ordinaire par 100 centimètres cubes d'émulsion. On constatera également, en agissant ainsi, que l'émulsion coulée sur les glaces se fige plus rapidement ; donc, quand bien même la gélatine ne serait pas sujette à donner des couches qui présenteraient les inconvénients que nous venons de signaler, cette addition pourrait encore être utilement mise à profit, quand il s'agit de préparer des glaces au gélatino-bromure au moment où la température est très élevée et que l'émulsion fait difficilement prise sur les glaces. Il faudra éviter une addition d'alun ordinaire plus forte que le maximum de 1 0/0 d'émulsion, que nous avons indiqué, et s'abstenir d'employer l'alun de chrôme, les glaces devenant sous son action très peu perméables au bain de développement et à tous ceux auxquels il faut les soumettre dans la suite.

Lorsqu'il s'agit, au contraire, de durcir la gélatine d'un cliché ou d'une diapositive terminée, pour rendre leur surface plus résistante, moins perméable à l'humidité, une solution d'alun de chrome à 5 0/0, à cause même de ses effets plus marqués, devra être préférée à une solution à 10 0/0 d'alun ordinaire. M. de la Ferronnays a conseillé d'introduire de l'alun dans le bain d'hyposulfite de soude ; on obtient ainsi du même coup le fixage et le durcissement de la couche, le cliché sort brillant et très propre de ce bain. Ne doit-on pas remarquer cependant que, par suite de ce mélange, une certaine quantité de soufre est précipitée et que la présence de ce corps (restant bien, si l'on veut, à la surface de la gélatine) doit être soigneusement évitée à cause des sulfurations qui peuvent en résulter. Je veux bien que ce ne soit là qu'une crainte purement théorique; je la crois néanmoins suffisamment fondée pour ne pas me faire admettre l'association de l'alun et de l'hyposulfite de soude, préférant employer primitivement le bain de fixage à l'hyposulfite seul, et ensuite faire agir l'alun, après un lavage à trois ou quatre eaux, renouvelées de dix en dix minutes.

En agissant ainsi, on donne la même transparence au cliché, et de plus l'alun employé à ce moment élimine par endosmose les dernières traces d'hyposulfite. Une des raisons qui me portent le plus à séparer les deux actions de l'hyposulfite et de l'alun, c'est, comme je l'ai dit, la crainte d'amener la sulfuration de l'argent réduit. N'ayant guère mis en pratique ce bain double, je n'ai pu m'assurer, par une expérience de longue durée, que mes craintes étaient fondées en ce qui concerne les clichés; mais je l'ai constatée à bref délai sur des épreuves au chlorure d'argent qui avaient été fixées au moyen d'un bain d'hyposulfite aluné. Au bout de très peu de temps, elles avaient pris une teinte géné-

rale jaunâtre, m'indiquant la formation du sulfure d'argent.

Ma conclusion est donc celle-ci : si, après le
développement à l'acide pyrogallique ou celui
au fer, vous passez vos clichés dans un bain
d'alun acidulé pour les décolorer ou consolider
la gélatine, lavez-les avant de les fixer dans
trois ou quatre eaux successives.

Ne les soumettez à un bain d'alun acide ou
neutre, après le fixage, qu'après les avoir, en
très grande partie, privés par plusieurs lavages
de l'hyposulfite qu'ils retenaient.

Peut-être obtiendrez-vous moins du bain
d'alun, comme action décolorante, mais vous
serez moins sujet à voir vos clichés changer
de teinte, bien qu'ici la couleur ait une importance moins grande que lorsqu'il s'agit de positives.

Dans le procédé au charbon, dès que l'image
est fixée sur son support définitif, on la passe
dans un bain d'alun à 4 0/0 où elle séjourne
quelques minutes, afin de donner plus de corps
à la gélatine. On traite de même les images
photoglyptiques.

L'alun peut encore servir à clarifier les eaux
troubles, que l'on se verrait obligé d'employer
en excursion pour les lavages. Deux décigrammes d'alun par litre clarifient rapidement
les eaux les plus terreuses; on sépare le pré-

cipité par la décantation ou par le filtre. On admet que le bicarbonate de chaux contenu dans l'eau précipite une quantité équivalente de sous-sulfate d'alumine qui entraîne avec lui les matières terreuses.

C'est par une action semblable que l'alun sert à clarifier les bains d'argent positifs légèrement alcalins.

**Amidon** ($C^{12}H^{10}O^{10}$). — L'amidon ou fécule est l'un des corps les plus répandus dans le règne végétal; on le trouve en grande quantité dans les céréales, dans les pommes de terre, la plupart des racines, etc... Il est sous forme de grains microscopiques, contenus dans les cellules des diverses parties des végétaux. La matière amylacée que l'on extrait des pommes de terre et de diverses racines tuberculeuses porte plus spécialement le nom de fécule; l'amidon s'extrait du blé, du maïs et des graines des légumineuses.

L'amidon ne sert, en photographie, que pour obtenir la colle d'empois destinée à faire adhérer les épreuves positives aux cartons ou bristols qui doivent leur servir de support. Quoique ce soit là une opération élémentaire et fort simple, on voit très souvent de très bonnes épreuves dépréciées parce qu'elle a été mal faite. La colle, pour qu'elle soit de bonne qualité et susceptible de répondre au but que l'on en attend, doit n'être pas trop épaisse, afin qu'elle puisse s'étendre uniformément et ne pas produire d'inégalités d'épaisseur ; ne pas contenir des grains de poussière ou des matières étrangères, qui marquent sur les épreuves et peuvent même les déchirer si elles sont anguleuses et un peu grosses ; cette colle ne doit pas non plus être trop claire, auquel cas les épreuves manquent d'adhérence, surtout vers les marges, et se décollent. Les proportions suivantes donnent une colle d'amidon de bonne consistance : on délaye 10 grammes d'amidon dans 50 centimètres cubes d'eau auxquels on a ajouté 15 à 20 centigrammes de bicarbonate de soude ; on verse le tout dans 180 grammes d'eau bouillante ; on continue l'ébullition jusqu'à ce que la couleur blanc mat de l'amidon ait disparu et que l'on ait obtenu une masse semi-transparente légèrement bleutée. On passe le tout à travers une mousseline pour séparer les corps étrangers et la colle est prête à servir.

Il ne faut pas la conserver plus de deux jours, car déjà en été, après ce laps de temps, elle est devenue acide, malgré l'addition de la petite quantité de bicarbonate de soude dont il a été question. Sous cet état, elle est préjudiciable aux épreuves aux sels d'argent.

On pourrait, à la rigueur, remplacer la colle

d'amidon par de la colle à la dextrine ; mais cette dernière est presque toujours acide et colorée : on s'expose donc à une altération des épreuves ou à salir les cartons. La gomme arabique seule, ou additionnée d'une petite quantité d'alun, est surtout employée sous forme de solution épaisse pour coller les épreuves offrant une certaine épaisseur, telles que celles dites émaillées.

La colle d'amidon additionnée de $0^{gr},25$ de bichromate de potasse pour cent devient insoluble à la lumière ; elle peut donc être utile pour confectionner ou réparer des cuvettes en bois garnies de verre. La colle d'amidon bichromatée sert à garnir une face des verres d'un papier quelconque ; on l'insolubilise par exposition d'une heure ou deux au soleil ; ensuite, au moyen de colle forte bichromatée, on fait adhérer le papier au cadre en bois.

L'arrow-root, qui est une fécule extraite des racines des *maranta arundinacea* et *indica*, traité de la même façon que l'amidon, fournit une gelée dont on se sert comme encollage du papier dans le procédé au platine et même pour certains papiers au chlorure d'argent devant donner un ton noir. Cet encollage se fait au moyen d'une gelée peu épaisse (10 grammes d'arrow-root, 800 grammes d'eau), que l'on additionne de 200 grammes d'alcool, afin qu'elle pénètre mieux les pores du papier. On l'étend au moyen d'un large pinceau, dit « queue de morue », de manière à obtenir une surface très régulière que l'on fait sécher ensuite.

**Ammoniaque** ($AzH^3$). — Ce que l'on désigne sous le nom d'ammoniaque liquide ou d'alcali volatil est une solution plus ou moins concentrée de gaz ammoniac ($AzH^3$) dans l'eau. Cette solution a toutes les propriétés du gaz ammoniac; elle le remplace toujours dans les laboratoires et les ateliers.

*Préparation.* — Un sel ammoniacal mis en contact avec de la potasse, de la soude ou de la chaux laisse dégager le gaz ammoniac; il se forme un sel de potasse, de soude ou de chaux et de l'eau :

$$AzH^4Cl + CaO = CaCl + AzH^3 + HO.$$

Telle est la base du procédé industriel qui sert à préparer l'alcali volatil. Le photographe ne le mettra jamais en usage, parce qu'il trouvera partout de l'ammoniaque liquide, mais souvent à un état de concentration insuffisant, ou bien celle qu'il pourra se procurer sera très impure; il pourra, avec celle-ci, obtenir néanmoins une solution pure et de concentration convenable. Pour arriver à ce résultat, il n'y a qu'à se munir d'un ballon à fond plat d'un litre de capacité environ, muni d'un tube abducteur plongeant jusque dans le fond d'un flacon de 500 centimètres cubes à moitié rempli d'eau distillée. On place le ballon dans un bain-marie dont on puisse lentement élever la température jusqu'à l'ébullition, et le flacon dans un vase quelconque garni d'eau froide jusqu'au niveau de l'eau distillée qu'il contient. Ceci disposé, chauffez le bain-marie; l'ammoniaque impure laisse peu à peu dégager, sous l'influence de la température qui monte progressivement, tout le gaz ammoniac qu'elle contenait; celui-ci vient se dissoudre dans l'eau du flacon, qui s'en sature, vu son faible volume par rapport à celui de l'ammoniaque commercial que l'on traite; de plus, les impuretés de cette dernière étant fixes et la nouvelle dissolution étant faite dans de l'eau distillée, finalement on obtient un peu plus de 250 centimètres cubes d'ammoniaque pure : je dis un peu plus de 250 centimètres cubes, car l'eau, en absorbant le gaz ammoniac, augmente de volume et diminue de densité; c'est pourquoi on recommande de faire arriver le tube adducteur de gaz ammoniac jusqu'au fond des flacons contenant l'eau distillée qui doit le dissoudre.

Pour qu'une solution de gaz ammoniac dans l'eau soit saturée, il faut qu'elle renferme, à la température de $+ 15°$, 785 litres de ce gaz.

*Propriétés.* — L'ammoniaque liquide possède une odeur forte, très pénétrante, qui provoque le larmoiement ; elle est incolore, a une saveur âcre ; elle exerce une action vésicante sur la langue et sur la peau. L'ammoniaque liquide ordinaire a une densité 0,92 et marque 22° à l'aréomètre Baumé ou 0.925 au densimètre. A cette concentration, elle renferme en poids 19.5 de gaz ammoniac et 80.5 d'eau.

On doit vérifier, par l'aréomètre de Baumé ou par le densimètre, l'ammoniaque dont on fait provision, afin de pouvoir faire les corrections nécessaires, toutes les fois qu'un volume ou poids *exact* d'ammoniaque à 22° est exigé par une formule. La table que l'on trouvera à la fin du volume, donnant la composition en centièmes des alcalis volatils que l'on peut rencontrer, permettra facilement de faire cette correction.

Un conseil qu'il est bon de mettre en pratique consiste à porter, au moyen d'eau distillée, à 22° l'alcali volatil que l'on achète à un volume exactement quadruple ou tout au moins double ; en agissant ainsi, la nouvelle solution, dont on aura soin d'employer un volume quatre ou deux fois plus fort, selon la dilution opérée, s'appauvrira beaucoup moins vite. Un flacon d'ammoniaque à 22°, conservé quelque temps en vidange, ne marque bientôt plus, surtout en été, que 20° ou même un degré encore plus infé-

6.

rieur, car il laisse dégager une partie du gaz qu'il tenait en dissolution ; l'odeur suffocante qu'il présente le témoigne assez clairement.

*Usages*. — Comme l'ammoniaque liquide du commerce est assez impure, pour les usages assez restreints de la photographie, on devra de préférence se munir d'ammoniaque purifiée. Cette dernière sera dans cet état si, chauffée dans une petite capsule, elle ne laisse pas de résidu ; saturée par un acide, elle ne doit pas se colorer, et la solution saline qui en résulte ne doit avoir aucune odeur. Toutefois, pour le polissage des glaces au moyen d'un mélange d'eau, de terre pourrie ou de craie, le tout additionné de 10 0/0 d'ammoniaque, on pourra employer le produit commercial ordinaire.

1° *Applications de l'ammoniaque aux procédés négatifs*. — Les alcalis, en général, ont la propriété de transformer le bromure d'argent peu sensible ou pulvérulent en bromure d'argent vert ou extra-sensible. Les carbonates de potasse, de soude ou d'ammoniaque possèdent la même propriété, mais à un degré moindre que leurs alcalis. Ainsi, une émulsion que l'on vient de préparer, et qui est donc peu sensible, deviendra, si on l'additionne d'ammoniaque, très sensible en l'abandonnant à la température ordinaire durant 24 heures ; examinée par transparence, primitivement elle ne laissait passer que des rayons jaunes; après la digestion, elle paraîtra bleue. Si la température de l'émulsion avait été portée à 50° environ, la transformation du bromure d'argent, qui nous a demandé 24 heures vers 15 à 20°, aurait été complète après trois quarts d'heure ou une heure; notons encore que si nous avions chauffé l'émulsion ou une température voisine de 100° C., le bromure d'argent aurait pris la teinte bleue en quelques minutes; mais nous aurions très probablement obtenu une émulsion fortement voilée. La conclusion de ceci est qu'il ne faut pas porter l'émulsion ammoniacale à une température supérieure à 45 ou 50° C., et ne l'y maintenir que quarante minutes au plus, pour être certain que les images conserveront la pureté nécessaire. V. Moncko-ven a donné des formules pour la préparation des émulsions ammoniacales dans ces limites de température. Henderson, de son côté, fit connaître, en 1882, le procédé de maturation à froid. Jusqu'ici, je n'ai rien dit des doses d'ammoniaque qu'il ne faut pas dépasser, car les proportions croissantes de cet alcali hâtent sans doute la maturation soit à chaud, soit à froid; mais comme l'action de l'ammoniaque sur la gélatine est d'autant plus importante qu'elle agit à doses plus fortes, il est des limites dans les quantités d'ammoniaque à employer; si on les dépasse, on s'expose ou à voir la gélatine perdre sa propriété de faire prise et fournir des glaces dont la couche se détache du verre, ou bien l'émulsion produira très souvent des voiles.

Lorsqu'on ajoute 1 à 2 0/0 d'ammoniaque à une émulsion au gélatino-bromure qui doit être digérée à 40° C., on se trouve dans les proportions convenables pour obtenir une bonne préparation; cette même quantité se retrouve dans les formules d'émulsions qui doivent mûrir à la température ordinaire.

L'ammoniaque, outre l'augmentation de sensibilité qu'elle provoque, a encore pour effet d'augmenter l'intensité, ce qui peut avoir des inconvénients, surtout quand il s'agit de portraits; les négatifs présentent de grands contrastes, donnent dur.

Les carbonates alcalins, et principalement celui d'ammoniaque, ont une action plus ménagée, si je puis m'exprimer ainsi; par exemple une émulsion additionnée de 2 à 5 0/0 d'une solution de carbonate d'ammoniaque au 10ᵉ peut être maintenue 10 minutes à l'ébullition sans crainte de voile; de même une émulsion ordinaire, légèrement acide, déjà mûrie en la maintenant 20 à 30 minutes au bain-marie bouillant, devient environ deux fois plus sensible si on l'additionne, dès que la température est tombée à 50°, de cette même quantité de carbonate d'ammoniaque et si on la maintient pendant une demi-heure à trois quarts d'heure à cette température. Ce dernier procédé est en tous points recommandable, car les émulsions que l'on obtient ainsi sont exemptes de voiles; elles sont très homogènes; leur intensité, sans être exagérée, est suffisante, même pour les reproductions, et leur rapidité est considérable. Il est un autre mode d'emploi de l'ammoniaque dans la préparation des émulsions, signalée par le docteur Eder, qui permet, par des traitements ou des proportions convenables, d'obtenir une excessive rapidité. Elle repose sur les deux faits suivants : une solution d'azotate d'argent, additionnée d'ammoniaque, donne tout d'abord lieu à un précipité d'oxyde d'argent, qui se redissout totalement si on ajoute une quantité suffisante d'ammoniaque :

$$2AgAzO^6 + 4AzH^4O = Ag^2AzH^3O + 2AzH^4AzO^6 + 3HO.$$

Cette solution ammoniacale d'oxyde d'argent, versée peu à peu dans une solution gélatineuse de bromure alcalin, produit du bromure d'argent très fin, susceptible de mûrir rapidement par une digestion de trente à quarante minutes à la température de 40 à 45°.

L'ammoniaque agit dans ce procédé sur le bromure d'argent au moment où il prend naissance et hâte singulièrement sa transformation complète de l'état pulvérulent à l'état granulaire.

L'ammoniaque exerce son action accélératrice non seulement sur l'émulsion en voie de formation, mais elle a une action entièrement semblable sur les glaces préparées. Les glaces au gélatino-bromure, fumigées quelques minutes à l'ammoniaque, sont notablement plus sensibles ; on n'use guère de ce procédé, qui les rend sujettes aux voiles et qui oblige de plus à les exposer immédiatement après ; si on veut les développer à l'oxalate de fer, il ne faut pas négliger de les laver au préalable.

Le développement à l'acide pyrogallique et à l'ammoniaque est moins employé aujourd'hui que dès le début du gélatino-bromure ; on lui a substitué les carbonates de potasse ou de soude ; avec tous ces alcalis comme avec le carbonate d'ammoniaque, qui a encore ses partisans, il se forme du pyrogallate de potasse, de soude ou d'ammoniaque dont le puissant effet réducteur a pour résultat de ramener à l'état métallique les molécules de bromure d'argent dont la réduction a été commencée par la lumière. Il se produit du voile, c'est-à-dire une réduction générale sur toute la surface de la plaque que l'on traite, si, par une maturation poussée trop loin, on a rendu le bromure d'argent par trop instable, ou si la proportion d'alcali dans le révélateur est trop considérable. Notons enfin que dans ce dernier cas, la gélatine étant fortement attaquée, elle peut se détacher de son support.

2° *Applications de l'ammoniaque aux procédés positifs.* — Les papiers albuminés, sensibilisés sur des bains acides, donnent généralement des images rougeâtres, dont il est difficile de déterminer exactement la venue ; en les exposant aux vapeurs ammoniacales, on sature l'acide qui sert de préservateur, et on se trouve en face d'une impression possédant une couleur plus violette, dont les différences de teinte sont plus marquées. Le papier albuminé, sensibilisé sur un bain neutre, fumigé à l'ammoniaque, donne des images plus riches, et on a l'avantage d'imprimer plus rapidement. Il faut se rappeler que le papier passé aux vapeurs ammoniacales doit être employé aussitôt ; le virage et le fixage ne doivent pas non plus en être retardés.

On a conseillé d'ajouter aux premières eaux de lavage qui suivent le bain d'hyposulfite un peu d'ammoniaque, ou mieux de carbonate d'ammoniaque, pour éviter la formation des ampoules que présentent souvent les papiers doublement encollés à l'albumine.

Dans les procédés phototypiques, on ajoute

à l'eau de mouillage une petite quantité d'ammoniaque. Celle-ci rend la gélatine plus perméable, et par suite les blancs se conservent plus purs; c'est donc un procédé qui n'est applicable que lorsque la planche donne terne par excès d'insolation.

*Impuretés*. — J'ai déjà dit que l'ammoniaque du commerce était généralement assez impure; dans le cas où l'on ne pourrait s'approvisionner d'une petite quantié de ce produit pur, j'ai dit aussi comment on pourrait le purifier, en prenant l'alcali du commerce comme matière première. Je me contenterai de signaler encore les impuretés qui la rendraient impropre aux opérations photographiques.

Les matières organiques ou empyreumatiques pourraient être la cause de voiles, si l'ammoniaque doit faire partie d'une émulsion; on les constatera facilement en évaporant à sec une petite quantité d'alcali; en chauffant le résidu, on percevra nettement l'odeur goudronneuse ou celle des matières organiques brûlées.

Une petite quantité d'ammoniaque, saturée en léger excès par de l'acide azotique, ne doit pas donner de précipité en l'additionnant de quelques gouttes de nitrate d'argent; le contraire indiquerait qu'elle renferme du chlorure d'ammonium.

Si elle présente une coloration bleuâtre, c'est qu'elle renferme des traces de cuivre.

Enfin on ne doit jamais négliger d'évaluer sa richesse au moyen du densimètre ou par un titrage alcalimétrique.

**Aniline** (*Couleurs d'*). — La distillation de la houille, en vue de la préparation du gaz d'éclairage, donne, outre ce dernier, un résidu solide qui est le coke et des produits complexes consistant en de l'eau, des sels ammoniacaux et des goudrons. Le goudron, soumis à son tour à une distillation fractionnée, fournit divers produits dont les uns sont des carbures d'hydrogène, les autres des alcalis. Les plus connus sont :

1° Carbures.

La benzine $C^{12}H^6$ qui bout à 80°,
Le toluène $C^{14}H^8$ qui bout à 110°,
Le cumène $C^{18}H^{12}$ qui bout à 148°,
Le cymène $C^{20}H^{14}$ qui bout à 171°,
La naphthaline $C^{20}H^8$ qui bout à 212°.

2° Alcalis.

La picoline $C^{10}H^7Az$ qui bout à 133°,
L'aniline $C^{12}H^7Az$ qui bout à 182°,
La quinoléine $C^{18}H^7Az$ qui bout à 239°.

Les produits qui passent au-dessous de 150° sont nommés *huiles légères.* On les agite successivement avec l'acide sulfurique étendu, pour

enlever les alcalis (aniline, toluidine) qui y sont
renfermés ; puis avec de la soude, pour enlever
les phénols ; enfin avec de l'acide sulfurique
concentré, pour détruire certains carbures très
altérables, tels que le styrolène. On soumet le
produit de ces divers traitements à une distillation fractionnée, qui permet de séparer les
produits carburés. Ils constituent alors des matières premières pour la préparation des couleurs d'aniline, ou recevant d'autres applications, ils sont livrés au commerce : telle est la
benzine.

Les alcalis (aniline, quinoléine), que le traitement par l'acide sulfurique étendu a permis
de séparer, constituent une solution saline complexe, d'où on les isole en saturant d'abord
leur solution sulfurique par la potasse. Ces
alcalis, mis de nouveau en liberté, sont soumis
à leur tour à une distillation dans des appareils
à colonne. Comme les carbures d'hydrogène,
ils peuvent après cela entrer dans la fabrication
des matières colorantes. Reste enfin la partie
que le traitement primitif par la potasse a permis d'extraire. Soumise à la distillation, après
avoir été traitée par l'acide chlorhydrique pour
mettre en liberté les acides que la potasse avait
saturés, on récolte à part les produits conden-
sés entre 160 et 190° ; ils fournissent l'acide
phénique ou phénol.

Ces carbures d'hydrogène, ces alcalis ou ces phénols sont, nous l'avons déjà dit, les matières que l'on soumet à des traitements assez compliqués parfois, pour en obtenir cette variété infinie de couleurs d'aniline qui ont reçu de nos jours une foule d'applications. Je ne dirai rien de leur préparation, cela demanderait de trop longs développements et serait sans aucun intérêt pour le travail qui nous occupe; je vais me contenter de signaler celles qui ont reçu quelques applications photographiques, en rappelant en même temps, d'une manière très sommaire, leur origine.

*Acide picrique.* — Cet acide se forme par l'action de l'acide nitrique sur le phénol et ses dérivés, sur l'indigo, la poix, la résine, etc. On le prépare en faisant bouillir le phénol avec de l'acide nitrique, jusqu'à ce qu'il ne se dégage plus de vapeurs rutilantes. En concentrant la liqueur, on obtient des cristaux d'acide picrique, qui est peu soluble dans l'eau. On le purifie en le saturant par l'ammoniaque et en précipitant de nouveau l'acide picrique par l'acide nitrique concentré.

Il exige 100 parties d'eau pour se dissoudre à la température ordinaire; il est assez soluble dans l'alcool, l'éther, le collodion, auxquels il communique une teinte jaune citron très prononcée. Cette propriété l'a fait employer pour colorer les vernis alcooliques ou les collodions destinés à masquer les parties trop claires d'un cliché. On étend au dos des négatifs que l'on veut ainsi améliorer une couche uniforme de collodion ou de vernis, coloré à l'acide picrique dans la mesure la plus convenable ; dès que le collodion est sec, on l'enlève à la pointe sur les parties qui ne doivent pas être préservées ; si on a opéré la retouche avec du vernis, dès que ce dernier est sec, au moyen d'un pinceau, on humecte d'ammoniaque concentrée les parties qui doivent être enlevées. L'ammoniaque, en ramollissant le vernis, facilite énormément cette opération.

*Aurine ou coralline jaune.* — Cette matière colorante jaune d'or résulte de l'action de l'acide sulfurique et de l'acide oxalique sur le phénol.

Elle est soluble dans l'alcool et peut servir aux mêmes usages que l'acide picrique, plus avantageusement même, car elle possède une coloration plus intense par transparence et cristallise moins facilement. De sorte que si, pour arriver, par exemple, à produire un écran jaune de teinte assez foncée (destiné à la reproduction d'objets colorés au moyen des glaces ortho-chromatiques), on se sert de collodion ou de gélatine saturés, ou à peu près, d'acide picrique, on s'expose à les voir recouverts par les cristallisations de cet acide; la même intensité de coloration s'obtiendra facilement au moyen de la coralline jaune, sans qu'il en résulte cet inconvénient.

*Coralline rouge.* — L'aurine, chauffée à son tour avec de l'ammoniaque sous pression, se transforme en coralline rouge, qui est soluble dans l'eau. Cette solution d'un beau rouge sert à colorer certains papiers positifs en rose léger.

*Les violets de méthyl* (résultant de l'action du chlorure de cuivre sur la diméthylaniline), *la mauvéine* (résultant de la réaction du bichromate de potasse sur les sels de toluidine), servent également à communiquer aux papiers albuminés des teintes violettes ou mauves. Je ferai remarquer que ces teintes sont fugaces, qu'elles ne résistent pas à la lumière et que, pour avoir des teintes durables, il faudrait s'adresser à des couleurs plus stables, telles que le pourpre d'orseille, l'alizarine, le carmin, le carmin d'indigo.

*La chrysoïdine* est peu soluble dans l'eau, très soluble dans l'alcool ; elle peut servir à colorer des vernis qui donnent, étendus sur des verres, des surfaces colorées en rouge rubis, surfaces qui ne laissent guère passer que les rayons rouges, comme on peut s'en assurer au spectroscope ; par conséquent, il est possible d'en garnir les fenêtres ou les lanternes des laboratoires où l'on manipule du gélatino-bromure. Différents *verts*, tels que celui *à l'iode*, le *vert de méthyl*, pourraient servir à un usage semblable pour se procurer des carreaux verts; l'acide picrique et la coralline jaune fourniraient à leur tour des carreaux jaunes. Ces mêmes matières colorantes, appliquées sur du papier, fournissent des écrans inactiniques qui peuvent avoir leur utilité en voyage.

*La chrysaniline*, ou mieux faut-il dire *le nitrate* de cette base a été employé en solution à $\frac{1}{2,000}$ comme accélérateur. Cette solution doit être faite à chaud, car le nitrate de chrysaniline est très peu soluble. Elle s'emploie comme bain préalable, avant le développement; les glaces y séjournent deux minutes. Ce bain préparatoire, non seulement augmente la sensibilité générale des plaques, mais déplace le maximum d'action du côté du vert.

Enfin *l'éosine*, *le bleu de quinoléine*, *l'érythrosine*, *le rouge de quinoléine*, ont reçu une autre application très importante en photographie, je veux parler de leur emploi dans la préparation des glaces susceptibles de reproduire les objets colorés avec la valeur relative exacte des teintes. Pour tout ce qui concerne cette étude intéressante, je prie le lecteur de vouloir bien consulter la brochure concernant ce sujet, qui fait partie de la *Bibliothèque de l'Amateur photographe* (1). On trouvera là l'énumération des couleurs que l'on peut employer, leurs propriétés et la formule des bains colorés les plus convenables pour communiquer au gélatino-bromure la faculté orthochromatique.

**Argent** (Ag). — L'argent est le plus blanc de tous les métaux et celui qui est susceptible du plus beau poli. C'est après l'or le plus malléable et le plus ductile; il est assez tenace, il conduit très bien la chaleur et l'électricité. Sa densité moyenne 10,5, outre ses autres propriétés, le fait employer de préférence à la construction d'une foule d'objets d'ornement et pour les monnaies. Il a peu d'affinité pour l'oxygène, aussi ne s'altère-t-il pas au contact de l'air; l'ozone humide l'oxyde; tous les autres métalloïdes, sauf l'azote, peuvent se combiner directement avec l'argent.

L'acide azotique, même étendu, dissout facilement l'argent; l'acide sulfurique ne l'attaque que s'il est concentré et bouillant; l'acide chlorhydrique ne l'attaque que superficiellement; les acides bromhydrique et iodhydrique con-

---

(1) *Étude théorique et pratique sur les procédés isochromatiques ou orthochromatiques.* — O. Doin, éditeur.

centrés le dissolvent avec facilité, tandis qu'il résiste à l'acide fluorhydrique.

L'acide sulfhydrique noircit rapidement l'argent, en produisant du sulfure d'argent. Les chlorures alcalins le ternissent, en le recouvrant d'une pellicule de chlorure d'argent; mais il résiste mieux que tout autre métal (l'or excepté) à l'action du nitre et des alcalis; aussi se sert-on en chimie de capsules ou de creusets d'argent dans la préparation de la potasse ou de la soude, ou pour fondre certains corps en présence du nitre ou des alcalis. Le platine, dans ces circonstances, serait rapidement percé.

On le trouve disséminé dans les diverses parties de l'ancien et du nouveau continent, quelquefois à l'état naturel; mais le plus souvent il est associé au plomb, au cuivre, etc... On le rencontre combiné au soufre, à l'arsenic, au chlore, au brome, à l'iode, etc. Nous devons considérer l'argent comme la base de la plupart des procédés positifs ou négatifs de la photographie; à ce titre, il mérite une étude toute spéciale, que nous tâcherons de rendre complète en parlant plus tard de ses sels (azotate, bromure, chlorure, iodure, etc.).

On peut se procurer de l'argent pur dans le commerce, on le nomme sous cet état *argent vierge;* les bijoux, les monnaies consistent en

un alliage de cuivre et d'argent, de richesse
variable, mais comprise généralement, quand
ce sont des matières de bon aloi, en 800 et
900 parties d'argent pour 100 à 200 de cuivre.
Les monnaies ou les bijoux ne peuvent donc
servir à préparer immédiatement du nitrate d'argent pur, puisqu'il serait accompagné de nitrate
de cuivre. Si donc, au moyen de ces matières
d'argent, on veut préparer de l'azotate propre
aux opérations photographiques (1), la première
opération devra consister à éliminer le cuivre.
On pourra facilement arriver à ce résultat par
l'un des deux procédés suivants : on dissout
l'argent monétaire, ou tout autre allié de cuivre,
dans de l'acide azotique; la liqueur filtrée est
précipitée par l'acide chlorhydrique. On recueille le chlorure d'argent sur un filtre où on
le lave; on dessèche le filtre; on en sépare le
chlorure, que l'on pèse. Pour 100 parties de
chlorure d'argent, on ajoute 70,4 parties de
craie et 4,2 parties de charbon pulvérisé; on
fait du tout un mélange intime, que l'on introduit dans un creuset de terre dont on élève

---

(1) La loi défend de démonétiser les pièces d'argent
ayant cours; il sera donc prudent de ne dissoudre que
des vieux couverts, des bijoux, les vieilles matières
que l'on pourra se procurer chez des bijoutiers, hor-
logers ou orfèvres, à plus bas prix d'ailleurs que si
on traitait égal poids de monnaies.

progressivement la température au rouge vif. L'argent se rassemble en culot au fond du creuset, il est recouvert d'une couche d'oxychlorure de calcium dont on le sépare en cassant le creuset.

$$AgCl + 2CaCO^3 + C = CaCl,CaO + CO + 2CO^2 + Ag.$$

Par le second procédé, on lave le chlorure d'argent par décantation dans le vase même où il s'est produit; après cinq à six décantations, on le recouvre d'une couche d'eau distillée en quantité égale à peu près à deux fois le volume du chlorure d'argent; on ajoute des lames de zinc et de l'acide sulfurique. L'hydrogène naissant réduit le chlorure d'argent à l'état métallique; le chlorure de zinc et le sulfate de zinc provenant de ce métal ajouté en excès se dissolvent dans l'eau.

$$AgCl + Zn = ZnCl + Ag.$$

Dès que la masse blanche du chlorure d'argent s'est entièrement transformée en une poudre grise d'argent réduit, la réaction est complète. Il ne reste plus qu'à laver cette poudre par décantation et à la recueillir sur un filtre pour la dessécher. Elle pourra alors être facilement transformée en azotate d'argent au moyen d'acide azotique un peu étendu. Sans doute, ce dernier moyen est plus facile à mettre en pratique, puisqu'il n'exige pas le concours d'une température élevée et que tout le monde n'est pas outillé pour la produire; par contre, elle expose à des pertes, soit pendant les lavages, soit au moment où il s'agit d'extraire la poudre d'argent du filtre où on l'a desséchée, et enfin la préparation du nitrate d'argent est un peu moins facile à conduire avec la poudre qu'avec un culot.

Pour ce qui concerne l'extraction de l'argent des résidus, consultez l'article: TRAITEMENT DES RÉSIDUS.

On ne devra considérer comme argent pur, ou du moins argent pouvant servir à préparer le nitrate d'argent destiné aux opérations photographiques, que celui qui est totalement soluble dans l'acide azotique; cette dissolution doit être incolore, ne pas se colorer en bleu lorsqu'on l'additionne d'un excès d'ammoniaque, ce qui indiquerait la présence du cuivre; précipitée par une solution de chlorure de sodium et le chlorure d'argent étant séparé par le filtre, le liquide ne doit pas donner naissance à un précipité jaune quand on l'additionne d'une solution d'iodure de potassium, ce qui indiquerait la présence du plomb.

*Applications.* — Nous ne rappellerons que pour mémoire l'emploi de plaques de cuivre doublées d'argent vierge (plaqué d'argent) qui servaient à obtenir les images daguerriennes.

Daguerre communiqua en 1839 son procédé complet pour obtenir des images au moyen de la lumière, il peut se résumer ainsi : une feuille d'argent exposée aux vapeurs d'iode se combine à ce métalloïde ; il en résulte une faible couche jaunâtre d'iodure d'argent ; cette opération étant faite à l'obscurité, si l'on expose la plaque ainsi sensibilisée au foyer d'un objectif dans une chambre noire durant quelques minutes, la lumière commence la réduction de l'iodure d'argent, mais l'image est invisible encore. Si nous l'exposons ensuite aux vapeurs qu'émet du mercure chauffé vers 50° C., l'image se dessine, soit parce que le mercure se condense de préférence sur les parties que la lumière a impressionnées, soit que ces vapeurs réduisent l'iodure d'argent, dont l'état moléculaire a été modifié par les rayons lumineux. Partout ailleurs le plaqué d'argent conserve intacte la couche d'iodure d'argent qui le recouvre ; on dissout cet excès d'iodure sensible, désormais inutile, au moyen d'un bain d'hyposulfite de soude. Les principaux perfectionnements au procédé primitif de Daguerre consistèrent dans l'augmentation de sensibilité, qui résulta de l'exposition de la plaque recouverte d'iodure d'argent aux vapeurs du brome. Le plaqué supporta donc de l'iodure et du bromure d'argent. L'épreuve terminée manquait un peu de brillant et de solidité ; M. Fizeau indiqua l'hyposulfite d'or et de soude pour remédier à ce double inconvénient. Durant ce virage, il se fait un alliage blanc d'or et de mercure, qui donne aux clairs plus de relief, tandis que les ombres conservent leur teinte primitive, qui tranche vivement avec la couleur de l'alliage d'or.

Une autre application de l'argent métallique dans les opérations photographiques consiste dans la reproduction des couleurs ; c'est là une question palpitante, qui préoccupe quiconque a jeté les yeux sur la glace dépolie d'une chambre noire. Théoriquement cependant la question est résolue, ce qui fait espérer à chacun de nous que nous pourrons assister à sa réalisation tout à fait pratique ; en m'exprimant ainsi, je veux dire que l'on pourra obtenir facilement, vite et à tel nombre d'exemplaires que l'on voudra des reproductions colorées faites par l'intervention de la lumière, reproductions qui présenteront tout ou moins la durabilité de nos épreuves positives actuelles.

En 1848, M. Ed. Becquerel a montré des reproductions colorées du spectre tout entier, preuve que tous les rayons lumineux sont susceptibles de se reproduire ; puis Niepce de Saint-Victor, poursuivant les mêmes travaux, obtenait, comme ce dernier, des reproductions directes des couleurs.

La méthode de M. Becquerel pour reproduire les couleurs naturelles consiste à produire sur une plaque d'argent pur une couche de chlorure d'argent en se mettant à l'abri de toutes les réactions étrangères. Voici d'ailleurs le résumé des opérations que l'on doit exécuter, d'après les indications que M. Ed. Becquerel a publiées dans son ouvrage *la Lumière*, édité en 1868.

La plaque d'argent est chauffée jusqu'à 300 ou 400° C.; on la polit ensuite avec beaucoup de soin; après cela on la suspend au moyen de deux fils de cuivre, terminés en crochet, dans un vase de verre renfermant un liquide acide, composé de 8 parties d'eau pour 1 partie d'acide chlorhydrique. Les crochets sont reliés au pôle positif d'une pile comprenant trois ou quatre éléments de Bunsen. Le pôle négatif est terminé par un fil de platine, qui plonge également dans la solution acide. Sur le trajet du courant, on intercale un voltamètre; tout étant ainsi disposé, on promène sur toute la plaque d'argent le fil de platine, qui en est maintenu verticalement distant de 8 à 10 centimètres. Sous l'influence du courant, l'acide chlorydrique est décomposé en chlore et en hydrogène. Le premier se combine à l'argent de la plaque, le second se dégage au pôle négatif, et le voltamètre, dont l'électrode négative est recouverte d'une éprouvette graduée, indique le volume de gaz chlore qui s'est porté sur l'argent. En effet, puisque l'acide chlorydrique résulte de la combinaison de volumes égaux de chlore et d'hydrogène, la décomposition de l'acide chlorhydrique donnera des volumes égaux de chlore et d'hydrogène; comme, d'autre part, le travail accompli par un courant traversant plusieurs électrolytes est dans tous le même, si le voltamètre nous accuse qu'un centimètre cube d'hydrogène s'est dégagé, c'est aussi qu'un centimètre cube d'hydrogène a été mis en liberté par la décomposition de l'acide chlorydrique, et enfin qu'un centimètre cube de chlore s'est combiné avec l'argent de la plaque. On arrête l'opération lorsque le voltamètre indique que 6 à 7 centimètres cubes de chlore par décimètre carré de surface de la plaque d'argent ont contracté cette combinaison. On lave ensuite la plaque à l'eau distillée; on la sèche rapidement au-dessus d'une lampe à alcool; au moyen d'un polissoir de velours on enlève une poussière blanchâtre qui la recouvre : elle a alors une teinte bois.

Elle pourrait dès lors servir, mais elle donne de meilleurs résultats si on l'expose à la lumière, sous deux verres superposés, dont l'un est rouge rubis et l'autre bleu cobalt. L'exposition peut en être faite à la chambre noire avec un temps de pose de 2 à 3 heures au soleil et 8 à 10 heures à la lumière diffuse. Au bout de ce temps, on a une reproduction des objets avec leur couleur naturelle ; mais comme tous les fixateurs connus la détruisent, elle doit être conservée à l'obscurité. Toutefois, comme la sensibilité de la préparation n'est pas très grande, on peut l'examiner à une faible lumière diffuse sans voir l'image s'affaiblir trop rapidement.

Niepce de Saint-Victor traite la plaque différemment ; il a recours, comme agents de chloruration, à des bains de chlorures solubles, moyen que M. Ed. Becquerel avait aussi primitivement employé. M. Niepce choisit de préférence les chlorures solubles, qui communiquent aux flammes les couleurs que l'on désire voir se reproduire avec plus d'intensité ; car selon lui le sous-chlorure d'argent produit dans ces circonstances présenterait une relation de sensibilité avec les couleurs que les chlorures employés peuvent communiquer aux flammes dans lesquelles on les introduit.

M. Ed. Becquerel conteste cette action favorable des chlorures employés par M. Niepce ; les plaques préparées suivant les données de ce dernier ne présentent pas, dit-il, de différences sensibles avec celles dont nous avons décrit la préparation. Niepce essaya de fixer l'image colorée, sans y réussir complètement; il est cependant arrivé à leur donner une certaine fixité, qui leur permet de supporter quelque temps la lumière diffuse, en les recouvrant d'un encollage ou vernis, composé d'une solution de dextrine dissoute dans une solution saturée de chlorure de plomb fondu.

J'aurai à compléter plus tard cette étude des procédés d'obtention directe des couleurs, en parlant des procédés sur papier de Poitevin et de M. de Saint-Florent.

L'argent, à cause de son grand pouvoir réfléchissant et du beau poli dont il est susceptible, est très employé pour faire des réflecteurs plans, concaves ou paraboliques. Ces réflecteurs sont toujours constitués par une lame de cuivre, recouverte d'une mince couche d'argent qui forme la surface réfléchissante; dans la plupart, la couche d'argent est excessivement mince, aussi les nettoyages fréquents que l'on est obligé de leur faire subir ne tardent-ils pas à mettre le cuivre à nu. Pour les réargenter, on peut avoir recours soit à un bain galvanique, en ayant soin de recouvrir la surface qui ne doit pas recevoir d'argent d'un vernis léger quelconque, ou bien on peut plus simplement faire cette opération au moyen d'une de ces poudres qui servent à argenter *au pouce ;* telle est la suivante :

On broie intimement à l'abri d'une grande lumière :

|                        |      |          |
| ---------------------- | ---- | -------- |
| Azotate d'argent       | 20   | grammes. |
| Sel d'oseille          | 30   | —        |
| Crème de tartre        | 30   | —        |
| Sel commun             | 42   | —        |
| Sel ammoniac           | 8    | —        |
| Eau                    | 10   | —        |

Au moment de l'emploi, on fait, avec quantité suffisante de cette poudre et un peu d'eau, une bouillie que l'on étend au moyen d'un petit chiffon sur l'objet à argenter, préalablement décapé ; on laisse sécher de préférence à une légère chaleur ; on lave à l'eau fraîche et dans une solution faible de cyanure de potassium, qui donne beaucoup de brillant à l'argent ; mais cette dernière opération n'est pas absolument nécessaire.

Si on voulait argenter un miroir de verre, il faudrait avoir recours au procédé que M. Rongier a donné dans *l'Amateur photographe* du 15 mars 1889, ou au suivant, qui donne également d'excellents résultats : (solution A.) faites dissoudre un gramme d'azotate d'argent dans 15 grammes d'eau distillée ; ajoutez à cette solution assez d'ammoniaque pour dissoudre *presque complètement* le précipité qui se forme tout d'abord. Filtrez et portez le volume de cette première solution à 125 centimètres cubes. (Solution B.) Dissolvez 2 grammes d'azotate d'argent dans 15 grammes d'eau distillée ; d'autre part, dissolvez $1^{gr},50$ de sel de Seignette (tartrate double de potasse et de soude) dans 20 grammes d'eau distillée. Ajoutez en agitant la *solution d'azotate d'argent dans celle de tartrate*; faites bouillir le mélange pendant douze minutes, filtrez, lavez le filtre avec une quantité d'eau suffisante pour avoir en tout un volume de 60 centimètres cubes. Pour argenter une glace ou un miroir de forme quelconque, mélangez 1 partie de la solution B et 2 parties de la solution A; versez le mélange sur la glace légèrement chauffée et bien polie. Au bout de quelques minutes la réduction aura lieu. Si c'est un miroir concave que l'on veut argenter, il faut prendre un volume de liquide suffisant pour remplir la concavité. Il ne reste plus qu'à laver la glace, la sécher et protéger l'argenture par une couche de vernis ; les miroirs doivent être également bien lavés, traités par une solution faible de cyanure, lavés encore une seconde fois, et enfin polis au colcothar. On ne réussira à déposer une couche régulière et brillante qu'à la condition que les surfaces à argenter seront absolument propres ; le polissage doit

donc être minutieux; on se servira pour cela
d'un mélange d'eau distillée, de craie et d'ammoniaque; les linges servant à l'essuyage seront rigoureusement propres; en dernier lieu,
au moment de verser le liquide, on écartera les
poussières au moyen d'un blaireau. Afin que
les glaces retiennent une nappe de liquide suffisante pour déposer une couche assez épaisse
d'argent, on devra en graisser les tranches, les
chauffer légèrement et les placer horizontalement sur trois vis calantes.

**AZOTATES ou NITRATES.** — On ne
connaît que des azotates neutres dont la formule générale est $Az(M)O^6$ et quelques azotates basiques : tels les azotates bibasiques de
mercure, de plomb; les azotates tribasiques de
mercure, de cuivre, de bismuth, etc. En général,
ces composés basiques sont doués d'une faible
solubilité, tandis que les azotates neutres sont
tous solubles; on ne cite comme azotate neutre
à peu près insoluble que l'azotate de chrysaniline, dont nous avons eu occasion de parler à
l'article Couleurs d'aniline; une partie de ce
sel exige, en effet, 2,000 parties d'eau pour
se dissoudre. Quelques azotates se rencontrent
à l'état naturel, tels sont ceux de soude, de chaux,
d'ammoniaque, de magnésie et de potasse.

On reconnaîtra facilement un azotate aux

caractères suivants : ils fusent sur les charbons ardents; mélangés avec de la tournure de cuivre et de l'acide sulfurique, ils dégagent des vapeurs rutilantes. Une dissolution de sulfate de protoxyle de fer, dans l'acide sulfurique concentré, prend une couleur violette par l'addition d'une très petite quantité d'un azotate quelconque, et devient noir brun avec un peu plus de sel.

**Azotate d'argent** ($AgAO^6$) *Propriétés.* — L'azotate d'argent pur se présente en beaux cristaux lamellaires (constitués par des prismes droits à bases rhombes) incolores, solubles dans leur poids d'eau à la température de 15° C.; l'alcool en dissout un dixième de son poids à la température ordinaire. S'il est pur, il ne s'altère pas à la lumière, tandis qu'il noircit s'il est souillé par des matières organiques; il s'opère là une réduction du sel d'argent; le même phénomène se produit quand on met en contact quelques gouttes d'une solution de nitrate d'argent avec la peau, la corne, le papier, etc.; l'endroit touché devient noir; l'acide azotique et l'oxygène mis en liberté corrodent la substance.

Le phosphore réduit à froid les solutions de nitrate d'argent; le carbone ne les réduit que sous l'influence de la lumière; le cuivre, le

zinc et beaucoup d'autres métaux les décomposent ; l'argent métallique se dépose, tandis qu'il
se forme un azotate de cuivre ou de zinc. L'a-
zotate d'argent fond sans se décomposer au-
dessous du rouge; coulé sur un marbre, il se présente sous forme de masses blanches; si la
température a atteint le rouge, une partie de
l'azotate a été réduit à l'état métallique et la
masse coulée est grisâtre. L'azotate d'argent
fondu, qui primitivement était blanc, peut
quelquefois se colorer en noir à la lumière; ce
cas se présente lorsqu'il a été coulé dans des
lingotières ou sur des plaques légèrement
graissées; la matière organique s'attache à la
surface et produit la réduction d'une partie du
sel en le colorant.

Une solution d'azotate d'argent, traitée par
l'ammoniaque, donne tout d'abord lieu à la
formation d'un précipité d'oxyde d'argent de
couleur brunâtre ; en ajoutant des quantités
croissantes d'ammoniaque, on voit le précipité
se redissoudre, et finalement on obtient une
liqueur claire, dont nous avons indiqué les
emplois à l'article AMMONIAQUE. Nous devons
ajouter ici qu'on doit soigneusement éviter,
si on laisse déposer l'oxyde d'argent qui
se forme tout d'abord, de le mettre en contact avec de l'ammoniaque concentrée, ou d'a-
jouter de la potasse dans les dissolutions

claires d'azotate d'argent ammoniacal. Dans les deux cas, il se formerait un corps noir, pulvérulent, nommé *argent fulminant*, qui détone avec une violence épouvantable sous les plus légères influences. La nature du fulminate d'argent n'est pas encore parfaitement définie, puisque plusieurs chimistes le considèrent comme un amidure d'argent ($H^2Ag.Az$), d'autres comme un azoture ($Ag^3Az$). Nous devions indiquer ici les circonstances de sa production, pour qu'on les évite; car il faut bien considérer que l'on court les plus grands dangers toutes les fois que l'on manie de l'argent fulminant. La solution claire d'azotate d'argent ammoniacal ne présente aucun danger par elle-même; mais il faut éviter avec soin de lui ajouter de la potasse ou de la soude, auquel cas la production du corps explosible ne tarde pas à avoir lieu.

*Préparation*. — L'azotate d'argent étant un des produits les plus importants, au point de vue des travaux photographiques, je crois devoir entrer dans tous les détails de sa préparation, comme je pense devoir le faire lorsqu'il s'agira d'examiner sa pureté et son dosage dans les diverses solutions.

En parlant de l'argent métallique, j'ai dit comment, au moyen de l'argent allié de cuivre, on pouvait facilement arriver à obtenir de l'argent pur ou vierge. C'est toujours à l'argent sous ce dernier état que l'on devra avoir recours pour préparer facilement de l'azotate d'argent pur, soit que l'on traite les culots provenant de la purification de l'argent allié, soit de l'argent vierge acheté chez les affineurs, soit enfin que se soit celui que l'on aura retiré du traitement des résidus. L'argent vierge sous forme de lames peut être traité dès qu'au moyen de cisailles on l'a coupé en petits morceaux; s'il s'agit de culots un peu volumineux, il sera préférable, sans que cela soit absolument indispensable, de les réduire en grenailles. Pour cela, on fondra le culot ou les culots dans un creuset, sans rien leur ajouter, à la température du rouge vif; dès que le métal est bien liquide, saisissant le creuset avec les pinces spéciales qui servent aux opérations de cette sorte, on verse le métal, en mince filet, dans un baquet plein d'eau, en disséminant le métal fondu sur toute la surface. Du fond du baquet, on retire l'argent solidifié, qui se présente sous forme de masses mamelonnées, anguleuses, boursouflées; cet état le rend très propre à être facilement attaqué par l'acide azotique.

On place ces grenailles dans une capsule de porcelaine; on les recouvre d'acide azotique pur étendu de son volume d'eau, et on chauffe doucement. L'argent se dissout, il se dégage en

même temps du bioxyde d'azote, qui, au contact de l'air, se transforme en vapeurs rutilantes :

$$3Ag + 4AzO^5 = 3AgAO^6 + AzO^2.$$

Ces vapeurs étant très désagréables, délétères
et corrosives, l'opération sera faite en plein air,
ou sous une cheminée tirant bien. On remarquera aussi que l'attaque tumultueuse de l'argent par l'acide azotique donne lieu à des
projections du liquide, ce qui finalement occasionnerait une perte assez importante ; on les
évitera en recouvrant la capsule d'un entonnoir
en verre d'un diamètre plus petit que celui de
la capsule, mais cependant assez grand pour
que la partie la plus évasée ne touche pas le liquide. La réaction a lieu assez activement sans
continuer le chauffage de la capsule, que l'on ne
remet sur une lampe à alcool très faiblement
poussée qu'au moment où toute effervescence a
presque totalement cessé. Lorsque, malgré la
chaleur, il ne se produit plus de bulles, c'est que
presque tout l'acide azotique que l'on avait
ajouté a servi à produire les réactions ci-dessus
formulées. Il reste dans la capsule un excès d'argent, dont on peut continuer l'attaque en décantant cette première dissolution de nitrate d'argent que nous venons d'obtenir dans un flacon, et
en le traitant de nouveau comme nous venons de
l'indiquer. Si cette deuxième opération laisse

encore un résidu d'argent, on joint la solution obtenue à la première, et le second résidu d'argent est traité de la même façon, jusqu'à épuisement ; il est bien entendu que la quantité d'acide azotique dilué que l'on ajoute chaque fois doit être proportionnée à la quantité de métal qui reste à dissoudre, afin qu'il reste en dernier lieu une très petite quantité d'argent métallique ; on aura ainsi une solution moins acide. On réunit les différentes solutions de nitrate d'argent, que l'on a ainsi obtenues, dans une même capsule, en les décantant avec soin pour en séparer le dépôt auquel elles peuvent avoir donné lieu ; on les concentre jusqu'à ce qu'elles n'occupent plus que la moitié de leur volume primitif et on abandonne à la cristallisation pendant vingt-quatre heures. On trouve, après ce temps, une provision de beaux cristaux, que l'on place dans un entonnoir de verre, à douille très fine, où ils s'égouttent ; les eaux-mères sont concentrées à moitié de leur volume, elles fournissent de nouveaux cristaux que l'on joint aux premiers. Après un égouttage de quelques heures, on les rince avec quelques gouttes d'eau distillée, et on les étend sur une plaque de porcelaine non vernie (porcelaine dégourdie) et non sur du papier, où leur dessiccation s'achève, d'une part, par l'effet, de l'évaporation, et de l'autre, parce que la porcelaine absorbe le peu de liquide qui pouvait les imprégner. Les eaux-mères de la deuxième cristallisation pourraient bien fournir après leur concentration de nouveaux cristaux, mais ils seraient un peu colorés et très acides; aussi est-il préférable de les évaporer doucement à sec, de fondre le nitrate d'argent et de le couler en plaques. Ce nitrate d'argent sera conservé pour la préparation des bains positifs.

Les cristaux que nous venons d'obtenir, une fois secs, fourniront après leur dissolution dans l'eau une liqueur sensiblement acide, ce qui n'a pas d'inconvénient, la plupart du temps, ou que l'on sera obligé de neutraliser au moyen de quelques gouttes d'ammoniaque très étendue, si la solution doit être employée neutre; si l'on désirait obtenir du nitrate d'argent susceptible de fournir directement des solutions neutres, et ainsi doit être le sel que l'on se procure dans le commerce, il faudrait fondre les cristaux secs dans une capsule de porcelaine, à une température au-dessous du rouge, couler le nitrate sur un marbre bien propre. Après solidification, on a le nitrate d'argent fondu neutre en plaques. Si on redissout celles-ci dans le moins d'eau distillée bouillante possible, après cristallisation, on a le nitrate d'argent neutre recristallisé.

*Applications.* — Il serait impossible de mentionner à l'article Nitrate d'argent toutes les applications que ce sel a reçues en photographie, ce serait presque résumer à cette place toutes les pages de ce livre ; il n'est guère, en effet, d'opérations où nous n'aurons à appliquer le nitrate d'argent. Je les passe donc sous silence, me contentant de faire l'histoire propre, personnelle, si je puis m'exprimer ainsi, de ce sel, dont dérivent tous les autres composés d'argent, puisque c'est avec lui qu'on les prépare.

*Dosage des bains d'argent.* — En parlant du papier albuminé, j'ai dit que le richesse du bain qui sert à le sensibiliser ne doit guère s'élever au-dessus de 12 0/0, ni guère s'abaisser au-dessous de 10 0/0 pour se trouver dans les meilleures conditions, dans celles qui permettent d'obtenir du papier les plus belles épreuves. Or, si un bain neuf se trouve dans ces limites de dosage, un bain qui a servi, quoique, au moyen de solutions d'argent plus concentrées, on tâche de lui faire gagner ce qu'il a perdu par le fait des doubles décompositions, ne tarde pas néanmoins à s'en écarter, car tel papier peut épuiser le bain plus rapidement que l'on ne le présume, et son dosage baissera ; tel autre décompose beaucoup moins de nitrate d'argent que la quantité prévue, et le dosage augmente. Les mêmes réflexions peuvent s'appliquer aux bains négatifs ; il faut donc apprendre à reconnaître

quelle est la quantité réelle de nitrate d'argent
que renferme une solution. Pour cela faire, il y
a plusieurs méthodes ; j'écarte celle qui consiste
à faire usage d'un aréomètre spécial, ses indications, en effet, ne sont justes que dans le cas
où l'on soumet à l'essai une solution composée
seulement de nitrate d'argent et d'eau distillée.
Un bain neuf simple pourrait bien être titré
ainsi ; mais on n'a pas besoin de cette épreuve,
puisque tout opérateur sait déjà dans quelles
proportions il l'a composé. Si on a affaire à un
bain ayant servi, on ne se trouve plus en présence d'une solution renfermant seulement de
l'eau et du nitrate d'argent, puisqu'elle tient
également en dissolution les azotates provenant des doubles décompositions (azotate d'ammoniaque, azotate de soude, azotate de cadmium, etc.) ; les indications de l'aréomètre
cessent alors d'être exactes.

Il nous reste, pour reconnaître la richesse de
nos bains, le procédé par les pesées et le procédé volumétrique. Le premier, quoique très
simple, demande, outre des balances suffisamment précises, une plus grande pratique des
méthodes analytiques; le second a pour lui plus
de rapidité et de commodité et une exactitude
bien suffisante; c'est le seul que je décrirai.

Voici comment on doit procéder : on préparera d'abord une solution de chlorure de so-

dium pur, renfermant 17$^{gr}$,19 de ce sel et
environ 1 gramme de bichromate de potasse
par litre (mesurer exactement). On verse dans
un verre à essai 10 centimètres cubes de cette
solution. Au moyen d'une burette divisée en
10$^{es}$ de centimètre cube, remplie jusqu'au
0 de la graduation avec le bain d'argent dont
on veut faire l'essai, on ajoute ce dernier dans
le verre où se trouvent les 10 centimètres cubes
de liqueur salée. On agit avec précaution,
presque goutte à goutte, jusqu'à ce qu'il se
produise une coloration rouge persistante,
malgré l'agitation que l'on fait subir au liquide
pendant tout le temps que dure l'essai. Dès que
cette coloration s'est produite, on cesse d'ajouter
du bain d'argent, le volume que l'on a été obligé
d'employer renferme 50 centigrammes d'azotate d'argent. En appelant A ce volume (que la
burette indique à chaque essai), on a la quantité $x$ de nitrate d'argent contenue dans
100 centimètres cubes de bain, par la proportion suivante :

$$x = \frac{50}{A}$$

La table suivante dispensera d'ailleurs de
faire ces calculs.

TABLEAU :

| VOLUME EMPLOYÉ | AZOTATE 0/0 | VOLUME EMPLOYÉ | AZOTATE 0/0 |
|---|---|---|---|
| cent. cubes | gr. | cent. cubes | gr. |
| 10,00............ | 5 | 3,84............ | 13 |
| 8,33............ | 6 | 3,57............ | 14 |
| 7,14............ | 7 | 3,33............ | 15 |
| 6,25............ | 8 | 3,12............ | 16 |
| 5,55............ | 9 | 2,94............ | 17 |
| 5,00............ | 10 | 2,78............ | 18 |
| 4,54............ | 11 | 2,63............ | 19 |
| 4,17............ | 12 | | |

*Altérations et falsifications.* — Si l'argent que l'on a employé pour préparer le nitrate cristallisé renfermait du cuivre, le sel contiendra de l'azotate de cuivre, et un tel nitrate d'argent dissous dans l'eau fournira une solution qui bleuira quand on lui ajoutera un excès d'ammoniaque.

Le nitrate d'argent cristallisé est rarement falsifié, mais il n'en est pas de même du nitrate d'argent fondu ; on peut en rencontrer renfermant du nitrate de potasse, de la plombagine, du nitrate de plomb, du nitrate de zinc.

On reconnaîtra le nitrate de potasse en dissolvant une certaine quantité du sel d'argent ainsi falsifié dans dix à quinze fois son poids d'eau distillée. On précipite tout l'argent avec de l'acide chlorhydrique ajouté en léger excès et on filtre. Le liquide filtré, évaporé à siccité, laissera l'azotate de potasse pour résidu. Le nitrate d'argent pur, traité de la même manière, n'aurait fourni aucune espèce de résidu.

Une simple dissolution, dans l'eau distillée, du nitrate d'argent falsifié par la plombagine ou l'ardoise pilée permettrait d'en acquérir la certitude ; car ces substances, étant insolubles, resteront comme résidu.

L'azotate de plomb sera reconnu en traitant une dissolution de l'azotate d'argent par de l'acide chlorhydrique ; le plomb et l'argent seront précipités tous deux à l'état de chlorure ; mais tandis que celui d'argent est soluble dans l'ammoniaque, le chlorure de plomb restera comme résidu en traitant leur mélange par cet alcali. Le nitrate de zinc serait reconnu de la même façon que le nitrate de potasse ; on s'assurerait que c'est bien un sel de zinc que l'on a obtenu, en redissolvant le résidu de l'évaporation dans une petite quantité d'eau ; cette solution précipitera en blanc par le carbonate de soude et par l'ammoniaque ; un excès de ce dernier réactif redissoudra le précipité qui s'était formé tout d'abord.

**Azotate de magnésie.** — L'azotate de magnésie ($MgAzO^6$) peut se préparer en saturant de l'acide azotique par du carbonate de magnésie. C'est un sel neutre, très déliquescent, qui cristallise difficilement ; son emploi en photographie résulte de la propriété qu'il possède de retarder la formation des composés argentico-organiques; à tel titre, il fait partie du bain d'argent signalé par Monckoven pour préparer du papier positif albuminé sensible, pouvant longtemps se conserver. La composition de ce bain est la suivante :

    Eau distillée................ 100 cent. cubes.
    Azotate de magnésie........ 12 grammes.
    Azotate d'argent........... 12   —

Le papier sensibilisé sur ce bain retient dans ses pores de l'azotate de magnésie qui conserve sa blancheur; mais comme ce sel est très avide d'eau, on doit placer le papier dans un endroit très sec.

**Azotate de plomb** ($PbAzO^6$). — Ce sel peut être facilement préparé en saturant de l'acide azotique par de la litharge ou de la céruse. Le premier de ces deux corps est de l'oxyde de plomb, le second du carbonate de plomb.

Ce sel cristallise en octaèdres réguliers, qui sont tantôt transparents, tantôt opaques, et toujours anhydres.

Il est insoluble dans l'alcool et se dissout dans 7 parties d'eau froide. On connaît plusieurs azotates de plomb basiques, mais celui que l'on emploie en photographie est toujours l'azotate neutre, dont je viens de donner la préparation ; il n'est d'ailleurs employé que pour le renforcement des clichés au collodion qui doivent présenter beaucoup d'opposition et d'intensité, tels que ceux qui sont destinés à reproduire des dessins au trait par les procédés de l'héliogravure. Ces clichés, avec des blancs absolument purs, doivent posséder des noirs très imperméables à la lumière ; aucune méthode de renforcement ne peut mieux leur donner ces qualités que la méthode au sel de plomb et au chromate de potasse. Pour ce genre de travail, on se sert d'un collodion qui ne contient que de l'iodure d'argent ; en effet, il ne s'agit pas ici d'avoir des demi-teintes que le bromure d'argent permet d'obtenir ; on donne un temps de pose exact, pour qu'au développement, qui doit être léger, les blancs restent sans trace de voile. Après fixage et lavage, on passe successivement le cliché dans les trois bains suivants ; il doit séjourner au moins cinq minutes dans les deux premiers.

|  |  |  |
|---|---|---|
| N° 1. — Eau distillée....... | 100 cent. cubes. |
| Azotate de plomb... | 5 grammes. |
| N° 2. — Eau distillée....... | 100 cent. cubes. |
| Chromate jaune de potasse.......... | 5 grammes. |
| N° 3. — Eau distillée saturée de bichlorure de mercure......... | 100 cent. cubes. |
| Ammoniaque......... | 20 — |

Dès le second bain, les noirs du cliché prennent une teinte rouge, qui devient beaucoup plus intense dans le bain de bichlorure. La glace, au sortir de chacun de ces bains, doit être minutieusement lavée avant d'être plongée dans le suivant.

**Azotate d'urane** (UAzO$^6$). — L'azotate d'urane est en beaux cristaux jaunes par réflexion et présentant un reflet verdâtre quand on les regarde sous une certaine incidence ; ils sont très solubles dans l'eau. On emploie quelquefois ce sel d'uranium ou le sulfate du même métal pour renforcer énergiquement les clichés au collodion qui doivent servir à l'héliogravure ; il donne de moins bons résultats que le procédé que nous venons de signaler en parlant de l'azotate de plomb.

Au moyen des sels d'urane, on obtient des clichés qui possèdent une teinte brune.

On plonge le cliché bien lavé, et jusqu'à ce qu'il ait pris une teinte jaune uniforme, dans la solution :

| | |
|---|---|
| Eau......................... | 100 cent. cubes. |
| Permanganate de potasse.... | 3$^{gr}$,50 |
| Eau......................... | 100 grammes. |
| Azotate d'urane............ | 0$^{gr}$,50 |
| Ferricyanure de potassium.. | 0$^{gr}$,50 |
| Chlorure d'or.............. | 0$^{gr}$,10 |

M. H. Vogel a fait connaître une méthode pour communiquer aux épreuves positives obtenues par développement de papiers recouverts de gélatino-bromure une teinte sanguine ou rouge brun. Ce virage ne donne pas, il est vrai, des résultats absolument satisfaisants ; je l'indique néanmoins, dans le cas où il serait utile de modifier la teinte noire de ces épreuves.

Sur l'épreuve bien lavée, on verse un mélange fait en employant parties égales des deux solutions suivantes :

|  |  |  |
|---|---|---|
| 1° | Eau....................... | 100 grammes. |
|  | Azotate d'urane.......... | 1 gramme. |
| 2° | Eau....................... | 100 grammes. |
|  | Ferricyanure de potassium | 1 gramme. |

**Benjoin.** — Le benjoin est un baume (1) qui découle par incisions du *styrax benjoin*. Dans le commerce, on connaît plusieurs sortes de benjoin. La première, la plus pure, porte le nom de benjoin en larmes, ou benjoin à odeur de vanille, il nous vient de Siam et est surtout usité dans la parfumerie. La seconde espèce, celle que l'on emploie dans la fabrication des vernis, dont nous allons parler, porte le nom de ben-

---

(1) On nomme baume des produits naturels, composés d'un mélange de résines, d'huiles volatiles, associés à de l'acide benzoïque ou cinnamique. Le benjoin, le styrax, le baume de Tolu, etc., sont dans ce cas.

join de Sumatra, il est en masses parsemées de larmes ; enfin, la troisième, qui est la plus commune, porte le nom de benjoin en sortes. Comme il contient beaucoup d'impuretés, telles que de la terre, des débris de bois ou d'écorce, il sera préférable d'employer le benjoin de Sumatra, toujours beaucoup plus pur.

Une solution alcoolique de benjoin au dixième peut déjà servir de vernis négatif, cependant on lui associe le plus souvent des résines, qui rendent la couche plus solide et moins poisseuse sous l'influence de la chaleur. Le vernis suivant, sur lequel on peut facilement retoucher au crayon, est un exemple de ces diverses formules :

| | |
|---|---|
| Benjoin concassé.............. | 5 grammes. |
| Sandaraque................... | 10 — |
| Alcool à 90°.................. | 100 — |
| Huile de ricin................ | 2 gouttes. |

Faites dissoudre à l'aide d'une chaleur modérée, en mettant le flacon dans l'eau d'un bain-marie, agitez fréquemment et filtrez. Le vernis, qui est toujours un peu trouble après la filtration, s'éclaircira au bout de quelques jours de repos.

**Benzine** ($C^{12} H^{6}$). — Ce corps, nommé également *benzol ou benzole, hydrure de phényle, benzène*, s'extrait du goudron de houille par des distillations méthodiques. Il se forme encore à l'aide de l'acide benzoïque, et pendant la décomposition par la chaleur d'un grand nombre de matières organiques.

C'est un liquide incolore, très mobile, d'une odeur forte, assez suave, s'il est pur. La densité à 15° est de 0,85. Il se solidifie à zéro et fond vers 5°,5; la benzine boût à 80°, elle est presque insoluble dans l'eau, fort soluble, au contraire, dans l'alcool et l'éther. Elle dissout facilement les corps gras, les huiles essentielles, la résine, la cire, etc. Elle est combustible et brûle avec une flamme fuligineuse; elle émet à la température ordinaire des vapeurs assez abondantes, susceptibles de s'enflammer, aussi il ne faut jamais la manier trop près d'un foyer.

Les liquides qui, dans le commerce, portent le nom de benzines, ne présentent pas tous les caractères que nous venons d'énumérer; le plus souvent leur odeur est désagréable, ils ne se congèlent pas à zéro; ces benzines, en effet, ne sont presque jamais du benzol pur, ce corps y est mélangé à ses homologues de la série aromatique, comme le toluol, le xylène, le cymène, ainsi qu'à de petites quantités d'acide phénique et de naphtaline; enfin, il y en a qui sont mélangées d'essences de pétrole en de fortes proportions; ces impuretés ou ces falsifications changent beaucoup les propriétés de la benzine, et la rendent impropre quelquefois aux usages photographiques ; aussi, fera-t-on bien de n'acheter que de la benzine, dite cristallisable, si on ne veut pas s'exposer à de nombreux mécomptes.

La benzine a reçu plusieurs emplois dans les opérations photographiques ; comme pour les autres substances, je vais décrire d'abord les applications que l'on en a faites dans les procédés négatifs et dire ensuite quelques mots de celles qu'elle a reçues dans les procédés positifs.

1° *Procédés négatifs.* — La benzine, pouvant dissoudre la cire, et cette solution étant très fluide, lorsqu'elle n'est pas très concentrée, soit dans les proportions de 3 à 4 0/0 au maximum, il est possible d'en recouvrir un papier d'une couche égale qui, après évaporation du dissolvant, constituera une surface sur laquelle on pourra, directement, ou après l'avoir collodionnée, couler une couche d'émulsion au gélatino-bromure d'argent. Le cliché terminé et après avoir été doublé d'une feuille mince de gélatine, sera susceptible d'être séparé de la feuille de papier, qui lui avait jusque-là servi de support. La couche de cire évitera l'adhérence de la gélatine portant l'image ; elle se détachera donc sans aucune difficulté en donnant un cliché pelliculaire pouvant s'imprimer des deux côtés. Cette façon d'opérer est mise en pratique dans la préparation des papiers pelliculaires. (Procédé de M. Chennevières.)

Les papiers négatifs au gélatino-bromure dont la couche est destinée à rester adhérente au support (papier Morgan, Lamy, Eastman dans le cas où l'on ne voudrait pas en opérer le report, et bien d'autres), sont généralement, une fois le cliché terminé et lavé, étendus sur une glace cirée où leur dessiccation s'opère. Une fois secs, ils se détacheront sans aucune difficulté et on aura l'avantage d'avoir leur surface aussi unie que la glace sur laquelle on les avait étendus, ce qui permet un contact plus intime avec le papier nitraté, et par suite, une plus grande finesse dans l'impression ; d'autre part, leur surface est beaucoup plus plane.

La benzine dissout le caoutchouc (non vulcanisé) ; cette dissolution, versée sur une glace, donne après évaporation une surface poisseuse, imperméable à l'eau ; on l'a conseillée comme substratum de la couche de collodion destiné à être conservé. Je lui trouve deux inconvénients : cette couche retient les poussières, de l'autre le caoutchouc subit à la longue, surtout s'il est exposé à une vive lumière, une altération à la suite de laquelle il devient comme poudreux, le cliché peut légèrement se ressentir de cette altération. Le gélatinage, ou l'albuminage préalable des glaces, me semble de tous points préférable et moins coûteux.

Cette solution de caoutchouc s'obtient en faisant macérer 2 grammes de rognures de caoutchouc non vulcanisé dans 100 centimètres cubes de benzine; on agite souvent le mélange, et après 48 heures, le caoutchouc est totalement dissous; on laisse reposer quelques jours et l'on décante la partie claire, qui a la consistance d'un sirop. Pour l'usage précédemment indiqué, on l'étend d'une nouvelle quantité de benzine, de façon à obtenir un liquide qui puisse facilement s'étendre sur les glaces, de la même manière que le collodion.

Si la solution de caoutchouc est au contraire destinée au retournement des clichés au collodion, on l'emploiera telle quelle de la façon suivante :

« On recouvre la surface du cliché d'une couche de la solution de caoutchouc, comme si on la collodionnait; on laisse sécher un instant le vernis, on le recouvre à son tour, d'une couche de collodion normal. Dès que celui-ci est sec, au moyen d'une pointe, on coupe le négatif à 2 ou 3 millimètres des bords de la glace, on immerge une feuille de papier, un peu plus grande que le cliché à retourner, dans une cuvette d'eau propre; dès qu'elle est bien imbibée on en recouvre le cliché, en évitant les bulles d'air, et on assure son adhérence à l'aide d'un rouleau de bois, recouvert d'un tube de caoutchouc. Avec la pointe d'un canif, on sou-

lève d'abord un angle de papier, puis l'angle
correspondant du cliché, on saisit l'un et l'autre
entre le pouce et l'index, il n'y a plus qu'à
arracher le tout d'un mouvement rapide et régulier. La pellicule se trouve retournée; étendue
sur un verre passé à la cire, on peut la laisser
sécher ainsi, si on désire la conserver à l'état
pelliculaire, ou bien il faut la reprendre sur une
seconde feuille de papier mouillée et la coller,
par la face qui se trouve libre en second lieu,
sur une glace légèrement gommée.

Si à une solution éthérée d'une résine, on
ajoute des qualités croissantes de benzine, on
voit qu'après une certaine dose, il y a précipitation de la résine, le mélange d'abord clair se
trouble, devient opalescent. Si on cesse d'ajouter de la benzine avant d'atteindre ce résultat, on
a un vernis qui, étendu sur une glace, donne une
couche granulaire imitant le verre dépoli. L'éther
étant plus volatil que la benzine, celle-ci devient
prédominante et la précipitation de la résine ne
tarde pas à se produire ; dès cet instant, la
couche devient granulaire. Voici la formule d'un
vernis permettant d'obtenir des surfaces mates
d'un grain très fin :

Ether à 62°............... 100 cent. cubes.
Sandaraque.............. 6 grammes.
Mastic en larmes.... .. .. 6     —
Benzine cristallisable...... 10 c. cubes environ.

Faites d'abord dissoudre le mastic et la sandaraque dans l'éther, ajoutez ensuite 5 centimètres cubes de benzine et essayez le vernis; 
si le grain n'est pas assez accentué, ajoutez de 
nouvelles quantités de benzine, mais par très 
petites fractions à la fois, en faisant après 
chaque nouvelle dose un nouvel essai ; dès que 
vous obtiendrez un vernis donnant une couche 
bien mate, très fine de grain, cessez d'ajouter 
de la benzine, et laissez le vernis se clarifier 
par le repos.

2° *Procédés positifs.* — Dans l'opération de 
l'émaillage, on peut remplacer le talquage des 
glaces par une mince couche de cire dont on 
les recouvre en passant à leur surface un chiffon imprégné d'une solution de cire dans la 
benzine. Au moyen d'un second chiffon on 
égalise la couche de cire laissée par le premier et on en enlève l'excédent; les glaces 
peuvent être ensuite recouvertes de collodion 
normal.

On passe un pareil enduit de cire sur les 
glaces qui servent de support provisoire, pendant le développement des papiers mixtionnés 
dits au charbon.

Dans ce même procédé au charbon, on se sert 
quelquefois d'un support provisoire, consistant 
en un papier enduit de la solution de caoutchouc 
dans la benzine dont j'ai parlé plus haut: c'est

le procédé Swann. On peut enduire le papier
soit par affleurement, soit en le fixant sur une
planchette, et le recouvrant comme si on collodionnait.

Le papier mixtionné impressionné et le papier
au caoutchouc sont immergés dans une même
cuvette contenant de l'eau froide, et dos à dos ;
dès que les deux papiers ont repris leur planimétrie, on les retourne face contre-face, on
écarte toutes les bulles d'air et les saisissant
tous les deux en même temps par un angle, on
les retire de l'eau, on les applique sur un verre ;
au moyen d'une raclette, on chasse l'excès d'eau
et on provoque l'adhérence de la gélatine et du
caoutchouc. Après quelques minutes de contact
sous pression, on peut procéder au développement.

Lorsque l'épreuve aura été collée sur son
support définitif, on enlèvera le papier au caoutchouc en l'imbibant de benzine, celle-ci ramollira
la couche adhésive et le support provisoire
s'enlèvera facilement. M. Dauphinot préfère
pour enlever ce support provisoire immerger
les épreuves emprisonnées entre le papier au
caoutchouc et leur support définitif dans une
cuvette remplie de benzine, cuvette qui est
susceptible d'être hermétiquement fermée pour
éviter l'évaporation de ce dissolvant. Le papier provisoire se détache de lui-même, en

agissant ainsi on se procure une réelle économie, car la benzine se charge peu à peu de
caoutchouc et avec le temps, en lui ajoutant
encore quelques minimes quantités de ce dernier, elle peut servir à préparer de nouveaux
supports.

**Bichlorure de mercure** ($Hg\,Cl.$). — Ce
sel, que l'on nomme encore *sublimé corrosif*, se
prépare en distillant un mélange de parties égales de sulfate mercurique et de chlorure de sodium additionné d'un $\frac{1}{10}$ de bioxyde de manganèse.

Il se forme du bichlorure de mercure qui se
sublime et il reste un résidu composé de sulfate de soude :

$$Hg\,SO^4 + Na\,Cl = Na\,SO^4 + Hg\,Cl$$

On peut encore le préparer en faisant arriver
un courant de chlore sec sur du mercure chaud.
La réaction est assez vive pour qu'il se dégage
de la lumière.

Le bichlorure de mercure se présente sous
forme d'octaèdres rectangulaires incolores, il est
très soluble dans l'alcool et dans l'éther, l'eau
n'en dissout que 6,57 0/0 à la température ordinaire. L'eau additionnée de chlorhydrate
d'ammoniaque en dissout de grandes quantités,
il se forme un sel double qui est très so-

luble dans l'eau ; dans les applications photographiques du bichlorure de mercure, on met souvent à profit cette propriété pour obtenir rapidement une solution de sublimé corrosif, laquelle agit plus rapidement que les solutions aqueuses saturées.

Le bichlorure de mercure constitue un violent poison, il est regrettable de se voir forcé de l'introduire dans le laboratoire de l'amateur photographe. Dans l'état actuel, on doit cependant l'y conserver, car il constitue un des agents qui permettent le mieux de donner aux clichés au gélatino-bromure la densité qui leur manque par suite d'un développement insuffisant.

Le meilleur contre-poison du sublimé corrosif consiste en une dissolution d'albumine; ces deux substances se combinent pour former une matière insoluble, que l'on doit éliminer aussi rapidement que possible par des vomitifs ou des purgatifs.

*Applications.* — Les solutions de sublimé corrosif servent, avons-nous dit, à augmenter la densité des clichés au gélatino-bromure; tout en donnant le mode opératoire qui conduit à ce résultat, analysons en même temps les réactions qui se produisent :

1° Une solution de bichlorure de mercure mise en contact avec de l'argent métallique, détermine la formation de chlorure d'argent et de protochlorure de mercure ou calomel.

$$2 \, Hg \, Cl + Ag = Ag \, Cl + Hg^2 \, Cl$$

2° Le protochlorure de mercure, mis en contact avec de l'ammoniaque, de blanc qu'il était, se transforme en un sel noir composé d'amidure de mercure et de calomel.

3° Le chlorure d'argent se dissout dans l'ammoniaque.

Si, sur un cliché, nous versons une solution de sublimé corrosif, le premier effet consistera dans la formation des deux corps blancs insolubles, calomel et chlorure d'argent; notre image blanchira soit seulement à la surface, si on arrête l'action du sublimé bientôt après, ou dans toute son épaisseur, si nous laissons au sublimé le temps de pénétrer toute la couche de gélatine. Comme le calomel est un corps qui couvre beaucoup plus que l'argent réduit, nous constaterons déjà que le cliché présente plus de contraste ; nous pourrons l'augmenter en transformant le calomel au moyen de l'ammoniaque en une poudre noire très opaque. Toutefois, si nous n'éliminions pas, par des lavages répétés, l'excès de bichlorure de mercure que retient la gélatine, elle prendrait une coloration blanche générale qui rendrait notre cliché inutilisable. Ce n'est donc qu'après un lavage soigné, que nous ferons intervenir l'ammoniaque, et pres-

que aussitôt nous verrons le cliché prendre une
coloration noire intense, en même temps nous
dissoudrons le chlorure d'argent ; le cliché se
trouvera avoir acquis, à la suite de ces divers
traitements, une intensité beaucoup plus grande
et il n'y aura plus qu'à le laver ; après séchage,
il pourra être utilisé pour l'impression.

On pourra graduer le renforcement, en laissant agir le bichlorure de mercure un temps
plus ou moins long ; on comprend, en effet, que si
l'argent qui forme l'image n'est que partiellement transformé en chlorure d'argent, avec production simultanée d'une petite quantité de calomel, le renforcement sera léger ; si, au contraire,
la réaction se produit dans toute l'épaisseur de
la couche de gélatine, le renforcement atteindra
le maximum.

Il pourrait arriver même que le degré convenable fût dans ce cas dépassé, on diminuerait
alors cette intensité, en traitant le cliché par une
solution d'hyposulfite à 1 ou 2 0/0. L'hyposulfite dissout l'argent qui pourrait être contenu dans l'image et n'a que peu d'action sur la
combinaison de mercure. Le cyanure de potassium, en solution très étendue, a une action
similaire mais plus énergique, il dissout l'argent
comme l'hyposulfite et décompose de plus la
combinaison de mercure ; il se forme du mercure métallique qui donne peu d'intensité ; tou-

tefois on s'expose avec le cyanure à voir disparaître les demi-teintes. Il existe beaucoup d'autres méthodes de renforcement des négatifs au gélatino-bromure dans lesquelles on a primitivement recours à l'emploi d'une solution de bichlorure de mercure, mais comme toutes ces méthodes sont moins simples que celle que j'ai décrite, je crois qu'il est inutile d'en parler, elles ne possèdent pas, d'autre part, d'avantages bien sensibles et bien souvent elles donnent des clichés moins stables.

**Bichromate d'ammoniaque** $(AzH^4O,_2CrO^3)$ et **bichromate de potasse** $(KO,_2CrO^3)$. — Je réunis ces deux sels, car dans leurs applications photographiques, ils ne présentent pas de différences bien sensibles; si quelques opérateurs emploient préférablement le premier, c'est parce qu'il cristallise avec moins de facilité que le bichromate de potasse, puisqu'il est plus soluble, et nous verrons que, toutes les fois qu'il s'agit de traiter des surfaces gélatinées par les bichromates, il faudra nous mettre en garde contre les cristallisations de ces sels, sous peine de nombreuses taches.

*Préparation.* — En traitant le fer chromé $(FeO, Cr^2O^3)$ par de l'azotate de potasse, à la température du rouge, il se produit du chromate de potasse. Comme le fer chromé est toujours associé à une gangue quartzeuse, il se forme en outre du silicate de potasse. La solution aqueuse de ces deux sels, traitée par un excès d'acide acétique, laisse déposer de l'acide silicique et il se forme du bichromate de potasse que l'on purifie par plusieurs cristallisations. En ajoutant à une solution renfermant un équivalent de bichromate de potasse, soit 147$^{g}$,70, un équivalent de potasse hydratée (KO,HO), soit 56 grammes, on transforme le bichromate en chromate neutre (KO,CrO$^3$).

Le bichromate de potasse se présente sous forme de larges tables rectangulaires, d'un rouge intense : sa poussière est orange, il se dissout dans 10 parties d'eau froide et dans une quantité beaucoup moindre d'eau chaude. Ces solutions, additionnées d'acide sulfurique concentré, laissent déposer de l'acide chromique.

Les solutions des bichromates alcalins ont à la longue une action très prononcée sur la peau, elles occasionnent la formation de phlyctènes très douloureuses ; l'action est beaucoup plus vive et plus rapide si le derme est enlevé.

*Applications.* — Les opérations photographiques dans lesquelles on emploie les bichromates alcalins sont trop nombreuses pour que nous en fassions ici le détail ; en effet, le plus grand nombre des procédés mécaniques d'impressions, tels que la phototypie, la photo-glyptie, ont pour base l'action des bichromates sur la gélatine, il en est également du procédé au charbon. C'est donc dans les articles concernant ces divers procédés que l'on trouvera les modes opératoires qui ont pour but d'utiliser cette propriété.

Je me bornerai à donner dès maintenant les généralités sur ces applications, qui résultent toutes d'un principe unique, à savoir : la gélatine, l'albumine, les sucres, les gelées d'amidon et bien d'autres matières passent, sous l'influence des bichromates alcalins et de la lumière, de l'état soluble à un état d'insolubilité plus ou moins grand, suivant la durée de l'action lumineuse ; si celle-ci est très prolongée, la gélatine ou l'albumine peuvent même devenir imperméables à l'eau. C'est à la suite de l'oxydation que leur font subir les bichromates, que les matières organiques contractent ces nouvelles propriétés. Sous l'influence de la lumière, du temps, de l'humidité et de la chaleur, l'acide chromique des bichromates est décomposé, une partie de son oxygène se porte sur les matières organiques et les modifie tandis qu'il se trouve ramené à un état inférieur d'oxydation.

Ces modifications de la gélatine, pour ne parler d'abord que de cette substance, lui communiquent les propriétés que nous pouvons énumérer de la façon suivante, et qui toutes ont reçu leur application :

1° La gélatine bichromatée devient, à la lumière, plus ou moins insoluble dans l'eau chaude. Si, d'une part, elle a été colorée préalablement au moyen d'une poudre inerte, et que l'exposition ait lieu sous un cliché de trait ou à demi-teintes, il arrivera que la gélatine conservant sa solubilité sous les noirs du négatif, devenant au contraire plus ou moins insoluble sous les clairs et cela proportionnellement à leur transparence, il en résultera qu'en soumettant notre gélatine insolée à l'action de l'eau chaude, nous obtiendrons finalement une positive. C'est là la base des procédés au charbon.

2° Si nous examinons une épreuve positive, telle que celle que nous venons d'obtenir, nous remarquerons que les noirs offrent un relief, dans les demi-teintes, ce relief est moins prononcé, les blancs sont les parties qui présentent le plus de profondeur. En coulant un alliage très fusible sur cette positive, ou encore en produisant une contre-épreuve galvanoplastique, ou enfin, profitant de son excessive dureté pour en obtenir un contre-moule de plomb, au moyen d'une pression très énergique, nous posséderons une nouvelle surface, où les creux les plus profonds correspondront aux noirs de la positive, les reliefs les plus accentués aux blancs purs. Si, dans ce contre-moule, nous versons une solution de gélatine colorée, que nous recouvrions le tout d'une feuille de papier, et que nous exercions une certaine pression pour bien remplir les creux, après que la gélatine sera figée, nous pourrons retirer notre feuille de papier, qui entraînera la gélatine colorée ; c'est en quelques mots le tirage photoglyptique.

3° Si au lieu de traiter notre gélatine insolée par l'eau chaude, nous ne l'avions traitée que par l'eau froide, de façon à dissoudre le bichromate dont elle était imprégnée, et faire absorber à la gélatine toute l'eau susceptible, nous aurions constaté, en regardant la surface sous une assez forte incidence, qu'une image s'y dessine avec un faible relief, les parties qui correspondent aux noirs du cliché sont celles qui sont le moins proéminentes, celles qui correspondent aux parties claires sont au contraire celles qui s'élèvent le plus. Ce relief provient de ce que la gélatine a absorbé plus d'eau, est restée plus perméable sous les noirs, qu'elle est au contraire moins perméable sous les clairs. Passons un rouleau chargé d'encre d'imprimerie sur une telle surface, les parties peu perméables prendront beaucoup d'encre, les parties imprégnées de beaucoup d'eau en prendront peu ou pas du tout. Un papier pressé sur cette couche nous donnera encore une positive, une phototypie.

4° Une couche de gélatino-bromure bichromatée, exposée à la lumière sous un cliché, deviendra plus ou moins imperméable à l'eau, ou au bain de développement, là où la lumière l'aura impressionnée, de telle sorte que, si après une exposition de durée convenable, nous lavons à fond notre couche de gélatine bromurée, pour enlever tout le bichromate, qui annihilait la sensibilité du bromure d'argent, qu'après cela nous l'exposions une ou deux secondes à la lumière diffuse, pour la développer ensuite, le révélateur ne pouvant pénétrer la gélatine dans les parties les plus influencées par la lumière (quand elle était exposée sous le cliché) resteront blanches, le révélateur pénétrant au contraire les parties de la gélatine restées perméables, celles-ci se coloreront par suite de la réduction du bromure d'argent. Nous obtiendrons donc une épreuve, en tout semblable au cliché, sous lequel la gélatine bichromatée avait reçu l'impression lumineuse. Ce sera un contre-type.

Nous bornerons là l'exposition des propriétés que les bichromates font acquérir à la gélatine sous l'influence de la lumière.

Le temps, l'humidité, la chaleur modifient aussi, avons-nous dit, la gélatine bichromatée, les modifications qui résultent de ces divers agents n'ont pas reçu d'applications, mais comme ce sont des facteurs auxquels on ne peut se soustraire, ils interviennent malgré nous dans les opérations ; il faut les connaître pour en tenir compte, c'est pourquoi il faudra en mentionner l'influence lorsque nous étudierons les divers procédés où on se sert de gélatine bichromatée.

L'action des bichromates sur les matières sucrées, quoique moins importante, a reçu cependant des applications intéressantes en photographie, elle permet de produire des contre-types et des émaux photographiques. Voici sur quoi reposent ces applications : on sait qu'une lame de verre imbibée d'une solution sucrée est poisseuse, qu'elle est susceptible de retenir les poudres colorées que l'on projette à sa surface. Les bichromates alcalins ajoutés à une solution sucrée et une couche de ce liquide étendue sur un verre ou une plaque de porcelaine, font perdre à la matière sucrée, après exposition à la lumière, cette propriété adhésive. Si au lieu d'exposer en plein notre surface à la lumière, c'est sous un cliché que nous opérons ou sous une positive, après une exposition convenable nous pourrons par saupoudrage obtenir un nouveau cliché ou une nouvelle positive.

Il est une autre propriété du bichromate de

potasse qu'il est utile de connaître, car elle est journellement mise à profit dans la préparation des émulsions. Elle réside en ce que cet agent oxydant peut ramener à l'état de bromure d'argent le sous-bromure d'argent produit par l'action de la lumière. De là, la possibilité de préparer les émulsions à une lumière actinique (lumière diffuse faible, lumières artificielles). L'action réductrice de cet éclairage, qui se manifesterait au développement par un voile intense, sera détruite par le bichromate, la lumière rouge ne nous deviendra nécessaire qu'à partir du moment où, par le lavage, nous éliminerons les produits de la double décomposition et le bichromate qui annihilait, en quelque sorte, la sensibilité du bromure d'argent. De plus, comme une température élevée, et d'autres causes encore, peuvent amener cette réduction partielle du bromure d'argent, l'addition du bichromate aura encore pour effet de détruire toute espèce de voile semblable à celui qu'occasionne une lumière faible. Le traitement des émulsions par une petite quantité de bichromate de potasse, nous sera donc toujours utile pour être certain d'obtenir des glaces donnant bien pur, et quand bien même nous aurions procédé entièrement à la lumière rouge, nous ne devrons pas nous en abstenir.

On le voit, les bichromates alcalins jouent en

photographie un rôle important, aussi je ne
crois pas devoir passer entièrement sous silence
le nom de ceux qui l'ont fait connaître. On
savait depuis longtemps que le mélange d'un
bichromate soluble avec certaines matières
organiques était modifié par la lumière. Dès
1838, Mungo Ponton constatait qu'une feuille
de papier, passée dans une solution de bichromate, brunit si on l'expose à la lumière ; en
1840, M. Ed. Becquerel annonçait qu'une
feuille de papier ayant reçu un encollage addi-
tionnel d'amidon, soumise à un bain de bichromate de potasse, pouvait, après exposition sous
un cliché, donner une image quand on la traitait
par la teinture d'iode. Fox-Talbot, en 1853,
reconnaissait que la gélatine bichromatée devient insoluble à la lumière ; deux ans plus tard,
M. Pertch, utilisant cette même propriété,
arrivait à produire des reliefs en traitant la
gélatine bichromatée insolée par l'eau chaude,
et reproduisant ces reliefs au moyen de la galvanoplastie, il obtenait une planche gravée en
creux. Cette même année, Poitevin, à la suite
du concours établi pour le prix de Luynes,
publia une étude complète des modifications
que subit la gélatine sous l'influence de la lumière et indiqua les applications qui pouvaient
en découler. Les indications que donna Poitevin à cette époque sont tellement explicites

font voir si clairement tout le parti que l'on
peut tirer des propriétés que la gélatine bichromatée acquiert sous l'influence de la lumière,
qu'on peut le regarder à juste titre, sinon
comme l'inventeur, du moins comme le promo-
teur de la photolithographie, de l'hélioplastie,
de la photoglyptie, de la phototypie, etc.

**Bisulfite de soude**. — (Voir Appendice,
page 713.)

**Bitume de Judée**. — Le bitume de Judée
que l'on nomme encore *asphalte*, *baume de
momie*, est un produit naturel connu de toute
antiquité; il provient, ainsi que l'indique son
nom, du lac Asphaltite ou mer Morte. Il est solide, noir, brillant, à cassure vitreuse et con-
choïdale, acquérant de l'odeur et de l'électricité
par le frottement, fusible par la chaleur, et brûlant avec flamme et production de fumée épaisse.

On vend souvent comme bitume de Judée, du
brai noir, qui n'a pas les mêmes propriétés que
l'asphalte naturel; de plus, même parmi le bitume de Judée vrai, il existe des échantillons
qui présentent beaucoup moins que d'autres la
propriété de devenir insolubles à la lumière.

C'est Nicéphore Niepce qui, le premier, en
1824, employa comme agent sensible, le bitume de Judée et arriva ainsi à produire une

*photographie*, la première même, peut-on dire, car jusque-là on n'avait obtenu, par l'intervention de la lumière sur d'autres corps sensibles, que des images renversées, ou si l'on veut, qui reproduisaient en blanc ce qui dans l'original était noir et vice versa. Ce que Poitevin a fait pour la gélatine bichromatée, Nicéphore Niepce l'a accompli pour le bitume de Judée. Niepce en effet, indique comment au moyen d'une plaque de métal recouverte d'une mince couche d'asphalte, que l'on insole sous une gravure (une positive), on peut arriver, en lavant la plaque avec de l'essence de térébenthine, à mettre le métal à nu ; il n'y a plus qu'à faire mordre à l'acide, pour le creuser partout où il n'est pas préservé par la couche de bitume insoluble. C'est, en un mot, les procédés de l'héliogravure, perfectionnés sans doute depuis lors, mais l'invention tout entière remonte à Nicéphore Niepce. En parlant de ces procédés d'impression aux encres grasses, j'indiquerai succinctement les diverses opérations par lesquelles on passe pour arriver à ce résultat final : produire au moyen d'une impression lumineuse une planche typographique (ou gravure en relief) ou bien une planche pouvant s'imprimer en taille douce (ou gravure en creux).

**Borate de soude** ($NaO$, $2\ BoO^3$). — Le borate de soude ou *borax*, connu autrefois sous le nom de *tinkal*, nous venait de l'Asie et de l'Amérique. On le fabrique aujourd'hui au moyen de l'acide borique de Toscane.

Le borax est en beaux cristaux octaédriques, renfermant 31 0/0 d'eau, solubles dans 12 fois leur poids d'eau froide. Ses solutions possèdent une légère réaction alcaline, elles sont donc susceptibles de transformer le chlorure d'or commercial, ou sesquichlorure d'or $Au^2Cl^3$ en protochlorure $Au^2Cl$, qui devient ainsi propre au virage. C'est à ce titre que le borax a été recommandé dans certaines formules de virage dont la suivante est un exemple :

Borate de soude............ 10 grammes.
Eau chaude................ 500 —

Après dissolution ajoutez 25 centimètres cubes d'une solution de chlorure d'or ou de chlorure d'or et de potassium au 100$^e$. Si la solution de borax est chaude au moment où vous ajoutez la solution d'or, le virage pourra être utilisé une heure après; si le mélange se fait lorsqu'elle est refroidie, la réaction n'est complète qu'après cinq à six heures et ce n'est qu'après ce temps que l'on doit l'employer.

Un cliché au gélatino-bromure, fixé et lavé, peut être facilement retouché, si on le plonge dans une solution de borate de soude à 3 0/0 et qu'on le laisse sécher sans le soumettre à un nouveau lavage.

**Brome** (Br.).—Les eaux-mères qui résultent de la cristallisation du chlorure de sodium dans les marais salants, ou du traitement des cendres de varech pour en extraire la soude, ou encore du traitement des azotates du Pérou, renferment des iodures et des bromures de sodium et surtout de magnésium, associés à des sulfites, des hyposulfites et des sulfures. On les traite d'abord par de l'acide sulfurique, pour décomposer ces derniers sels, puis on fait passer un courant de chlore, dont le premier effet est de décomposer les iodures, sans attaquer les bromures. L'iode insoluble se précipite :

$$Cl + NaI = NaCl + I.$$

On sépare l'iode pour le purifier par sublimation, de sorte qu'après ce premier traitement, il ne reste plus en solution que des sulfates, des chlorures et des bromures. Les deux premiers genres de sels ne seront pas décomposés par le chlore, dont l'effet se porte maintenant sur les bromures, pour mettre ce métalloïde en liberté.

$$Cl + NaBr = NaCl + Br.$$

En distillant le liquide après ce second traitement, on volatilise le brome dont le point d'ébullition n'est pas très élevé (63°). On reçoit les vapeurs de brome sous une couche d'acide

sulfurique, qui l'empêche d'émettre des vapeurs.

Tel est le procédé usité dans l'industrie pour
obtenir ces métalloïdes ; dans les laboratoires,
on suit un procédé plus simple pour se procurer
les petites quantités de brome dont on peut avoir
besoin. Dans un petit matras, on introduit un
mélange de bromure de potassium et de bioxyde
de manganèse, on bouche le matras au moyen
d'un bouchon portant un tube en S et un tube
abducteur qui va plonger au fond d'une éprouvette contenant une petite quantité d'eau. On
a soin de refroidir cette éprouvette en la plongeant soit dans de la glace, soit dans un mélange
réfrigérant. Par le tube en S, on verse de l'acide
sulfurique étendu de son volume d'eau et on
chauffe doucement le matras au bain-marie. Le
brome ne tarde pas à distiller et à venir se
condenser sous l'eau contenue dans l'éprouvette.
Il est prudent de faire cette petite préparation
au dehors ou sous une cheminée tirant bien,
car les vapeurs de brome sont suffocantes, dangereuses même à respirer, de plus on ne devra
traiter qu'une petite quantité de matière à la
fois.

Le brome est un liquide d'un rouge foncé, qui
se fige à — 20°, il entre en ébullition à 63°,
il émet à la température ordinaire des vapeurs
rouges, qui possèdent une grande tension et

qui sont fort lourdes ; malgré la précaution que l'on doit avoir de conserver le brome sous une couche d'eau, il est bien rare qu'on puisse le manier sans être incommodé par ses vapeurs. Il serait imprudent de l'aspirer avec une pipette, pour en prendre la quantité nécessaire dans le flacon qui sert de provision, si on n'avait pas le soin d'aspirer d'abord une première couche d'eau et le brome ensuite, ou ce qui est préférable de se servir de pipettes spéciales en forme d'S, une branche, celle par laquelle on aspire, contient de l'eau ; dans l'un et l'autre cas, ce liquide arrête les vapeurs de brome qui ne doivent pas arriver directement sur les voies respiratoires.

Le brome est peu soluble dans l'eau, qui n'en dissout que 3 0/0 de son poids, cette dissolution constitue l'eau bromée ; l'alcool, l'éther et le sulfure de carbone en dissolvent de plus fortes quantités. Si on agite de l'eau bromée avec de l'éther ou du sulfure de carbone, ces liquides entraînent avec eux le brome et se colorent en rouge.

*Applications*. — Le brome sert à préparer les bromures usités en photographie, mais ce sont là des opérations qui se font en dehors de nos laboratoires. On a bien quelquefois formulé des collodions dans lesquels on préparait extemporanément le bromure de cadmium ou le bromure de zinc, en leur ajoutant des lames de cadmium ou de zinc et une quantité donnée de brome, mais ces formules n'ont pas prévalu.

Je ne parle que pour mémoire du bromure de chaux, il vaudrait mieux dire du mélange de chaux hydratée et de brome, au moyen duquel on produisait une petite quantité de bromure d'argent sur la plaque daguerrienne, déjà recouverte d'iodure, pour en augmenter la sensibilité.

L'eau bromée a été conseillée pour enlever le voile des émulsions au gélatino-bromure, ou pour l'empêcher de se produire durant l'ébullition.

On se sert généralement de bichromate de potasse pour obtenir ce même résultat, la sensibilité étant moins diminuée au moyen du bichromate que par l'emploi de l'eau bromée.

Une dissolution alcoolique de brome a été aussi recommandée pour détruire le voile des émulsions au collodion.

Dans ces applications du brome (que l'on peut remplacer par l'iode, le chlore), il est nécessaire d'enlever l'excès de ce métalloïde par le lavage ou au moyen d'ammoniaque, parce que la moindre trace de brome (ou des autres métalloïdes de la même famille) diminue considérablement la sensibilité du bromure d'argent, et détruit même l'image latente. Cela se com-

prend aisément, puisqu'il est capable de détruire
le voile produit par la lumière ou par une autre
cause.

**BROMURES** — *Généralités.* — Le mode
général de préparation des bromures alcalins
consiste à produire d'abord du bromure de fer,
que l'on décompose par une solution de carbonate de potasse, de soude ou d'ammoniaque, etc.
On prépare la plupart des bromures des autres
métaux, en faisant réagir le brome pur sur le
métal.

Dans la pratique du gélatino-bromure, on
n'emploie plus pour produire le bromure d'argent par double décomposition que le bromure
de potassium ou le bromure d'ammonium, plus
rarement le bromure de sodium.

Le choix des bromures destinés à entrer dans
la composition du collodion est subordonné à
plusieurs considérations, qui font que la plupart
du temps on emploie un mélange de divers
bromures ; ce sont ordinairement les bromures
d'ammonium et de cadmium, plus rarement
ceux de potassium, de zinc ou de lithium.
Pourquoi, dira-t-on, a-t-on recours à un si grand
nombre de composés, pour arriver à produire
dans la trame du collodion un seul et même
corps, le bromure d'argent ?

Ce n'est pas que le bromure d'argent, qu'il

soit formé par la double décomposition du bromure d'ammonium et de l'azotate d'argent, ait par exemple des qualités qui le différencient de celui qui a été obtenu par la réaction du bromure de potassium et de l'azotate d'argent. Si cette différence existe, elle est du moins assez peu sensible, pour que le plus grand nombre des expérimentateurs ne l'aient pas admise ; on dit bien que le bromure de zinc produit à équivalents égaux un bromure d'argent qui est plus dense, qui fournit des couches plus opaques, il en serait de même du bromure de lithium.

Quoi qu'il en soit, là ne réside pas, je crois, la raison qui a fait adopter l'introduction de plusieurs bromures dans les collodions destinés au procédé humide ou sec, mais bien parce que l'on a voulu contre-balancer leur action sur le collodion lui-même ; ainsi, tandis que le bromure d'ammonium hâte la décomposition du collodion et le rend très fluide, les bromures de cadmium et de zinc lui donnent de la stabilité et le rendent épais ; le bromure de potassium étant très peu soluble dans l'alcool ou dans le collodion, si on avait voulu l'employer seul, on n'aurait pu en introduire une dose suffisante, surtout quand il s'agit de collodions destinés au procédé sec, dans lesquels il est avantageux de forcer la dose de bromure soluble, ou même de n'employer que du collodion ne contenant que du bromure.

On choisira donc des bromures très solubles, et qui malgré cela donnent des collodions assez stables, c'est pourquoi on emploie des mélanges de bromure d'ammonium, de cadmium ou de zinc.

Dans le collodion humide, il y a encore une autre considération qui peut faire adopter un bromure plutôt que tel autre ; les nitrates alcalins ou métalliques, qui proviennent de la double décomposition, restent en partie dans la couche sensible, interviennent et exercent une influence qui n'est pas négligeable. Tel est le cas du bromure d'urane ; l'azotate d'urane donne une sensibilité plus grande au sel d'argent, sensibilité qu'on obtiendrait difficilement avec les autres bromures.

Dans le procédé aux émulsions au collodion bromuré on n'emploie guère que le bromure de zinc ou le bromure double de cadmium et d'ammonium.

**Bromure d'ammonium** $(AzH^4Br) = 98$. — Ce sel ne contient pas d'eau de cristallisation, mais il absorbe assez facilement l'humidité de l'air, par conséquent pour les dosages rigoureux il sera bon de le dessécher avant d'effectuer les pesées ; sans cette précaution, on peut avoir des insuccès dans la préparation des émulsions au gélatino-bromure. Dans cette opération il est en effet indispensable, qu'après la production du bromure d'argent, il reste un petit excès de bromure soluble. Si on emploie du bromure d'ammonium et que celui-ci ait absorbé une certaine quantité d'humidité, il pourra arriver que malgré une pesée exacte en apparence, on ne fasse néanmoins réagir qu'une quantité de bromure insuffisante, pour qu'il en reste un excès, après l'addition de l'azotate d'argent. Dans ce cas, on aura sûrement une émulsion voilée.

De plus, le bromure d'ammonium se décompose à la température de l'eau bouillante, il perd de l'ammoniaque et devient de plus en plus acide, ce qui peut concourir, il est vrai, à donner des émulsions donnant plus pur, car l'acide bromhydrique qui se produit ainsi pendant la maturation de l'émulsion à température élevée, a pour effet de détruire le voile que cette même coction pourrait produire.

Le bromure d'ammonium communique, nous l'avons déjà dit, de la fluidité au collodion, mais il est à remarquer qu'il n'est pas très soluble dans l'alcool.

Pour convenir aux usages photographiques, le bromure d'ammonium ne doit pas avoir de réaction alcaline, ce qui indiquerait qu'il renferme du carbonate d'ammoniaque, ajouté en excès lors de sa préparation.

**Bromure d'argent** (AgBr) = 188. — Il n'existe, au moins d'une façon bien déterminée, qu'un seul bromure d'argent, renfermant un équivalent de brome et un équivalent d'argent. On admet hypothétiquement que le bromure précédent, sous l'influence de la lumière, est réduit en sous-bromure d'argent $Ag^2Br$, qui noircit en présence des révélateurs, auxquels on a donné le nom de révélateurs chimiques. Ce phénomène a lieu par réduction du sous-bromure d'argent à l'état métallique, avec formation simultanée d'un bromure alcalin.

On produit du bromure d'argent toutes les fois que l'on fait agir un bromure soluble sur l'azotate d'argent; pour avoir un équivalent de bromure d'argent, il nous faut employer un équivalent de bromure soluble; la table suivante, calculée sur cette base, indique quelle est la quantité d'azotate d'argent et des divers bromures employés en photographie, qu'il faut employer pour produire un gramme de bromure d'argent :

| AZOTATE d'argent | BROMURE d'argent | BROMURE de potassium | BROMURE de sodium | BROMURE d'ammonium | BROMURE de cadmium |
|---|---|---|---|---|---|
| 0,904 | 1,00 | 0,633 | 0,547 | 0,521 | 0,723 |

Cette même table indique également les quantités des divers bromures qui pourront mutuellement se remplacer dans les formules ; ainsi $0^{gr}$,633 de bromure de potassium pourront être substitués à $0^{gr}$,547 de bromure de sodium ou à $0^{gr}$,521 de bromure d'ammonium, etc., une simple proportion permettra d'étendre à un nombre quelconque ces diverses relations.

Le bromure d'argent est insoluble dans l'eau et dans l'acide nitrique, difficilement soluble dans l'ammoniaque. L'hyposulfite de soude, les cyanures et sulfocyanures alcalins le dissolvent avec facilité ; le sulfite de soude, les bromures solubles en dissolvent une petite quantité.

Tels sont les caractères chimiques du bromure d'argent, qui présente de plus des caractères physiques ou modifications qu'il nous est très important de connaître. Nous pouvons les résumer ainsi :

1° Les solutions étendues de nitrate d'argent donnent lieu, lorsqu'on les traite à froid par une solution faible d'un bromure soluble, à un précipité caséeux de bromure d'argent.

Ce précipité est blanc lorsqu'il reste un excès de sel d'argent, il devient jaune lorsque le bromure prédomine.

2° Le bromure caséeux que nous venons d'obtenir peut, par une agitation énergique, se transformer en un bromure d'argent pulvérulent ; cette transformation s'opère rapidement dans les solutions neutres et alcalines, lentement dans les solutions acides. Ces deux variétés de bromure d'argent sont peu sensibles à la lumière.

3° Les bromures caséeux ou pulvérulents, traités par l'eau bouillante, se transforment immédiatement en une poussière fine, friable au toucher ; on le nomme alors bromure d'argent granulaire. Si, au lieu de précipiter, comme dans notre premier cas, le nitrate d'argent par le bromure soluble à la température ordinaire, nous avions opéré cette précipitation à 100°, nous aurions directement obtenu le bromure d'argent granulaire, d'une couleur jaune, si nous avons opéré avec un excès de bromure soluble. *Ce corps est infiniment plus sensible à la lumière que le bromure caséeux ou que le bromure pulvérulent.* C'est donc la variété de bromure que nous avons intérêt à produire pour les usages photographiques ; cependant, pour nous rendre bien compte des meilleures conditions dans lesquelles il faut nous trouver pour l'utiliser, nous devons étudier encore l'action des substances qui se trouvent en présence lors de sa formation.

4° Le bromure d'argent granulaire produit en présence d'un grand excès de bromure soluble a une grande partie de sa sensibilité à la lumière anéantie, mais celle-ci réapparaît à mesure que l'on élimine l'excès de bromure par les lavages.

5° Le bromure d'argent granulaire ou même le bromure d'argent pulvérulent, précipités au sein d'une solution conservant un excès de sel d'argent, présentent une facilité de réduction telle que, si on fait agir sur eux les agents révélateurs, ils noirciront sans avoir reçu d'impression lumineuse. Un tel bromure sera à peu près inutilisable dans les préparations, car elles auront une grande tendance au voile ; on pourra la combattre en ajoutant aux révélateurs une petite quantité de bromure soluble ou en employant des révélateurs acides ; ces derniers sont les seuls pratiques pour le collodion humide, puisque la couche sensible renferme toujours un excès de nitrate d'argent.

6° Si, pour produire le bromure d'argent granulaire, nous opérons le mélange des solutions d'argent et de bromure, à une température voisine de 100°, nous nous exposons à avoir un bromure d'argent à gros grains qui se dépose rapidement. On doit éviter cette production de bromure d'argent sableux qui serait très visible sur les négatifs, et l'on peut y arriver en profitant de ce fait, que le bromure d'argent produit avec excès de bromure dans des solutions à peu près neutres ou alcalines et à la température moyenne de 30 à 40°, constitue le bromure d'argent pulvérulent absolument fin, mais peu sensible ; que ce bromure pulvérulent est susceptible de se transformer rapidement par l'élévation de température des solutions neutres, ou plus lentement à la température ordinaire dans les solutions alcalines en bromure d'argent granulaire très sensible, sans qu'il s'agglomère pour donner naissance à du bromure d'argent à gros grains.

7° Les solutions étendues de bromure et d'azotate d'argent soumises à ce traitement demanderont une plus longue action de la chaleur ou des solutions alcalines pour la transformation complète du bromure pulvérulent en bromure granulaire, que les solutions concentrées.

8° A mesure que cette transformation s'accomplit, la couleur du bromure d'argent se modifie, et cette modification est surtout appréciable par transparence. Tant que le bromure est à l'état pulvérulent, il paraît jaune rougeâtre à la lumière transmise ; une couleur bleu ardoisée indique une transformation complète.

9° Enfin, les substances organiques qui interviennent au moment de la formation du bromure d'argent ont une influence énorme sur sa sensibilité à la lumière. Cela tient sans doute à ce que plus la substance est oxydable et apte à absorber le brome provenant de la réduction de AgBr en Ag²Br, plus la sensibilité est considérable.

Ainsi, une émulsion à la gélatine, cette dernière étant facilement oxydable, est énormément plus sensible qu'une émulsion au collodion sans préservateur qui aurait été préparée à la même température. Si, à cette émulsion au collodion, nous ajoutons un préservateur, par conséquent une substance organique oxydable (quinine, chinchonine, morphine), nous verrons que cette addition nous permettra d'abréger la pose. On ne peut dire que cette propriété sensibilisatrice de la substance organique réside seulement dans ce fait, qu'elle facilite la pénétration du révélateur ; pour le prouver, employons pour une glace au gélatino-bromure et une autre à l'émulsion au collodion un révélateur alcoolique à l'acide pyrogallique et à l'ammoniaque ; il pénètre bien mieux la couche de collodion que celle de gélatine ; cependant, pour avoir une image dans ces circonstances, l'émulsion au collodion exigera une exposition beaucoup plus longue que l'émulsion à la gélatine.

D'autres admettent que le bromure d'argent a une sensibilité particulière à certains rayons lumineux qui varie avec le milieu interposé ; c'est l'opinion de Vogel, qui la formule ainsi : le bromure d'argent des émulsions à la gélatine qui ont mûri, constitue le bromure sensible au bleu ; le bromure d'argent des émulsions au collodion, constitue le bromure sensible à l'indigo.

**Bromure de cadmium** $(CdBr) = 136$. — Le bromure de cadmium est très soluble dans l'alcool, il rend visqueux les collodions auxquels on l'ajoute, mais les rend très stables. En contrebalançant ce défaut par un bromure, comme celui d'ammonium, qui rend les collodions très fluides, on se trouve dans de bonnes conditions, car le collodion acquiert une bonne consistance et devient suffisamment stable.

Le bromure de cadmium du commerce renferme souvent de grandes quantités d'eau (jusqu'à 30 0/0), comme d'autre part lorsqu'il est formulé il est sous-entendu anhydre, il faudra toujours le dessécher, en le chauffant modérément au-dessus d'une lampe à alcool. Les cristaux fondent d'abord, on agite la masse en détachant les parties qui s'attachent à la capsule au moyen d'un agitateur, on continue l'évaporation jusqu'à ce que l'on ait obtenu une poudre blanche qui est du bromure de cadmium anhydre.

**Bromure double de cadmium et d'ammonium** $(AZH^4Br, CdBr) = 234$. — On produit ce bromure double en prenant un équivalent de chacun des deux bromures simples

qui le composent, soit 98 de bromure d'amonium
et 136 de cadmium, faisant dissoudre ces deux
sels dans de l'eau distillée, et évaporant la solution lentement, jusqu'à ce que l'on obtienne
une masse sèche.

Ce sel double est très soluble dans l'alcool.

**Bromure de potassium** (KBr). $= 119.$ —
L'industrie nous fournit ce sel à assez bas prix,
mais par contre dans un état assez impur quelquefois.

Il peut contenir de l'iodure de potassium, du
chlorure de potassium, de la potasse, du carbonate de potasse, de l'azotate de potasse et du bromate de potasse.

L'iodure de potassium en raison de son prix
plus élevé n'est jamais frauduleusement ajouté
au bromure, mais il provient des petites quantités d'iode que le brome contient souvent. Bouis
a donné une réaction qui permettra de reconnaître les moindres traces d'iodure contenues
dans un bromure. Dissolvez un ou deux grammes
du bromure à essayer dans un peu d'eau distillée, introduisez la solution dans un tube à
essai et ajoutez quelques gouttes de perchlorure
de fer. En portant le tout à l'ébullition, le perchlorure de fer n'agira pas sur le bromure de
potassium, mais décomposera l'iodure, s'il y en
a ; les vapeurs d'iode entraînées par la vapeur

d'eau, viendront bleuir un papier amidonné que vous aurez placé à l'extrémité du tube à essai.

Un bromure alcalin, soit parce qu'il renferme de la potasse libre, soit du carbonate de potasse, fournira une solution qui bleuira le papier rouge de tournesol et de plus cette solution ne deviendra pas jaune en l'additionnant d'un petit cristal d'iode.

Quoique on doive écarter tout bromure alcalin, si on était obligé de l'employer tel quel à défaut d'autre, il ne faudrait pas négliger de neutraliser ses solutions au moyen d'une petite quantité d'acide azotique au dixième.

Un bromure de potassium renfermant du bromate de potasse pourra être reconnu en acidifiant la solution avec l'acide chlorhydrique, elle prendra une teinte jaune verdâtre.

Reste l'altération ou la falsification par le chlorure de potassium, c'est la plus importante puisque la proportion de chlorure ajoutée frauduleusement a été quelquefois de 30 0/0; malheureusement elle est trop délicate à reconnaître pour que je puisse l'exposer ici. Les analogies du chlore et du brome sont tellement étroites, au point de vue chimique, que pour les séparer, il faut une méthode analytique qui sort du cadre de cet ouvrage. Je me contenterai de dire que l'on devra considérer comme suspect tout bromure de potassium, dont 1 gramme dissous dans

30 ou 40 cent. cubes d'eau, puis traité par une
solution renfermant exactement 1 gramme 427
d'azotate d'argent, est encore susceptible de
donner un trouble quand on lui ajoute une solution étendue de nitrate d'argent. Il convient
de s'approvisionner de la quantité de bromure
de potassium jugée nécessaire, dans une maison
offrant toutes garanties, elles sont nombreuses
en France, et de plus, demandez du bromure
de potassium recristallisé; au besoin, faites-lui
subir les essais que je viens d'indiquer.

Rappelons-nous que c'est au moyen des produits purs, des pesées exactes et par l'observation scrupuleuse des procédés opératoires, que
nous pouvons espérer d'écarter le plus grand
nombre des causes d'insuccès. Je m'appesantis
un peu longuement sur ces observations à propos du bromure de potassium, parce que je
pourrais citer un grand nombre d'exemples, dans
lesquels il ne faut pas rechercher ailleurs que
dans l'impureté de ce bromure, la cause première d'émulsions obtenues constamment voilées.

Le bromure de potassium est très peu soluble
dans l'alcool, aussi il n'est guère employé dans
les procédés au collodion, on lui substitue dans
ce cas le bromure d'ammonium et le bromure
de zinc ou de cadminm.

Il est, au contraire, très soluble dans l'eau

(1 p. de bromure exige 1,26 p. d'eau pour se dissoudre) ; comme il est, d'un autre côté, peu hygrométrique, on n'a pas besoin de le dessécher avant d'effectuer les pesées ; il ne jaunit pas à la longue, ne se décompose pas à la température de l'ébullition. C'est donc un corps très stable, et s'il est pur, c'est certainement celui auquel on doit donner la préférence pour la préparation des émulsions au gélatino-bromure.

Nous avons dit, en parlant du bromure d'ammonium, pourquoi certains opérateurs préféraient ce dernier pour cet usage. Je me contenterai de faire remarquer qu'entre deux corps, dont l'un est difficile à conserver semblable à lui-même, soit parce qu'il peut renfermer plus ou moins d'eau absorbée à l'atmosphère, soit parce qu'il jaunit en subissant une légère décomposition, soit enfin parce qu'il subit un dédoublement partiel toutes les fois qu'il est soumis à la température de l'eau bouillante, et un autre corps exempt de tous ces changements, le choix ne doit pas être douteux et doit faire écarter dans les nouveaux procédés cette espèce de prévention qu'ont les photographes à l'égard du bromure de potassium.

**Bromure de sodium** (NaBr) $= 113$. — Je n'aurai que peu de chose à dire du bromure de sodium, qui présente à peu près les mêmes caractères que le bromure de potassium. Les impuretés qui peuvent le souiller sont de même nature que celles qui altèrent la pureté du bromure de potassium. On n'a donc qu'à se reporter à ce qui a été dit sur ce dernier pour l'examen du bromure de sodium. Je ferai seulement remarquer qu'un gramme de bromure de sodium pur, au lieu d'exiger $1^{gr},427$ d'azotate d'argent pour être complètement précipité, exigera un peu plus, car son équivalent est plus faible; cette quantité de sel d'argent devra être portée à $1^{gr},495$.

**Bromure de zinc** $(ZnBr) = 112$. — Le bromure de zinc est très soluble dans l'alcool, c'est pourquoi on le voit figurer dans les formules de collodions devant renfermer une forte proportion de bromure. Le bromure de zinc du commerce est rarement pur; il contient presque toujours un excès d'oxyde de zinc, dont il faut le séparer, si on veut éviter l'altération rapide des collodions dont il fait partie. L'alcool plus ou moins hydraté dissout ce mélange, tandis que l'alcool anhydre, ou absolu, ne dissout que le bromure de zinc. En filtrant cette dernière solution, on séparera l'oxyde de zinc, le liquide clair pourra être évaporé à l'aide d'une légère chaleur; on obtiendra ainsi un bromure de zinc pur.

Ce sel étant très déliquescent, il convient de le répartir dans de petits flacons bouchés avec soin.

**Bromure d'urane** (UBr). — Le bromure d'urane est assez facilement soluble dans l'alcool, d'autre part, il fournit des collodions bromurés qui donnent des couches sèches *préparées au bain* (formule de M. Chardon), dont la sensibilité dépasse celle qu'on obtiendrait avec d'autres bromures. Le bromure d'urane ne présente pas le même avantage dans le procédé aux émulsions ; étant d'ailleurs d'un prix élevé, il est rarement employé en dehors de l'application que j'ai mentionnée.

Je terminerai cette étude des bromures par la table suivante, indiquant les quantités correspondantes des divers bromures usités en photographie :

| BROMURE d'ammonium | BROMURE de potassium | BROMURE de sodium | BROMURE de cadmium crist. à 4 équiv. d'eau | BROMURE de zinc |
|---|---|---|---|---|
| 1,000 | 1,214 | 1,055 | 1,754 | 1,147 |
| 0,823 | 1,000 | 0,865 | 1,445 | 0,945 |
| 0,952 | 1,156 | 1,000 | 1,671 | 1,092 |
| 0,570 | 0,692 | 0,599 | 1,000 | 0,654 |
| 0,871 | 1,058 | 0,915 | 0,529 | 1,000 |

**Caoutchouc.** — En 1786, La Condamine, qui avait été envoyé au Pérou pour la mesure d'un degré du méridien, vit à Cayenne et au Brésil, une substance dont les indigènes faisaient des flambeaux, des chaussures, des tissus imperméables. Le savant mathématicien envoya cette substance en France sous le nom de gomme élastique. On lui donna plus tard le nom de caoutchouc, et après avoir seulement servi pour enlever les traces de crayon sur le papier, elle est devenue la source d'une foule d'applications.

Le caoutchouc provient du suc laiteux que laissent écouler les incisions faites à plusieurs sortes d'arbres. Au Mexique, au Brésil, c'est le *Siphonia elastica* ou *Cahuchu* que l'on exploite; à Java, à Singapore, ce sont les *Ficus elastica* et *Ficus indica*, tandis que dans l'archipel Indien, c'est une plante grimpante, l'*Urceola elastica*.

Le caoutchouc brut est purifié en Europe. Après cette opération, il est présenté sous forme de blocs rectangulaires ou de feuilles de différentes épaisseurs. Comme le caoutchouc naturel ne conserve son élasticité que jusqu'à $+10°$, et qu'au-dessous de cette température il devient dur et cassant comme du bois, on lui fait subir une sulfuration qui lui donne la propriété de conserver son élasticité à toutes les températures ; on le nomme, sous cette nouvelle forme, caoutchouc *vulcanisé*.

Dans les opérations photographiques, on n'emploie que le caoutchouc naturel ; en parlant de la benzine, j'ai signalé les applications du caoutchouc, je n'y reviendrai pas ici ; on se le rappelle, c'est sous forme de vernis qu'il est employé, soit pour enduire des surfaces qui doivent rester poisseuses, soit sous forme de très légère solution, pour faciliter l'adhérence des couches de collodion.

**CARBONATES. — Carbonate d'ammoniaque.** — Le carbonate d'ammoniaque, employé assez fréquemment en photographie pour les développements alcalins, est le sesqui-carbonate d'ammoniaque $[3(CO^2), HO, 2(AzH^4O)]$. On prépare ce sel en chauffant, dans une marmite de fer, un mélange de craie et de sulfate d'ammoniaque ; le carbonate d'ammoniaque qui se produit se sublime et vient former sur le couvercle du récipient une masse compacte et translucide, à cassure fibreuse. Au contact de l'air, le sesquicarbonate ne tarde pas à perdre cet aspect ; il se transforme en une masse blanche pulvérulente, laisse dégager de l'ammoniaque, et finalement ne constitue plus que du bicarbonate d'ammoniaque. A mesure que cette transformation s'opère, son action dans le développement alcalin s'amoindrit ; elle est nulle quand le sesquicarbonate est complètement converti en bicarbonate.

Quoique les solutions de carbonate d'ammoniaque perdent beaucoup plus lentement leurs propriétés que le sel à l'état solide, cette altération, dans l'un et l'autre cas, est une des principales causes pour lesquelles on a d'abord substitué l'ammoniaque liquide à son carbonate, puis les carbonates de soude ou de potasse, qui sont généralement employés aujourd'hui pour constituer les bains de développements alcalins à l'acide pyrogallique ou à l'hydroquinone.

Je rappellerai l'emploi d'une solution de carbonate d'ammoniaque, pour augmenter la rapidité d'une émulsion au gélatino-bromure déjà mûrie par son séjour de vingt à trente minutes au bain-marie bouillant. C'est immédiatement après que la température de l'émulsion, retirée du bain-marie, est tombée à 40° environ, que l'on ajoutera 4 à 5 centimètres cubes (par 100$^{cc}$ d'émulsion) d'une solution de carbonate d'ammoniaque au 1/10 ; on laissera digérer le mélange à 30° durant vingt minutes, après quoi l'émulsion sera versée dans la cuvette où elle doit se prendre en gelée.

**Carbonate de chaux** ($CaCO^3$). — On

trouve le carbonate de chaux sous des états très divers dans la nature, mais il est facile à distinguer des autres substances minérales. Il fait effervescence avec les acides, en dégageant de l'acide carbonique ; sa dissolution présentera les caractères des sels de chaux, précipitera, par exemple, quand on l'additionnera d'une solution d'oxalate d'ammoniaque ou d'oxalate de potasse.

On trouve le carbonate de chaux en Islande, sous forme de rhomboèdres transparents auxquels on donne le nom de *Spath d'Islande*, bien connu à cause du phénomène de la double réfraction auquel il donne lieu. En Aragon, on trouve une forme incompatible de cristallisation toute différente, c'est l'*aragonite*, qui affecte la forme de prismes droits à base rectangle.

Les marbres, l'albâtre calcaire, le calcaire jurassique, le calcaire grossier ou pierre à bâtir, la craie, constituent du carbonate de chaux plus ou moins pur.

La craie a reçu quelques applications en photographie. Ce produit naturel, formé de petits grains absolument amorphes, parce qu'ils résultent de l'agglomération de débris d'animaux à coquilles microscopiques, peut servir, après plusieurs lévigations, qui ont pour but d'en séparer les parties grossières, au polissage des glaces. On fait avec une certaine quantité de craie, de l'eau, de l'alcool ou mieux de l'ammoniaque, une bouillie assez claire que l'on étend au moyen d'un tampon sur les glaces à polir ; dès que la couche est à moitié sèche, on essuye la surface avec un chiffon propre, de manière à enlever toute trace de matière blanche ; il ne faut pas négliger d'essuyer les tranches avec soin, pour que le carbonate de chaux qui pourrait y rester sans cela ne vienne pas salir la préparation que le verre est destiné à recevoir.

Un des meilleurs virages, et sans contredit le plus économique, consiste à faire une dissolution de chlorure d'or à 1/1000 où mieux encore à 1/2000 et d'ajouter un peu de craie à cette solution. Le perchlorure d'or sera ramené par la craie à l'état de proto-sel ; la réaction ne sera complète qu'après 7 à 8 heures de contact à la température ordinaire ; à la température de 80°, elle ne demanderait que quelques minutes pour arriver à ce point. On pourra donc, au besoin, composer le bain de virage au moment de s'en servir. Ce mode de préparation du bain de virage, conseillée d'abord par M. Bayard, puis par M. Davanne, est absolument recommandable ; en effet, pour qu'un bain de virage soit dans de bonnes conditions, il faut qu'il soit neutre, c'est-à-dire que le perchlorure d'or jaune $Au^2 Cl^3$, se soit transformé entièrement en protochlorure incolore $Au^2\,Cl$. Dans cet état, pour deux équivalents d'or déposés, il n'y aura qu'un équivalent d'argent dissous, les épreuves ne seront donc pas rongées.

$$Au^2\,Cl + Ag = Ag\,Cl + Au^2$$

Le protochlorure d'or neutre se prête très bien à cette substitution; elle est régulière.

Les bains à réaction alcaline se trouvent bien, un certain temps après leur préparation, dans ces mêmes conditions où la substitution est facile; mais avec le temps, le sel d'or, sous l'influence de la substance alcaline, prend une stabilité trop grande pour être décomposé par l'argent; dès ce moment le virage, quoique le bain soit assez riche en or, ne marche plus. Donc un virage alcalin n'est pas susceptible de se conserver, tandis que le virage à la craie peut être longtemps gardé en provision. Après qu'il a servi, il se fait bien, à cause des matières organiques qui entrent en dissolution, une précipitation partielle de l'or qu'il contient, mais cet inconvénient est propre à tous les virages Pour le mettre de nouveau en usage, il faudra le remonter avec une solution de chlorure d'or de réserve, et cette quantité d'or à ajouter devra être un peu plus forte, à cause de la précipitation dont je viens de parler, que celle qui lui aura été

enlevée par le virage (soit 35 à 40 milligrammes
par feuille de papier). En laissant au fond du
flacon un petit excès de craie, et en ayant soin
de le ramener ainsi à sa richesse première, il
pourra servir indéfiniment. Cet excès de craie
réduira à l'état de proto-sel d'or le perchlorure
d'or dont on vient de l'additionner.

Je reviendrai plus longuement sur les réactions qui se produisent durant le virage, lorsqu'il
sera question de cette opération.

**Carbonate de potasse** ($KCO^3$). — Ce que
l'on nomme *potasse du commerce*, constitue un
produit assez complexe ; ce sont des carbonates
de potasse plus ou moins impurs, contenant des
sels étrangers tels que : sulfate de potasse, chlorure de potassium, carbonate et phosphate de
chaux, de la silice, de l'albumine, des oxydes de
fer et de manganèse, etc. Ces potasses se retirent
du lessivage des cendres de divers végétaux ; le
résidu d'évaporation de ces lessives appelé *salin*,
est calciné au rouge dans des fours à réverbère,
et expédié sous le nom de *potasse*, auquel on
ajoute le nom du pays dans lequel se fait son extraction. C'est ainsi que, dans le commerce, on
connaît les *potasses d'Amérique, de Suède, de
Russie, des Vosges, de Lille, etc.*

Ces nombreuses variétés de carbonate de
potasse ne peuvent, bien entendu, être ap-

pliquées aux opérations photographiques ; leur titre inégal, divers sels qui les accompagnent, présenteraient des inconvénients sérieux. On doit rechercher un produit à peu près pur ou ne contenant pas de chlorures. Les potasses raffinées, provenant de la purification des potasses brutes du commerce, dont il a été question plus haut, ne sont pas encore dans ce cas ; le seul carbonate de potasse dont on doive s'approvisionner est celui qui provient de la calcination de la crème de tartre purifiée, auquel on donne le nom de *sel de tartre*.

On l'obtient en calcinant, dans un creuset ou une marmite de fer, de la crème de tartre purifiée ; il reste un mélange de carbonate de potasse et de charbon divisé, que l'on connaît dans les laboratoires sous le nom de *flux noir*, dont on retire le carbonate par des lavages. On peut encore se procurer facilement du carbonate de potasse très pur en calcinant légèrement le bicarbonate de potasse.

Le carbonate de potasse est un sel blanc pulvérulent, d'une saveur alcaline très âcre, très déliquescent au contact de l'air humide, soluble dans son poids d'eau. Le carbonate de potasse est insoluble dans l'alcool, si ce dernier est hydraté, le carbonate lui enlève de l'eau dans laquelle il se dissout ; cette solution plus dense que l'alcool gagne le fond du flacon, l'alcool surnage; en le décantant on obtient un liquide d'un degré plus élevé, puisqu'une partie de son eau lui a été enlevée par le carbonate de potasse.

On devra toujours faire un essai du carbonate de potasse que l'on destine à la préparation des solutions alcalines applicables au développement à l'acide pyrogallique. On rejettera tout carbonate renfermant des chlorures, ce dont on s'assurera en saturant quelques centimètres de sa solution, au moyen d'acide azotique pur, ajouté en léger excès; on ajoute à cette solution quelques gouttes d'une autre solution de nitrate d'argent; la formation d'un précipité de chlorure d'argent indiquera la présence des chlorures, et il sera d'autant plus volumineux que la quantité de chlorures solubles était plus importante.

S'il ne se manifeste qu'un léger trouble, après l'addition du nitrate d'argent, cela indiquera qu'il n'y a que des traces de chlorures et le sel peut être utilisé, tandis qu'on rejettera tout carbonate qui fournirait un précipité. Les chlorures ont une action retardatrice, dont l'effet peut être nuisible dans le développement des épreuves instantanées.

Le carbonate de potasse n'a pas reçu d'autre application en photographie que celle de son emploi dans le développement alcalin. Quelques opérateurs le préfèrent au carbonate de soude, parce qu'il fournit une révélateur plus énergique que celui à la soude.

Beaucoup de formules ont été données, je n'ai pas l'intention de les transcrire ici ; je me contenterai d'indiquer la suivante, recommandée par le Dr Eder :

| | | |
|---|---|---|
| A. Eau distillée......... | 100 cent. cubes. | |
| Sulfite de soude neutre | 25 grammes. | |
| Acide sulfurique..... | 3 à 4 gouttes. | |
| Acide pyrogallique.. | 10 grammes. | |

Filtrer après dissolution des produits, opérée suivant l'ordre où ils sont écrits. En cet état, cette solution se conserve plusieurs mois.

| | | |
|---|---|---|
| B. Eau distillée............ | 200 cent. cubes. | |
| Carbonate de potasse.. | 90 grammes. | |
| Sulfite de soude......... | 25 grammes. | |

Après dissolution complète, il faut filtrer le liquide.

Pour composer le révélateur, on prendra :

| | | |
|---|---|---|
| Eau.................. | 100 cent. cubes. | |
| Solution A.............. | 15 gouttes. | |
| Solution B.............. | 15 gouttes. | |

Ce qui constitue un révélateur très dilué, qui agit lentement, les glaces devront y séjourner de dix à trente minutes, mais on obtient des clichés harmonieux. J'ai plusieurs fois employé avec le plus grand succès ce révélateur ; il fournit des clichés dont la teinte est rouge brun, qui couvre bien. On doit plonger le cliché, après le développement, dans une solution saturée d'alun, qui lui enlève une grande partie de sa coloration jaune ; on lave une seconde fois, puis on fixe.

Si l'image vient sans densité, on pourra augmenter la force du révélateur, en lui ajoutant 20 à 25 gouttes de chacune des deux solutions A et B, ce qui abrégera de plus le temps nécessaire au développement.

**Carbonate de soude** ($NaCO^3 + 10HO$). — On trouve le carbonate de soude à l'état naturel, sous deux formes distinctes, connues sous les noms de *natron* et de *trona ;* exclusivement employés par les anciens pour la fabrication du verre, ces produits n'arrivent plus en Europe. Ces matières naturelles sont des mélanges de différents sels, dont l'élément principal est le carbonate et le sesquicarbonate de soude.

Les plantes qui croissent au bord de la mer, dans les steppes salées, ou dans le voisinage des sources, contenant une notable proportion de chlorure de sodium, absorbent le sel marin qui se change, au moins en partie, durant la végétation en sels organiques à base de soude. L'incinération de ces plantes fournit des cendres qui, outre les autres sels, renferment du carbonate de soude, provenant de la décomposition par la chaleur des sels sodiques organiques. Les *atriplex*, les *salsola*, les *salicornia*, sont parmi ces plantes, les plus employées à cette fabrication.

Le blocus continental, à l'époque de la Révolution, arrêtant l'importation de ces produits qui nous venaient d'Espagne, le Comité de salut public décréta que les inventeurs de procédés susceptibles de convertir le sel marin en soude devaient sacrifier leurs intérêts à ceux de la patrie, et déposer la description de leurs méthodes entre les mains d'une commission spéciale. Celle indiquée par Leblanc fut reconnue la meilleure et on la rendit publique. Je ne décrirai pas cette méthode, ce qui m'entraînerait un peu loin, la description en est longuement traitée d'ailleurs dans tous les traités de chimie. La méthode Leblanc fournit ce que l'on nomme les *cristaux de soude,* lorsque le carbonate est cristallisé; celui de *sel de soude* est réservé au produit desséché qui provient du raffinage de la soude brute qu'on obtient d'abord. Le sel de soude est anhydre; il renferme de 70 à 98 0/0 de carbonate de soude; les cristaux de soude renferment en moyenne de 30 à 35 0/0 de carbonate et 60 à 63 0/0 d'eau de cristallisation. Ces deux sortes de carbonates renferment environ 1 0/0 de chlorure de sodium.

Depuis quelque temps, on fabrique aussi le carbonate de soude par un procédé dû à M. Solway, lequel consiste à décomposer le chlorure de sodium par le bicarbonate d'ammoniaque. Il se forme du bicarbonate de soude peu soluble, qui se précipite, et du chlorhydrate d'ammoniaque qui reste en dissolution, avec l'excès de chlorure de sodium et de bicarbonate d'ammoniaque non décomposés.

La soude à l'ammoniaque, c'est ainsi qu'on désigne le carbonate de soude obtenu par ce dernier procédé, est généralement plus pure que celle que l'on obtient par la méthode de Leblanc, ce procédé étant également plus économique, actuellement c'est ainsi qu'on obtient une grande partie de la soude du commerce.

Néanmoins, le carbonate de soude, tel qu'on peut se le procurer partout à très bas prix, ne peut pas toujours servir aux opérations photographiques ; il contient, en effet, la plupart du temps, des chlorures nuisibles par leur action retardatrice, quand le carbonate de soude doit faire partie de bains révélateurs destinés à des glaces sous-exposées.

La purification en est si facile, qu'on ne doit jamais négliger de faire cette petite opération, à moins qu'on ne préfère acheter directement du carbonate de soude pur. La majoration de dépense, assez minime d'ailleurs, compensera largement les irrégularités qui pourraient provenir de l'emploi du produit commercial. Pour obtenir le carbonate de soude cristallisé dans un état de pureté suffisant, on achètera du sel de soude sec, en choisissant de préférence la soude à l'ammoniaque, parce qu'elle est plus riche et plus pure; à défaut, on traiterait des cristaux de soude, et avec l'un ou l'autre de ces produits on ferait, à chaud, une solution dans les proportions suivantes :

| | |
|---|---|
| Eau distillée | 2,500 grammes. |
| Sel de soude sec | 1,000 — |
| (ou cristaux de soude) | 1,600 — |

Filtrez après dissolution, en recevant le liquide dans une cuvette de porcelaine que vous placerez dans un lieu frais. Après 24 heures de repos, décantez l'eau-mère; mettez les cristaux à égoutter dans un entonnoir, essuyez-les entre des doubles de papier à filtrer blanc, et aussitôt qu'ils commenceront à s'effleurir, renfermez-les dans des flacons bouchés.

Les cristaux de carbonate de soude ainsi obtenus donneront une dissolution dont une petite quantité, saturée par un léger excès d'acide azotique pur, ne précipitera plus ou tout au moins ne fournira qu'un léger trouble, lorsqu'on l'additionnera d'une dissolution d'azotate d'argent,

ils ne renfermeront pas de chlorure ou n'en renfermeront que des traces.

Le carbonate de soude cristallisé contient
63 pour 100 d'eau de cristallisation; il se dissout
dans 1 partie 6 d'eau à $+$ 15° et dans 0 partie 12
à $+$ 38°.

On peut se servir des cristaux de soude ordinaires pour le dégraissage des verres. On aura
soin de ne pas les laisser trop longtemps séjourner dans la lessive alcaline chaude, car beaucoup d'espèces de verre ont leur surface altérée
dans ces circonstances.

On réservera les cristaux de carbonate de
soude purifié pour préparer les solutions alcalines qui doivent faire partie des révélateurs à
l'acide pyrogallique ou à l'hydroquinon.

Il existe un grand nombre de formules de développement à l'acide pyrogallique et au carbonate de soude avec addition de sulfite de soude
ou d'acide salicylique, comme agents conser-
vateurs des solutions d'acide pyrogallique.

Je n'en mentionnerai qu'une à cette place,
on en trouvera d'autres à l'article concernant le
développement, de méme que j'indiquerai à l'article *Hydroquinon* celle qui est généralement
employée quand on fait usage de ce réducteur.

La formule de développement à l'acide pyrogallique et au carbonate de soude que je transcris ici est due à M. Balagny, elle donne d'excel-

lents résultats, et depuis qu'elle m'a été connue je n'en ai guère employé d'autre :

Faites les deux solutions suivantes :

        1. — Eau distillée..............    1 litre.
            Carbonate de soude.......  200 grammes.
        2. — Eau......................    250   —
            Sulfite neutre de soude....    50   —

Prendre 250 grammes de la solution de carbonate de soude (n° 1), les mettre dans un flacon, puis y ajouter 2 grammes de bromure d'ammonium.

Cela fait, supposons que l'on ait à développer d'abord une épreuve instantanée, puis un négatif ordinaire.

1° Instantanéité. — Mettez dans un verre, pour une plaque, format $13 \times 18$ :

        Eau...........................  50 grammes.
        Solution n° 2.................    5 à 7$^{cc}$
        Acide pyrogallique en poudre.....  0 $^{gr}$ 25

soit une petite cuillerée à moutarde.

Laissez tremper quelques instants la plaque dans ce mélange que vous avez versé dans une cuvette, puis ajoutez dans le verre 5 à 6 centimètres cubes de la solution de carbonate non bromuré, et pendant l'été quelques gouttes de solution de carbonate bromuré. Versez le liquide de la cuvette dans le verre, mélangez bien et

reversez sur la glace. L'image ne tarde pas à se
montrer et gagne en intensité. Quand tous les
détails sont bien venus, ce qui ne s'obtient que
par des additions successives de la solution alcaline, on monte définitivement le cliché, en ajoutant encore $0^{gr},25$ d'acide pyrogallique dans le
verre; on y reçoit aussi le liquide de la cuvette
et dès que l'acide pyrogallique est totalement
dissous, on reverse le tout sur le cliché.

2° Pose normale. — On opère comme pour les
poses instantanées, mais en ne faisant usage que
de la solution de carbonate de soude bromuré.
Si après l'addition de la première dose de solution alcaline, on constatait que l'image vient
trop vite, qu'elle est uniforme, on remédiera à
l'excès de pose en diluant d'abord le révélateur
avec une quantité égale d'eau, puis en ajoutant
quelques gouttes d'une solution de bromure de
potassium à 10 pour 100. Si, au contraire, il y
a insuffisance de pose, après la première dose
de carbonate bromuré, on n'emploiera plus que
la solution alcaline non bromurée.

Pour la reproduction des gravures, pour les
positifs destinés aux projections, il serait bon
d'avoir une troisième solution de carbonate de
soude à 20 pour 100, comme les précédentes,
mais renfermant 3 grammes de bromure d'ammonium au lieu de 2; on obtiendra ainsi plus
d'opposition.

**Chlorate de potasse** ($KClO^6$). — On obtenait autrefois ce sel en faisant passer un courant de chlore dans une dissolution concentrée de potasse :

$$6\ Cl + 6\ KO = K\ ClO^6 + 5\ K\ Cl$$

Le chlorate peu soluble se précipite en lames nacrées, le chlorure de potassium beaucoup plus soluble reste en dissolution. Aujourd'hui, on fabrique le chlorate de potasse en saturant à chaud une bouillie d'hydrate de chaux, mélangée de chlorure de potassium par un courant de chlore. Il se forme d'abord du chlorure de calcium et du chlorate de chaux très solubles :

$$6\ CaO + 6\ Cl = Ca\ ClO^6 + 5\ Ca\ Cl$$

En laissant refroidir la liqueur, après filtration, le chlorure de potassium réagit sur le chlorate de chaux pour donner naissance au chlorate de potasse peu soluble qui se dépose :

$$Ca\ ClO + K\ Cl = K\ ClO^6 + Ca\ Cl$$

*Propriétés.* — Il déflagre sur les charbons ardents, parce qu'il dégage son oxygène sous l'influence de la chaleur ; il sert à préparer l'oxygène ; mêlé en poudre fine à poids égal de soufre ou de sulfure d'antimoine, il détone quand on le frappe sur un enclume avec un marteau ; l'in-

flammation peut encore se produire si on tritu-
rait ce mélange dans un mortier de porcelaine
avec un pilon de même substance ou de toute
autre matière dure ; le même accident peut survenir en bouchant avec force le flacon à l'*émeri*
dans lequel on renfermerait un pareil mélange,
si quelques parcelles restaient attachées au
goulot. Je signale avec quelques détails ces
propriétés inhérentes au chlorate de potasse,
parce que des accidents, de date encore toute récente, sont signalés à cause de la non-observa-
tion de ces règles en maniant la poudre magnésique, dont je vais parler dans un instant, et qui
semble avoir pris place dans le laboratoire des
amateurs.

*Application*. — Le chlorate de potasse est un
corps très riche en oxygène, il le cède assez facilement, c'est donc un corps oxydant. C'est à
tel titre qu'on s'en sert dans le procédé d'impression au platine. Ce procédé repose, nous le
savons, sur ce fait que la lumière est susceptible de réduire l'oxalate ferrique en oxalate ferreux, que ce dernier, en dissolution dans une solution chaude d'oxalate de potasse, précipite instantanément le chlorure de platine à l'état métallique. Donc un papier, recouvert d'un mélange
d'oxalate ferrique et de chlorure de platine,
exposé sous un cliché, nous donnera une image
par l'effet d'une plus ou moins grande action

de la lumière, dès que nous ferons affleurer ce
papier sur une solution chaude d'oxalate de potasse. La réduction du sel de platine sera plus
complète sous les clairs du cliché que sous les
noirs, puisque la lumière a pu facilement les
traverser et ramener une plus grande somme
d'oxalate ferrique à l'état d'oxalate ferreux. Il
nous fallait donner ces explications prélimi-
naires pour nous rendre compte de l'action du
chlorate de potasse. Une substance oxydante
peut transformer le protochlorure de platine qui
intervient en bichlorure de platine; ce dernier,
par sa présence, modifie le caractère de l'image,
il la rend plus dure, ce qui peut être utile, s'il
s'agit de reproduire des clichés trop uniformes.

L'agent oxydant ne doit pas être assez énergique, pour que la transformation partielle du
protochlorure de platine en bichlorure que l'on
veut obtenir ait lieu au sein même de la solution préparatrice; le précipité cristallin de bichlorure de platine et de potassium qui en serait
la conséquence, ne pourrait, à cause de cet état
moléculaire, se répartir également à la surface
du papier; ce n'est donc que lorsque le papier
est sec que cette transformation doit se produire.
Le chlorate de potasse satisfait à ces conditions,
il ne modifie pas sensiblement la solution sensibilisatrice, ce n'est qu'après la dessiccation
du papier que son action sur le proto-sel de

platine se manifeste. Pour expliquer cette
réaction, on admet qu'il se forme d'abord du
chlorate de fer, corps très instable, qui se décompose en séchant, c'est au moment où cette
décomposition se produit que la péroxydation
a lieu.

Le chlorate de potasse est un des composants des *photo-poudres* ou *poudres magnésiques* qui ont maintenant une certaine vogue.
L'amateur trouve dans leur emploi, le moyen
d'obtenir une épreuve dans les circonstances
où autrefois on était obligé de recourir à des
moyens d'éclairage beaucoup plus coûteux et
souvent peu pratiques ; par contre leur maniement exige des précautions, qui deviennent
plus grandes encore quand il s'agit de les préparer. Comme je suis d'avis que l'on doit éloigner de nos laboratoires, autant que faire se
peut, les substances dangereuses, soit par leur
effet toxique, soit à cause de leur propriété
explosive, soit enfin à cause de leur inflamma-
bilité, il était à désirer que l'on trouvât le moyen
de remplacer les poudres qui nous occupent,
en ne demandant plus à des agents oxydants
le moyen de produire une vive combustion du
*magnésium*. On y est arrivé, comme je l'indiquerai à l'article *Magnésium*, en projetant la
poudre *fine* de ce métal au sein de la flamme
produite par l'alcool ou même par une simple

bougie. La finesse de la poudre exigée par ce dernier procédé supplée à l'action comburante du mélange de chlorate de potasse, de soufre ou du sulfure d'antimoine, par cela même tout danger se trouve écarté, et en même temps les fumées âcres que produisent les agents comburants et sulfurés contenus dans les poudres magnésiques.

Néanmoins, je donnerai ia formule d'une photo-poudre, pour indiquer surtout les précautions indispensables que l'on doit prendre en la préparant ; cette formule due à M. Richelet, de Sedan, comprend trois éléments, dont on pèse séparément les doses suivantes :

Chlorate de potasse................ $2^{gr},10$
Sulfure d'antimoine................ $0^{gr},40$
Magnésium en poudre............. $1^{gr},50$

On pulvérise chaque substance aussi finement que possible sans en opérer le mélange, ce n'est qu'après cette première opération qu'on y procède en plaçant les trois doses indiquées sur une feuille de papier ; au moyen d'une barbe de plume, on fait du tout une poudre homogène, que l'on conservera dans un flacon *bouché au liège*, ou dans une boîte de carton. On agira sagement en ne préparant à la fois que la quantité indiquée par la formule, ce qui fournit 5 grammes de poudre. C'est d'ailleurs une opéra-

tion qui ne demande que quelques minutes, si
la provision de chacune des substances est déjà
à l'état de poudre, et c'est sous cette forme que
l'on achète le magnésium.

La combustion de ces poudres s'opère commodément à l'aide de petites cartouches contenant
la dose reconnue nécessaire (1 gramme ordinairement) ; on peut facilement les confectionner de la manière suivante : au moyen d'un
papier fin, tel qu'une feuille de papier à ciga-
rettes et d'un crayon de grosseur ordinaire, on
obtient un tube que l'on colle très légèrement;
on garnit l'une de ses extrémités d'une bourre
de fulmicoton qui ressort d'un demi-centimètre
environ, on la fixe au moyen d'un tour de fil,
qui retient également une mèche formée d'un
fil de coton auquel on laisse une longueur de
1 mètre. Dans le tube ainsi fermé par un bout,
on introduit 1 gramme de poudre magnésique,
on termine la cartouche en la serrant par l'extrémité restée ouverte, au moyen d'un fil qui
servira d'attache pour la suspendre à la place
et à la hauteur convenables. En allumant
le fil de coton, qui constitue la mèche, par
son extrémité inférieure, on communiquera le
feu à l'amorce de fulmicoton, la déflagration
de la poudre a lieu à ce même moment ; toutefois, la combustion du fil de coton dure un
temps assez long, pour qu'il soit possible de se

retirer et d'ouvrir l'objectif au moment opportun.

M. Riche, dans son cours de chimie à l'Ecole
de pharmacie, nous signalait le pouvoir actinique que possède la flamme produite par la
combustion du bioxyde d'azote saturé de vapeurs de sulfure de carbone; il nous le démontrait en provoquant sous son influence la combinaison instantanée d'un volume d'hydrogène
et d'un volume de chlore. En cette circonstance, cette flamme produisait les mêmes résultats que les rayons directs du soleil. Au moment où les photo-poudres furent signalées,
cette expérience me suggéra l'idée d'essayer
le mélange de bioxyde d'azote et de vapeurs
de sulfure de carbone, en vue d'obtenir des
épreuves photographiques ; le résultat fut
excellent; il peut, à demeure, rendre les mêmes
services que les poudres magnésiques, au moins
lorsqu'il s'agit de reproduire des objets inani-
més, car la combustion d'un pareil mélange
gazeux dure un temps appréciable, il est d'un
autre côté fort peu coûteux. Pour le préparer,
on remplit une éprouvette à bords rodés, de
un à deux litres de capacité, de bioxyde d'azote,
on bouche cette éprouvette avec une plaque de
verre également rodée, et au moyen d'un tube
effilé, on laisse couler le long de ses parois
intérieures une dizaine de gouttes de sulfure

de carbone puis on repousse l'obturateur de
verre. Au bout de quelques minutes, le bioxyde
d'azote s'étant saturé de vapeurs de sulfure de
carbone, on peut enflammer le mélange qui
brûle avec une flamme bleue très éclairante.

**CHLORHYDRATES. — Chlorydrate
d'ammoniaque** ($AzH^4Cl$). — Ce sel connu encore sous les noms de *sel ammoniac, muriate
d'ammoniaque, chlorure d'ammonium*, est blanc,
inodore, d'une saveur piquante. Il cristallise en
cubes ou en octaèdres qui, le plus souvent, se
disposent les uns à côté des autres, sous l'apparence des barbes d'une plume. Dans le commerce, on le rencontre sous forme de pains
sublimés, blancs ou gris, à cassure fibreuse.

Il est volatil, soluble dans 4 parties d'eau
froide et dans son propre poids d'eau bouillante,
l'alcool n'en dissout guère qu'un dixième de
son poids.

Il présente les caractères de tous les chlorures, c'est-à-dire que ses dissolutions donnent
avec l'azotate d'argent un précipité de chlorure
d'argent caillebotté, qui noircit à la lumière.
Ce précipité, insoluble dans l'acide azotique,
même bouillant, est, au contraire, fort soluble
dans l'ammoniaque.

Le chlorhydrate du commerce est rarement
pur, il est souvent sali par des matières empy-

reumatiques, il possède alors une teinte grise. Il contient souvent du sulfate d'ammoniaque, du chlorure de sodium, du sulfate de chaux, des sels de plomb, de cuivre ou de fer.

Les sels des métaux que je viens de signaler rendent le sel ammoniac qui en est souillé, impropre à la plupart des opérations photographiques, notamment lorsqu'on désire faire usage de ce chlorure dans la composition de l'albumine liquide, destinée à la préparation du papier albuminé, ou qu'il doit faire partie des émulsions au gélatino-chlorure.

En faisant recristalliser le sel ammoniac blanc du commerce, on l'obtiendra généralement assez pur.

On reconnaîtra la présence d'un sel de cuivre dans le sel ammoniac, en traitant sa solution aqueuse par le cyanure jaune; la présence d'un sel de cuivre donnera lieu à une coloration brun-marron.

Le chromate de potasse donnerait lieu à un précipité jaune s'il contenait un sel de plomb, le tannin, à une coloration noire s'il contenait du fer. L'hydrogène sulfuré, en admettant que le sel ammoniac renfermât un sel de l'un de ces métaux, donnerait un précipité noir; cette seule réaction devrait suffire à faire rejeter le chlorure d'ammonium qui lui donnerait lieu.

*Applications.* — Le sel ammoniac, formant

avec le bichlorure de mercure un sel double beaucoup plus soluble dans l'eau que le sublimé, on met souvent cette propriété à profit pour préparer les solutions mercuriques destinées au renforcement des clichés.

Il peut entrer dans la composition de l'albumine chlorurée qui doit servir à la préparation du papier albuminé.

**Chlorhydrate d'hydroxylamine.** — L'hydroxylamine ou oxyammoniaque ($Az\ H^3O^2$ ou $Az\ \begin{Bmatrix} H \\ H \\ HO^2 \end{Bmatrix}$) représente de l'ammoniaque, dans laquelle un équivalent d'hydrogène est remplacé par le groupe hydroxyle $HO^2$; elle peut se combiner à un équivalent d'acide chlorhydrique, le chlorure d'hydroxylamine ainsi formé constitue un réducteur des sels d'argent assez puissant.

Ce sel est déliquescent, très soluble dans l'eau et dans l'alcool. On reproche à ce révélateur de donner des images qui manquent d'intensité, ceci est un inconvénient pour les procédés négatifs, il n'en est pas de même pour la révélation des images positives sur papier au gélatino-bromure ou au gélatino-chlorure.

Avec cette dernière préparation surtout, le chlorhydrate d'hydroxylamine donne d'excellents résultats, la variété de tons que l'on peut obtenir est assez grande, et la plupart du temps la coloration est satisfaisante. Le gélatino-bromure donne des images possédant une teinte noir bleuâtre. Un autre inconvénient du chlorhydrate d'hydroxylamine réside en ce qu'il provoque le plissement de la gélatine étendue sur verre ; sur papier, l'adhérence étant plus grande, on a rarement à constater ce défaut. C'est une propriété inhérente à cette substance, et qui ne tient pas seulement à la présence de l'alcali caustique auquel on l'associe pour composer le révélateur. Tous les expérimentateurs qui ont fait des essais dans ce sens sont unanimes à le reconnaître.

Plusieurs formules de révélateurs au chlorhydrate d'hydroxylamine ont été données dans ces temps derniers. Je vais transcrire l'une d'entre elles. Faites les trois solutions suivantes :

A.   Chlorhydrate d'hydroxylamine   1 gramme.
Alcool à 90°...................... 15 grammes.
   B. — Soude caustique........ 1 gramme.
      Eau................... 8 grammes.
   C. — Bromure de potassium... 1 gramme.
      Eau................... 10 grammes.

Pour l'usage, on mélange : 4 centimètres cubes de (A), 6 centimètres cubes de (B), 1 à 2 gouttes de (C) et 5 centimètres cubes d'eau. Comme le développement à l'hydroquinon celui-ci peut servir plusieurs fois.

**CHLORURES.** — **Chlorure d'argent** (Ag Cl). — On produit du chlorure d'argent toutes les fois que l'on traite un chlorure soluble par une solution d'azotate d'argent ; il donne lieu à un précipité blanc, d'une apparence toute particulière : on dit qu'il est caillebotté. Ce précipité ne tarde pas à noircir à la lumière, par réduction à l'état métallique et dégagement de chlore ; plusieurs auteurs disent qu'il se forme, durant ce phénomène, du sous-chlorure d'argent ; cet état n'est au moins que transitoire, car si l'on traite le chlorure d'argent partiellement noirci par un de ses dissolvants, le résidu est constitué par de l'argent métallique.

Le chlorure d'argent non altéré par les rayons lumineux présente une couleur blanche, ce qui le distingue du bromure et de l'iodure d'argent ; le bromure, en effet, est un peu jaunâtre ; l'iodure présente un couleur jaune très accentuée. D'autre part, le bromure ne prend à la lumière, quelle que soit la durée de l'impression, qu'une teinte grise ; on sait que l'iodure d'argent noircit à la lumière comme le chlorure d'argent ; mais ce qui permet de distinguer ces deux corps, c'est que le chlorure noircit, qu'il se trouve en présence d'un excès de chlorure soluble ou en présence d'un excès de nitrate d'argent ; l'iodure, au contraire, n'est altéré par la lumière qu'autant qu'il se trouve en présence d'un excès de nitrate d'argent ; un léger excès d'iodure soluble le rend insensible.

Le chlorure d'argent, comme l'iodure et le bromure d'argent, subit par une très courte exposition à la lumière, une modification qui, sans être encore apparente, le rend susceptible d'être réduit par les agents révélateurs ; on pourrait admettre dans ce cas la formation d'un sous-chlorure d'argent. C'est ce composé qui est seul réduit à l'état métallique par les agents développateurs. Nous avons, en parlant du bromure d'argent, également admis là formation hypothétique du sous-bromure d'argent.

En supposant que ce soit là le premier effet que la lumière fait subir aux composés haloïdes d'argent, on sait que le chlorure est moins vite impressionné que le bromure ; que l'iodure d'argent pur, c'est-à-dire existant sans être en présence d'iodure soluble ou de nitrate d'argent, est à peu près insensible aux rayons lumineux ; s'il se trouve, au contraire, en présence d'un excès de nitrate d'argent, il est plus vite influencé que le chlorure, mais moins vite que le bromure ; l'iodure, je l'ai dit, reste complètement inaltérable en présence d'un excès d'iodure alcalin.

Ces considérations nous font adopter le bromure d'argent pour les épreuves négatives ; la rapidité d'impression, dans ce cas, doit être la plus grande possible, tandis qu'elle nous fera admettre le chlorure d'argent pur pour les épreuves positives destinées à être développées, circonstances dans lesquelles l'excessive rapidité du bromure d'argent devient plutôt nuisible qu'utile. Le chlorure d'argent nous offre de plus cette autre particularité, que les images développées présentent des colorations diverses que nous pourrons ou conserver telles quelles ou modifier par le virage. Le chlorure d'argent étant, d'un autre côté, directement réduit par la lumière seule à l'état métallique, c'est le seul composé que l'on utilise pour les impressions directes au châssis-presse, que ce corps soit incorporé dans la trame de l'albumine, du collodion ou de la gélatine. On l'utilise toujours pour ces impressions directes en présence d'un excès de nitrate d'argent, et cela pour deux raisons : la première consiste en ce que la couleur de l'argent réduit est modifiée par celle de la combinaison argento-organique qui se forme en même temps que le chlorure d'argent ; ces composés étant sensibles à la lumière, ils concourent ainsi à la formation de l'image ; la seconde raison a aussi une importance très grande ; en effet, les impressions directes au chlorure d'argent non mélangé de nitrate ne fournissent que des images pauvres, ternes. Ceci s'explique facilement en considérant que la quantité de chlorure n'est pas assez forte pour donner des noirs intenses et profonds ; mais cette première quantité de chlorure d'argent, par suite de sa réduction, met du chlore en liberté. Ce gaz, au contact de l'excès de nitrate d'argent, reforme une nouvelle quantité de chlorure d'argent, susceptible d'être réduite à son tour, et cette succession de réductions et de combinaisons se poursuit tant que dure l'impression lumineuse et tant qu'il subsiste du nitrate d'argent.

Lorsqu'il s'agit d'épreuves devant être développées, comme cela a lieu avec les émulsions au gélatino-chlorure, cet excès de nitrate d'argent n'est plus nécessaire et serait même nuisible, puisque la préparation ne se conserverait pas, et, de l'autre, les réducteurs, qui doivent faire apparaître l'image, donneraient lieu à un voile général formé par la réduction immédiate du nitrate d'argent sur toute la surface de la plaque ou du papier. De là deux sortes de préparations sensibles au chlorure d'argent ; les unes pour les impressions *latentes*, c'est-à-dire devant être terminées par développement ; dans celles-ci, généralement, on laisse subsister un excès de chlorure soluble ; les autres, pour les impressions *directes*, elles doivent toujours renfermer un excès de nitrate d'argent ; dans ces dernières, on ajoute souvent, par exemple, dans certaines formules d'émulsions au gé-latino-chlorure, des sels qui ont pour but de modifier la couleur de l'image, ou de donner plus de stabilité à la prépration. En parlant de l'albumine, j'ai déjà signalé quelques-unes de ces additions; quand il sera question des émulsions au gélatino-chlorure, j'en donnerai quelques autres exemples.

Pour produire le chlorure d'argent, on peut avoir recours sans que la nature du produit en soit notablement influencée à l'un quelconque des chlorures solubles; on emploie généralement ceux de sodium, d'ammoniun par le salage du papier albuminé; ceux d'ammonium ou de sodium pour la préparation des émulsions au gélatino-chlorure; les formules de collodio-chlorure mentionnent ceux de magnésium, de strontium, de cadmium. Dans cette dernière application, il faut en effet s'adresser à un chlorure qui soit soluble dans le collodion, et dont les produits de décomposition aient une influence favorable sur la conservation du produit ou des surfaces préparées ou même encore sur le ton de l'image. Ce qui suit permettra, au moyen d'une simple proportion, de remplacer dans une formule quelconque un chlorure par un autre.

7,45 de chlorure de potassium produisent avec 17,00 de nitrate d'argent la même quantité 14,35 de chlorure d'argent.

5,85 de chlorure de sodium produisent avec 17,00 de
nitrate d'argent la même quantité 14,35 de chlorure
d'argent.

5,35 de chlorure d'ammonium produisent avec 17,00
de nitrate d'argent la même quantité 14,35 de chlorure
d'argent.

9,15 de chlorure de cadmium produisent avec 17,00
de nitrate d'argent la même quantité 14,35 de chlorure
d'argent.


Le chlorure d'argent est insoluble dans l'eau,
insoluble dans l'acide nitrique même bouillant,
très soluble dans l'ammoniaque; ce sont des
propriétés que j'ai eu déjà bien souvent l'occasion de rappeler. L'hyposulfite de soude, le
cyanure de potassium, les sulfocyanures alcalins
le dissolvent avec beaucoup de facilité; c'est
sur cette propriété qu'est fondé le fixage des
épreuves.

Une solution concentrée d'iodure de potassium transforme rapidement le chlorure d'argent en iodure d'argent, et comme ce dernier
est soluble dans un excès d'iodure alcalin, on
pourrait tout d'abord supposer que le chlorure
d'argent est soluble dans l'iodure de potassium,
ce qui n'est pas exact, puisque ce n'est qu'à la
suite de cette formation d'iodure d'argent que
la dissolution se produit. Une solution étendue d'un iodure alcalin ne transforme que lentement le chlorure d'argent en iodure, comme

elle transforme de la même manière le bromure d'argent en iodure d'argent.

Les chlorures alcalins dissolvent de petites quantités de chlorure d'argent.

Le chlorure d'argent peut être réduit à l'état métallique par le zinc, le cuivre; c'est sur cette réaction qu'est fondée la précipitation des résidus qui ne renferment pas d'agents fixateurs. Le chlorure d'argent soumis à l'action de la chaleur subit la fusion sans se décomposer; après la solidification, il se présente sous un aspect corné, d'où le nom de *lune cornée* que lui donnaient les anciens.

Il est encore réduit à l'état métallique si on le fait bouillir dans une solution de potasse additionnée de sucre, si on le fond avec un mélange de craie et de charbon, ou avec un mélange de nitre et d'acide borique. Ces réactions sont, nous le savons, usitées pour extraire l'argent des résidus ou pour purifier l'argent allié de cuivre.

En parlant de l'argent métallique, j'ai signalé les expériences de Becquerel et de Niepce de Saint-Victor, qui nous font voir que le chlorure d'argent produit dans des circonstances particulères est susceptible de reproduire les couleurs naturelles. On a admis qu'à la suite de ces traitements, il se forme du *sous-chlorure d'argent violet,* et que c'est ce composé qui est apte à reproduire les couleurs. M. Becquerel et

Niepce de Saint-Victor le formaient en chlorurant directement une plaque d'argent métallique. M. Poitevin et M. de Saint-Florent ont
obtenu le même résultat au moyen du chlorure
d'argent incorporé à la trame du papier. Ces
propriétés de reproduire les couleurs naturelles
est-elle inhérente et spéciale à ce sous-chlorure d'argent violet, admis par quelques-uns,
regardé par les autres comme un mélange de chlorure d'argent noirci par la lumière, c'est-à-dire
partiellement réduit à l'état métallique ? Ces
derniers admettent alors que les images colorées
se forment par décoloration du chlorure d'argent
(on sait en effet que le chlorure d'argent noirci
par la lumière peut être décoloré par celle-ci
en présence des corps oxydants), chaque rayon
isolant de l'ensemble de la teinte, qui est formée
de l'ensemble des couleurs, celle qui lui est
propre et en détruisant les autres. M. Davanne,
auquel j'emprunte cette explication, la présente
d'une façon toute hypothétique ; on ne peut en
effet, dit-il, l'appuyer sur aucune expérience,
mais rien ne l'infirme, tandis que l'on n'a jamais
pu réellement établir que le sous-chlorure d'argent existe.

**Chlorure de calcium** ( Ca Cl ). — Ce sel
peut se préparer en traitant le marbre, la craie,
les matières calcaires en général par l'acide

chlorhydrique. C'est un sel très déliquescent et avide d'eau ; c'est à cause de ces propriétés qu'il est usité en photographie. Tout le monde connaît les étuis à chlorure de calcium, destinés à conserver le papier au platine ; on s'est servi quelquefois de boîtes à dessiccation au chlorure de calcium pour le séchage des glaces recouvertes d'émulsions à la gélatine ; toutefois leur usage ne s'est pas généralisé.

Le chlorure de calcium ne tarde pas à se liquéfier à l'air, il a perdu sous cet état toute action absorbante pour la vapeur d'eau ; en le fondant dans une cuillère de fer et le coulant sur un marbre, on l'obtient sous forme de plaques que l'on peut utiliser de nouveau.

**Chlorure de chaux.** — Ce que l'on nomme communément chlorure de chaux ne constitue pas, à vrai dire, du chlorure de calcium pur : c'est un mélange de chaux, de chlorure de calcium et d'hypochlorite de chaux ; son emploi réside uniquement dans l'action de cet hypochlorite. C'est en effet un décolorant et un désinfectant énergique, c'est aussi un chlorurant ; toutes ces propriétés sont propres à l'acide hypochloreux qui fournit facilement du chlore naissant ; or la désinfection, la décoloration, la chloruration sont la conséquence de ce dégagement de chlore, dont l'activité est encore accrue par l'*état naissant;* il serait tout aussi simple de dire, sans avoir recours à cet ancien aphorisme, que l'oxygène et le chlore, combinés pour former l'acide hypochloreux, concourent tous deux à produire le même résultat.

Le chlorure de chaux se prépare en faisant passer un courant de chlore sur de la chaux éteinte étendue en couches minces; il se forme du chlorure de calcium et de l'acide hypochloreux, qui s'unit à une partie de la chaux restée libre, pour former de l'hypochlorite de chaux; enfin, comme l'attaque de la chaux est rarement complète, il reste une partie de cet hydrate à l'état naturel.

Le chlorure de chaux est blanc, pulvérulent, d'une saveur âcre et piquante, possédant une légère odeur de chlore; il est en partie soluble dans l'eau.

Les acides, même l'acide carbonique de l'air, le décomposent, de telle sorte que le chlorure de chaux exposé à l'air perd de ses qualités; cette cause, de même que le fait d'une mauvaise préparation, fait que les chlorures de chaux du commerce n'ont pas toujours un degré de force suffisant; on estime leur degré par les procédés chlorométriques; le prix en est d'autant plus élevé que ce degré est lui-même plus fort, que le chlorure de chaux renferme plus de chlore actif, le seul que l'on dose par la chlorométrie.

*Applications.* — Le chlorure de chaux figure
dans quelques formules de virage destinées aux
papiers positifs, surtout pour ceux applicables
aux papiers jaunis. L'hypochlorite de chaux
enlevant une grande partie de cette teinte jaune,
de tels papiers sont encore, grâce à cela, utilisables. On peut, dans ce cas, employer la formule
au virage suivant due à M. Legray :

|  |  |
|---|---|
| Eau ........................ | 1,000 grammes. |
| Chlorure de chaux............ | 3 — |
| Chlorure d'or et de sodium... | 1 gramme. |

On délaye le chlorure de chaux dans une
petite quantité d'eau, et on ajoute cette bouillie
à la solution de chlorure d'or opérée dans les
1,000 grammes d'eau.

Les bains de virage aux sulfocyanures
alcalins, destinés aux papiers positifs au gélatino-chlorure, renferment aussi une très petite
quantité de chlorure de chaux.

Le chlorure de chaux par son action chlorurante peut transformer, en solution concentrée,
l'argent en chlorure d'argent. C'est à cause de
cette propriété qu'il permet d'enlever les taches
noires, occasionnées par le nitrate d'argent, sur
les doigts ou les parquets. Sur la partie tachée,
on dépose une bouillie faite avec un peu de
chlorure de chaux et une faible quantité d'eau,
on rince à l'eau quelques minutes après, et l'on

constate que la partie noire est devenue jaunâtre; au moyen d'une solution d'hyposulfite de soude, on dissout le chlorure d'argent formé et on rince de nouveau.

En traitant de l'eau de Javel, nous verrons que l'on obtient cette dissolution d'hyppchlorite de soude au moyen du chlorure de chaux et du carbonate de soude.

**Chlorure de fer.** — On se sert en photographie du proto-chlorure de fer ($FeCl$) et du perchlorure ($Fe^2Cl^3$).

Le premier a été depuis peu indiqué comme pouvant remplacer le sulfate de fer dans le développement des glaces au gélatino-bromure. On sait que le développement à l'oxalate consiste en une dissolution saturée d'oxalate de potasse, additionnée d'un tiers ou d'un quart d'une solution à 30 0/0 de sulfate ferreux. Il se forme de l'oxalate de protoxyde de fer, dont la puissance réductrice est utilisée et un corps, provenant de la double décomposition, qui est le sulfate de potasse, le tout dissous dans l'excès d'oxalate. Le sulfate de potasse n'a pas d'action sur les propriétés réductrices, il n'est ni retardateur ni accélérateur. Si nous remplaçons, pour produire l'oxalate de fer, le sulfate ferreux par le proto-chlorure de fer, ce n'est plus du sulfate de potasse qui se formera, mais du chlorure de potassium, corps qui n'est plus indifférent, ce dernier agissant comme retardateur. Rien d'extraordinaire donc à cette remarque des promoteurs de la nouvelle formule du révélateur à l'oxalate que ce bain donne des clichés plus brillants ; mais ce qui ne se comprend pas aussi aisément, c'est qu'il permette une pose plus courte que la formule courante.

Quoi qu'il en soit, voici la formule donnée pour composer un tel développement, elle a été proposée par M. D. Cooper. On fait une solution de 30 grammes de proto-chlorure de fer dans 100 grammes d'eau. Pour composer le bain de développement, on ajoute 15 centimètres cubes de cette solution à 85 centimètres cubes de solution saturée d'oxalate.

Le proto-chlorure de fer n'étant pas couramment dans le commerce, s'altérant d'ailleurs facilement, je vais en indiquer la préparation très simple.

Introduisez dans un ballon 50 grammes de tournure de fer ou de pointes fines et 450 grammes d'un mélange formé d'une partie d'acide chlorhydrique et de deux parties d'eau. Chauffez modérément pour activer la réaction, et continuez jusqu'à ce que le dégagement gazeux cesse de se produire, en ayant soin de laisser un petit excès de fer dans la liqueur. Évaporez la solution jusqu'au quart de son volume primitif environ, filtrez et abandonnez à cristallisation dans un lieu frais. Décantez après 12 heures, égouttez les cristaux et lavez-les avec de l'eau distillée récemment bouillie, pour enlever le reste de l'eau-mère; faites-les sécher rapidement entre des doubles de papier buvard, et enfermez-les dans des flacons bien bouchés.

**Chlorure ferrique ou perchlorure de fer.** ($Fe^2Cl^3$). — Le perchlorure de fer que l'on emploie en photographie pour la réduction des clichés ou celui qui est usité dans les procédés d'héliogravure pour la morsure des plaques de zinc ou de cuivre est toujours à l'état de solution, que l'on trouve dans le commerce sous les noms de *perchlorure de fer liquide, solution officinale de perchlorure de fer à 30°*. Sa densité est de 1,26, elle contient 26 pour 0/0 de chlorure ferrique anhydre. Elle contient souvent de l'acide chlorhydrique libre; dans ce cas, elle attaque le fer avec dégagement d'hydrogène, ou bien elle renferme du protochlorure de fer ; elle donne alors un précipité bleu avec le ferricyanure de potassium. Pour la préparation du papier au cyanofer et gommo-ferrique, on emploie des solutions plus concentrées de perchlorure de fer. M. Fisch indique le perchlorure de fer à 45° B°, soit 1,45 au densimètre. A part cette dernière application du perchlorure de fer dont nous verrons plus loin (épreuves aux sels de fer) les transformations qu'il subit sous l'influence de la lumière et des agents réducteurs, on a, dans les autres uniquement pour but de le faire agir comme agent chlorurant ; la dissolution du métal ou la formation d'un chlorure métallique insoluble en est la conséquence.

Le perchlorure de fer agit-il sur le zinc, dont certaines parties sont mises à nu, parce que le bitume de Judée, qui le recouvrait d'abord totalement, a été enlevé par places au moyen d'un lavage à l'essence de térébenthine, il y a formation de chlorure de zinc soluble, et le métal est creusé, mordu, comme l'on dit, ce qui donne une gravure en creux.

Agit-il, au contraire, sur l'argent réduit qui forme une image photographique, ce métal est transformé en chlorure d'argent blanc, insoluble ; le cliché baisse de ton ou disparaît entièrement si on prolonge assez longtemps l'action du perchlorure de fer. La gélatine, si c'est un cliché sur gélatino-bromure que nous traitons ainsi, retient un sel réductible par l'oxalate ferreux. Nous pourrons donc, avec ce réactif et après lavage, faire de nouveau apparaître l'image, ou bien nous pourrons dissoudre le chlorure d'argent par l'hyposulfite de soude, et nous n'aurons plus qu'une image baissée de ton, si l'action du perchlorure de fer a été ménagée, ou enfin il ne restera sur la glace qu'une couche de gélatine, si la transformation de l'argent métallique en chlorure a été complète. L'opérateur pourra profiter de ces divers termes de la réaction pour obtenir le résultat le plus convenable. Aura-t-il, par exemple, trop affaibli le négatif, le mal ne sera pas très grand ; en le sortant du bain de perchlorure, il n'y a qu'à le laver à fond et le traiter par l'oxalate ferreux pour le remettre à point, on lave et on fixe. Est-il aussi satisfaisant que cette pratique puisse le permettre, lavez et fixez ; j'ajoute cette remarque, parce que les débutants veulent souvent affaiblir les clichés trop intenses, dont les grandes lumières sont opaques et qui ne possèdent pas des demi-teintes suffisantes, tout cela par défaut de pose et excès de développement ; le perchlorure de fer détruit ces demi-teintes avant que son action soit quelque peu sensible sur les grandes lumières, et le cliché devient plus mauvais au lieu de s'améliorer. Le résultat serait bien meilleur en détruisant complètement l'image, je devrais dire plutôt en la transformant complètement en chlorure d'argent blanc, lavant la plaque et la soumettant au développement à l'oxalate de fer, mais en ayant soin d'arrêter l'action de ce dernier au point qui correspond au meilleur cliché ; cela est facile, car toutes ces opérations peuvent se faire en pleine lumière.

J'ai vu traiter de la sorte des clichés heurtés dont on obtenait une image très douce. Il ne reste plus qu'à laver et fixer. Comme l'action du perchlorure de fer est assez rapide, on doit faire les solutions faibles, 6 à 7 grammes de solution de perchlorure de fer à 30° pour 100 centimètres cubes d'eau. Quelques opérateurs emploient, au lieu et place du perchlorure de fer, le chlorure cuivrique. Son action est absolument semblable; une solution à 1 ou 2 0/0 de bichlorure de cuivre remplace la solution de .perchlorure de fer à la dilution que j'ai mentionnée.

**Chlorure mercurique.** — Voir *Bichlorure de mercure.*

**Chlorure d'or.** ($Au^2Cl^3$). — Le perchlorure d'or, ou simplement chlorure d'or, que l'on trouve dans le commerce, constitue un chlorhydrate de perchlorure d'or ($Au^2Cl^3$.HCl): c'est un produit à réaction acide, cristallisé en longues aiguilles d'un jaune clair.

Sous le nom de chlorure d'or brun, on vend encore un sel en masses rouge-brun, soluble dans l'eau, et fournissant comme le précédent une solution d'un beau jaune.

L'éther, l'alcool dissolvent aussi facilement ces produits ; ils sont tous deux très hygromé-

triques : exposés à l'air ils tombent en déliquescence, ce qui en rend les pesées assez
difficiles à exécuter sans pertes ; aussi est-il
préférable de dissoudre la totalité du petit flacon,
que l'on se procure dans le commerce, et qui
renferme généralement un gramme de ces produits, dans 100 centimètres cubes d'eau. Cette
solution au centième servira ensuite à préparer
les dilutions indiquées par les diverses formules.
La composition du chlorure d'or brun répond
sensiblement à la formule $Au^2Cl^3$ ; il est donc
plus riche en métal que le chlorhydrate de perchlorure d'or.

Ce dernier s'obtient en traitant l'or vierge
par l'eau régale, sous l'influence d'une légère
chaleur. Quand l'or est dissous, on évapore
presque à sec, sans élever beaucoup la température, car il se produirait sans cela une réduction partielle ; par le refroidissement le chlorhydrate de chlorure d'or cristallise.

Ce chlorhydrate, soumis à une chaleur modérée, laisse dégager son acide ; en même temps
il brunit une partie du perchlorure, passe même
à l'état de protochlorure insoluble, et cette décomposition est d'autant plus importante que
l'action de la chaleur a été plus longue et plus
élevée.

La masse desséchée fournit le chlorure d'or
brun, c'est-à-dire du perchlorure d'or renfer-

mant encore une petite quantité d'acide chlorhydrique, ou bien un peu de protochlorure d'or.
Pratiquement, il est presque impossible de ne
pas tomber dans l'une ou dans l'autre de ces
altérations.

De ce que le chlorure d'or jaune est très acide,
que le chlorure d'or brun reste acide ou renferme un produit insoluble, on préfère généralement employer les chlorures doubles d'or et de
potassium ou de sodium, qui constituent des
sels bien définis, facilement cristallisables, peu
hygrométriques, neutres si leur préparation,
facile du reste, a été bien conduite.

**Chlorure double d'or et de potassium.
Chlorure double d'or et de sodium.**
($Au^2Cl^3$, $KCl + 5Ho$). ($Au^2Cl^3$, $NaCl + 4Ho$). —
Pour préparer le chlorure d'or et de potassium,
on peut saturer une solution de chlorhydrate de
perchlorure d'or par du bicarbonate de potasse,
ou bien, sans chercher à obtenir ce dernier isolément, on conduit l'opération de la façon suivante : 1 gramme d'or pur est dissous dans un
mélange de 1 volume d'acide azotique et 4 volumes d'acide chlorhydrique, en n'ajoutant de
cette eau régale qu'une quantité suffisante pour
obtenir une dissolution complète du métal ; on
évapore doucement et jusqu'à ce que, par le refroidissement, on obtienne des cristaux de chlorure

d'or acide. On étend cette solution de 20 centimètres cubes d'eau distillée : les cristaux qui
s'étaient formés se redissolvent. On ajoute par
très petites fractions à la fois $0^{gr},51$ de bicarbonate de potasse : une effervescence assez vive
due au dégagement de l'acide carbonique se
produit ; comme elle pourrait occasionner des
pertes par projection, on maintient tout le temps
qu'elle dure un petit entonnoir au-dessus de la
capsule. Le bicarbonate de potasse ayant été
ainsi tout ajouté, on évapore à sec, on pousse
un peu plus la flamme pour chasser l'excès
d'acide ; ce résultat est obtenu quand la masse
ne dégage plus de vapeurs, le produit peut à
cet instant être mis en flacons : il constitue le
chlorure double d'or et de potassium desséché.

Il est plus économique d'agir ainsi que de
chercher à obtenir le chlorure cristallisé, à cause
des pertes qu'on ne peut éviter soit par les eaux-
mères, soit par le séchage des cristaux. On doit
cependant acheter de préférence le sel cristallisé,
qu'il est moins facile de falsifier, à cause même
de cet état, qu'une masse desséchée et qui ne
présente pas par conséquent des caractères physiques bien définis.

Au lieu d'ajouter du bicarbonate de potasse
dans la solution de chlorure d'or acide, on pourrait
directement y ajouter du chlorure de potassium ;

$0^{gr},38$ de ce dernier remplaceront les $0^{gr},51$ de bicarbonate de potasse ; en agissant ainsi, on évitera la réaction tumultueuse produite par le dégagement de l'acide carbonique qui est la conséquence de la saturation par le bicarbonate de potasse. D'un autre côté, si c'était du chlorure d'or et de sodium que l'on voudrait obtenir, on emploierait $0^{gr},73$ de carbonate de soude cristallisé, ou bien $0^{gr},30$ de chlorure sodium.

| | CHLORURE au$^2$ cl$^3$ | CHLORURE D'OR et de sodium | CHLORURE D'OR et de potassium |
| --- | --- | --- | --- |
| 1 gramme d'or devra fournir | 1$^s$.542 | 2$^s$.0029 | 2$^s$.1048 |

On voit, d'après ce tableau, qu'à égalité de prix, le chlorure d'or et de sodium est en réalité plus économique que le chlorure d'or et de potassium, puisque $2^{gr},0229$ du premier renferment 1 gramme d'or, tandis qu'il faut $2^{gr},1048$ du second pour renfermer cette même quantité de métal ; en ramenant à l'unité, cette proportion devient $\frac{1}{0,996}$.

Le chlorure double d'or et de potassium et le sel double correspondant de sodium cristallisent en longs prismes à quatre faces : d'une couleur orangée, inaltérables à l'air, très solubles dans l'eau, ces solutions, comme celles des chlorures d'or acide, tachent les doigts, le papier, les matières organiques d'une façon indélébile ; cela tient à leur facile réduction en présence des matières organiques ; à cause même de cette propriété, les solutions de chlorure d'or sont souvent usitées comme réactifs propres à déceler les matières organiques contenues dans l'eau ; tout échantillon de ce liquide qui, additionné de quelques centimètres cubes d'une solution étendue de chlorure d'or, donne lieu à un précipité brun d'or réduit, doit être considéré comme contenant des matières organiques en suspension ou en solution, être par conséquent considéré comme suspect pour l'alimentation et généralement impropre aux usages photographiques.

Cette réduction nous permettra également de vérifier la pureté du chlorure d'or que nous achèterons dans le commerce. Un gramme des diverses variétés, ou mieux genres de chlorure d'or que j'ai mentionnés, doit fournir après avoir été traité à l'ébullition par une solution d'acide oxalique :

| | | |
|---|---|---|
| Le chlorure d'or brun $Au^2Cl^3$. | $0^{gr},6185$ d'or métallique. | |
| Le chlorure d'or et de potassium . . . . . . . . . . . . . | 0  4751 | — |
| Le chlorure d'or et de sodium. | 0  4943 | — |

Le précipité d'or métallique est reçu sur un petit filtre sans plis que l'on a préalablement taré sec ; on le lave à plusieurs reprises avec de l'eau distillée, on le dessèche de nouveau et on le pèse ; l'augmentation de poids qu'il subit est occasionnée par l'or métallique qu'il retient.

Au lieu d'avoir recours à l'acide oxalique pour produire la réduction du chlorure d'or, on pourrait opérer par l'action d'une température assez élevée. Dans une capsule de porcelaine tarée, on pèse $0^{gr},10$ du chlorure à essayer, on le réduit en chauffant la capsule pendant 10 minutes au-dessus d'une lampe à alcool, on laisse refroidir et on note l'augmentation de poids. Comme on a opéré sur 10 centigrammes, l'augmentation de poids qu'elle subit ne doit pas sensiblement s'éloigner des nombres du tableau précédent divisés par 10. Néanmoins, on le voit, cette vérification, quoique fort simple, exige cependant des pesées exactes, avec lesquelles on ne se familiarise pas de prime abord.

Cette réduction facile du chlorure d'or nous montre pourquoi les bains de virage doivent, si on désire les conserver quelque temps, être préparés avec de l'acétate de soude, de la craie et de l'eau parfaitement privés de matières organiques, sans quoi ils perdent assez vite tout ou partie de leurs propriétés. En effet, si la réduction du sel d'or est immédiate, à température élevée, elle n'en est pas moins réelle, quoique moins apparente à la température ordinaire, parce qu'elle s'effectue lentement; le précipité noir qui peu à peu se rassemble au fond du flacon ou qui s'attache à ses parois en est la preuve la plus évidente. C'est pour une raison semblable qu'un virage qui a servi, outre d'autres réactions qui dans certains cas le rendent inerte, s'appauvrit graduellement en or; les matières organiques que l'albumine ou que la dissolution des matières colorantes des papiers y a introduites l'affaiblissent et lui donnent une coloration violette qui est un signe de la réduction des sels d'or. L'amateur, qui ne vire qu'à des intervalles plus ou moins éloignés, fera donc bien pour obtenir un travail régulier de prendre pour règle générale de préparer chaque fois une quantité de virage neuf en rapport avec le nombre d'épreuves, de le faire à des doses un peu plus faibles que celles généralement indiquées par les formules, de telle sorte qu'il l'épuise, ou à peu près; à chaque opération, il rejettera le bain qui a servi aux résidus. C'est peut être un peu plus coûteux, mais c'est aussi le moyen le plus sûr d'obtenir couramment des résultats satisfaisants.

*Applications.* — D'après ce que je viens de dire en dernier lieu, le chlorure d'or est l'agent du virage, de *la dorure* des épreuves positives.

Comme nous le verrons à l'article *virage*, cette opération a pour but de substituer à une partie de l'argent métallique qui forme l'épreuve une certaine quantité d'or qui est en dissolution dans le bain de virage.

Nous ne pouvons opérer avec une solution de chlorhydrate de chlorure d'or ($Au^2 Cl^3$, HCl), non parce que la substitution ne se produirait pas, elle serait au contraire très rapide, mais parce que pour 2 équivalents d'or déposés, il y aurait 4 équivalents d'argent transformés en chlorure ; l'image serait donc affaiblie, rongée par une solution de ce sel d'or :

$$4\ Ag + Au^2 Cl^3,\ H\ Cl = 4\ Ag\ Cl + Au^2 + H$$

Le chlorure d'or brun ($Au^2 Cl^3$) ne peut encore servir ; pour 2 équivalents d'or déposés, il y aurait 3 équivalents d'argent transformés en chlorure ; l'épreuve serait encore rongée, mais moins que dans le cas précédent :

$$3\ Ag + Au^2.\ Cl^3 = 3\ Ag\ Cl + Au^2$$

Le chlorure d'or et de potassium produirait de même le déplacement de 3 équivalents d'argent pour obtenir un dépôt de 2 équivalents d'or. Les sels d'or que nous venons d'étudier ne sont donc pas immédiatement applicables au virage ; le photographe doit les transformer en sels qui soient capables d'opé-

rer la substitution sans que les plus fines demi-
teintes soient altérées. Le protochlorure d'or
$Au^2 Cl$ se trouvera remplir ces conditions. Les
substances additionnelles qui entrent dans la
composition du bain de virage ont pour but
d'opérer cette réduction du persel d'or en proto-
sel. Nous avons vu que l'acétate de soude,
l'acéto-tungstate de soude, le borax, le carbonate de soude, la craie, le phosphate de soude
avaient été employés pour arriver à ce résultat. J'ai assez souvent insisté sur les propriétés de ces substances pour qu'il ne soit pas
utile d'y revenir plus longuement. L'article
consacré au virage complète, d'ailleurs, ce qui
me resterait à dire sur les applications du chlorure d'or et les conditions dans lesquelles on
doit se trouver pour en faire usage.

*Altérations, falsifications.* — J'ai signalé le
pouvoir hygrométrique du chlorure d'or brun
et du chlorhydrate de chlorure d'or ; la quantité
d'eau qu'ils peuvent ainsi absorber à l'atmosphère est assez grande pour qu'ils se liquéfient
en très peu de temps, ou pour qu'ils augmentent sensiblement de poids durant les pesées
que les fabricants leur font subir avant de les
introduire dans les petits flacons en renfermant ordinairement 1 gramme. Vu le prix
élevé des sels d'or, on peut donc considérer
l'eau ainsi absorbée comme une altération.

Le chlorure double d'or et de potassium ou de sodium peut être frauduleusement additionné d'une quantité de chlorure alcalin plus forte que la quantité théorique ou nécessaire pour produire le sel double; 1 gramme de chlorure d'or et de sodium doit fournir par la calcination 0,496 d'or métallique et 0,147 de chlorure de sodium. Une proportion plus faible d'or ou une plus forte de chlorure de sodium indiqueraient que le chlorure a été allongé de chlorure de sodium. Le chlorure d'or et de potassium, traité de la même manière, devrait fournir $0^{gr},4751$ d'or métallique.

**Chlorure de platinique. Bichlorure de platine.** — Le sel que l'on nomme dans le commerce chlorure de platine ou bichlorure de platine est en réalité un chlorhydrate de chlorure de platine hydraté, dont la formule est $(Pt\ Cl^2, HCl + 3Ho)$. Le bichlorure $(Pt\ Cl^2)$ est insoluble dans l'eau, tandis que le chlorhydrate y est très soluble et même délisquescent; il est seul employé en photographie; directement ses usages sont très restreints, mais il sert à préparer le protochlorure double de platine et de potassium qui est la base du procédé au platine.

Pour le préparer, on dissout le platine métallique dans l'eau régale et on évapore à sec pour chasser l'excès d'acide, mais sans dépasser 200°; au-dessus le chlorure se décompose; la masse sèche obtenue est renfermée dans des flacons parfaitement bouchés.

*Applications.*— M. de Caranza, en 1856, proposa de substituer les sels de platine aux sels d'or pour le virage des épreuves sur papier albuminé d'après la formule suivante :

| | |
|---|---|
| Eau distillée............. | 1,000 grammes. |
| Chlorure de platine....... | 0$^{gr}$,50 |
| Acide chlorhydrique ..... | 15 grammes. |

Les épreuves sont tirées jusqu'à métallisation des noirs, et jusqu'à ce que les blancs aient pris une teinte rosée, car ce virage acide les affaiblit beaucoup, 1 équivalent de platine se substituant seulement à 3 équivalents d'argent. Les grandes lumières prennent dans ce virage un ton rosé, les noirs deviennent gris-bleu; les épreuves sont après cette opération lavées à grande eau, puis dans un léger lait de craie pour saturer toute acidité, et enfin fixées. Les épreuves positives sur papier au gélatino-bromure peuvent être virées au bichlorure de platine, non pour en modifier la teinte, qui ne subit pas de grands changements à la suite de ce traitement, mais pour leur donner plus de stabilité. Les épreuves développées sont lavées dans plusieurs eaux légèrement acidulées par

l'acide acétique, puis immergées dans un bain
renfermant :

> Eau........................ 2,000 grammes.
> Chlorure de platine......... 1 gramme.
> Acide chlorhydrique........ 20 grammes.

On les laisse séjourner une demi-heure dans
ce bain, où elles prennent une couleur noir-
bleu. On les lave avec soin, puis on fixe.

**Chlorure double de platine et de po-
tassium** (Proto) (Pt Cl, KCl). — Pour préparer
ce sel, on commence par amener le bichlorure
de platine à l'état de protochlorure de platine
au moyen d'un agent réducteur ; on ajoute ensuite
du chlorure de potassium pour former le sel
double de platine et de potassium. C'est une
opération très simple en théorie, mais assez
minutieuse à conduire pratiquement. Quoi qu'il
en soit, voici la meilleure manière d'opérer pour
obtenir ce résultat :

L'agent réducteur sera l'acide sulfureux
gazeux, que l'on fera barboter assez rapidement
dans une solution de 10 grammes de bichlorure
de platine et dans 20 grammes d'eau distillée.
Cette solution, d'un jaune intense, rougit à
mesure que la réduction s'accomplit. Pour
s'assurer qu'elle est complète, on dépose dans
un verre de montre une goutte de solution assez

concentrée de chlorure d'ammonium, à laquelle on ajoute une goutte de la solution de platine que l'on traite. S'il reste du bichlorure de platine, il se formera bientôt un précipité cristallin de chlorure double de platine et d'ammonium. Dès que ce précipité ne se produit plus que difficilement, qu'il est nécessaire, pour le voir apparaître, de frotter l'agitateur contre le verre de montre, on modère le dégagement de gaz sulfureux et on l'arrête bientôt après. Si la totalité du bichlorure de platine n'est pas transformée en proto-chlorure, on est suffisamment près de la réaction complète pour que la perte résultant de la précipitation du chlorure platinique et de potassium insoluble qui se fera lorsqu'on ajoutera le chlorure de potassium soit à peu près négligeable.

La solution ainsi modifiée renferme maintenant un mélange de protochlorure de platine, d'acide chlorhydrique et d'acide sulfurique libres. Pour en retirer le sel double, on lui ajoute en agitant 5 grammes de chlorure de potassium, dissous dans 10 grammes d'eau. Le protochlorure double se précipite bientôt en petits cristaux ; après 24 heures on les reçoit sur un filtre, où on les lave d'abord avec quelques gouttes d'eau, puis avec de l'alcool concentré. On les sèche enfin sur un papier buvard à *l'abri de la lumière*, car l'alcool interposé occasionnerait sans cela une réduction notable du sel; une fois secs, ils sont, au contraire, inaltérables.

Ce sel s'emploie ordinairement en solution au sixième pour les usages de la platinotypie ; traité par cette quantité d'eau, il laissera pour résidu le sel double de bichlorure de platine et de potassium, si la réduction au moyen de l'acide sulfureux n'avait pas été poussée assez loin. Cette solution ne doit pas rougir le papier de tournesol ; le conraire indiquerait que le lavage des cristaux n'a pas été suffisant.

La solution au 1/6 ci-dessus, si elle est neutre et qu'elle n'ait pas donné lieu à un résidu insoluble appréciable, constitue la solution normale de platine, dont nous verrons l'usage à l'article *Épreuves au sel de platine*.

**Chlorure de sodium** (NaCl). — Le chlorure de sodium ou sel marin cristallise en cubes; si le dépôt s'effectue dans une eau tranquille, les cristaux s'accolent entre eux de manière à former des *trémies*. Le sel marin est anhydre ; on peut cependant l'obtenir hydraté (Na Cl, 4 HO) en le faisant cristalliser dans des solutions refroidies à — 12°. Projeté sur les charbons ardents, il décrépite avec violence. Il fond au rouge sans décomposition. C'est un des sels dont la solubilité varie le moins avec la température : ainsi 100 parties d'eau à la température ordinaire dissolvent 36 parties de sel marin et 40 parties à 109°, température d'ébullition des solutions saturées. Le chlorure de sodium pur ne s'altère pas à l'air, tandis que le sel ordinaire blanc, et surtout le sel gris, tombe en déliquescence si peu que l'état hygrométrique soit élevé ; le sel marin est, en effet, toujours mélangé de chlorure de magnésium et de chlorure de calcium, qui sont des substances très hygrométriques. Le sel raffiné peut presque toujours servir aux usages photographiques ; mais il sera cependant nécessaire d'avoir une petite provision de chlorure de sodium pur, le seul qui convienne pour le dosage des solutions d'argent.

On pourra facilement purifier le sel ordinaire de la manière suivante : dans une solution à peu près saturée de sel ordinaire blanc, on ajoute quelques gouttes d'une solution de carbonate de soude pour précipiter les sels magnésiens et calcaires à l'état de carbonates insolubles ; on filtre pour séparer le dépôt qu'ils ont formé ; au moyen d'un peu d'acide chlorhydrique dilué, on ramène la solution à l'état neutre si on a ajouté un excès de carbonate de soude, et on évapore doucement la solution de chlorure de sodium ; ce dernier se dépose en petits cristaux, que l'on retire de la capsule où l'évaporation se fait au moyen d'une spatule de verre ou de porcelaine. Ces cristaux sont égouttés sur un filtre, lavés avec un peu d'eau distillée et séchés.

*Applications.* — Le chlorure de sodium, comme celui d'ammonium, peut servir au salage de l'albumine ; n'étant pas sensiblement soluble dans l'acool ou le collodion, il ne peut faire partie des collodio-chlorures ; on l'emploie dans la préparation des émulsions au gélatino-chlorure. Le chlorure de sodium empêche la réduction de l'iodure et du bromure d'argent de se produire à la lumière (les iodures ou les bromures produisent le même effet, mais ce sont des substances hygrométriques et plus chères). Si un cliché non fixé est par trop faible, le fixage ordinaire à l'hyposulfite de soude ou au cyanure de potassium en l'affaiblissant le rendra inutilisable, tandis qu'il pourra donner des images d'une grande douceur en ne dissolvant pas les sels sensibles, mais en anéantissant simplement leur sensibilité au moyen d'une solution saturée de sel marin où on ne les laisse séjourner que quelques minutes. Par un séjour prolongé, le chlorure de sodium opérerait un vrai fixage des surfaces préparées à l'iodure d'argent, au collodio-chlorure ou au gélatino-bromure, mais ne pourrait servir pour les épreuves sur papier albuminé, car le chlorure de sodium, s'il dissont le chlorure d'argent, n'anéantit pas la sensibilité de l'albuminate d'argent.

Le chlorure de sodium peut servir de retardateur lorsqu'on l'ajoute au développement à l'oxalate; c'est pour les épreuves au gélatino-chlorure surtout que l'on se sert du chlorure de sodium comme modérateur; le ton de l'épreuve se modifie en même temps, il devient plus rougeâtre.

On peut enlever la coloration jaune des clichés développés à l'acide pyrogallique ou à l'hydroquinon en les plongeant dans une solution contenant :

Eau...................... . 160 grammes.
Chlorure de sodium......... 20 —
Acide sulfurique............ 1$^{gr}$20

Je citerai comme dernière application du chlorure de sodium celle qui a été indiquée par M. Franck de Villecholes; elle réside en ce que une solution de chlorure de sodium à 15 0/0 a la propriété d'empêcher le soulèvement des couches de gélatino-bromure, et constitue en même temps un des meilleurs accélérateurs. Ces propriétés ont été reconnues après M. de Villecholes par M. Audra. Pour retirer les meilleurs effets de la solution de chlorure de sodium, on y laisse séjourner la glace une minute et on la développe à l'oxalate de fer sans la laver;

l'action est beaucoup plus faible si on lave avant de procéder à la révélation. Cette action du chlorure de sodium semblerait confirmer l'opinion que l'on a émise sur l'effet des accélérateurs en général, opinion que l'on peut résumer ainsi : toute substance qui, du moins à faible dose, peut être introduite dans les bains de développement sans les modifier sensiblement, et qui peut, d'un autre côté, dissoudre une petite quantité des composés argentiques, constitue un accélérateur.

**Chromates de potasse.** — Voir *bichromate de potasse.*

**Cire.** — La cire dont il sera ici question est la cire d'abeilles, et non la cire végétale, dont il existe plusieurs variétés, les unes fournies par divers genres de *myristica*, ou par divers *palmiers, la canne à sucre*, etc.

La cire d'abeilles est une substance solide, d'un jaune plus ou moins foncé. C'est la matière qui compose les rayons dans lesquels l'abeille dépose ses œufs et le miel qui doit servir à sa nourriture pendant l'hiver.

La cire est insoluble dans l'eau, soluble dans les huiles fixes, dans 20 parties d'alcool et d'éther bouillants, dans l'essence de térébenthine, la benzine.

Fondue, puis coulée dans l'eau froide en minces filets, ou réduite en petits grumeaux par des procédés particuliers, elle est blanchie en l'exposant sur le pré. Elle devient sèche et friable à la suite de ces traitements ; aussi lui ajoute-t-on, lorsqu'on la coule de nouveau en petites galettes, un peu de suif pour lui donner du liant.

La cire subit de nombreuses falsifications que je n'examinerai pas, cette substance n'ayant plus en photographie que des emplois assez restreints ; je me contenterai de dire que la cire de bonne qualité a une saveur presque nulle, une odeur aromatique analogue à celle du miel ; elle est sèche et non grasse au toucher, tenace et cependant cassante ; sa cassure est nette, à surface un peu grenue. La cire jaune fond à 62°, la cire blanche à 65° ; elle est inflammable et brûle sans résidu ; sa densité est 0,962.

La cire est formée par la réunion de matières différentes, la cérine ou acide cérotique et la myricine. On y admet encore un troisième principe mal défini, la céroléine.

*Applications.* — 1° Aux procédés négatifs. La plupart de ces applications n'ont plus qu'un intérêt historique, car les préparations à l'iodure d'argent sur papier ciré ne sont plus usitées. Je ne donnerai donc que des indications sommaires sur ces surfaces sensibles étendues sur un support moins altérable par les solutions d'argent que le papier simple, tel que l'employaient Talbot et Blanquart-Evrard. En effet, le papier, tant par son encollage que par les fibres végétales dont il est formé, au contact de l'excès de nitrate d'argent que retenaient les préparations sensibles dont la base était l'iodure d'argent, formait des combinaisons argento-organiques qui étaient la cause de voiles et de réductions. M. Legray, en cirant le papier, évita en partie la formation de ces composés d'argent altérables ; la cire, en effet, qui pénètre bien les fibres du papier ne se laisse pas sensiblement pénétrer par les solutions aqueuses ; elle sert donc d'isolant. A ce premier perfectionnement, Legray en ajouta un second ; les premiers opérateurs laissaient subsister dans la préparation un excès de nitrate d'argent, dont j'ai mentionné l'effet en présence du papier ; en outre, ce sel d'argent se combinait peu à peu avec l'iodure d'argent pour former de l'iodo-nitrate d'argent, corps très altérable.

M. Legray indiqua, pour éviter les formations de ce composé, de laver le papier avec le plus grand soin aussitôt après la sensibilisation. La préparation perdit beaucoup en sensibilité, mais elle put se conserver en bon état durant quelques jours ; son emploi devint général après cela parmi les touristes, et de nouveaux perfectionnements ne tardèrent pas à être signalés.

M. Civiale, pour un immense travail sur les Alpes, se servit uniquement de papier paraffiné sec, et toujours avec un égal succès. La paraffine, moins altérable que la cire, lui servait d'enduit protecteur.

Le procédé sur papier ciré sec est assez long à mettre en pratique; le cirage du papier est une opération délicate à bien conduire, ainsi qu'on peut s'en assurer en lisant le procédé opératoire indiqué par M. Legray; aussi les perfectionnements que l'on y apporta eurent-ils pour but de faciliter et d'abréger sa préparation.

M. Stéphane Geoffray, proposa dans ce but la céroléine, principe de la cire, que l'on isole en dissolvant une quantité de cire dans un poids double d'alcool bouillant; par refroidissement la myricine et la cérine se précipitent, le liquide filtré retient la céroléine en dissolution. C'est dans cette dissolution alcoolique de céroléine que l'on fait dissoudre de l'iodure d'ammonium, auquel on ajoute une petite quantité de bromure d'ammonium et de fluorure de potassium. La solution filtrée sert à imbiber les papiers d'iodure et de bromure solubles et en même temps de céroléine, substance insoluble dans l'eau, qui produit le même effet que la cire dans le procédé de M. Legray, ou la paraffine dans le procédé de M. Civiale. Ce qui distingue et simplifie le procédé de M. Geoffray, c'est que le papier s'imbibe en même temps de la substance qui s'oppose à la combinaison du nitrate d'argent et de la matière organique, et du mélange d'iodure et de bromure solubles. Les procédés de ses prédécesseurs exigeaient deux opérations pour arriver à ce résultat ; en premier lieu, il fallait cirer le papier, puis le faire affleurer sur un bain de sérum ou d'eau de riz ioduré et bromuré. Les autres opérations, telles que la sensibilisation sur un bain de nitrate d'argent rendu acide par l'acide acétique, le lavage, le développement et le fixage ne diffèrent aucunement des procédés qui étaient généralement usités à cette époque.

M. de Chennevières s'est également servi du papier ciré pour la préparation des papiers négatifs, mais ici le papier ciré ne sert que de support à la couche sensible de gélatino-bromure ; Milsom, avant lui, s'était servi avec un plein succès d'un procédé analogue. Comme le papier ciré ne sert avec le gélatino-bromure que de support provisoire, parce que le cliché est formé dans l'épaisseur d'une couche de gélatine bromurée, nous ne sommes pas exactement dans les mêmes conditions que lorsque le papier est pénétré par la préparation sensible, lui sert *de milieu* en un mot. La couche sensible garde alors toutes ses propriétés, qui ne dépendent plus du papier, que l'on peut remplacer, du reste, par le verre, le carton verni au celluloïd, le papier ou le carton talqué et collodionné. Généralement, une fois le cliché terminé, il est doublé d'une couche supplémentaire de gélatine, collodionné de nouveau et séparé du papier ciré. Le support provisoire ne doit donc pas nécessairement présenter le caractère d'homogénéité, qui était indispensable quand l'image était formée au sein de ce support; aussi le cirage peut simplement se faire en imbibant également le papier d'une solution de cire dans la benzine, comme l'a conseillé M. de Chennevières, simplifiant ainsi la méthode Milsom, dans laquelle on fait subir au papier un cirage analogue à celui usité pour la préparation du papier sec ioduré de M. Legray. A l'article *Benzine*, j'ai signalé plusieurs autres applications de la solution de cire dans ce liquide, qui pourraient trouver ici également leur place; il est donc inutile de les énumérer de nouveau.

Le cirage des clichés sur papiers recouverts d'une couche d'émulsion destinée à rester adhérente au support a été avantageusement remplacé pour arriver à ce même résultat : la transparence du papier par l'emploi d'une huile siccative (procédé Pélegry), ou mieux de vaseline solide ou de vaseline liquide.

2° Aux procédés positifs. La solution de cire dans la benzine, ou dans l'éther, semble pré-

férable à quelques opérateurs au talcage préalable des glaces qui doivent être collodionnées
et servir à l'émaillage des positives. Le papier
stéariné ou ciré peut servir de support provisoire aux épreuves obtenues par l'emploi des
mixtions colorées.

L'encaustique dont on recouvre les positives
collées sur leurs cartons est à base de cire ;
cette préparation a le double but de donner
plus de brillant et de profondeur à l'épreuve,
et de la préserver des piqûres que l'humidité
de l'air leur fait subir. Une des meilleures formules de ces sortes de préparations est l'encaustique, dont la formule a été donnée par
Mailand ; il se compose :

> Essence de térébenthine..... 250 grammes.
> Mastic en larmes............ 25 —

Faites dissoudre le mastic dans l'essence de
térébenthine en mettant ces deux substances
dans un flacon que vous chauffez au bain-marie;
après dissolution, ajoutez :

> Cire vierge ............... 250 grammes.

On filtre le mélange encore chaud, et on le
répartit en petits flacons à large goulot bien
bouchés. En hiver, on augmente un peu la
dose d'essence de térébenthine pour que l'en-

caustique ait la consistance de pommade onc-
tueuse.

Avec une flanelle, on en étend une couche
très légère sur toute l'épreuve, et aussitôt avec
un second tampon de flanelle, on la frotte en
en tous sens, ce qui lui donne un grand éclat.


## CITRATES. — Citrate d'ammoniaque.

$(C^{12}H^5AzH^3O^{12})$.— Le citrate d'ammoniaque est
un corps très soluble dans l'eau, déliquescent,
que l'on prépare en saturant une solution de
75 grammes d'acide citrique dans 150 grammes
d'eau, par 49 grammes de sesquicarbonate
d'ammoniaque.

*Applications.* — Le citrate d'ammoniaque
est appliqué au développement des épreuves
sur glaces ou sur papiers recouverts de gélatino-chlorure. Le gélatino-chlorure étant beaucoup plus facilement réductible que le gélatino-
bromure pour obtenir des épreuves sans trace
de voile, les développements que l'on destine
à ces sortes de surfaces doivent renfermer une
assez forte dose de ces agents dits modérateurs;
les uns ont recours au citrate d'ammoniaque,
en faisant usage du citrate de fer comme réducteur, ainsi que le conseille le D$^r$ Eder; les
autres au citrate de potasse qu'ils ajoutent au
bain d'oxalate de fer; d'autres, enfin, au bro-

mure de potassium en proportion notable, mélangé à l'oxalate de fer.

Un bain de citrate d'ammoniaque à 10 0/0 a la propriété de détruire le voile jaune, occasionné par suite d'un développement prolongé à l'acide pyrogallique.

Le citrate d'ammoniaque peut dissoudre un grand nombre d'oxydes en formant des sels doubles, propriété qu'il partage avec le citrate de soude. L'un de ces sels doubles est employé en photographie pour obtenir les épreuves aux sels de fer : c'est le citrate de fer ammoniacal.

**Citrate de fer ammoniacal.** — Ce sel se prépare en faisant dissoudre de l'hydrate ferrique dans une solution d'acide citrique, pour 100 de ce dernier, on ajoute 53 d'hydrate ferrique supposé sec, et ensuite 18 parties d'ammoniaque à 22°. On fait digérer le tout à 60° pendant une demi-heure. On filtre, on concentre par la chaleur jusqu'à ce que la solution ait une consistance sirupeuse ; elle est ensuite distribuée en couches minces sur des assiettes que l'on place à l'étuve pour achever la dessiccation.

Le citrate de fer se détache en écailles brillantes, d'une couleur grenat, très solubles dans l'eau, hygrométriques, d'une saveur à peine atramentaire.

*Applications*. — Le citrate de fer est le composé sensible que l'on emploie dans le procédé au ferro-prussiate, de même que le proto-chlorure de platine est celui qui est utilisé dans le procédé au platine. D'une façon générale, voici les réactions qui se produisent dans l'impression aux sels de fer :

Si nous laissons exposée à l'air notre solution de proto-sulfate de fer neutre fraîchement préparée, sa couleur vert émeraude ne tardera pas à se changer en une couleur ambrée ; cette teinte ambrée se foncera d'autant plus que l'exposition à l'air se sera plus longtemps prolongée. Le protosulfate de fer ($Fe\,SO^4$), en absorbant l'oxygène de l'air, se transformera en persulfate de fer ($Fe^2O^3 . 3SO^3$). Le premier avait la couleur verte de ses solutions, le second est rouge orangé ; la solution verte, traitée par le cyanure rouge, donne lieu à un précipité bleu ; la solution rouge orangé, si elle ne renferme que du persulfate de fer, ne produira aucun précipité avec le cyanure rouge. Inversement prenons une solution de persulfate de fer ; si nous lui ajoutons une minime quantité d'acide tartrique et que nous exposions le flacon qui contient ce mélange à une vive lumière, nous verrons peu à peu la couleur orangée faire place à la couleur vert émeraude. La solution, qui primitivement ne donnait aucun précipité

bleu avec le cyanure rouge, précipitera abondamment en bleu après ce phénomène de réduction. Tout autre persel de fer se serait com-
porté, en présence du corps réducteur, comme le
persulfate de fer; d'un autre côté, au lieu de
cyanure rouge, nous aurions pu employer un
autre réactif, ne colorant ou ne formant de précipité qu'avec l'une des deux espèces de sels
de fer; tels sont le cyanure jaune, le tannin;
le premier précipite les persels de fer en bleu
et ne produit rien avec les protosels (s'ils sont
entièrement privés de persels, ce qui arrive
rarement); le tannin ne colore pas sensiblement
les protosels de fer et produit de l'encre avec
les sels de sesquioxyde.

Le procédé au ferro-prussiate repose sur des
réactions en tout semblables à celles que je
viens de décrire; imbibons, en effet, une feuille
de papier d'une solution mixte de citrate de fer
ammoniacal et d'acide tartrique; faisons-le sécher et exposons-le sous une feuille de papier
imprimée. Sous les caractères, qui interceptent
les rayons lumineux, le citrate ferrique ne sera
pas ramené à l'état de citrate ferreux; sous les
blancs cette réduction aura lieu; de sorte que
si, après une exposition suffisante, nous faisons
affleurer notre feuille sur un bain de cyanure
rouge, les parties du papier qui ont été sous
l'influence de la lumière deviendront bleues,

tandis que sous les caractères le papier restera
blanc ; nous aurons reproduit notre page d'imprimerie en négative. Nous aurions, au contraire, obtenu une positive si, au lieu de faire
affleurer la feuille de papier sensibilisée au sel
de fer sur un bain de cyanure rouge, nous
l'avions fait affleurer sur un bain de tannin.
Voilà, en quelques mots, les indications de
Poitevin sur cette manière d'obtenir des épreuves au moyen de la lumière. Depuis on a perfectionné et simplifié le mode opératoire ; ainsi
on incorpore directement le réactif, l'agent développateur, si on veut, dans la trame du papier
en même temps que la solution de sel ferrique
et d'acide tartrique, de telle sorte que l'image
apparaît en la faisant flotter dans une cuvette
remplie d'eau ; ce même liquide dissolvant l'excès des sels et ne laissant sur le papier (incorporé à sa trame) que le bleu de Prusse sert en
même temps d'agent fixateur.

Je me contenterai de ces généralités en ce
qui concerne les épreuves aux sels de fer, car
dans l'état actuel, du moins, elles ne sont guère
employées pour l'impression des clichés photographiques, à moins qu'il ne s'agisse de dessins au trait. C'est un procédé industriel de
reproduction des plans ou croquis, et, il faut le
dire, les papiers au ferro-prussiate que l'on
trouve dans le commerce, qui répondent très

bien au but exigé pour cette application spéciale, conviennent bien moins aux reproductions photographiques à demi-teintes. On pourra consulter, pour posséder une connaissance complète des divers procédés aux sels de fer, l'opuscule de M. Fisch : *la Photocopie, ou Procédés de reproductions industrielles par la lumière.*

**Citrate de magnésie. — Citrate de potasse. — Citrate de soude.** — Je réunis ces trois produits, parce que leur action est en tout semblable au point de vue des applications photographiques que l'on en a faites. Ce sont des agents retardateurs que l'on ajoute ou que l'on produit de toutes pièces dans les bains de développement.

M. Raymond, dans la notice pour le développement du papier au gélatino-chlorure, qu'il livre au commerce sous le nom de *Papier universel*, donne la formule d'un bain à l'oxalate de fer et au citrate de magnésie pour obtenir les tons pourpres :

| | | |
|---|---|---|
| Eau distillée................ | 1,000 | grammes. |
| Oxalate neutre de potasse. | 100 | — |
| Citrate de magnésie .. ... | 12 | — |
| Bromure de potassium..... | 2 | — |

que l'on mélange au moment de développer à une solution de sulfate de fer à 15 0/0, renfermant aussi 1/2 0/0 d'acide citrique ; pour dix volumes de la solution d'oxalate ci-dessus, on ajoute 1 partie de la solution de fer.

Le citrate de soude se produit dans le développement à l'acide pyrogallique lorsqu'on ajoute de l'acide citrique à la solution de pyrosulfite. Généralement ces solutions qui renferment de l'acide citrique permettent d'obtenir des clichés brillants, sans teinte jaune, si la proportion de sulfite ne s'abaisse pas au-dessous des doses ordinairement indiquées ; mais leur énergie se trouve amoindrie par la présence du citrate alcalin ; de telle sorte qu'il est préférable, quand il s'agit d'épreuves instantanées, de remplacer l'acide citrique par l'acide sulfurique, ainsi que l'a fort justement fait remarquer M. Audra, le sulfate de soude n'ayant aucun effet sur le développateur.

**Colle de poisson.** — La colle de poisson ou *ichtyocolle*, provient surtout de la vessie natatoire du grand esturgeon (acipenser huso) et de l'esturgeon commun (acipenser sturio), qui abondent dans le Volga et autres fleuves de la mer Noire et de la mer Caspienne.

La colle de poisson, principalement préparée en Russie, est en plaques irrégulières, légèrement jaunâtres, avec des reflets irisés ; elle est demi-transparente, fibreuse, très tenace, sans odeur, d'un goût fade ; elle est soluble sans résidu dans l'eau bouillante, et se prend en gelée par le refroidissement; la colle de poisson bien pure peut ainsi solidifier 30 à 45 fois son poids d'eau.

Comme c'est un produit assez cher, elle est souvent fraudée. La variété commerciale dite en *lyres* est imitée avec des nerfs de bœufs. Cette fausse colle de poisson est insoluble dans l'eau bouillante. Celle qui est imitée avec des membranes intestinales de veau ou de mouton n'a pas les reflets de la colle de poisson vraie; de plus, elle n'est pas entièrement soluble dans l'eau bouillante.

Enfin on ajoute souvent à la colle de poisson de la gélatine, soit que des feuilles d'icthyocolle vraie soient tordues avec des lames de gélatine, soit que ces feuilles soient trempées dans une solution gélatineuse assez concentrée, puis séchées. C'est là la falsification la plus délicate à reconnaitre; le meilleur moyen pour y arriver consiste dans l'incinération d'un poids donné de colle à poisson. Celle-ci, si elle est pure, ne fournira qu'un poids de cendres égal ou inférieur à 9 0/00; la gélatine augmentera ce poids des cendres, car elle en fournit une proportion de 15 0/00.

*Applications*. — La couche de gélatine qui forme la surface imprimante, qui tient lieu, dans la phototypie, de la pierre lithographique pour

les impressions lithograhiques ordinaires, doit
présenter, on le comprend, une grande adhérence au support ; j'ai déjà indiqué, en parlant
de l'albumine, que l'on se servait pour obtenir
cette grande adhérence d'un premier support
d'albumine bichromatée ; de plus, cette couche
de gélatine doit être tenace, pour éviter les arra-
chements. Quoique l'industrie fournisse aujour-
d'hui d'excellentes gélatines dures très propres
pour ce genre d'impressions, presque tous les
opérateurs qui ont donné des formules pour la
composition de cette couche gélatineuse asso-
cient une certaine dose de colle de poisson à la
gélatine. La gelée d'icthyocolle est, en effet, plus
ferme, les couches qu'elle fournit sont plus tenaces ; elle augmente donc par son mélange à la
gélatine la durée de la couche imprimante, qui
devient susceptible de fournir un plus grand nombre d'épreuves. Suivant les qualités des gélatines, on modifie le dosage de l'un ou de l'autre
produit.


**COLLODION.** — Le collodion simple ou
normal est une dissolution de coton-poudre
dans un mélange d'alcool et d'éther. Il constitue
un liquide sirupeux, d'autant moins fluide que la
quantité de pyroxyline dissoute est plus grande,
et aussi suivant la nature de ce dernier produit.

Je ne parlerai pas encore de la nature de la py-roxyline et de ses diverses variétés, puisqu'on trouvera ces détails à l'article *Coton-poudre*. Je me contenterai de dire, dès maintenant, que pour préparer le collodion, on se sert de deux espèces de coton-poudre ; si le collodion doit donner des couches relativement tenaces et peu perméables, on emploie le coton-poudre dit à basse température ; le coton-poudre préparé à haute température fournit, au contraire, des col-lodions moins épais, qui laissent une couche très poreuse, mais ne présentant presque pas de cohésion. Pour divers emplois, on a recours à un mélange des deux pyroxylines. Le nom de *collodion* a été étendu aux pellicules qui pro-viennent de l'évaporation de la solution de coton-poudre dans le mélange d'éther et d'al-cool ; elles ne sont en réalité formées que de pyroxyline, par l'évaporation de l'éther et de l'alcool, cette dernière étant restée seule en couches minces et transparentes, qui présentent à la loupe un réseau très fin. Cette apparence a fait généralement admettre que le collodion ne constitue pas une réelle dissolution de coton-poudre dans l'alcool éthéré, mais simplement une distension, une désagrégation de ses fibres dans ce liquide.

Le collodion normal est assez facilement al-térable, surtout lorsqu'il a été préparé avec des variétés de coton-poudre isolément altérables. Cette altérabilité du collodion devient beaucoup plus rapide s'il tient en dissolution des iodures ou des bromures alcalins ou métalliques.

*Préparation*. — La préparation du collodion normal constitue une opération fort simple. On pèse la quantité de coton-poudre indiquée par la formule que l'on veut exécuter, on le place dans un flacon de capacité suffisante pour contenir le nombre de centimètres cubes de collodion que l'on doit obtenir. Sur le coton-poudre, on verse le nombre de centimètres cubes d'éther nécessaires, on bouche le flacon, on agite quelques instants pour bien distendre les fibres du coton et qu'elles soient bien également imbibées d'éther, en ajoutant dès lors le volume d'alcool qui doit parfaire le collodion, et cela par petites fractions ; en ayant soin d'agiter le mélange après chaque addition, on voit la pyroxyline prendre de la transparence, se distendre et finalement se dissoudre rapidement, beaucoup plus rapidement que si on avait, dès le début, versé sur le coton-poudre la totalité du mélange d'alcool et d'éther. On laisse le collodion en repos pendant un ou deux jours en le conservant dans un endroit frais et à l'abri de la lumière, on décante la partie claire qui surnage les parties insolubles ou étrangères contenues dans le fulmicoton.

Le collodion normal, ainsi préparé, devient plus clair et plus fluide ; si on le conserve pendant quelque temps, il semble que la distension des fibres du fulmicoton devient plus complète ; les matières très ténues d'un autre côté ne se déposent qu'à la longue, de telle sorte que le produit s'améliore. Suivant les applications que l'on veut en faire, on le prépare avec des doses variables de coton-poudre, ou avec les diverses variétés de ce dernier ; c'est ce que nous allons voir en parlant de ses applications.

*Applications*. — Le collodion sert de dissolvant aux divers iodures et bromures alcalins ou métalliques ; ceux-ci restent uniformément répartis et retenus dans la pellicule qu'il laisse sur le verre ou les autres subjectiles, après évaporation de l'alcool et de l'éther.

Cette pellicule (et son support, car celle-ci est trop mince et trop fragile pour pouvoir être manipulée à l'état de liberté), immergée dans un bain d'azotate d'argent, se trouve, par suite des doubles décompositions qui se produisent, chargée d'iodure et de bromure d'argent, uniformément répartis ; elle est donc dès maintenant sensible à la lumière. Cette couche sensible de collodion constitue le procédé au collodion humide si nous l'employons aussitôt après la sensibilisation, alors qu'elle est encore imprégnée de l'azotate d'argent en excès et que suivant la dénomination de ce procédé elle est encore humide.

Si, au contraire, aussitôt après la sensibilisation, nous la lavons pour enlever l'excès d'azotate d'argent, et qu'en dernier lieu nous la recouvrions d'une substance qui maintienne sa porosité, nous pourrons, tout en la laissant sécher, utiliser la surface sensible après un temps plus ou moins long ; nous aurons ainsi préparé une couche au collodion sec. D'autre part, si, dans un collodion renfermant en dissolution des chlorures alcalins ou des bromures, nous ajoutons de l'azotate d'argent, en prenant des précautions particulières que nous apprendrons à connaître, et en suivant de plus un mode opératoire parfaitement connu aujourd'hui, après les travaux de Monckoven, Chardon, etc., nous produirons une sorte d'émulsion ou, si l'on veut, un collodion tenant en suspension des sels sensibles à la lumière ; celui-ci étendu sur des plaques de verre, ou un autre support imperméable, donnera directement des surfaces d'une sensibilité assez grande, et qui pourront être utilisées sèches bientôt après leur préparation pour obtenir des négatifs, si c'est du *collodio-bromure* dont nous nous servons, ou des épreuves positives, si nous employions du *collodio-chlorure*. Ces applications du collodion étant très importantes, elles feront l'objet chacune d'un article spécial, aussitôt après en avoir décrit quelques autres de moindre importance.

En parlant de l'alcool méthylique, j'ai donné la formule d'un collodion tenace, que M. Balagny emploie comme support transparent pour préparer des pellicules libres recouvertes de gélatino-bromure, auxquelles il donne le nom de *plaques souples*. Dans le même ordre d'idées, M. de Chennevières et beaucoup d'autres opérateurs ont donné diverses formules pour préparer des couches sensibles au gélatino-bromure, auxquelles on donne le nom de *pellicules, couches pelliculaires*. Les unes ont pour support une feuille de papier, les autres une plaque de verre ou un carton, toutes visent à ce résultat que le cliché, une fois terminé, séché et recouvert d'une couche supplémentaire de gélatine, soit susceptible d'abandonner son support, de pouvoir ainsi être imprimé par les deux faces, de pouvoir être encore facilement conservé, et sans être aussi exposé à perdre le négatif comme lorsqu'il est adhérent à un support fragile tel que le verre.

Le touriste, d'un autre côté, en ayant recours aux supports provisoires légers, tels que le papier, voit le poids de son bagage énormément réduit, et si ces plaques pelliculaires sont sous forme de bandes d'une certaine longueur, les châssis à rouleaux que l'on peut alors employer viennent singulièrement faciliter le travail. Mais est-on, dans l'état actuel, parvenu à réellement remplacer le verre comme support, je veux dire par là, a-t-on obtenu des pellicules qui conservent du verre tout ce qu'il a de bon (la transparence, la facilité des opérations), en écartant tout ce qui en fait les défauts? Les avis sont partagés ; beaucoup de praticiens trouvent, en effet, que si l'on a réussi à écarter tout ce qui constitue les défauts du verre, les pellicules n'ont pas acquis encore tous ses avantages. Les recherches, les améliorations dans ce dernier sens se succèdent, et bientôt, il faut l'espérer, nous aurons réellement le *verre souple* : les pellicules de M. Balagny, fabriquées par la maison Lumière, de Lyon, sous le nom de plaques souples, employées dans les châssis à rouleaux, sont bien près d'atteindre le but.

Pour revenir à notre sujet, il faut dire comment, d'une manière générale, on peut préparer les couches pelliculaires. Quel qu'en doive être le support, ce dernier est ou ciré ou talqué avec soin. Ces deux substances serviront d'isolant, permettront de détacher la couche sensible ou le cliché terminé; ensuite on étend une couche d'un collodion assez chargé en fulmicoton, tel que celui de la formule suivante :

Éther à 65°...................  50 cent. cubes.
Coton-poudre à basse tempé-
  rature...................  1 gramme.
Alcool à 95°...............  50 cent. cubes.
Huile de ricin...... .......  10 gouttes.

L'huile de ricin, même à cette faible dose, donne de la souplesse à la couche de collodion, qui devient, grâce à cette addition, moins sujette à se craqueler.

On laisse sécher le collodion une demi-heure au moins ; après quoi on peut le recouvrir de la couche sensible de gélatino-bromure.

Après dessiccation, si l'on a usé du verre ou d'un carton rigide comme support, rien ne sera changé aux manipulations ordinaires ; les pellicules sur papier parcheminé, ciré ou naturel, devront être placées dans des châssis munis de stirators, ou, si elles sont en longues bandes, on les enroulera sur les bobines des châssis à rouleaux. Il est bon de faire remarquer que le papier étant une substance souple, qui ne présente, par conséquent, aucune rigidité, il faut, pendant qu'on le recouvre de collodion, puis d'émulsion, le maintenir au moyen d'une plaque de verre sur laquelle on le tend mouillé, soit en collant ses bords, soit au moyen de bandes de papier gommé ou albuminé ; ce n'est qu'après dessiccation de la couche sensible que le papier est détaché du verre. Industriellement, c'est

par bandes que le papier est ciré ou talqué ; le
collodionnage s'opère de même, ainsi que l'extension de la couche de gélatino-bromure ; tout
cela au moyen de machines qui, automatiquement, produisent des couches d'égale épaisseur,
et sur des longueurs qui n'ont de limite que
dans celle de l'atelier ; par certains artifices, on
peut même produire des bandes de telle longueur que l'on veut.

Voilà un premier moyen d'obtenir des couches pelliculaires sur un support quelconque,
rigide ou souple ; on peut le nommer par *couchage direct;* on peut encore les obtenir par
*couchage indirect;* c'est même le moyen le
plus à recommander quand il s'agit d'une préparation restreinte, les surfaces que l'on obtient
ont le brillant du verre ; elles sont exemptes de
taches et, de plus, elles sont plus planes. Pour
opérer de cette façon, on talque abondamment
une glace ; on coule l'émulsion ; aussitôt qu'elle
a fait prise, on la place dans une cuvette remplie d'eau filtrée, et sur la gélatine encore molle
on fait adhérer un papier ou un carton gélatiné
et collodionné, ou simplement du papier ciré.
Tous ces supports ont été préalablement ramol-
lis par un séjour de quelques minutes dans de
l'eau propre ; on a surtout écarté avec un blaireau les bulles d'air qui adhèrent à leur surface. On retire la glace couverte d'émulsion, et

le papier-support qu'on lui a juxtaposé, en évitant les bulles d'air ; on passe la raclette de caoutchouc pour augmenter l'adhérence et chasser l'excès d'eau emprisonné entre les deux surfaces, et on laisse sécher. Ce résultat obtenu, ce qui est malheureusement un peu long, on coupe avec une lame tranchante le papier et la couche sensible à 3 ou 4 millimètres des bords ; on n'a plus qu'à arracher le papier qui entraîne la couche de gélatino-bromure.

En décrivant cette dernière méthode de préparation des couches pelliculaires, j'ai presque décrit un autre emploi du collodion normal. Je veux parler de l'émaillage des positives. Supposons, en effet, que nous cirions ou talquions une glace, que nous la recouvrions ensuite d'une couche de collodion normal, puis d'une couche de solution gélatineuse à 6 ou 8 0/0 ; après que cette dernière a fait prise, plaçons la glace dans une cuvette renfermant de l'eau filtrée, et faisons adhérer à la gélatine une épreuve sur papier albuminé, en évitant toute bulle d'air ; après dessiccation, notre épreuve se détachera du verre en conservant tout le brillant du support. Le collodion, substance peu hygrométrique, servira de couverture ; c'est lui qui présentera le brillant ; il le conservera quand bien même une substance un peu humide, comme les doigts imprégnés de sueur, viendrait à le toucher, ce que ne ferait pas la gélatine en pareille circonstance ; cette dernière, dans l'émaillage, ne sert que de substance adhésive entre la couche mince de collodion et l'image.

Il me resterait bien d'autres applications du collodion normal à mentionner ; comme elles sont de moindre importance que les précédentes, je ne ferai que les mentionner ici, en priant le lecteur de se reporter aux articles où elles sont décrites, tels que : *Procédé au charbon* ; *Emaux, dépêches, épreuves pour stanhopes.*

**Collodion humide.** — Le développement que j'ai donné aux articles concernant les iodures et les bromures, ce que j'ai déjà dit concernant le collodion normal vont me permettre d'exposer brièvement la partie théorique du procédé au collodion humide. Ce procédé, d'ailleurs, tend de plus en plus à ne présenter qu'un intérêt historique, il nous serait facile de le constater en parcourant un grand nombre d'ateliers photographiques, tant d'amateurs que de portraitistes, nous n'y trouverions que très rarement un flacon de collodion ioduré et son bain d'argent.

Dans certains ateliers spéciaux, où l'on travaille pour l'héliogravure, on se sert encore couramment du collodion, parce que ces surfaces donnent des clichés de trait plus nets, plus vifs que le gélatino-bromure.

C'est en 1850 que MM. Archer et Fry publièrent la première formule applicable pour préparer sur verre, au moyen du collodion, des couches sensibles d'iodure et de bromure d'argent. Dès ce moment jusqu'à ces dernières années, le collodion humide fut appliqué à tous les travaux qui pouvaient se faire à l'atelier; pour le dehors, on inventa des ateliers portatifs, permettant d'opérer en pleine campagne; toutefois ce matériel, effrayant par son poids, ses complications, la gêne qu'il imposait à l'opérateur, fit rechercher des méthodes permettant au collodion de conserver à l'état sec une partie de ses propriétés. A partir de 1855, comme nous le verrons, l'amateur pouvait avec le procédé Taupenot s'affranchir de tous ces impedimenta; il était en possession d'un procédé au collodion sec, qui ne laisse encore aujourd'hui rien à désirer sous le rapport de la finesse et du modelé.

Mais revenons au collodion humide; comme les collodions iodurés et bromurés présentent une stabilité beaucoup moins grande que le collodion normal, le plus grand nombre d'opérateurs préférait, avec juste raison, avoir une réserve de collodion simple et des solutions alcooliques renfermant les divers iodures et bromures reconnus les plus convenables, pour pouvoir composer avec ces dernières le collodion ioduré et bromuré à mesure de l'emploi.

Telle est la formule suivante, choisie entre mille, qui nous servira d'exemple :

Préparez d'abord le collodion normal :

| | |
|---|---|
| Ether sulfurique à 65°...... | 67 cent. cubes. |
| Coton poudre............... | 1 — |
| Alcool à 95°............... | 33 — |

et les deux solutions alcooliques suivantes :

N° 1

| | |
|---|---|
| Alcool absolu............. | 100 cent. cubes. |
| Iodure de Cadmium....... | $7^{gr},50$ |
| Bromure de Cadmium..... | $3^{gr},50$ |

N° 2

| | |
|---|---|
| Alcool à 95°............. | 100 cent. cubes. |
| Iodure d'ammonium...... | $7^{gr},50$ |
| Bromure d'ammonium.... | $3^{gr},50$ |

Pour iodurer le collodion, on ajoutera à 100 centimètres cubes de collodion normal, s'il s'agit de *portraits* ou de *travaux à l'atelier*, 7 centimètres cubes de la solution n° 1 et 3 centimètres cubes de la solution n° 2, ce qui donne un collodion renfermant au total : 1 gramme d'iodures et de bromures par 100 centimètres cubes.

S'il s'agit de *paysages*, à 100 centimètres cubes

de collodion normal, on ajoutera 3 centimètres cubes de la solution n° 1 et 2 centimètres cubes de la solution n° 2 ; ce qui correspond à $0^{gr},50$ d'iodures et de bromures. Cette dernière dose est un peu faible; aussi les clichés que donne ce collodion, spécialement préparé pour paysages, manquent un peu d'intensité. J'ai cru devoir cependant la conserver pour deux raisons : en premier lieu, pour montrer qu'un bon collodion doit renfermer, pour obtenir la densité nécessaire à un bon négatif, au moins un gramme du mélange d'iodures et de bromures ; tel est le cas du collodion ci-dessus formulé pour portraits ; en second lieu, parce que cette formule de collodion pour paysages donne de fort jolis clichés, remplis de détails, dans lesquels on obtient même les ciels avec les nuages.

Reprenons cette formule, prise comme exemple, et examinons séparément chaque substance qui la compose.

Le collodion normal renferme d'abord 2 volumes d'éther à 65° pour 1 d'alcool à 95°; ce sont les doses et les degrés généralement conseillés ; on pourrait bien sans inconvénient employer un mélange à volumes égaux pendant l'hiver, tandis que pendant l'été, l'évaporation d'un tel liquide se faisant très rapidement, il serait difficile de convenablement étendre le

collodion en couches égales. Suivant la température, on pourra donc modifier la composition en volumes, en portant celui de l'alcool au
maximum, soit à 50 0/0 pendant l'été, et
en agissant en sens inverse pendant la saison
froide, durant laquelle on emploiera près de
70 volumes d'éther.

La dose de coton-poudre est de 1 gramme
pour 100 ; la moyenne des nombreuses formules
qui ont eu leur vogue, est de $1^{gr},10$ pour
100 centimètres cubes de collodion. On ne peut
guère s'en écarter, car, en employant les qualités courantes de pyroxyline pour collodion
humide, une dose moindre donne une couche
trop mince, une dose plus forte fournit un collodion trop épais, qui s'étend mal. Si, après
avoir préparé un collodion en suivant la formule
ci-dessus, on s'aperçoit que, malgré la dose d'un
gramme de pyroxyline, on obtient, à cause de
la nature de celle-ci, des couches trop minces
ou trop épaisses, on y remédiera en ajoutant,
dans le premier cas, quelques centimètres cubes
d'un collodion normal à 3 ou 4 0/0 de pyroxyline ; dans le second, on ajouterait quelques
centimètres cubes d'un mélange d'éther et d'alcool, dans les proportions usitées pour la préparation du collodion.

La solution (n° 1) est préparée avec de l'alcool absolu, suivant le conseil de M. A. Martin,

afin d'isoler l'oxyde de cadmium insoluble dans
ce liquide anhydre, soluble au contraire dans
l'alcool hydraté ; or, cet oxyde, décomposant rapidement les collodions iodo-bromurés, nous
avons tout intérêt à nous en débarrasser.

La solution (n° 2) est préparée avec de l'alcool à 95°, parce que l'iodure et le bromure d'ammonium ne se trouvent pas dans le même cas
que les mêmes sels de cadmium.

A l'iodure et au bromure d'ammonium qui
rendent le collodion très fluide, nous mélangeons l'iodure et le bromure de cadmium, qui
le rendent épais. Nous tâchons de neutraliser
les défauts des uns par les défauts contraires
des autres. C'est pour une raison semblable
que nous associons aux sels d'ammonium, qui
fournissent des collodions se décomposant facilement, les sels de cadmium qui fournissent,
eux, des collodions beaucoup plus stables.

La composition du collodion ioduré pour portraits ou travaux à l'atelier renferme une plus
forte dose d'iodures et de bromures que celui
destiné aux travaux du dehors ; on a reconnu en
effet que, pour le travail de l'atelier, il était préférable d'avoir des préparations plus chargées,
moins translucides que pour les travaux en
plein air ; j'ouvre ici une parenthèse pour dire,
que, à mon avis, la même remarque pourrait
s'appliquer au gélatino-bromure, la quantité

pour 100 de gélatine et le volume d'émulsion versé sur la glace restant les mêmes.

Enfin, nous remarquons, comme dans toutes les bonnes formules courantes, une dose d'iodures deux fois plus fortes que celles des bromures. La dernière remarque que nous avons à faire, c'est que lorsqu'on prépare de petites quantités de collodion à la fois, et tel est généralement le cas de l'amateur, en ayant soin de filtrer les solutions alcooliques iodo-bromurées et de décanter avec soin le volume nécessaire de collodion normal, on a immédiatement un collodion iodo-bromuré bien limpide, qui n'a pas besoin d'être soumis à la filtration, opération qui n'est pas aussi simple qu'on pourrait le supposer, si on ne veut pas s'exposer à changer sa composition sous le rapport de sa teneur en alcool et en éther; la facile évaporation de ce dernier en diminue rapidement la dose, malgré toutes les précautions que l'on peut prendre.

Il est rare qu'en préparant de toutes pièces une faible quantité de collodion iodo-bromuré, on ne se voit pas forcé de le filtrer pour séparer les corps insolubles apportés soit par les coton-poudre, soit par les iodures et les bromures. Le cas n'est plus le même pour un travail courant, où le volume de collodion à préparer porte sur plusieurs litres; dans ce cas, la décantation de

la partie claire devient possible. Nombre de formules pour la préparation directe du collodion
iodo-bromuré ont été publiées ; en voici deux :
la première fournit un collodion qui s'a-
méliore pendant les deux premiers mois de la
préparation, le second peut être employé dès le
lendemain. Cette différence tient à ce que le
premier renferme du coton-poudre préparé à
basse température, qui est moins soluble, plus
long à se distendre, tandis que le second renferme du coton-poudre préparé à haute température, lequel est beaucoup plus soluble. On remarquera aussi qu'on emploie une dose double
de ce dernier, par la raison qu'il fournit, à dose
égale, des collodions beaucoup plus fluides que
le coton à basse température ; pour que le collodion possède la consistance sirupeuse, il faut
donc en augmenter la quantité.

N° 1.

| | |
|---|---|
| Éther à 62°............... | 500 cent. cubes. |
| Alcool à 95°............... | 500 — |
| Coton résistant............ | 10 grammes. |
| Iodure d'ammonium ....... | 5 — |
| Iodure de cadmium........ | 5 — |
| Bromure d'ammonium..... | 5 — |

V. Monckoven.

N° 2.

| | |
|---|---|
| Éther à 62°........... .... | 500 cent. cubes. |
| Alcool à 95°............... | 500 — |

| | | |
|---|---|---|
| Coton pulvérulent......... | 20 | grammes. |
| Iodure d'ammonium....... | 10 | — |
| Bromure d'ammonium..... | 4 | — |
| Eau ........,............. | 50 | — |

Liébert.

Pour préparer ces collodions de toutes pièces, on opère d'abord le mélange du coton-poudre et de l'éther, on pèse les sels que l'on place dans un mortier et on les fait dissoudre dans l'alcool que l'on ajoute par petites portions au mélange précédent. Dans la formule de M. Liébert (nº 2), c'est dans les 50 grammes d'eau que l'on fait dissoudre les sels que l'on ajoute au collodion normal préparé avec l'alcool et l'éther. Une aussi forte proportion d'eau que celle indiquée par M. Liébert, ne serait pas nécessaire, d'autant plus, que si l'alcool n'atteint pas exactement le degré indiqué, on s'expose à obtenir des couches moutonnées. A l'article *alcool*, j'ai parlé du degré nécessaire que ce liquide doit avoir pour fournir de bons collodions; on pourra relire de même les quelques lignes consacrées à l'*éther sulfurique* pour compléter ce qu'il me resterait à dire sur le collodion.

Les collodions préparés suivant les formules que je viens de donner renferment tous des mélanges de divers iodures associés à des bromures, dont la proportion est la moitié en poids de celle des iodures; fraîchement préparés, ils sont rapides, aptes à donner des clichés modelés, riches en demi-teintes ; ce sont les qualités que l'on recherche généralement et que les vieux collodions ne conservent pas. Ceux-ci, en devenant moins rapides, donnent plus dur, plus heurté ; ils ne sont bons que pour les reproductions de gravures au trait, de cartes, de plans, cas pour lesquels on emploie aussi des collodions spéciaux ne contenant que des iodures, ou tout au moins qu'une faible proportion de bromure ; tel est le suivant :

Collodion normal.......... 100 cent. cubes.

auquel on ajoute les sels ci-après dissous dans 10 centimètres cubes d'alcool.

Iodure d'ammonium.............. .. 0$^{gr}$,60  
Iodure de cadmium................ 0$^{gr}$,40  
Bromure de cadmium............ ..... 0$^{gr}$,20  
Bromure d'ammonium............. 0$^{gr}$,10  
(ROGER.)

L'une quelconque de ces diverses formules fournira rarement des préparations identiques, si on a changé de produits, et quand bien même on aurait puisé aux mêmes flacons, ils ont pu subir avec le temps des altérations ; aussi, dans la plupart des cas, on constatera des différences notables. Souvent on obtiendra des collodions légèrement ambrés ; on est alors presque sûr d'avoir préparé un bon produit ; les collodions décolorés donneront généralement des épreuves voilées, et les collodions qui prendront rapidement une coloration rouge assez marquée seront lents, donneront dur. Examinons quelles peuvent être les causes de ces différents aspects et de ces propriétés.

Tout collodion, avons-nous dit, qui présente une légère coloration ambrée donne généralement de bonnes épreuves; cet état provient de ce que le coton-poudre et les divers iodures et bromures qui entrent dans sa composition étaient dans un état de pureté convenable et à l'état neutre; une trace d'iode se trouve en liberté, c'est la très faible quantité de ce métalloïde qui communique la teinte faible dont j'ai parlé, qui assure en même temps la pureté de la couche, sans nuire d'une façon marquée sur la sensibilité.

Le collodion est-il absolument incolore, cela indique que le coton-poudre était pour sa part dans de bonnes conditions de neutralité, mais que les iodures ou les bromures étaient alcalins; cette alcalinité est nuisible, elle occasionne les images voilées. On peut facilement parer à ce défaut en ajoutant au collodion successivement de très légères parcelles d'iode, jusqu'à ce que l'on obtienne une coloration permanente légèrement ambrée. On a conseillé d'ajouter de petites quantités de brome au lieu d'iode; la manipulation incommode du brome fera généralement préférer l'iode.

Le collodion, d'abord incolore, se teinte en rouge plus ou moins foncé, quand le coton-poudre présente une réaction acide, soit qu'il n'ait pas été suffisamment lavé, soit qu'il ait contracté cette acidité par suite des altérations auxquelles il est sujet. Quelquefois, mais rarement, cette acidité pourra provenir, non du coton-poudre, mais de l'alcool ou de l'éther, ce dont il faut s'assurer. Quand cette coloration des collodions se présentera, ils ne pourront guère être améliorés en les décolorant au moyen de lames de cadmium ou de zinc, qu'on y laissera séjourner; tout au plus pourront-ils être utilisés pour des reproductions de gravures. Il faudra essayer les produits pour reconnaître quel est celui qui présente la réaction acide et le remplacer. Le coton-poudre pourra être amélioré, en lui faisant subir de nouveaux lavages; dans la première eau on ajoutera même quelques gouttes d'ammoniaque.

Le collodion est étendu sur des verres rigoureusement propres, en évitant la chute des poussières ambiantes et en agissant loin d'une flamme quelconque, l'excès étant reçu dans un flacon séparé, et non, comme on le fait souvent, dans le flacon qui sert de provision; on attend que la goutte provenant du déversement se soit figée. C'est à ce moment qu'on doit plonger la plaque dans le bain d'argent sensibilisateur, placé dans une cuvette, dite *à recouvrement;* dès lors on doit éviter toute lumière trop actinique, on peut opérer à la lumière jaune orangé; c'est la seule dont on se servira jusqu'à ce que le cliché soit terminé. Examinons les conditions que doit remplir cette solution sensibilisatrice, c'est-à-dire destinée à transformer les iodures et les bromures solubles en iodure et bromure d'argent sensibles à la lumière. Cette double décomposition peut être représentée par la formule suivante.

$$AzH^4I + CdBr + nAgAzo^6 = AgI + AgBr + AzH^4Azo^6 + CdAzO^6 + n'AgAzo^6$$

Le bain d'argent doit renfermer une quantité d'azotate de ce métal en excès, d'une part, parce que s'il ne renfermait que la quantité théorique de ce sel, pour qu'après la sensibilisation tout l'argent fût transformé en iodure et bromure d'argent, nous devrions consacrer un temps très long à cette sensibilisation pour obtenir une réaction complète. Si nous exposions la glace, renfermant encore de l'iodure et du bromure solubles non décomposés, nous ne pourrions obtenir aucune image, quelle que fût la durée de l'impression lumineuse. Si la transformation était complète, la glace serait, il est vrai, sensible, mais dans une faible mesure: l'iodure d'argent, nous le savons, n'acquiert de sensibilité marquée à la lumière qu'en présence d'un excès d'argent; d'autre part, le bromure d'argent, dans ces mêmes conditions, ne présenterait qu'une faible sensibilité, et le développement acide, que nous nous proposons d'appliquer au collodion humide, ne donnerait que des images sans consistance.

De toute nécessité, le bain d'argent doit donc contenir un excès d'argent, d'abord pour que la formation des sels haloïdes d'argent soit rapide et complète, puis le bain pourra servir à un grand nombre de sensibilisations successives. La proportion du sel d'argent la plus convenable pour les collodions renfermant des iodures et une quantité de bromures égale à environ la moitié celle des iodures est de 7 à 8 0/0. Nous verrons en parlant du collodion sec, alors que souvent on ne fait usage que de collodions fortement bromurés, qu'il est avantageux de porter cette proportion à 13 0/0.

Ce bain d'argent sensibilisateur peut dissoudre une petite quantité d'iodure d'argent; si nous n'avons pas le soin, avant d'en faire usage, de le saturer de ce sel, ce sont les premières glaces sensibilisées que le lui fourniront; de telle sorte que nous ne pourrons obtenir avec elles de bons résultats, elles ne renfermeront plus la dose nécessaire de composé sensible.

Pour préparer un bain d'argent immédiatement utilisable, nous serons donc amenés à le saturer d'iodure d'argent; plusieurs façons d'agir peuvent nous conduire à ce résultat, et voici, ce me semble, celle qui est préférable. Nous pesons la quantité de nitrate d'argent qui doit entrer dans la composition du bain d'argent à 8 0/0, et nous l'introduisons dans un flacon de volume en rapport avec celui du bain que nous voulons préparer; sur ce nitrate d'argent nous versons la totalité de l'eau nécessaire, nous laissons la dissolution du sel s'opérer sans agiter. Nous avons donc au fond du flacon, après quelques instants, une solution à peu près saturée de nitrate d'argent; c'est à ce moment que l'on ajoute un très petit cristal d'iodure de potassium; il se forme de l'iodure d'argent, qui se dissout dans la solution concentrée de nitrate; on agite pour obtenir un mélange intime; le liquide doit être opalescent, si la quantité d'iodure ajoutée était suffisante; cela indique, en effet, que le bain renferme une quantité d'iodure d'argent plus forte que celle qu'il peut dissoudre à concentration normale. Ce bain saturé d'iodure d'argent peut immédiatement servir, après filtration, à sensibiliser les glaces.

Il nous reste maintenant à examiner :

1° L'appauvrissement du bain d'argent qu'entraînent les sensibilisations successives;

2° Les altérations de ce bain, à la suite des réactions et des échanges qui s'y produisent.

1° La glace, recouverte de collodion, étant arrivée au point de dessiccation voulu, nous l'introduisons dans la cuvette renfermant le bain d'argent, que nous avons relevée pour que celui-ci se trouve en entier dans la capacité formée par la partie en recouvrement. D'un mouvement rapide, mais non brusque, nous la remettons dans la position horizontale : le bain s'étale uniformément, en nappe régulière et sans temps d'arrêt sur la surface collodionnée. Par endosmose, la solution aqueuse pénètre peu à peu la pellicule de collodion, en chasse l'alcool et l'éther qui l'imbibent encore, et la formation des composés haloïdés d'argent progresse ; aussi la glace prend-elle un aspect opalin. Après trois ou quatre minutes, la solution aqueuse d'argent a totalement pénétré la couche, ce que l'on reconnaît, du reste, d'une façon certaine en relevant la cuvette ; la glace ne doit plus présenter de traînées huileuses : ce qu'elle faisait au début, comme toute substance qui, étant imbibée d'alcool et d'éther, est plongée dans un liquide aqueux. En supposant donc que notre glace se montre uniformément mouillée, elle peut être retirée du bain, égouttée un instant et enfin placée dans le châssis. Les réactions que nous voulions lui faire subir sont

complètes, et de part en part elle est imbibée de
nitrate d'argent. La pellicule renferme dans sa
trame les sels haloïdes d'argent qui y sont uniformément répartis, un excès de nitrate d'argent, une partie des azotates provenant de la
double décomposition, l'autre partie, la plus
grande, s'étant dissoute dans le bain d'argent ;
de telle sorte que celui-ci s'est appauvri en argent
et a reçu en quantités à peu près équivalentes
des azotates alcalins et métalliques; en plus,
de l'alcool et de l'éther s'y sont mélangés.

Il y a donc lieu de considérer les troubles
que peuvent apporter ces diverses matières
étrangères et l'appauvrissement en argent que
subit le bain. Cet affaiblissement n'est guère à
considérer, car si un litre de collodion renferme
en moyenne 10 à 12 grammes d'iodures ou
de bromures solubles, cela n'exigera que 10 à
12 grammes d'azotate d'argent pour que la totalité de ces sels soient transformés en sels
sensibles; or, pour sensibiliser toutes les glaces
que pourra recouvrir notre litre de collodion, il
nous faudra au moins un litre de bain d'argent
renfermant, s'il est au titre courant, 80 grammes
d'azotate d'argent. La quantité décomposée sera
négligeable, si on réfléchit qu'il nous faudra
parfaire le volume du bain en usage, au moyen
de quantités successives d'un bain neuf, pour
compenser ce qui se perd, soit parce que chaque

glace en emporte une certaine quantité, soit par
toutes les autres causes qui en diminuent le
volume, comme les filtrations que l'on est obligé
de lui faire subir assez souvent pour éliminer
les matières insolubles, telles que les poussières,
qu'il est impossible d'éviter.

2° Mais on ne peut toujours se servir jusqu'à
épuisement du même bain d'argent négatif; on
constate en effet, en supposant le collodion toujours de bonne qualité, que les premiers clichés sont satisfaisants, et qu'après un certain
nombre de glaces les résultats sont bien inférieurs, et qu'enfin on ne peut plus continuer le
travail. Tout reprend une bonne marche si on
remplace le bain d'argent en usage par un autre
fraîchement préparé. Il faut donc qu'il s'altère;
or, ce n'est pas, comme on pourrait le croire
tout d'abord, que cette différence marquée dans
les résultats provienne des azotates d'ammoniaque, de cadmium, de potassium, etc., qui s'ac-
cumulent dans le bain; elle ne provient pas non
plus des doses sans cesse croissantes d'alcool et
d'éther qui s'y dissolvent. Ces dernières n'auront pour effet que d'exiger un temps de séjour
plus long de la glace dans le bain d'argent
pour constater la disparition des traînées huileuses, quelquefois même se reformeront-elles
durant la pose, si le bain est très chargé d'alcool éthéré, ce qui sera une source de taches

dont on devra s'affranchir ; le moyen en est fort simple : on note le volume du bain, on l'introduit après cela dans une capsule en porcelaine et on le porte quelques minutes à l'ébullition ; après refroidissement on le ramène, avec de l'eau distillée, à son volume primitif. On constate durant cette opération qu'il brunit, qu'il laisse déposer de l'argent métallique sur les parois de la capsule : c'est par suite d'un phénomène de réduction, occasionné par les matières organiques qu'il tient en dissolution.

C'est à ces dernières que le bain d'argent doit surtout de ne donner que des résultats inférieurs ; ces matières organiques (je ne parle pas des poussières provenant de l'air ambiant) lui sont apportées, soit par le verre, dont les tranches et le dos ont eu le contact des doigts, soit par les cuvettes, soit par certaines matières solubles que cède le coton-poudre.

On débarrassera le bain d'argent des poussières par la filtration ; quant aux matières organiques en dissolution, c'est par oxydation qu'on pourra les éliminer. Il n'y a pour cela qu'à l'exposer à la lumière solaire ; l'azotate d'argent les transformera en produits noirs insolubles ; en même temps il se précipitera un peu d'argent métallique, et le bain devient acide. Après ce traitement, on constatera que le bain donne des épreuves brillantes à cause précisément de cette

légère acidité et de la précipitation des matières
organiques primitivement dissoutes. Si ·cette
acidité était trop prononcée, les épreuves pourraient devenir dures, auquel cas il faudrait, à
moins qu'il ne s'agisse que de reproductions,
neutraliser le bain avec les plus grandes précautions.

Les bains d'argent neutres, sont, en effet,
ceux qui permettent d'obtenir le plus de rapidité et le plus de modelé.

Il est un autre genre d'altération des bains
d'argent (altération n'est pas le mot vrai, il serait mieux de dire modification): elle consiste en
ce que, étant saturé d'iodure d'argent, nous
avons pris des mesures pour cela. A mesure
qu'il s'enrichit en alcool ou en éther, il ne peut
tenir en dissolution toute la quantité qui le satu-
rait, il le laisse déposer sous forme de petits
grains, qui s'attachent à la glace; ceux-ci ne
résistent ni au bain de développement qui les
entraîne, ni au bain de fixage qui les dissout.
C'est une source de points à jour dans le cliché.

Enfin, il n'est pas rare de voir les bains d'argent s'altérer, parce qu'ils ont reçu des traces
d'hyposulfite de soude, apportées par les mains
de l'opérateur, qui n'aura pas eu le soin de se
laver avec le plus grand soin après fixage d'une
épreuve, soit par des éclaboussures qui peuvent l'atteindre quand on manie auprès de lui

des cristaux ou des solutions d'hyposulfite.

Il me resterait à signaler quelques autres causes d'insuccès, que l'on peut constater déjà en examinant la glace au sortir du bain d'argent. Elles tiennent à l'impureté ou à la mauvaise nature des composants du collodion ; c'est donc aux articles *alcool*, *éther*, *coton-poudre*, *iodures* et *bromures* qu'on devra les chercher.

**Collodion sec.** — Les glaces au collodion, renfermant un excès d'argent, doivent être exposées et développées avant que la dessiccation ait atteint aucune de leurs parties : c'est dire qu'il ne faut pas songer à les employer à distance de l'atelier ; bien plus, durant l'été, sous l'influence de la température élevée et de la dessiccation rapide qui en est la conséquence, on constate souvent au développement des taches et des réductions qui proviennent uniquement de ce que la couche s'est partiellement desséchée. On peut en partie parer à cet inconvénient en plaçant dans la chambre noire un buvard imbibé d'eau et d'alcool, en acidulant légèrement le bain d'argent, l'acidité s'opposant aux réductions ; en faisant usage de bains privés souvent de l'alcool et de l'éther qui s'y mélangent. Un tel bain, alcoolisé et éthéré, se dessèche plus vite que celui qui ne contient en fait de liquide que de l'eau. La glycérine étant un corps très hygrométrique, elle retarde beaucoup la dessiccation des surfaces qui en sont imbibées, quand bien même la quantité soit très minime; aussi a-t-on proposé de recouvrir les glaces au collodion humide, qui doivent longtemps être exposées, d'une solution glycérinée. Ce ne sont là, toutefois, que des moyens qui ne permettent pas une bien longue conservation; elle reste toujours limitée à quelques minutes. Ce n'est donc pas une solution du problème qui consiste à pouvoir utiliser les surfaces sensibles du collodion au cours d'une excursion, pas plus, je l'ai déjà dit, que le matériel lourd et encombrant qui devait permettre de les préparer sur place, quoiqu'il en ait été présenté des modèles fort ingénieux.

Au contraire, la conservation sera assurée si, par un moyen quelconque, nous pouvons conserver à la couche de collodion, une fois sèche, une grande partie de la porosité qu'elle possède à l'état humide, après avoir eu soin de la débarrasser du nitrate d'argent en excès, car ce nitrate d'argent, par suite de réactions multiples, s'opposerait à la conservation de la couche. Je reviendrai un peu plus loin sur ce sujet, pour ne pas interrompre les généralités que j'expose à cette place. Cette porosité pourra être conservée de plusieurs façons.

Voici les principales :

1° En employant des cotons-poudre pulvérulents ou à *haute température* pour composer le collodion, ces pyroxylines donnent, en effet, des pellicules beaucoup plus perméables que celles fournies par les pyroxylines préparées à basse température. Comme les vieux collodions préparés même avec cette dernière variété donnent des pellicules plus poreuses que les collodions fraîchement préparés, quelques auteurs recommandent les vieux collodions comme devant être employés de préférence pour tous les procédés secs. Ceci n'est pas absolument recommandable, car avec de telles préparations, qui fournissent rarement de beaux clichés par le procédé humide, il n'y a pas à en espérer beaucoup plus dans le procédé sec ; il est donc préférable d'employer des collodions donnant des couches poreuses immédiatement après leur préparation. L'emploi des cotons-poudre à haute température est donc tout indiqué.

2° Néanmoins, les surfaces sèches ainsi préparées ne seront pas d'une constance parfaite, et les résultats seront assez incertains, car la couche ne conservera pas encore une porosité suffisante ; mais on pourra arriver à ce résultat en ajoutant au collodion une résine, la colophane, comme le conseilla l'abbé Desplats, ou l'ambre, d'après la formule de MM. Robiquet et Dubosc. Ces dissolutions alcooliques et éthérées de matières résineuses arrivant au contact d'une solution aqueuse, le bain de nitrate d'argent qui sensibilisera le collodion, formeront au sein même de la pellicule une émulsion résineuse qui s'interposera aux molécules des composés sensibles et provoquera ainsi une porosité suffisante de la couche sèche, ainsi que le démontrent les bons résultats que l'on peut obtenir au moyen de ces collodions résineux.

3° On peut remplacer les particules infiniment ténues de matière résineuse par une autre substance incorporée dans la pellicule; on pourra avoir recours, par exemple, à un composé sensible d'argent qui s'y formera en proportion beaucoup plus forte qu'à l'ordinaire, et c'est cette proportion, je ne dirai pas exagérée, mais très abondante, qui gonflera la couche, la rendra comme poudreuse et lui conservera la porosité nécessaire, surtout si le collodion est préparé avec du pyroxyle à haute température.

M. Jeanrenaud et M. Chardon indiquèrent dans ce sens leur procédé sec *au bromure seul*. La dose de bromure soluble introduit dans le collodion atteint dans leurs formules la dose de 4 à 5 grammes par 100 centimètres cubes. Pourquoi plutôt employer le bromure que l'iodure. Pour deux raisons : la première, c'est que si l'iodure d'argent est très sensible en présence d'un excès de nitrate d'argent, il est au contraire peu

sensible lorsqu'il se trouve à l'état de pureté,
débarrassé, en un mot, de l'excès de nitrate d'argent, et telles doivent être, cela a été expliqué,
les couches de collodion que l'on désire conserver; en outre, l'iodure d'argent reproduit difficilement les demi-teintes, les clichés qu'il permet d'obtenir sont durs, et il n'y a que certains
cas spéciaux qui réclament ces grandes contrastes.

Le bromure, au contraire, formé en présence
d'un excès de nitrate d'argent, ainsi que cela
a lieu pendant la sensibilisation, possède une
rapidité beaucoup plus grande, et il la conserve,
malgré l'élimination complète du sel d'argent
par les lavages; il reste apte à reproduire les
demi-teintes délicates. Voilà une première raison qui a bien sa valeur dans la majorité des
cas; la seconde, qu'il me reste à mentionner, est
presque tout aussi importante; on peut l'énoncer ainsi :

Les développements alcalins sont peu ou
point applicables à l'iodure d'argent; celui-ci
ne se laisse pas réduire d'une façon appréciable
par ces révélateurs ; le bromure, au contraire,
donne avec eux les plus belles images.

Les développements acides conviennent peutêtre mieux à l'iodure d'argent qu'au bromure,
mais ces derniers donnent infiniment moins de
modelé quand ils agissent sur des pellicules

conservées dont la porosité n'est jamais bien grande. Les révélateurs acides sont longs à compléter l'image ; elle ne sort qu'avec peine, en additionnant les liquides réducteurs de doses croissantes de nitrate d'argent ; ces images sont superficielles, et il faut donner à la plaque une pose assez longue pour qu'elle ne présente pas de trop grands contrastes.

Les révélateurs alcalins, grâce précisément à cette alcalinité, pénètrent plus facilement la couche de collodion, et l'acide pyrogallique arrive au contact immédiat des molécules du composé sensible impressionné ; les images sont donc plus complètes, puisque l'effet réducteur se porte sur chacune de ces molécules et proportionnellement à l'impression reçue ; de plus, comme, dans ces sortes de développements, on augmente le pouvoir réducteur de l'acide pyrogallique par les alcalis, au lieu de le diminuer par des acides, comme dans les révélateurs acides, il s'ensuit que la pose peut être abrégée, ce qui est toujours avantageux.

La substitution du bromure à l'iodure d'argent est donc rationnelle, elle est même nécessaire.

4° Voilà trois manières de conserver à la couche de collodion une porosité suffisante ; il y en a une quatrième, la plus importante à connaître, parce qu'elle a été la plus suivie, et qu'elle peut servir de complément à celles que je viens déjà d'énoncer : je veux parler de l'emploi des *préservateurs*. Qu'entend-on par préservateurs et quel est leur rôle ?

Sous le nom de préservateur, on désigne les substances additionnelles que l'on fait réagir sur les couches de collodion après la sensibilisation et l'élimination du nitrate d'argent par les lavages, pour les préserver des altérations qui peuvent les atteindre. La préservation n'est pas indéfinie, on ne rencontre pas souvent des méthodes parfaites ; mais le ralentissement des altérations est assez marqué pour que, dans la pratique, on puisse souvent et en toute sécurité employer des glaces préparées depuis quelques semaines.

Le rôle des préservateurs est multiple, car, outre cette action préservatrice qui ne suffirait pas à elle seule, ils maintiennnent la porosité indispensable de la couche ; ils servent encore de sensibilisateurs chimiques, ce qui veut dire qu'étant capables d'absorber le brome ou l'iode mis en liberté par la réduction de AgI ou AgBr en $Ag^2I$ et $Ag^2Br$, ils augmentent la sensibilité de ces produits.

Beaucoup de substances peuvent remplir ces conditions ; aussi les méthodes de collodion sec, avec préservateurs, sont très nombreuses. Les uns employaient l'albumine, d'autres le tanin

la gomme, l'acide gallique, la morphine, le
café, le thé, etc. Je ne me propose pas de donner toutes ces formules que l'on trouvera, du
reste, dans la plupart des traités de photographie; je me contenterai de donner quelques indications au sujet du procédé du major Russell,
plus connu sous le nom de *procédé au tanin* et sur celui au *collodion albuminé* ou procédé Taupenot; les réactions utilisées dans ce
dernier sont nombreuses, lui sont particulières,
ce qui en rend la théorie intéressante, et puis,
il faut le dire, les résultats qu'il permet d'obtenir n'ont pas été encore dépassés; malheureusement la pratique en est longue et délicate.

Tels sont les faits théoriques principaux sur
lesquels sont basés les différents procédés au
collodion sec. Il me reste à exposer en quelques mots la partie pratique, laissant aux traités de photographie générale la description
minutieuse des opérations que l'on doit exécuter.

A. — Les collodions iodurés et bromurés
ordinaires, à base de coton-poudre pulvérulent,
sensibilisés, lavés et séchés, n'ont guère été employés seuls, sans préservateur. Ce n'est pas à
proprement parler une méthode de collodion
sec sanctionnée par la pratique.

B. — Les collodions avec addition de résine,

indiqués par l'abbé Desprats qui se servait de
colophane, à la dose de 50 centigrammes ajoutés à 100 centimètres cubes de collodion iodo-
bromuré, sont, au contraire, susceptibles de
fournir d'aussi bons résultats que ceux que l'on
obtient par d'autres procédés beaucoup plus
longs à pratiquer. Ce procédé est, en effet,
excessivement simple : on étend le collodion
additionné de résine sur des glaces absolument
propres, que l'on a eu le soin de recouvrir préalablement d'une mince couche d'albumine ou
de gélatine alunée ; on procède à la sensibilisation dans un bain de nitrate d'argent légèrement acidulé par quelques gouttes d'acide
nitrique. On lave à plusieurs eaux, pour éliminer toute trace de nitrate d'argent, et ces lavages doivent s'effectuer comme dans tous les
procédés au collodion sec, avec une eau exempte
de matières organiques en dissolution ; à l'article *eau*, on trouvera les raisons qui exigent
cette précaution. Enfin on laisse sécher les
glaces à l'abri de poussières et de toute lumière, car si pendant le temps relativement
court des manipulations, la lumière jaune n'influence pas les couches sensibles, il n'en serait
plus de même durant le temps beaucoup plus
long qu'exige la dessiccation. Les glaces ainsi
préparées se conservent bien, elles peuvent
être développées avec les révélateurs alcalins,

si le collodion qui a servi à les préparer renferme une proportion notable de bromures solubles.

C. — Les collodions contenant du bromure d'argent seul en proportions considérables furent d'abord préconisés par M. Jeanrenaud, puis par M. Chardon. Le mode opératoire est le même que celui que j'ai décrit pour préparer les surfaces sensibles avec les collodions résineux, en tenant compte cependant des deux remarques suivantes : le bromure d'argent se formant difficilement et lentement, on prolongera d'abord la durée de la sensibilisation d'une façon notable ; dix minutes au moins deviendront nécessaires pour que la double décomposition soit complète ; on fera ensuite usage d'un bain d'argent plus concentré, à 15 0/0, par exemple ; il sera acidulé, comme on le fait toujours pour les procédés secs, par une quantité suffisante d'acide nitrique ; il devra rougir faiblement le papier bleu de tournesol. Après la sensibilisation, la glace présente une opacité bien plus grande que celles qui proviennent d'un collodion iodo-bromuré à la dose ordinaire ; la quantité de sel sensible est, en effet, ici trois fois au moins plus considérable, car les collodions bromurés pour procédés secs sans préservateurs renferment une dose de bromure soluble variant de 3 à 5 grammes pour

100 centimètres cubes. On lave avec soin la glace au sortir du bain d'argent, après quoi elle est mise à sécher ; sa conservation est à peu près indéfinie. L'éclairage avec ces surfaces où le composé sensible est uniquement du bromure, et la même remarque peut être applicable à toutes celles où le bromure d'argent prédomine, doit être moins actinique que lorsqu'il s'agit de préparer des surfaces à l'iodure d'argent ; pour éviter les voiles, on ne se servira que de la lumière rouge rubis.

Le collodion de M. Chardon est composé d'après la formule suivante :

| | |
|---|---|
| Coton-poudre............ .... | 1$^{gr}$,50 |
| Ether..................... | 60 cent. cubes. |
| Alcool.................... | — |
| Bromure de cadmium et d'urane (mélangés en proportions égales)........... | 5 grammes. |

Les glaces sont développées avec un révélateur alcalin après une pose assez courte, puisque, avec un objectif diaphragmé à $\frac{F}{30}$, on peut obtenir une vue avec premiers plans bien éclairés, dans l'espace de 10 à 15 secondes.

D. Comme exemple de collodions secs avec addition d'un préservateur, je prendrai celui du major Russell, dans lequel on fait usage d'une solution de tanin comme agent de conservation. C'est le plus connu et celui qui a été peut-être le plus pratiqué. Dans ce procédé, on peut faire usage de tout collodion iodo-bromuré qui donne de bons résultats à l'humide, mais, ainsi que l'avait fait remarquer le premier l'auteur de ce procédé, il sera avantageux de l'additionner d'une dose supplémentaire de bromure soluble, et mieux encore de se servir du collodion suivant qui ne contient que du bromure.

| | |
|---|---|
| Éther................... | 150 cent. cubes. |
| Alcool................... | 150 — |
| Coton-poudre............. | 2$^{gr}$,50 |
| Bromure de cadmium...... | 5 grammes. |
| Bromure d'ammonium..... | 1$^{gr}$,30 |

Les glaces à collodionner ont été préalablement recouvertes d'une couche d'albumine ou de gélatine, précaution qu'on ne doit jamais négliger quand on prépare des surfaces sensibles au collodion sec, car l'adhérence de ces préparations au support est assez faible, et sans cela on s'exposerait à des soulèvements ou à des ampoules pendant les opérations du développement ou du fixage.

La glace est sensibilisée sur un bain de nitrate d'argent légèrement acide, et d'une concentration telle que la dose de sel d'argent soit de 15 à 18 0/0.

Elles sont ensuite lavées avec le plus grand

soin dans une série de 6 cuvettes remplies
d'eau filtrée ; celle de la première est acidulée à
1 ou 2 0/0 par l'acide acétique cristallisable.
Les glaces passent successivement de l'une
dans l'autre, et quand celle qui a été sensibilisée
la première est arrivée dans la cuvette n° 6, on
la rince sous une nappe d'eau, projetée par
une pissette ou par le robinet du laboratoire,
garni d'une pomme d'arrosoir. Elle est alors
prête à recevoir le préservateur, composé d'après
la formule suivante :

| | |
|---|---|
| Eau distillée................ | 1,000 grammes. |
| Tanin....................... | 50 — |
| Acide gallique.............. | 1 — |
| Dextrine jaune.............. | 50 — |

Écrasez d'abord la dextrine dans un mortier,
ajoutez-lui peu à peu 250 grammes d'eau
chaude, versez ce premier liquide dans le flacon, lavez le mortier avec deux doses d'eau
chaude de 100 grammes chacune. Dans le mortier, introduisez le tanin et l'acide gallique et
opérez comme pour la dextrine, complétez enfin
le volume de 1,000 centimètres cubes que doit
avoir la solution. Laissez en contact 48 heures,
en ayant soin d'agiter fréquemment ; au bout
de ce temps, une matière gommeuse brune s'est
précipitée au fond du flacon ; par une filtration
soignée, on obtient un liquide clair et brunâtre
qui se conserve bien.

On recouvre la glace d'une nappe de ce liquide, on l'y laisse séjourner quelques secondes, après quoi on la rejette; on recouvre une seconde fois la glace d'une nouvelle nappe de la solution tannique, qui doit y séjourner deux minutes, après quoi on la relève, on l'égoutte et on la laisse sécher sur un support à rainures de glace ou de porcelaine parfaitement propre; on a aussi la précaution de faire appuyer le coin inférieur du verre sur un morceau de buvard destiné à absorber l'excédent de liquide.

Avant de passer à la glace suivante, on se lave soigneusement les mains, car il ne faut pas oublier que si celles-ci sont salies par la solution de tanin; toutes les fois que vous toucherez une glace imprégnée de nitrate d'argent (ou qui le sera plus tard si vous collodionnez une nouvelle glace), il se produira des taches irrémédiables. Cela se comprend aisément, puisque vous mettez en contact un agent réducteur (tanin et acide gallique) et du nitrate d'argent; aussi les opérations se conduiraient plus aisément à deux; une personne collodionnerait les glaces, les sensibiliserait, les ferait progresser dans la série de cuvettes; la seconde les recouvrirait du préservateur et les mettrait au séchoir.

Les glaces au collodion sec, au tanin, préparées avec un collodion iodo-bromuré, pourront à la rigueur être développées avec un révélateur acide, mais les révélateurs alcalins seront de beaucoup préférables, dans les cas, au moins, où les clichés doivent posséder des demi-teintes. Si le collodion ne contient que du bromure, cela indique déjà qu'on ne prépare pas les couches pour des reproductions de trait; le développement alcalin est le seul applicable.

Leur conservation n'est pas excessivement longue, puisque, après quinze à vingt jours, il n'est pas rare de voir les bords se voiler; cependant, si les lavages ont été faits avec soin, si le préservateur a été récemment préparé, on peut être certain d'une durée beaucoup plus longue.

Le collodion sec par le procédé Taupenot peut, à la rigueur, être classé parmi les collodions secs avec préservateurs; cependant les réactions que l'on utilise pour obtenir de telles surfaces lui sont toutes particulières. Sur les glaces rigoureusement propres, on étend une mince couche d'albumine; après leur dessiccation, elles sont collodionnées; cette première couche d'albumine n'intervient que pour assurer l'adhérence de la préparation; elle est, comme on le voit, toujours recommandée dans tous les procédés au collodion sec.

Le collodion dont on peut faire usage sera iodo-bromuré, bien fluide et pas trop chargé en

iodures et bromures, la proportion de 1 gramme
du mélange de ces sels par 100 centimètres cubes
de collodion ne sera pas dépassée. La formule
de collodion pour paysages, qui a été donnée pour
procédé humide, convient très bien à ce procédé sec. La glace, recouverte de collodion, est
sensibilisée dans un bain d'argent à 7 ou 8 0/0
légèrement acidulé par l'acide nitrique. Elle est
ensuite lavée dans une série de quatre cuvettes
remplies d'eau distillée, rincée sous le robinet
et mise à égoutter ; quand le coin inférieur de
la glace ne laisse plus écouler de gouttes, il faut
sans plus tarder la recouvrir avec de l'albumine
iodurée aux doses suivantes :

Iodure d'ammonium ..........      1 gramme.
Bromure d'ammonium........      0$^{gr}$,25
Albumine............. .....      100 c. cubes.

Cette albumine est préparée d'après la méthode de M. Akland ; on lui conserve la faible
acidité que ce procédé lui communique. On a
conseillé d'ajouter aux composants ci-dessus 3
à 4 grammes de dextrine, ce n'est pas absolument nécessaire : cette addition complique la
préparation de cette solution dont la filtration
devient longue. Cette solution albumineuse doit
être très limpide, exempte de bulles d'air et de
poussières ; au moyen d'un verre à bec on en
répand une nappe sur la surface de la glace ;

après un séjour d'une demi-minute, l'excédent
en est rejeté et la glace est relevée verticalement et mise à égoutter, en faisant appuyer
deux de ses angles sur les bords d'un verre,
l'angle supérieur adossé contre un mur garni
d'une feuille de papier blanc et la surface sensible en regard de l'opérateur.

On la laisse égoutter ainsi cinq à six minutes,
temps que l'on peut utiliser pour préparer une
nouvelle glace, puis elle est portée au séchoir.
Dès qu'elle est sèche, on l'expose quelques secondes au jour en cet état; elle peut être conservée un temps très long, elle ne présente encore aucune sensibilité à la lumière. Quelques
jours avant de l'employer, on la lui donnera en
la plongeant d'un coup dans le bain suivant, où
elle séjournera 30 secondes environ.

| Eau distillée | 100 c. cubes. |
| Nitrate d'argent | 7 grammes. |
| Acide acétique cristallisable | 7 c. cubes. |

Elle est ensuite lavée dans trois ou quatre
cuvettes, rincée sous le robinet, et enfin recouverte d'une solution d'acide gallique à
4 grammes pour 1000 d'eau distillée. Une fois
sèches, elles pourront se conserver trois ou
quatre semaines.

Voilà en apparence des manipulations bien
longues et bien compliquées, et dont nous de-

vons nous rendre compte théoriquement, pour nous démontrer qu'elles sont nécessaires et rationnelles.

Prenons notre glace au sortir du premier bain d'argent, elle est sensible comme toute glace au collodion humide; cependant, jusqu'à la dernière sensibilisation, nous pouvons conduire nos opérations à la lumière diffuse; nous la lavons pour enlever l'excès de nitrate d'argent; la couche en retiendrait-elle de minimes traces, cela serait sans grand inconvénient, car l'albumine iodurée le transformerait en iodure d'argent. Après lavage, nous la laisserons égoutter pour que l'eau qu'elle retient ne vienne pas trop diluer notre albumine iodurée. Une fois recouverte par ce liquide, nous nous trouvons en présence d'une surface imprégnée d'iodure d'argent et rien que d'iodure d'argent, car, nous le savons, les iodures solubles transforment le bromure d'argent en iodure; de prime abord, il semblerait donc superflu d'introduire un bromure dans le collodion; théoriquement cela est vrai; pratiquement, sans qu'il y ait à cela de raison bien expliquée, on a reconnu qu'il était préférable de faire intervenir une petite quantité de bromure.

Cet iodure d'argent se trouve influencé par la lumière; mais comme il se trouve en présence d'un excès d'iodure soluble, par l'effet simultané de cet iodure soluble et des rayons lumineux, il passera à l'état insensible; c'est pourquoi il est nécessaire, si on a opéré dans le cabinet obscur, en se servant d'une lumière inactinique, d'exposer les glaces quelques secondes au jour après la dessiccation de l'albumine.

C'est pourquoi aussi on peut opérer à une lumière assez faible, mais telle que son effet ne soit pas assez puissant pour réduire l'iodure d'argent imprégné d'azotate d'argent. Pourquoi fait-on usage d'albumine pour dissoudre l'iodure d'ammonium? Parce que cette substance, pénétrant la trame du collodion, lui conserve la porosité nécessaire pour que la pénétration des réactifs développateurs soit assurée.

La glace exposée au jour, après la dessiccation de l'albumine, ne contient plus de nitrate d'argent; ses pores englobent de l'iodure d'argent insensible à la lumière, elle est donc à l'abri de toute altération; pour la rendre sensible, il nous faudra détruire cet excès d'iodure soluble et, ce faisant, remettre l'iodure d'argent en présence d'un excès d'azotate du même métal; c'est là le but de la seconde sensibilisation.

Il se formera en même temps de l'albuminate d'argent, et nous sommes amenés à aciduler assez fortement ce second bain pour retarder l'altération de ces composés argentico-organiques. Nous éliminons par un nouveau lavage le nitrate d'argent imprégnant la couche, et enfin nous la recouvrons d'un préservateur qui est constitué par la solution d'acide gallique. Ce dernier n'est pas absolument nécessaire, mais simplement utile, car nos glaces ne se conserveraient sans cela que quelques jours, tandis que l'emploi de l'acide gallique nous permet de compter sur une conservation de plusieurs semaines. Le second bain d'argent, sous l'influence des matières solubles que lui cède l'albumine, se colore fortement en noir, il n'y a pas lieu de se préoccuper de cette coloration; la seule condition essentielle, c'est qu'il soit privé par la filtration de matières solides en suspension.

Comme pour les autres procédés, la méthode de développement qu'il est avantageux d'employer est celle qui consiste à faire usage de solutions alcalines d'acide pyrogallique.

**Collodion humide ortho-chromatique.** — Les couches sensibles au collodion humide, dans lesquelles préexiste par conséquent un excès de sel d'argent, sont éminemment propres à être influencées par les dérivés colorés de l'aniline, et devenir ainsi aptes à reproduire les couleurs peu actiniques. Les dérivés colorés, en effet, peuvent se combiner avec l'azotate d'argent, et ces composés (éosinate ou érythrosinate d'argent) déplacent l'actinisme d'une façon plus marquée que les matières colorantes elles-mêmes. En ajoutant une quantité déterminée de ces matières colorantes au collodion, dans lequel elles sont solubles, nous provoquerons, en même temps que se fera la sensibilisation, la formation des combinaisons colorées de l'argent, et notre glace sera, par cela même, rendue ortho-chromatique. Voilà le fait théorique ; pratiquemment l'opération est un peu plus compliquée, dans le seul but d'obtenir des clichés possédant toute la pureté nécessaire. En premier lieu, on devra modifier l'éclairage du laboratoire ; au lieu de la lumière jaune, la lumière rouge rubis nous deviendra nécessaire. Les formules que je transcris ici sont celles qui sont signalées par V. Roux. Tout d'abord, le collodion doit être coloré et bromuré proportionnellement aux reproductions qu'il s'agit de faire ; ainsi, pour des tableaux anciens ou modernes fortement colorés, la dose d'éosine sera de $0^{gr},15$ pour 100 centimètres cubes de collodion, celle de bromure de 3 grammes ; pour la reproduction de tableaux brillants, des aquarelles, des émaux, des chromos légers, on emploiera 2 grammes de bromure et $0^{gr},10$ d'éosine pour 100 centimètres cubes de collodion normal.

La formule moyenne du collodion sera donc la suivante :

    Ether à 65°............    60 cent. cubes.
    Alcool à 90°.. ........    40      —
    Coton pulvérulent.....    1$^{gr}$50
    Bromure de cadmium..    2$^{gr}$50
    Eosine (Teinte bleue)..    0$^{gr}$10

Au lieu d'éosine seule, on pourrait employer un mélange d'éosine et d'érythrosine.

La sensibilisation se fera, à cause de la dose considérable de bromure, dans un bain d'argent concentré :

    Eau distillée..........    100 grammes.
    Nitrate d'argent.......    20      —
    Acide azotique........    1 goutte.

Ce bain doit présenter une réaction acide à peine sensible. Après la sensibilisation, que l'on prolonge de 7 à 8 minutes, on égoutte la glace et on la passe dans un second bain d'argent peu chargé et légèrement acidulé; il enlève à la plaque le trop grand excès d'argent qu'elle a absorbé dans le premier, ce qui serait d'abord une source de pertes sensibles et surtout la cause de métallisation pendant la pose, que l'on pourra de beaucoup prolonger grâce à cet artifice sans crainte de voir se produire des réductions. La glace peut séjourner cinq, dix minutes ou même un quart d'heure dans ce second bain, où sa sensibilité se conserve; on l'égoutte pour la mettre au châssis et procéder à la pose, qui ne doit pas être beaucoup plus prolongée que celle exigée par un bon collodion ordinaire.

Le développement sera opéré avec un révélateur énergique, pénétrant bien la couche. On doit chercher à donner du premier coup au cliché l'intensité nécessaire, ce à quoi on peut arriver en ajoutant de petites quantités de nitrate d'argent au révélateur, composé d'après la formule suivante :

| | |
|---|---|
| Eau ordinaire......... | 100 grammes. |
| Sulfate de fer pur..... | 6 — |
| Sulfate de cuivre..... | 4 — |
| Alcool à 90°........... | 6 cent. cubes. |
| Acide sulfurique...... | 1 goutte. |

La solution d'argent qu'on peut y ajouter en petites quantités pour favoriser la tonalité de l'épreuve se compose de :

| | |
|---|---|
| Eau distillée.......... | 100 cent. cubes. |
| Nitrate d'argent....... | 2 grammes. |
| Acide acétique........ | 6 cent. cubes. |

Tout renforçage ultérieur aux sels de mercure, de plomb ou à l'acide pyrogallique détruira partiellement l'harmonie et la valeur du cliché.

**Collodio-bromure ou émulsion au bromure d'argent pur dans le collodion. —** Le procédé au collodio-bromure pourrait peut-

être mieux trouver sa place à la suite des émulsions en général; toutefois, je vais le décrire,
ainsi que le *collodio-chlorure*, après les divers
procédés au collodion sec, parce que, d'une part,
le véhicule dans lequel sont répartis le bromure
ou le chlorure d'argent sont constitués par du
collodion, et, de l'autre, parce que l'article *collodion* sera ainsi complété dans les applications
qu'on en a faites pour l'obtention des images
négatives ou positives; ce sont d'ailleurs des
procédés au collodion sec simplifiés.

Le collodion sec au bromure d'argent pur,
préparé par immersion séparée de chaque glace
dans un bain d'argent, est toujours assez long
quand il s'agit d'obtenir un nombre quelque
peu considérable de glaces; il n'est guère pra-
ticable en voyage, puisqu'il nécessite un temps
assez long et un matériel de cuvettes assez
grand, et, de plus, les eaux qu'on peut être forcé
d'employer au cours d'une excursion sont loin
d'être toutes convenables à ces sortes de préparations. Ces diverses raisons avaient depuis
longtemps fait désirer de trouver un mode préparatoire, dans lequel le collodion fût réellement
sensibilisé, de telle sorte qu'il ne fût besoin que
d'en étendre une couche, à l'abri d'une lumière
actinique, sur un verre, et de pouvoir l'exposer aussitôt après dessiccation de la pellicule.
Pour arriver à ce résultat, il est nécessaire que

le collodion ne renferme, pour ne nous occuper d'abord que du collodion-bromure, que du bromure d'argent à l'état de division extrême, doué d'une grande sensibilité et débarrassé de toutes les substances nuisibles à la conservation de la couche, ou pouvant produire des taches par suite des cristallisations qui ne manqueraient pas de se produire pendant le séchage, si on y laissait subsister les produits de la double décomposition.

En un mot, nous sommes amenés :

1° A faire agir sur les bromures solubles, dissous dans le collodion, de l'azotate d'argent pour former le bromure d'argent sensible ; pour l'obtenir bien fin, nous ferons arriver les solutions de ce sel par petites quantités à la fois, et tout le temps que durera cette affusion, nous maintiendrons les liquides en agitation pour favoriser la grande division du produit.

2° Comme le bromure d'argent n'acquiert, à froid, toute la sensibilité possible qu'en présence d'un excès de nitrate d'argent, nous ajouterons de ce dernier une quantité légèrement plus grande que ne l'exigerait la totalité des bromures solubles dissous dans le collodion ; nous laissons les réactions se parfaire durant au moins trente-six heures.

3° Si la *maturation* de l'émulsion exigeait la présence d'une quantité légèrement surabondante de nitrate d'argent, ce léger excès, si petit qu'il soit, ne peut rester dans le collodion; nous savons, en effet, que le nitrate d'argent altère toutes les substances organiques avec lesquelles il demeure longtemps en contact. Il faut en débarrasser le collodion en lui ajoutant, par exemple, une minime quantité d'un chlorure soluble, qui le transformera en chlorure d'argent, et nous tâcherons d'ajouter de ce chlorure une quantité suffisante pour qu'il en reste une très petite fraction à l'état libre.

4° Enfin, il faut débarrasser le collodion de cet excès de chlorure et des azotates solubles, produits par la réaction du nitrate d'argent sur les bromures. On pourra pour obtenir ce résultat, ou bien verser le collodion dans une cuvette, de façon qu'il ne forme qu'une nappe de faible épaisseur, et laisser ainsi évaporer le mélange éthéré, puis laver la pellicule, divisée en fragments, dans plusieurs eaux fréquemment renouvelées, ou bien précipiter par l'eau le collodion émulsionné, laver la masse spongieuse qui provient de ce traitement, comme nous avons lavé les pellicules.

5° Cette masse spongieuse ou ces pellicules sont constituées par du coton-poudre englobant du bromure d'argent; une fois sèches, nous pouvons les dissoudre dans un mélange d'éther et d'alcool, ce qui nous fournira un nouveau col-

lodion débarrassé de toutes les substances autres
que le bromure d'argent et une quantité négligeable de chlorure d'argent; il se trouvera donc
dans les conditions requises pour qu'étendu sur
un verre, il donne immédiatement après la dessiccation une couche sensible qui offrira toutes
les chances d'une bonne conservation. Cependant,
il faut remarquer que, malgré la précaution que
l'on a eue d'employer en grande partie des cotons
poudreux pour la préparation de ces collodio-
bromures, les couches sèches pourraient man-
quer de porosité; aussi dans la seconde dissolution des pellicules, lors de la formation du
collodion définitif, on a soin d'ajouter une substance qui augmente cette porosité; elle assure
en même temps une plus grande sensibilité et
une accélération dans le développement. Il faut,
cela va sans dire, que ce corps poreux ajouté à
l'émulsion n'ait pas d'action sur le bromure
d'argent, c'est pourquoi on ne fera pas usage de
tanin ou d'acide gallique. Plusieurs alcaloïdes
remplissent la double condition d'être, d'une
part, sans action appréciable sur le composé
sensible, et, de l'autre, de donner aux surfaces
une porosité suffisante; toutefois la quinine précipitée est celui qui convient le mieux, parce
qu'elle cristallise difficilement, ensuite elle
communique une teinte agréable aux épreuves,
ce qui peut avoir son importance, si on désire

utiliser les émulsions pour obtenir des positifs transparents.

Après ces indications théoriques, il suffira de quelques lignes pour exposer les manipulations nécessaires pour pratiquer le procédé au collo-dio-bromure. Ce procédé se recommande par de sérieuses qualités, telle que la finesse, le mo-delé, la rapidité avec laquelle, en voyage, on peut préparer un nombre suffisant de glaces, sans avoir à faire suivre un nombre considé-rable de ces supports, puisque les clichés peu-vent très facilement être provisoirement trans-portés sur une feuille de papier enduite de colle d'amidon; les glaces de nouveau devenues libres peuvent recevoir une nouvelle couche d'émul-sion; il peut être pratiqué dans les climats très chauds, circonstances dans lesquelles le géla-tino-bromure expose à des mécomptes. On semble d'ailleurs vouloir revenir un peu vers ces émulsions au collodion, et il est certain qu'on y reviendrait beaucoup plus si on pou-vait les obtenir aussi rapides que les émulsions à la gélatine. M. Albert (de Munich) vient, cette année même, de mettre en vente des émulsions au collodio-bromure, qui démontrent que ce problème pourra un jour être résolu, puisque la sensibilité de sa préparation égale celle d'une émulsion à la gélatine de rapidité moyenne.

Je passe sous silence les premiers essais de

M. Gaudin, de MM. Sayce et Bolton, pour arriver à la description du procédé de M. Chardon, publié en 1875, à la suite du concours institué par le ministère de l'instruction publique et la Société française de photographie.

M. Chardon recommande d'introduire dans le collodion (ou les collodions, car il en emploie deux), destiné à dissoudre les bromures et au sein duquel se produira le bromure d'argent, deux sortes de pyroxylines, l'une à haute température, ce qui donnera une couche très poreuse, mais pas assez tenace, défaut que l'on compensera en lui associant une certaine dose de coton résistant, c'est-à-dire préparé à basse température ; de plus, la quantité totale de ces deux variétés de coton-poudre doit être suffisante pour que le collodion retienne bien les molécules de bromure d'argent, et pas trop forte, parce qu'alors le lavage se ferait mal, les glaces manqueraient de porosité et par conséquent de sensibilité. Après de nombreuses recherches, M. Chardon donne pour ces deux collodions bromurés les formules suivantes, pour l'exécution desquelles les pesées doivent être précises :

Nᵒ 1

| | |
|---|---|
| Alcool à 95°................ | 200 cent. cubes. |
| Bromure double de cadmium | |
| et d'ammonium............ | 6 grammes. |

19

Bromure de zinc.......... 6 grammes.
Coton-poudre résistant.... 6    —
Ether à 62°.............. 400 cent. cubes.

### N° 2

Alcool à 40°............... 200 cent. cubes.
Bromure double de cadmium
et d'ammonium............ 6 grammes.
Bromure de zinc.......... 6    —
Coton-poudre pulvérulent.. 24    —
Ether sulfurique à 62°..... 400 cent. cubes.

On laisse reposer ces collodions pendant quelques jours, afin que le dépôt des matières insolubles s'effectue ; ils s'améliorent d'ailleurs en les laissant vieillir quelques semaines.

Pour opérer la sensibilisation, on mélange 50 centimètres cubes du collodion (n° 1) à 50 centimètres cubes de collodion (n° 2) ; on pèse exactement $3^{gr},15$ d'azotate d'argent réduit en poudre ; on les met dans un flacon de 500 centimètres cubes et l'on ajoute environ 2 centimètres cubes d'eau distillée. Le flacon est alors placé dans de l'eau dont on élève la température à 60 ou 80°, le nitrate d'argent se dissout. On ajoute ensuite 35 centimètres cubes d'alcool à 95° ; si le nitrate d'argent se dépose on plonge de nouveau le flacon dans l'eau chaude jusqu'à dissolution complète. Ce résultat obtenu, on laisse refroidir le flacon jusqu'à

40° environ, on verse alors en une fois les
100 centimètres cubes de collodion, et après
avoir fermé le flacon, on agite fortement; à
partir du moment où l'on va verser le collodion sur la dissolution d'azotate d'argent, on
ne doit plus opérer qu'à la lumière rouge-rubis.
On laisse les réactions se compléter durant
trente-six heures; on a soin, pendant ce temps,
d'agiter plusieurs fois le mélange; au bout de
ce temps, on prend environ 4 centimètres
cubes d'émulsion, auxquels on ajoute 10 centimètres cubes d'eau distillée, et on filtre; le liquide recueilli est divisé en deux parts; dans
l'une, on ajoute quelques gouttes d'eau salée; il
doit se produire un léger trouble; dans l'autre,
on ajoute quelques gouttes d'une solution de
nitrate d'argent qui ne doit pas donner de précipité. Ces réactions indiquent que l'émulsion
renferme bien un léger excès de nitrate d'argent; cet excès est alors saturé par 3 ou 4 centimètres cubes du collodion suivant :

| | |
|---|---|
| Alcool à 95°................ | 80 cent. cubes. |
| Chlorure de cobalt.......... | 10 grammes. |
| Coton-poudre............... | 2 — |
| Ether à 62°................. | 120 cent. cubes. |

On doit pulvériser le chlorure de cobalt, le
faire dissoudre dans l'alcool, filtrer cette solution avec laquelle on compose le collodion.

Après avoir ajouté à l'émulsion ces 3 ou 4 centimètres cubes de ce collodion chloruré, on agite pour produire un mélange intime. On fait un nouvel essai de l'émulsion pour constater qu'elle renferme bien maintenant un excès de chlorure, c'est-à-dire qu'une petite quantité, mélangée à 10 centimètres cubes d'eau distillée, fournit un liquide qui, filtré, donne un léger trouble avec le nitrate d'argent. Cette constatation faite, l'émulsion est versée dans une cuvette 24 $\times$ 30 au moins, placée horizontalement.

L'éther et l'alcool s'évaporent; cette opération demande un temps assez long, huit à dix heures en moyenne, et elle s'effectue à l'obscurité, en ayant soin de bien ventiler le laboratoire.

Au bout du temps indiqué, la cuvette renferme une pellicule sèche qu'il faut laver; pour cela, on remplit la cuvette d'eau filtrée, que l'on renouvelle trois ou quatre fois après un séjour de dix minutes. On termine le lavage en recueillant les pellicules au moyen d'une lame de verre, les plaçant dans un nouet de mousseline que l'on suspend dans un grand bocal rempli d'eau; on la renouvelle tous les quarts d'heure. Après cinq ou six lavages, les pellicules sont étendues sur du papier buvard et abandonées à une dessiccation spontanée. Une fois sèches elles pourront se conserver très longtemps.

Pour préparer l'émulsion définitive, ce qu'on ne fera que quelques jours, ou au plus quelques semaines, avant de l'employer on prendra les quantités suivantes :

| | |
|---|---|
| Alcool absolu............. | 50 cent. cubes. |
| Quinine précipitée........ | 0$^{gr}$,20 |
| Emulsion sèche........... | 3$^{gr}$,50 |
| Éther sulfurique à 62°..... | 50 cent. cubes. |

Broyez d'abord finement la quinine, sur laquelle vous versez l'alcool qui la dissout ; filtrez, ajoutez l'émulsion sèche ; au bout de dix minutes ajoutez l'éther. On secouera vigoureusement pour faciliter le mélange et on conservera dans l'obscurité la plus complète. Avant de préparer les glaces, il faut encore agiter l'émulsion et la filtrer plusieurs fois sur une petite touffe de coton. Si le collodion devenait moins fluide, on ajouterait un peu d'éther qui le ramènerait dans les conditions premières.

Les glaces qui doivent recevoir l'émulsion seront absolument propres, puis polies au talc. On les recouvre comme si on les collodionnait, mais en opérant plus lentement, afin d'obtenir une couche assez épaisse. Au fur et à mesure de leur préparation, les glaces sont mises au séchoir, leur dessiccation s'opère rapidement; elles peuvent ensuite se conserver très longtemps au sec et à l'abri de toute lumière.

Une émulsion de bonne qualité fournira des glaces qui, une fois sèches, présenteront une surface brillante sans stries; examinées par transparence, elle doivent être translucides et présenter une couleur rouge orangé.

Elles doivent être développées avec les révélateurs alcalins ou avec l'hydroquinon, mais il faut préalablement ramollir la couche, en la recouvrant d'un mélange d'alcool à 95° et d'eau à parties égales; on les lave sous un filet d'eau et on procède ensuite au développement.

**Collodio-bromure ortho-chromatique.** — Au lieu de détruire l'excès de nitrate d'argent contenu dans l'émulsion par le chlorure de cobalt, on peut lui ajouter 10 centimètres cubes du mélange suivant :

| | | |
|---|---|---|
| Alcool à 95°...... ....... | 10 cent. cubes. | |
| Erythrosine............. | $0^{gr},05$ | — |
| Nitrate d'argent... ...... | $0^{gr},04$ | — |
| Ammoniaque............. | 2 à 3 gouttes. | |

On agite fortement, on recouvre les glaces avec cette émulsion et on expose immédiatement, car la faculté ortho-chromatique diminue par la dessiccation. Après la pose, on lave jusqu'à disparition des traînées huileuses et on développe de préférence à l'hydroquinon. Lire, au sujet des résultats que peut donner une telle émulsion, la communication faite au Photo-Club de Paris, par M. Rossignol. (Dans *l'Amateur photographe*, page 93, année 1889.)

**Collodio-chlorure.** — Il y a environ vingt-cinq ans, Warthon Simpson proposa d'étendre un collodion renfermant en suspension du chlorure d'argent (ce que nous nommons aujourd'hui une émulsion au collodion et au chlorure d'argent) sur une plaque de verre ou une feuille de papier, pour obtenir ensuite une épreuve positive par impression au châssis-presse. Ce procédé fut assez longtemps abandonné; il tend cependant aujourd'hui à reprendre faveur, et avec juste raison, car, pour les petites épreuves surtout, il donne des résultats remarquables, comme on peut s'en assurer en examinant plusieurs planches de l'édition de luxe de l'*Amateur photographe*, imprimées sur papier au collodio-chlorure, préparé par MM. Blain frères de Valence. Les épreuves sur papier collodionné sont beaucoup plus fines que les épreuves tirées sur papier albuminé, car généralement le collodio-

chlorure est étendu sur un papier *couché*, dont
la surface est polie comme une glace; de plus,
le collodion, qui porte l'image dans sa trame,
a beaucoup plus de brillant que l'albumine. On
peut, pour les formats un peu grands, obtenir
des épreuves à peu près mates, en se servant
comme support d'un papier recouvert d'une
mince couche de gélatine.

Enfin, la couche de blanc de baryte ou
d'oxyde de zinc peut être colorée de diverses
manières; il en est de même de la gélatine, ce
qui permet de faire reposer l'épreuve sur un
fond de telle couleur qu'il semble utile de lui
donner.

Pour préparer l'émulsion au chlorure d'argent, dans laquelle on laisse subsister les sels
provenant de la double décomposition, il suffit
de dissoudre la quantité prescrite de nitrate
d'argent dans son poids d'eau chaude ; de mélanger cette solution aqueuse avec de l'alcool et
d'ajouter le tout à un collodion chloruré. On
agite pour bien diviser le chlorure d'argent; au
bout de 24 heures les combinaisons sont complètes, et l'émulsion peut être étendue sur le papier spécial, maintenue sur une planchette au
moyen de quatre punaises de dessinateur ;
une heure après ce papier est prêt à servir.

Les formules suivantes donnent un produit
qui permet d'obtenir de très belles images, sur-

tout si on soumet le papier collodionné aux fumigations ammoniacales durant une ou deux minutes.

N° 1.

Nitrate d'argent............... 20 grammes.
Eau chaude................. 20 —

Après dissolution, ajoutez peu à peu :

Alcool à 90°................. 50 c. cubes.

N° 2.

Acide citrique pulvérisé..... 5 grammes.
Chlorure de strontium...... 5 grammes.
Alcool à 90°.............. 150 c. cubes.

Après dissolution, ajoutez ce n° 2 à 80 centimètres cubes de collodion normal renfermant 3 0/0 de coton-poudre et 1 1/2 pour 0/0 d'huile de ricin.

On émulsionne en ajoutant la solution n° 1 au collodion, on agite vigoureusement ; après quelques heures, on peut étendre l'émulsion sur le papier fixé, comme je l'ai dit, sur une planchette par 3 angles seulement (en laissant libre celui par lequel se fera l'écoulement de l'excès de collodion).

Les formules de virage qui conviennent à ces papiers recouverts de collodio-chlorure sont nombreux ; cependant je donne la préférence

19.

aux suivantes, qui permettent de varier le ton des épreuves dans une large mesure; je les emprunte aux instructions données par MM. Fruchier et Pottier pour le traitement du papier Traut.

|  |  |
|---|---|
| A. Eau...................... | 1.000 grammes. |
| Sulfocyanure d'ammonium. | 20 — |
| Carbonate de soude pur.... | 2 — |
| Oxyde de cuivre brun...... | 0 gr. 50 |
| B. Eau................... | 100 grammes. |
| Chlorure d'or brun....... | 1 gramme. |

Au moment de virer, on mélange dans une cuvette :

|  |  |
|---|---|
| Solution A............... | 200 cent. cubes. |
| Solution B............... | 17 — |
| Eau.................... | 100 — |

Les épreuves lavées à une ou deux eaux sont plongées dans la cuvette; on laisse agir le virage en les agitant constamment. Dès que les demi-teintes sont devenues bleues, on les met dans une cuvette remplie d'eau propre; on procède ensuite au fixage dans une solution d'hyposulfite à 20 0/0, on les lave pendant deux ou trois heures.

Le mélange ci-dessus donne le ton violet. Pour obtenir un ton plus chaud, on n'aurait qu'à supprimer le protoxyde de cuivre dans la solution (A); en supprimant également le carbo-

nate de soude le ton serait pourpre. En augmentant, au contraire, d'un tiers ou d'un quart
la dose d'oxyde de cuivre, on arriverait aux
tons noirs.

En étendant le collodio-chlorure sur un papier
gommé, l'image peut être transportée sur verre
gélatiné après l'impression ; elle est dans ce cas
retournée, pour l'avoir dans le vrai sens, au lieu
de la reporter directement ; il faudrait user d'un
support provisoire, tel qu'un papier verni ou
une toile cirée, et enfin l'appliquer sur le verre
gélatiné.

On le voit, ce procédé au collodio-chlorure
peut recevoir une foule d'applications, qui ne
feront que s'accroître à mesure qu'il se répan-
dra parmi les amateurs. On trouve, du reste, dès
maintenant dans le commerce d'excellents papiers recouverts de collodio-chlorure, ce qui
engagera, je l'espère, à en faire quelques essais.
Ces épreuves, incorporées dans une trame peu
hygrométrique, moins altérable que l'albumine,
doivent posséder sans conteste une durabilité
plus grande que celles qui sont produites sur le
papier au chlorure d'argent et à l'albumine.

**Contre-types.** — On nomme *contre-type* la
reproduction exacte d'un négatif ; cette désignation pourrait s'étendre à la reproduction d'un
positif transparent. Sans doute, en tirant d'abord

un positif transparent du cliché et en obtenant
en second lieu un négatif par contact, on obtiendrait finalement un second négatif. Ce sont là
des opérations courantes pour lesquelles il n'est
pas nécessaire de donner les détails; mais si
on considère que, durant ces divers tirages, il y
a toujours perte de détails, que les finesses ou
les modelés du premier cliché se retrouvent
rarement dans le second, il n'est pas étonnant
qu'on ait cherché à éviter une opération, et
qu'on ait voulu directement reproduire un négatif au moyen d'un négatif. C'est à cette reproduction directe que le mot *contre-type* s'applique plus spécialement.

Nous supposerons que le second négatif doit
être de même dimension que le premier. Deux
manières d'opérer peuvent être mises en œuvre:
la première est de beaucoup la plus pratique
pour l'amateur, qui pourra employer pour cet
objet des glaces au gélatino-bromure ayant vu
le jour.

Immergez en pleine lumière la glace quatre
à cinq minutes dans un bain de bichromate
de potasse à 3 0/0, après quoi on la fait sécher à l'obscurité. Il arrive souvent, si la dessiccation est longue, que le bichromate vient
former des cristallisations à la surface; on
peut les éviter, d'abord par une dessiccation rapide, produite par un courant d'air, ensuite en

composant le bain de bichromate avec un tiers
d'alcool, deux tiers d'eau et 3 0/0 de bichromate,
ou enfin en passant la glace au sortir du bain de
bichromate dans un bain d'alcool méthylique.

La glace sèche est exposée sous le négatif
dans le châssis-presse, jusqu'à ce que, en soulevant un volet du châssis, on voit les moindres
détails ressortir en brun sur la couleur jaune de
la couche de gélatino-bromure bichromatée. On
arrête l'impression, on lave la plaque dans plusieurs eaux renouvelées pour dissoudre le bichromate de potasse qui l'imprègne. Cette opération
doit se faire à l'abri de la lumière ; mais on doit
exposer la plaque deux ou trois secondes à la lumière artificielle avant de la soumettre au développement par l'oxalate de fer (c'est celui qui
convient le mieux). Le bichromate, en détruisant
le voile occasionné sur la plaque par son exposition première au jour, communique également
à la gélatine, après le séchage, la propriété de
devenir à peu près imperméable aux liquides, si
cette gélatine bichromatée est profondément
modifiée par la lumière ; cette imperméabilité
est proportionnelle à l'intensité de l'action des
rayons lumineux, de telle sorte qu'étant placée
sous le cliché à reproduire la modification sera
maximum sous les clairs, moyenne sous les
demi-teintes, à peu près nulle sous les noirs.
Nous lavons minutieusement la glace afin que

le bromure d'argent que la lumière n'influençait
pas en présence du bichromate soit de nouveau
susceptible d'être impressionné. Le lavage terminé, nous exposons un instant la glace au jour;
le bromure d'argent deviendra apte à noircir
sur toute la surface de la plaque, si le révélateur que nous allons lui appliquer pouvait l'atteindre partout, mais ce révélateur ne pourra
facilement pénétrer la couche de gélatine que
dans les endroits correspondant aux noirs du
cliché; il ne la pénétrera que faiblement sous les
demi-teintes, et cela proportionnellement à leur
intensité; sous les clairs, la gélatine étant à peu
près imperméable, la réduction sera nulle. C'est
donc un négatif que nous fournira le développe-
pement; pour le terminer nous n'avons plus qu'à
laver et fixer; ce fixage sera un peu plus long
que dans les opérations ordinaires, mais le bromure d'argent ne tardera pas à se dissoudre
complètement, et après lavage nous aurons produit un contre-type.

La production directe des négatifs par la seconde méthode, que l'on a nommé *procédé par
saupoudrage*, repose sur la modification que le
bichromate fait subir aux matières sucrées;
celles-ci, en présence de ce sel, perdent à la lumière leur propriété d'être poisseuses et de retenir par conséquent les poudres fines que l'on
projette à leur surface. La théorie en est simple

et la pratique ne demande qu'un peu d'habitude
de ces sortes d'opérations. Suivant les indications de Geymet et Alker, on compose une liqueur sensible d'après la formule suivante :

| | |
|---|---|
| Eau........................ | 100 grammes. |
| Gomme...................... | 5 — |
| Glucose.................... | 20 — |
| Sucre...................... | 2 — |
| Miel....................... | 0 gr. 50. |
| Solution saturée de bichromate d'ammoniaque............... | 25 grammes. |

La liqueur ne doit pas être préparée plus de
deux jours à l'avance ; on l'étend sur une glace
propre, on l'égoutte et on la sèche rapidement
au-dessus d'une lampe à alcool.

Elle est immédiatement exposée sous le cliché
à reproduire ; deux minutes d'exposition au soleil ou cinq à six minutes à l'ombre sont généralement suffisantes pour les clichés de densité
moyenne.

On développe ensuite avec un blaireau chargé
de plombagine très fine (passée au tamis n° 200) ;
si l'épreuve est terne, l'exposition n'a pas été assez
prolongée ; il y a au contraire excès d'insolation
si les demi-teintes ne se montrent pas tout d'a-
bord. On peut remédier à cette surexposition en
laissant reposer la glace une demi-minute, après
quoi on reprend le développement. L'humidité
de l'air, en pénétrant de plus en plus la couche,

donne plus de mordant à la substance sucrée, et telle glace qui, après l'exposition, n'absorbait pas assez de poudre devient après quatre ou cinq minutes apte à en retenir une assez grande quantité pour donner un bon cliché. Le contre-type ainsi obtenu reproduit fidèlement l'original, mais il possède une teinte jaune due au bichromate qui imbibe la couche, dont on peut du reste le débarrasser en plongeant le cliché dans le bain suivant :

Alcool...................... 100 cent. cubes.  
Alun pulvérisé............ 20 grammes.

L'alun coagule la gomme, ce qui fixe la poudre de graphite, et les bichromates sont dissous. Si le cliché devait être réduit ou agrandi, au lieu d'opérer l'impression par contact, il faudrait opérer au moyen de la chambre noire.

**COTON**. — Le coton, débarrassé des matières étrangères, constitue de la cellulose à peu près pure ; c'est la variété de cette substance que l'on emploie généralement pour préparer la *pyroxyline* ou *coton-poudre*. Les papiers purs, tels que les papiers à filtrer désignés sous les noms de *Berzélius suédois*, de *Berzélius français*, sont également constitués par de la cellulose pure ou à peu près, car les cotons cardés dits *hydrophiles* et les papiers dont il vient d'être question ne donnent à l'incinération que quelques millièmes de cendres, et durant cette opération ils ne laissent percevoir aucune odeur de matière organique brûlée.

La cellulose pure ($C^{12}H^{10}O^{10}$) est, en effet, formée uniquement de produits comburants ou combustibles, sans trace d'azote, ce qui donnerait lieu par l'incinération à l'odeur des matières organiques brûlées ; tous les produits de la combustion sont gazeux, à température même peu élevée ; donc la cellulose pure ne doit pas donner de cendres.

*Applications*. — Les emplois du coton en photographie consistent, comme je l'ai déjà dit, à le faire servir de matière première pour la préparation de la pyroxyline ; la filtration du collodion ou des émulsions s'opère, la plupart du temps, en tassant légèrement une bourre de coton dans la partie inférieure d'un entonnoir de verre ou d'un *appareil à déplacement*. Pour cet usage, on doit se servir d'un coton débarrassé des matières grasses, soit par un lavage à l'alcool et à l'éther, soit par une lessive de potasse ; le *coton hydrophile* que l'on trouve dans les pharmacies est ainsi purifié, il convient très bien à ces opérations ; se laissant facilement pénétrer par les liquides, la filtration marche rapidement, et il ne leur cède aucune matière étrangère.

**Coton-poudre, pyroxyle, pyroxyline.** — On donne les noms de *coton-poudre*, *de pyroxyles* ou *pyroxylines* aux matières composées de cellulose plus ou moins pure, transformée par l'action de l'acide nitrique en produits nitrés.

La cellulose peut former avec l'acide nitrique trois cellulose nitriques bien distinctes ; ce sont :

1° La cellulose hexanitrique... $C^{48}H^{28}O^{28}(AzHO^6)^6$

2° La cellulose octonitrique... $C^{48}H^{28}O^{28}(AzHO^6)^8$

3° La cellulose décanitrique.... $C^{48}H^{28}O^{28}(AzHO^6)^{10}$

La cellulose hexanitrique et la cellulose décanitrique n'ont aucun intérêt pour nous ; je me contenterai de signaler que la dernière constitue le *fulmi-coton* ou *poudre-coton* proprement dite.

La cellulose octonitrique constitue la variété soluble dans un mélange d'éther et d'alcool, dans l'esprit de bois, l'acide acétique cristallisable, l'acétone, etc... c'est la seule qui serve à la préparation du collodion. Mais cette variété elle-même subit des modifications nouvelles, suivant le mode usité pour sa préparation.

Suivant la concentration du mélange acide, sa température, sa quantité, la pyroxyline contracte des propriétés différentes. Il est vrai que la pyroxyline, quel que soit le mode de sa préparation, renferme un mélange de plusieurs variétés; c'est ainsi qu'il existe du pyroxyle soluble dans l'eau; on en retrouve toujours une petite quantité dans toutes celles que l'on prépare; il existe des pyroxylines poudreuses, qui donnent des couches sans aucune ténacité; les pyroxylines tenaces, ou préparées à basse température, en renferment cependant une certaine quantité, bien que cette variété poudreuse s'obtienne surtout en faisant agir l'acide azotique sur le coton vers 60 ou 80°. Donc, quelque soin que l'on apporte à la préparation, on obtiendra un mélange de ces diverses sortes de coton-poudre, dans lequel dominera de beaucoup celle qui prend naissance dans les circonstances de température où l'on s'est placé.

A l'article collodion, nous avons vu qu'il était avantageux d'avoir des pyroxylines très solubles, donnant des couches très poreuses et des pyroxylines très tenaces, donnant, à poids égal, une plus grande consistance au collodion. Les premières s'obtiennent en immergeant le coton dans les mélanges acides qui vont être formulés, lorsque leur température est voisine de 80°; les secondes en laissant la température s'abaisser jusque vers 25 ou à 30° avant de procéder à l'immersion.

La préparation du coton-poudre est une opétion délicate à bien conduire, dangereuse même; ce sont autant de raisons pour s'approvisionner de ce produit dans le commerce ; les indications que je vais donner sur la marche à suivre seront donc très sommaires et données plutôt à titre de renseignement.

On mélange dans une capsule de porcelaine 180 parties d'acide sulfurique (d. 1-84) avec 60 parties d'acide azotique (d. 1-46) (1), on ajoute 52 parties d'eau. Quand la température s'est abaissée au degré convenable pour la variété de coton-poudre que l'on veut préparer, on immerge 6 grammes de coton dans le mélange acide, par fraction de 1 gramme au plus chaque fois. On agite avec une spatule de verre pour que le coton s'imbibe régulièrement. Après dix minutes d'action, on enlève le coton au moyen de la spatule pour le plonger dans une grande quantité d'eau ; on l'agite dans ce liquide. Après plusieurs heures de lavage à l'eau courante, on verse dans le récipient quelques gouttes d'ammoniaque pour neutraliser toute trace d'acidité ; on lave encore à l'eau courante et on fait sécher le produit à l'air libre.

**Craie.** — Voir CARBONATE DE CHAUX.

---

(1) D'après M. Ad Martin, une des conditions les plus importantes dans la préparation du coton-poudre est d'employer un acide azotique chargé d'acide hypo-azotique ; tel est celui qui a été jauni par une assez longue exposition à la lumière.

**CYANURES**. — **Cyanure d'argent**. — En ajoutant à une dissolution d'azotate d'argent d'abord une petite quantité d'une autre solution de cyanure de potassium, il se produit un précipité blanc, qui est formé par du cyanure d'argent ($AgCy$ ou $AgC^2Az$); en ajoutant de nouvelles quantités de cyanure de potassium, on voit le précipité formé tout d'abord se dissoudre; c'est que le cyanure d'argent est soluble dans le cyanure de potassium. Cette solution constitue les bains d'argenture galvanoplastique. Le cyanure d'argent n'est plus usité aujourd'hui dans les préparations photographiques; M. Legray en ajoutait une petite quantité dans le bain de sérum ou d'eau de riz qui servait à iodurer son papier ioduré sec; M. Humbert de Molard produisait du cyanure d'argent, dans la trame de son papier négatif humide; ce sel, on le voit, n'a plus qu'un intérêt historique.

**Cyanure de potassium.** ($KCy$ ou $KC^2Az$). — *Préparation*. Le cyanure de potassium se prépare industriellement en faisant passer un courant d'azote sur du charbon imprégné de potasse et chauffé au rouge vif, ou encore en calcinant de la corne, du cuir ou d'autres matières animales azotées avec du carbonate de potasse. On lessive le résidu de la calcination, on évapore à sec, on fond la matière que l'on coule en plaques ; le produit solidifié constitue le cyanure de potassium *pour les arts*. C'est un produit impur, qui renferme quelquefois jusqu'à 60 0/0 de matières étrangères, dont le carbonate de potasse forme l'élément principal. Il est employé en grandes quantités dans les opérations galvanoplastiques, et généralement dans les formules de préparations photographiques, où le cyanure de potassium est formulé sans indication de la qualité ; on entend dénommer le cyanure de potassium pour les arts ; si on employait du cyanure pur, on pourrait en diminuer la dose de moitié. Dans les laboratoires, on prépare un produit à peu près pur en chauffant au rouge dans un creuset de fer du ferrocyanure de potassium séché avec soin. Après refroidissement, on détache le produit et on l'épuise par l'alcool bouillant ; le cyanure se dépose par refroidissement ou évaporation. Il renferme encore un peu de cyanate et de carbonate de potasse.

*Propriétés*. — Le cyanure de potassium cristallise en cubes ; il est déliquescent, caustique, très vénéneux ; une solution même moyennement concentrée, déposée sur le derme dénudé, peut être absorbée en assez grande quantité pour occasionner la mort ; l'acide carbonique de l'air le décomposant, il dégage de l'acide cyanhydrique, reconnaissable à son odeur d'amandes amères ; celui qui s'expose longtemps à ces émanations ne tarde pas à ressentir de violents maux de tête.

Il est peu soluble dans l'alcool, très soluble dans l'eau; cette dissolution s'altère assez rapiment, avec production de formiate de potasse et parfois de substances brunes.

Le cyanure de potassium précipite les sels solubles de zinc et d'argent, en formant les cyanures correspondants, solubles dans un excès de réactif.

*Applications.* — Cette solubilité des sels d'argent dans le cyanure de potassium le fait employer quelquefois comme agent fixateur. On a recours pour cela à une solution aqueuse à 2 ou 3 0/0. Son action se porte également sur l'argent réduit qui forme le cliché; il ronge les demi-teintes en dissolvant le métal qui les forme :

$$2CyK + Ag + H^2O^2 = CyK,CyAg + KHO^2 + H^2$$

de plus, il attaque fortement la gélatine ; toutes ces raisons, en y ajoutant surtout ses violents effets toxiques, le font heureusement abandonner de plus en plus comme agent fixateur : il est de tout intérêt, pour la vulgarisation de la photographie, d'éliminer tous les produits qui présentent un danger réel pour l'opérateur.

**Cyanure jaune de potassium et de fer** ($K^2$ Fe $Cy^3$ + 3HO). — Cette substance, appelée aussi *prussiate jaune, cyanoferrure de potassium*, s'obtient industriellement en faisant passer un courant d'air sur du charbon porté au rouge pour le débarrasser de son oxygène; on le force ensuite à traverser une colonne de charbon imprégnée de carbonate de potasse. L'azote est absorbé, et il se forme du cyanure de potassium. Si l'on fait bouillir la matière noire qui résulte de ce traitement avec de l'eau et du fer, celui-ci se dissout, et si après avoir filtrée la solution on l'évapore, elle dépose de magnifiques cristaux jaunes qui constituent le prussiate de potasse et de fer.

Le cyanure jaune fournit avec les solutions métalliques des précipités souvent caractéristiques.

Soumis à l'action de la chaleur, le cyanure jaune de potassium et de fer devient blanc, se détruit au rouge en donnant du cyanure de potassium et du carbure de fer insoluble; il sert encore à la préparation du cyanure rouge de potassium et de fer.

*Applications*. — On a conseillé, pour combattre le voile qui peut se produire dans le cours du développement à l'acide pyrogallique, d'ajouter à la solution de carbonate de soude une certaine quantité de ferrocyanure de potassium. Cette manière de faire n'a pas prévalu, du moins en France, tandis qu'elle est assez générale en Amérique, où nous voyons la Société des amateurs photographes de New-York adopter comme révélateur étalon la formule de M. Beach, qui comprend les deux solutions suivantes :

| | | | |
|---|---|---|---|
| A. Eau | 760 | grammes. | |
| Ferrocyanure de potassium | 72 | — | |
| Carbonate de potasse | 72 | — | |
| Carbonate de soude | 72 | — | |
| B. Eau | 760 | — | |
| Sulfite de soude | 72 | — | |

Pour développer, on prend 60 grammes de la solution A et 60 grammes de la solution B, mélange auquel on ajoute 50 centigrammes d'acide pyrogallique.

La cyanure jaune, dit-on, ne produit pas un effet égal avec toutes les plaques, et son utilité est au moins constestée.


**Cyanure rouge de potassium et de fer** $(K^3 Fe^2 Cy^6)$. — On obtient le cyanure rouge, que l'on nomme encore *prussiate rouge, ferricyanure de potassium*, en faisant passer un courant de chlore dans une solution de ferrocyanure de potassium, jusqu'à ce que la liqueur cesse de précipiter les sels de fer au maximum ;

par l'évaporation elle fournit de beaux cristaux rouges de ferricyanure de potassium.

*Applications.* — En dehors de son emploi pour la préparation des papiers au ferro-prussiate, le cyanure rouge sert à réduire l'intensité des clichés. On trouvera le mode d'emploi de cette substance en vue de cette application à l'article *réduction des négatifs.* Une solution de 10 parties de prussiate rouge et de 10 parties de bromure de potassium dans 150 parties d'eau peut servir à détruire le voile des émulsions ou à détruire l'image latente. On peut donc traiter par cette solution les grumeaux d'émulsion qui donnent un voile uniforme par suite d'une ébullition trop prolongée ou par l'emploi d'une dose trop considérable d'ammoniaque.

De même, des plaques qui ont vu le jour ou qui ont reçu une impression lumineuse quelconque peuvent être remises dans leur premier état en les baignant dans cette même solution ; après ce traitement, on leur fera subir un lavage prolongé, destiné à enlever jusqu'aux dernières traces de cyanure rouge. L'influence de cette solution restauratrice est indiquée par les réactions suivantes :

$$K^3Fe^2Cy^6 + 2Ag = 3K^2FeCy^3 + Ag^2FeCy^3$$
$$Ag^2FeCy^3 + 2KBr = 2\,AgBr + K^2FeCy^3.$$

La plaque exposée, ou l'émulsion donnant

du voile, renferme du sous-bromure d'argent Ag² Br, qui se sépare facilement en argent métallique et bromure d'argent. Le ferricyanure de potassium attaque d'abord cet argent métallique, le transforme en ferrocyanure d'argent et se transforme lui-même en cyanure jaune. Le cyanoferrure d'argent, en présence du bromure de potassium, subit une seconde décomposition, de laquelle il résulte une nouvelle quantité de cyanure jaune et de bromure d'argent. Le résultat final de la réaction est qu'il ne se trouve plus de sous-bromure d'argent dans la plaque ou dans l'émulsion, mais seulement du bromure d'argent et du cyanure jaune dont on la débarrasse par le lavage.

**Dextrine**.. $(C^{12}H^{10}O^{10})^2$ ou $(C^{24}H^{20}O^{20})$. — La dextrine résulte de la transformation de l'amidon sous l'influence des acides, de la diastase ou de la chaleur.

On la prépare industriellement, en imbibant de la fécule avec de l'eau aiguisée d'acide nitrique. On sèche d'abord la pâte à l'air libre, puis on la chauffe étendue en couches minces, dans une étuve dont la température atteint 120°. Au bout d'une heure la transformation est complète, et on a obtenu la dextrine commerciale. C'est un mélange en proportions variables de glucose et de dextrine. Elle est alors blanche.

Préparée, en chauffant la fécule seule, à une température de 140 à 150°, on obtient une dextrine un peu jaunâtre, qui a une odeur de pain cuit.

La dextrine est soluble dans l'eau, à laquelle elle communique une certaine viscosité ; cette solution jouit, comme les solutions de gomme, de propriétés adhésives, et peut les remplacer dans la plupart des opérations. Elle convient moins bien que la colle de pâte pour coller les épreuves sur leurs cartons qu'elle salit parce qu'elle est colorée ; de plus, elle est souvent acide, à cause de son mode de préparation ; on pourrait, il est vrai, saturer cette acidité par l'addition d'un peu de bicarbonate de soude.

Nous avons signalé l'addition d'une petite quantité de dextrine dans les solutions de tanin qui doivent servir de préservateur dans le procédé au collodion sec ; cette substance donne plus de porosité à la couche de collodion.

**DÉVELOPPEMENT.** — Sous le nom général de développement, on doit entendre l'opération qui a pour but de faire apparaître une image n'existant encore qu'à l'état latent. Les rayons lumineux, en agissant sur les composés sensibles, leur font subir des modifications que nos yeux ne peuvent apprécier, mais à la suite desquelles les agents développateurs pourront,

par leur action souvent bien différente, compléter ou mieux finir ce que la lúmière avait
commencé.

Je dis, d'une part, que l'action des agents
développateurs ou révélateurs est quelquefois
bien différente, et, de l'autre, que la nature de
ces agents l'est également.

En effet, pour ne parler tout d'abord que des
agents eux-mêmes, nous savons que c'est avec
des vapeurs mercurielles que l'on fait apparaître l'image daguerrienne; que l'eau chaude
seule ou additionnée de sulfocyanure d'ammonium nous sert à dégager de la surface uniformément colorée d'un papier au charbon la
positive qui résulte de l'exposition d'un tel
papier bichromaté sous un négatif. En parlant
des contre-types par saupoudrage, nous avons
vu que l'image se dessinait au moyen de projections de poudres ténues; enfin les nombreux
agents réducteurs des sels d'argent sont employés à tirer de l'état latent le dessin que la
lumière a imprimé sur les surfaces recouvertes
des composés haloïdes de ce métal.

Tout aussi diverse est l'action des agents développateurs. En admettant que les points de
la plaque daguerrienne qui ont reçu la plus
forte impression lumineuse sont ceux qui atti-
rent de préférence et avec le plus d'énergie les
vapeurs mercurielles, nous dirons que ce déve-

loppement a lieu par une sorte d'attraction de l'agent modifié pour le révélateur auquel il se combine.

A l'eau chaude, nous ne devons accorder que le rôle de dissolvant de la gélatine non impressionnée ; l'eau additionnée de sulfo-cyanure d'ammonium n'agit pas autrement, mais avec plus de lenteur si cette solution est froide.

La solution d'oxalate neutre de potasse, sur laquelle on passe les papiers aux sels de platine, a pour but d'augmenter le pouvoir réducteur du proto-oxalate de fer formé durant l'insolation.

Les agents de révélation, que l'on fait agir sur les composés sensibles d'argent, agissent tous en vertu de leur pouvoir réducteur. Mais, suivant la nature des surfaces employées, la réduction est directe ou indirecte; j'entends dire par là que si la couche sensible ne renferme en fait de composés d'argent que ses combinaisons haloïdes (iodure, chlorure et bromure), la réduction portera directement sur ces composés, et nous emploierons généralement les réducteurs les plus énergiques; si, au contraire, ces composés haloïdes sont mélangés de nitrate d'argent, c'est ce dernier que nous réduirons seulement, et par une sorte d'attraction électrolytique, moléculaire, si l'on aime mieux, les

fines molécules d'argent métallique se portent
sur les molécules des composés haloïdes que la
lumière a influencés. La quantité de métal qui
viendra ainsi se superposer sera d'autant plus
grande que l'impression lumineuse aura été
elle-même plus forte; elle lui sera donc proportionnelle. Par quel phénomène cette attraction a-t-elle lieu ? J'ai dit par action électrolytique, faute de mieux, mais les preuves qu'il
en est bien réellement ainsi sont encore à
trouver.

Dans tous les cas, c'est une action du révélateur bien différente de celle qui se produit avec
les réducteurs plus énergiques que l'on emploie,
toutes les fois que l'on traite des surfaces ne
renfermant que des composés haloïdes d'argent.
Dans ces circonstances, ce sont les molécules
elles-mêmes du composé sensible modifié par
la lumière que l'on réduit; cette réduction,
nulle sur les parties non influencées, suit aussi
toutes les gradations de l'impression lumineuse.
On se rend donc parfaitement compte de l'action du révélateur et de la formation d'une
image modelée; mais il est un point sur lequel
on n'a pas fourni une explication acceptée de
tous, c'est celui qui a rapport à la modification
subie par le composé sensible sous l'influence
des rayons lumineux. Se forme-t-il un sous-sel,
et c'est ce composé seul qui, dans les condi-

tions normales, est réduit par le révélateur, ou bien est-ce un simple ébranlement moléculaire qui rend le composé ainsi impressionné plus instable et plus facilement réductible? Ce sont deux questions qui sont encore à résoudre.

Après ces généralités sur le développement, je vais passer en revue les divers modes de cette opération en complétant pour chacun d'eux les données théoriques sur lesquelles sont basées les réactions que l'on utilise.

**Développement des épreuves daguer·riennes**. — Je n'en parlerai que pour mémoire ; on sait qu'il consiste à exposer la plaque au-dessus d'un bain de mercure métallique, chauffé jusque vers 70°, pour que ce métal émette des vapeurs plus abondantes. L'image se dessine bientôt, et on reconnaît qu'elle a acquis toute la perfection possible à ce que l'action incomplète des vapeurs mercurielles laisse aux clairs de l'image une coloration bleutée ; si elle est au contraire dépassée, les ombres se cendrent et l'image se recouvre de gouttelettes mercurielles.

La pose doit être exacte pour obtenir au développement une image satisfaisante, car on ne peut en corriger les écarts, on ne peut ni diminuer ni augmenter l'énergie du révélateur ; l'épreuve sera trop blanche si elle a été solarisée; elle sera noire dans les ombres, manquera de détails si elle n'a pas reçu une exposition suffisante.

**Développement des épreuves au charbon.**—Pour développer l'image produite sur une couche de gélatine bichromatée, uniformément colorée par une poudre inerte, on a recours à divers procédés, suivant la nature du support sur lequel est étendue la mixtion et le sens du cliché que l'on veut imprimer; de là trois procédés différents, chacun d'eux comportant de nombreuses variantes dans le détail opératoire, qui dans le fond reste le même et que l'on peut ainsi résumer : traiter par l'eau chaude la gélatine insolée afin de dissoudre toutes les parties qui n'ont pas été modifiées par la lumière.

Ces trois procédés sont dénommés de la façon suivante :

A. Sans transfert.
B. Avec transfert simple et définitif.
C. Avec double transfert.

A. — Le procédé sans transfert comprend deux méthodes différentes, suivant qu'il s'agit de clichés modelés ou de clichés de reproduction de gravure au trait. Il est bon de dire d'ores et déjà que ces procédés sans transfert ne sont guère mis en usage ; aussi je ne ferai qu'indiquer d'une manière sommaire les procédés opératoires.

Supposons qu'il s'agisse d'épreuves modelées; la mixtion, dans ce cas, doit être étendue sur un support mince et transparent, et c'est à travers ce support que l'impression se fera. On comprend donc facilement pourquoi il doit être transparent; il doit être mince, afin de conserver la plus grande somme de finesse que cette manière d'opérer peut permettre; enfin la gélatine doit être imprimée à travers ce support, par l'envers, peut-on dire. Ceci résulte des observations de M. l'abbé Laborde et de M. Fargier. En effet, pour que la positive conserve les demi-teintes qui résultent de l'insolubilisation d'une partie plus ou moins grande de l'épaisseur de la gélatine colorée, il faut que ces demi-teintes conservent un support, ce qui n'aurait pas lieu si elle avait été exposée sous le cliché par sa face libre : ce seraient les parties de la gélatine constituant cette face libre et celles qui l'avoisinent qui seraient passées à l'état insoluble, mais elles reposent sur une couche de mixtion restée soluble, qui au contact de l'eau chaude se gonflera, et finalement se dissoudra en entraînant celle qui aurait fourni les teintes peu colorées; il ne pourra donc subsister que les teintes assez foncées résultant de l'insolubilisation de la couche entière de la gélatine, puisque celles-là seulement feront corps avec le support transparent..

La positive ainsi imprimée ne présenterait donc que les plus fortes ombres ; partout ailleurs, le support serait mis à nu. Tout autre sera le résultat si l'impression de la mixtion se fait par l'envers, à travers son support mince et transparent ; les plus faibles épaisseurs de gélatine insolubilisées lui resteront attachées, celles qui seront restées solubles se trouvant du côté de la face libre, l'eau chaude pourra les dissoudre sans entraîner en aucune façon la moindre parcelle de celles qui résisteront à son action dissolvante. On doit bien se pénétrer de cette condition essentielle du procédé au charbon que je résume encore une fois : la dissolution de la gélatine colorée doit toujours se faire par le côté opposé à celui qui a reçu l'impression, soit que l'on se serve pour support de la gélatine d'une surface transparente et que l'impression se fasse à travers cette dernière, soit que le support étant une substance quelconque, l'impression se fasse par contact direct de la gélatine et du cliché, auquel cas on devra, avant le développement, la coller sur un nouveau support difinitif ou temporaire; enlever le premier et procéder ensuite au développement qui se fera encore ainsi par la face opposée à celle qui a reçu l'impression.

C'est cette seconde manière d'agir qui constitue les procédés avec transfert.

Ces supports transparents sur lesquels est étendue la gélatine colorée sont de diverses sortes : tantôt on se sert de feuilles de mica, de pellicules de collodion, de papier dioptrique, etc. Malgré leur faible épaisseur, les épreuves ne conservent pas toute la finesse du cliché ; c'est une des raisons pour lesquelles le procédé sans transfert est moins répandu que les suivants ; il faut ajouter que le prix de ces mixtions est aussi plus élevé que celui du papier ordinaire au charbon.

Dès que l'impression est reconnue suffisante, le support mixtionné est immergé dans de l'eau froide jusqu'à ce que la gélatine soit ramollie, ce qui ne demande que quelques minutes. On rejette alors l'eau froide, que l'on remplace par de l'eau chauffée à 40 ou 50°; elle ne tarde pas à se colorer par la gélatine qui se dissout, et l'image commence à se dégager; on balance doucement la cuvette pour faciliter la dissolution. Dès que cette première eau est trop colorée, on la rejette et on la remplace par une nouvelle quantité ayant la même température ; si on voit que l'image reste trop noire, on emploiera une eau chauffée à un plus haut degré,

soit de 50 à 60°, si au contraire, par insuffisance de pose, elle menace de devenir trop
blanche, on la retirera du premier bain à 40°
pour la plonger dans une autre cuvette renferment de l'eau à 30° seulement. Dès que l'épreuve
est complètement dégorgée, c'est-à-dire qu'en la
retirant de l'eau à la température qui a été reconnue la plus convenable, l'eau qui s'égoutte
n'entraîne plus de matière colorante, on la
plonge dans un bain d'alun à 3 ou 4 pour 100
qui durcit la gélatine ; elle y séjourne 5 à 6 minutes, elle est ensuite lavée à plusieurs eaux
et enfin séchée.

Si la pose à été convenable et si le développement a été bien conduit, l'épreuve doit présenter toutes les demi-teintes du cliché, on peut
il est vrai, corriger d'assez grands écarts dans
l'exposition en se servant d'une eau plus chaude
quand elle a été dépassée, ou en usant d'une
eau plus froide quand la pose n'a pas été assez
prolongée ; comme le développement peut se
faire à une large lumière diffuse, la gélatine
bichromatée imbibée d'eau étant insensible à la
lumière, l'opérateur peut facilement juger si
l'énergie du dissolvant doit être augmentée ou
affaiblie. Bien souvent une épreuve qui resterait
trop noire dans une eau même chauffée à 60°,
descend à l'intensité convenable, si on ajoute à
cette eau chaude 10 pour 100 d'une solution

saturée de sulfocyanure d'ammonium, sel qui facilite la dissolution de la gélatine. On pourrait également se servir pour le développement d'une dissolution froide à 10 pour 100 de ce sel, le dégorgement sera lent, mais avec le temps il arrivera à être complet ; on augmentera la richesse du bain si le dépouillement menace d'être incomplet pour obtenir une bonne épreuve. Les amateurs dont les laboratoires sont exigus, qui ne sont pas outillés pour avoir sous la main la quantité assez grande d'eau chaude qu'exige le développement d'un nombre, même assez restreint d'épreuves au charbon, trouveront dans l'emploi du sulfocyanure d'ammonium un moyen facile de pratiquer les tirages aux papiers mixtionnés, qui offrent de grandes ressources et qui fournissent d'excellentes épreuves, si non totalement inaltérables, du moins infiniment plus durables que les épreuves sur papier au chlorure d'argent.

Les épreuves, une fois sèches, sont collées sur leurs bristols, la couche du subjectile transparent en dessus, si l'impression a été faite sous un cliché ordinaire, ou bien on fait adhérer le subjectile au carton, si l'impression a eu lieu au moyen d'un cliché retourné.

Il est un autre genre d'épreuves au charbon, que l'on développe sans transfert, en employant des mixtions étendues sur un support quel-

conque et que l'on imprime par contact direct
de la gélatine avec le cliché, mais on ne peut
traiter ainsi que des épreuves sans demi-teintes,
les clichés de dessin au trait par exemple. En
effet, avec de telles épreuves, en ayant soin
d'employer des papiers mixtionnés à couche
mince, quoique assez chargée en couleur, on
peut, par une exposition suffisante, modifier
sous les clairs, toute l'épaisseur de la gélatine
qui devient ainsi insoluble, et quand bien
même il se produirait un peu de grisaillement
sous les traits, la teinte ne subsistera pas au
développement, cela se comprend aisément, si
on a bien saisi ce qui a été dit précédemment
au sujet des clichés à demi-teintes. En développant un tel papier par la face qui a eu le
contact du cliché, on ne conservera que les
noirs correspondant aux traits de la gravure,
c'est précisément ce à quoi l'on doit viser pour
ce genre de reproductions.

Au lieu de gélatine colorée sensibilisée dans
un bain de bichromate, on emploie quelquefois
dans ce dernier procédé de l'albumine colorée,
qui présente l'avantage d'être soluble dans l'eau
froide, de telle sorte qu'on peut faire le développement à froid.

Les épreuves terminées sont suspendues pour
sécher et montées ensuite sur leurs cartons,
celles qui auraient pour véhicule de l'albumine

sont auparavant totalement insolubilisées par une immersion dans une cuvette contenant de l'alcool à 90°, celles avec couche gélatineuse, sont passées dans un bain d'alun à 5 ou 6 0/0 où on les laisse séjourner quelques minutes, après quoi on les lave à deux ou trois reprises.

Ce dernier procédé un peu modifié, peut servir, suivant les indications de Poitevin, à produire des impressions lithographiques d'une manière facile et peu coûteuse. Prenons, par exemple, une feuille de papier albuminé ordinaire, faisons-le flotter deux minutes sur un bain de bichromate, après séchage, exposons-le sous un cliché au trait. Dès que les clairs sont bien accusés en couleur plus foncée que le reste du papier, avec un rouleau imbibé d'encre à report, faisons *tableau noir*, c'est-à-dire recouvrons-le d'une couche uniforme de cette encre ; en le plongeant ensuite dans l'eau froide, nous verrons l'image se dessiner, puisque partout où l'albumine a conservé sa solubilité, elle entraînera l'encre qui la recouvre, cette dernière ne subsistera que sur les parties d'albumine devenues insolubles. On pourra reporter cette image sur pierre ou sur zinc et obtenir un grand nombre d'épreuves par les tirages lithographiques ordinaires.

B. — Les procédés avec transfert simple ou avec double transfert, sont les seuls qui soient couramment usités, d'abord parce que les papiers mixtionnés qui leur conviennent se trouvent dans le commerce, ils sont moins coûteux que les supports transparents, ils permettent d'obtenir toutes les finesses du cliché et le report peut s'effectuer sur n'importe quelle surface : papier blanc ou coloré, verre, bois, métal, porcelaine ou étoffe.

La première condition essentielle, pour éviter les soulèvements qui pourraient se produire au cours du développement, consiste à n'employer que des papiers mixtionnés sensibilisés de dimensions un peu inférieures à celles du cliché et encore sera-t-il prudent, si celui-ci présente vers ses bords des parties claires, de le munir d'une cache opaque quelconque, qui garantisse de la lumière une marge du papier d'un demi-centimètre.

Cette précaution est, avons-nous dit, essentielle, voici pourquoi :

Avant de procéder au développement, nous devons coller le papier, mixtionné sur un nouveau support, qui dans le procédé avec transfert simple, sera celui qui supportera définitivement l'image, tandis que dans le procédé avec double transfert, il ne sera, il est vrai, que temporaire, néanmoins ce premier contre-collage doit être parfait dans toutes les parties de l'image, afin que la gélatine ne puisse l'abandonner surtout sur les bords, ce qui entraînerait un décollement de plus en plus grand par la suite, tant à cause des diverses manipulations que l'on fait subir aux épreuves, que par l'effet des liquides qui, dans les mouvements un peu brusques, font subir une traction aux ampoules ainsi formées. Cette adhérence ne peut être parfaite que si la gélatine n'a pas été rendue insoluble et imperméable par la lumière, dans le cas contraire, elle perd toute propriété adhésive. Si les marges ne sont pas protégées, l'exposition de la mixtion bichromatée en pleine lumière lui enlève cette propriété adhésive qui nous est absolument nécessaire, tandis qu'elle la conserve à l'abri de la cache.

Les papiers bichromatés, exposés le temps reconnu nécessaire au moyen d'un photomètre, sont placés à l'obscurité dans un endroit frais, en attendant le moment où il s'agira de les développer, on réglera la durée de l'exposition suivant le temps qui devra s'écouler avant cette opération; dans tous les cas, il ne devra pas être très long, 7 à 8 heures au plus. On exposera un peu moins les premières épreuves que celles qu'on tirera en dernier lieu, car l'insolubilisation se continue à l'abri de la lumière, et telle épreuve trop peu posée, si on la développait immédiatement, sera à point, si cette opération est différée cinq à six heures.

Les papiers insolés sont immergés séparément dans une cuvette renfermant une large provision d'eau froide, dans une autre cuvette, on met les papiers de transfert, que l'on trouve dans le commerce sous les noms de papiers gélatinés alunés, de papiers albuminés coagulés, ou encore sous celui de papier simple transfert. Dès que le papier au charbon qui, au contact de l'eau, s'était enroulé, d'abord la gélatine en dedans est devenue plan, on le retourne, la gélatine en dessus et on le transporte dans la cuvette qui contient une des feuilles de papier de transfert, coupé de dimensions un peu plus grandes que le papier mixtionné, on met en contact sa face gélatinée ou albuminée avec celle de la mixtion, on prend alors avec chacune des deux mains les deux angles supérieurs des papiers ainsi réunis, on les sort lentement de la cuvette en les faisant glisser contre ses bords et on les place à plat, le papier de transfert en dessous, sur un verre que l'on a mis à portée, on recouvre d'une toile cirée souple et au moyen d'une raclette en caoutchouc ou d'un rouleau de même substance, on enlève l'excédent de liquide et les bulles d'air qui auraient pu subsister entre les deux surfaces. On transporte les deux papiers ainsi réunis sur une plaque de verre ou de marbre recouverte d'un papier buvard, après avoir placé les papiers juxtaposés, on place un nouveau buvard et on passe à une nouvelle épreuve, que l'on traite comme la première et ainsi de suite, jusqu'à ce que l'on ait contre-collé toutes celles qui ont été posées, en les séparant par des feuilles de buvard. Finalement on recouvre le tout d'une nouvelle plaque de verre, qu'on surcharge d'un poids d'un ou deux kilogrammes, et on laisse en presse de dix minutes à un quart d'heure, espace au bout duquel l'adhérence de la couche mixtionnée au papier de transfert est devenue assez parfaite pour permettre de passer au développement proprement dit.

Que se passe-t-il durant ces premières opérations? Nous avons tout d'abord ramolli le papier de transfert par un séjour assez prolongé dans l'eau, et nous avons pris ce papier recouvert d'une couche de gélatine alunée ou d'albumine coagulée, afin de rendre, au moyen de cet enduit, le papier imperméable à l'air. Nous verrons tout à l'heure pourquoi il doit en être ainsi. D'autre part, cet enduit a été choisi de telle sorte qu'il ne soit pas soluble dans l'eau chaude que nous allons employer pour le développement, sans cela la couche de gélatine cesserait de faire corps avec le papier de transfert.

Nous avons légèrement ramolli le papier mixtionné avant de le contre-coller, et nous avons pris pour terme de cette opération, le moment où le papier est devenu plan; dès les premiers moments il s'était enroulé, la gélatine en dedans, parce que le papier qui sert de support à la gélatine s'était plus rapidement imbibé d'eau que cette dernière, s'étant distendu par ce fait, la courbure se produit du côté de la gélatine; celle-ci, à son tour, absorbant de l'eau, se gonfle et agit en sens contraire du support, le moment arrive où ces deux actions se balancent et le papier devient plan. Si nous laissions plus longtemps le papier au contact de l'eau, le phénomène inverse se produirait; la gélatine continuant à absorber de l'eau, se distendrait plus que le papier, et la courbure se ferait avec la mixtion en dehors. Nous n'attendrons pas qu'il en arrive ainsi, nous mettrons à profit cette propriété absorbante de la gélatine pour de nouvelles quantités d'eau, elle complètera le collage du papier mixtionné au papier de transfert. En effet, nous juxtaposons ces deux surfaces, qui sont l'une et l'autre imperméables à l'air, nous chassons la plus grande partie du liquide qui restait entre elles au moyen de la raclette, la gélatine fait un peu alors l'office d'une machine pneumatique, elle absorbe non de l'air, mais de l'eau, un vide se fait entre la gélatine bichromatée et la gélatine alunée, la pression atmosphérique agit d'une manière égale pour les presser l'une contre l'autre, et cette pression est énergique, on le sait, elle soude intimement les deux corps l'un à l'autre.

Au bout de dix minutes environ que le collage de la dernière épreuve a été opéré, on peut procéder au développement proprement dit, c'est-à-dire faire agir l'eau chaude. A ce moment, on place tout le paquet d'épreuves contre-collées dans une cuvette remplie d'eau froide, où elles peuvent séjourner sans inconvénient plusieurs heures si l'on veut ; la gélatine absorbe autant d'eau qu'elle est susceptible d'en prendre, sans toutefois se dissoudre, elle se trouve alors dans un état très favorable au développement. Cette opération se fait dans un laboratoire largement éclairée, la gélatine bichromatée mouillée n'étant plus sensible à la lumière ; on se munit de plusieurs cuvettes et d'une provision assez grande d'eau chauffée à 80° environ. Dans une première cuvette, on ajoute un mélange d'eau chaude et d'eau froide pour que le mélange ait une température de 40 à 50° centigrades au plus et on y place quatre ou cinq épreuves contre-collées, où on les abandonne sans autre soin que de mettre le côté charbon en dessus. Dans une seconde cuvette on place une petite quantité d'eau également à 40°. En examinant les épreuves qui se trouvent dans la première, on voit que la gélatine

commence à se dissoudre, en formant bourrelet,
on choisit celle qui le présente le plus abondant, on soulève un coin du papier support et,
en tirant doucement on l'enlève ; s'il présente
quelque peu de résistance, on laisse l'épreuve
séjourner un peu plus longtemps dans l'eau
chaude.

Dès que le papier support est enlevé de
cette première épreuve, on transporte le papier
de transfert qui retient maintenant la gélatine
dans la seconde cuvette en mettant la surface
encore très noire, et qui n'accuse pas ou presque
pas d'image en dessous. Celle-ci ne tarde pas
cependant à se dessiner plus nettement, à mesure que la gélatine restée soluble se dissout,
si elle est trop noire on ajoute dans la cuvette
de petites quantités d'eau à 80° en ayant soin
de soulever l'épreuve pour opérer le mélange ;
si, au contraire, elle tend à s'affaiblir, on ajoute
de l'eau froide. Il arrive un moment où elle
ne se modifie plus, on s'en assure mieux en la
soulevant, l'eau qui s'écoule n'entraîne plus de
gélatine colorée. On la place alors dans un bain
d'alun à 3 ou 4 0/0, où on la laisse séjourner
jusqu'à ce que la seconde épreuve à traiter ait
été développée ; celle-ci la remplace dans le
bain d'alun et la première est rincée dans une
cuvette d'eau propre et finalement suspendue
pour sécher.

On traite les épreuves suivantes en répétant les mêmes opérations.

Dans ce procédé encore, comme dans celui sans transfert, après l'enlèvement du support, on peut procéder au dégorgement des épreuves dans une solution de sulfocyanure d'ammonium à 10 ou 15 0/0.

Au lieu de coller le papier mixtionné sur un papier gélatiné ou albuminé, on aurait pu le coller sur un verre gélatiné, sur du bois ou du métal, ces dernières surfaces auront été préalablement recouvertes d'une couche mince de gélatine alunée; il en serait de même de la porcelaine.

C. — Nous n'aurons que peu de chose à dire sur le second mode de développement avec transfert, il ne diffère de celui avec transfert simple que par cette seule opération complémentaire, qu'il faut détacher les images après leur entier développement du support qui a servi à les développer et les remettre sur un second qui est le définitif. Ces deux transferts sont nécessaires pour remettre dans le vrai sens les images qui ont été imprimées au moyen des négatifs ordinaires, le procédé avec transfert simple ne pouvant s'appliquer qu'à celles imprimées au moyen de négatifs retournées. Il est vrai que si l'image est reçue sur une glace et qu'elle soit destinée, par conséquent, à être regardée par transparence, le double report peut être évité, puisqu'on pourra toujours l'examiner dans son vrai sens en retournant la glace, en la regardant par le côté opposé sur lequel elle a été collée.

Le premier support sur lequel on opère le dégorgement n'est donc que provisoire, aussi lui en a-t-on donné le nom, il peut être constitué par un support rigide tel qu'une glace ou un métal, ce sont les surfaces les plus commodes à employer, quoique certains opérateurs se servent de supports souples, et parmi ceux-ci, celui qui semble préférable est un papier enduit d'un vernis au caoutchouc.

J'ai déjà parlé de ce support provisoire à l'article *Benzine*, où l'on trouvera tous les détails nécessaires pour son emploi. Supposons que nous nous servions maintenant d'une plaque métallique comme support provisoire; une feuille de cuivre planée et polie me semble préférable au verre ciré ou stéariné qui est plus généralement recommandé dans les ouvrages, on évite d'une part l'extension du corps isolant (cire ou stéarine) de l'autre, on n'a pas à manier un support fragile qui a quelquefois l'inconvénient de retenir avec trop d'énergie l'image qu'il a reçue, ou, au contraire, de ne présenter qu'une adhérence insuffisante si la dissolution de cire dans la benzine ne renferme pas assez de résine, substance qu'il faut toujours lui associer, pour que cet isolant reste quelque peu poisseux, présente, en un mot, quelques propriétés adhésives. Avec la feuille de cuivre on n'a à redouter aucun de ces mécomptes, la feuille au charbon appliquée sur le métal sous l'eau y adhère parfaitement, et on peut développer sans crainte de soulèvements, elle cède sans efforts l'image au support définitif que l'on applique à sa surface aussitôt après le développement. L'épreuve, après séchage, se détache spontanément du cuivre et reste fixée sur le papier gélatiné aluné ou albuminé coagulé, qui constitue le support définitif comme dans le procédé avec simple transfert.

La plaque de cuivre ne demande d'autres soins que de la sécher après chaque opération, de la garantir des chocs qui pourraient la bosseler et des éraillures qui marqueraient sur les épreuves et pourraient donner même lieu à des déchirures.

Le restant des opérations se conduit comme dans le procédé avec simple transfert, car le contre-collage sur la plaque de cuivre, se fait de la même façon que celle qui nous a servi à le faire adhérer au papier de transfert, aucune différence non plus dans le développement qu'il est même plus facile de poursuivre avec un support rigide qu'avec un support souple qui peut se déchirer sous le poids assez grand de la gélatine imbibée d'eau, surtout quand les épreuves sont de grandes dimensions. Après un premier lavage de l'épreuve à l'eau pure, on applique le papier gélatiné, ramolli dans l'eau, on place une toile cirée souple sur laquelle on passe le rouleau de caoutchouc en tous sens, l'adhérence est alors suffisante pour soumettre chaque épreuve trois ou quatre minutes au bain d'alun, on les lave encore une fois, puis on les laisse sécher sur le chevalet à l'abri des courants d'air, qui produiraient un séchage trop rapide, ce qui pourrait amener des décollements partiels ; on les évitera d'une façon plus sûre encore, si on a le soin de couper les feuilles de papier gélatiné légèrement plus grandes que les feuilles de cuivre, après leur application sur l'image, on rabat la partie excédente sur la face opposée du métal.

**Développement des épreuves au sel de platine.** — Le papier au platine destiné à être développé, car on se sert de plus en plus aujourd'hui de papiers dont l'image se dessine par le seul fait de l'exposition, est exposé sous le cliché, jusqu'à ce que les parties sombres se dégagent en brun sur le fond jaune que conserve le papier sous les noirs intenses du cliché ; il faut remarquer cependant, que les ombres les plus épaisses, après avoir atteint la teinte brune dont j'ai parlé, reviennent à une teinte plus claire presque orangée, de telle sorte qu'elles paraissent plus lumineuses que certaines demi-teintes ; mais ce n'est là qu'une décoloration résultant d'une action plus complète de la lumière sur les composés sensibles dont le papier est imbibé ; il faut cependant connaître ce phénomène, pour ne pas être induit en erreur, en examinant l'état d'impression de l'épreuve à une lumière très faible, et cela aussi rapidement que possible, pour éviter le voile que l'action lumineuse pourrait produire.

Pour développer, on se sert d'une solution saturée d'oxalate de potasse, acidulée par l'acide oxalique et portée à une température de 80 à 85°. Une cuvette en tôle émaillée, placée au-dessus d'un réchaud quelconque, maintient cette température. Cette dissolution doit être toujours essayée au papier de tournesol, elle doit le rougir franchement ; dans cet état, il ne pourra se former des sels basiques de fer, qui donneraient une teinte jaune au papier et dont on ne parvient pas à le débarrasser même en le traitant avec le bain d'acide chlorhydri que, dans lequel on passe les épreuves après leur développement ; un excès d'acidité serait également préjudiciable, car il se formerait du bi-oxalate de potasse en quantité notable ; or, ce sel n'a qu'une faible action dissolvante sur l'oxalate de protoxyde de fer ; ce dernier restant dans la trame du papier, ne viendrait pas instantanément réduire le sel de platine qui se dissout dans le bain de développement ou qui se diffuse dans le papier, ce qui donnerait des images sans vigueur et floues.

La solution acide d'oxalate étant portée à 80°, on prend une des épreuves exposées avec des pinces de corne ou d'os, et on la fait lentement passer dans le bain, le développement se produit instantanément. Si par suite de quelques bulles d'air ou pour toute autre cause, quelques parties du papier n'ont pas été en contact avec le bain révélateur, on passe l'épreuve une seconde fois dans la solution.

Dans la trame du papier et par suite de l'insolation, l'oxalate de peroxyde de fer mélangé au sel de platine, s'est transformé sous les clairs en oxalate de protoxyde, et cette transformation est d'autant plus grande que l'action de la lumière a été plus intense. Au contact du révélateur, l'oxalate de protoxyde de fer est instantanément dissous, il réduit de même, sur place, le sel de platine, ainsi se forme l'image, dont le modelé dépend de la plus ou moins grande quantité de réducteur formé. La réduction étant immédiate, se faisant sur place, elle

ne s'égalise pas, si je puis m'exprimer ainsi, là
où il y a une grande quantité de proto-oxalate
de fer formé, à cette même place il y aura une
grande quantité de platine réduit, le noir sera
intense ; là où il y a peu de proto-oxalate de
fer, il ne se formera qu'une teinte légère. C'est
pour que la dissolution du proto-oxalate soit le
plus rapide possible, que l'on fait usage d'un bain
à température élevée. Son énergie s'en trouve
accrue par le même fait, de telle sorte que si
l'insolation a été insuffisante, on pourra obtenir
néanmoins une bonne épreuve en chauffant le
bain à un degré encore plus élevé, par exemple
en se servant de dissolutions bouillantes ; l'i-
mage a-t-elle été trop exposée, on peut employer
un bain à 50 ou 60° seulement, mais les résultats
que l'on obtient par cet abaissement de température, sont généralement moins bons que ceux
obtenus à température élevée.

Cependant on a insisté sur les avantages que
présentait le développement à froid des épreuves au platine. M. Colon conseille d'employer
dans ce but une solution d'oxalate de potasse
à 10 0/0, ou moins concentrée encore, si la
pose a été poussée trop loin. Après chaque
épreuve on doit renouveler la solution, sinon
on obtient un ton bleu verdâtre désagréable.
Les quelques épreuves au platine que j'ai vues
développées ainsi, me font dire que ce moyen

est peu recommandable, elles ont un aspect froid et sont un peu floues. Le développement opéré au moyen d'une solution saturée de carbonate de soude, donne quelques meilleurs résultats que le précédent, sans égaler celui pratiqué avec la solution chaude d'oxalate de potasse.

On a encore proposé une solution de carbonate de potasse, additionnée d'une petite quantité d'hypochlorite de potasse, si le papier a été voilé légèrement par une exposition accidentelle à la lumière. Plus le voile est intense, plus il faut ajouter d'hypochlorite et plus aussi l'exposition sous le cliché doit être prolongée.

Quel que soit le mode de développement employé, pour que les épreuves soient terminées, il faut les débarrasser des sels de fer et de platine en excès qui les imprègnent et qui leur communiquent une teinte jaune ; on se sert pour cela du bain acide suivant :

Acide chlorhydrique ordinaire.    15 cent. cubes.
Eau . . . . . . . . . . . . 1.000 —

On renouvelle ce bain deux ou trois fois, ou mieux tant que les épreuves conservent une coloration jaune, après quoi on les lave dans plusieurs eaux et on les suspend pour sécher.

**Développement des épreuves aux sels**

**d'argent.** — Dans les généralités sur le développement, j'ai déjà fait connaître qu'il fallait distinguer deux sortes de révélateurs applicables aux épreuves qui ont pour base les composés haloïdes d'argent. Les uns ne servent qu'à développer les surfaces imprégnées de nitrate d'argent, ou bien, si cette surface n'en renferme pas, on en ajoute une petite quantité au révélateur pour compléter le développement, qui sans cela fournirait une image sans densité. Les autres ne servent qu'à développer les surfaces privées de toute trace de sel soluble d'argent. Les premiers sont moins énergiques que les seconds, l'énergie du réducteur est amoindrie par l'addition d'une dose assez forte d'acide citrique, ou plus généralement d'acide acétique, dans les seconds on augmente, au contraire, son énergie par l'addition de substances alcalines, l'ammoniaque, le carbonate de soude ou de potasse, le sucrate de chaux sont les substances additionnelles les plus employées. Cette différence dans la composition fait que l'on donne aux uns le nom de *révélateurs acides*, aux autres celui de *révélateurs alcalins*. J'ai dit, dans ces mêmes généralités, que ces révélateurs présentaient une autre différence marquée : les révélateurs acides réduisent non les composés sensibles, mais le nitrate d'argent qui leur est mélangé, et le métal réduit se porte sur les molécules influencées pour dessiner l'image ; si la surface que l'on traite ne contient pas de nitrate d'argent, une image se dessine bien, mais elle est très faible ; on est obligé, pour la compléter, d'ajouter au révélateur de petites quantités de nitrate d'argent ; l'image se renforce par le même phénomène que je viens d'énoncer quelques lignes plus haut. C'est donc par superposition que nous arrivons à dessiner les contrastes du cliché, c'est pour ainsi dire un phénomène physique (non pas absolu cependant), ce qui a fait donner encore aux révélateurs acides le nom de *révélateurs physiques*. Par contre, on a donné, aux révélateurs alcalins, le nom de *chimiques*, parce que ceux-ci possédant une énergie plus grande, deviennent capables de réduire à l'état métallique les molécules des composés sensibles modifiés par la lumière ; c'est à la suite d'une réduction directe du composé sensible, que l'image prend son intensité, c'est donc à la suite d'une modification ou phénomène chimique. Ces révélateurs chimiques ne sont pas applicables aux surfaces imbibées de nitrate d'argent, car la réduction de ce sel serait immédiate, la surface entière de la couche se couvrirait d'un enduit noir d'argent réduit, elle voilerait fortement. En leur ajoutant cependant une forte dose de bromure de potassium, il deviendrait possible de développer une surface qui renfer-

merait des traces de nitrate d'argent, au moyen
des révélateurs alcalins, car le bromure ajouté
transforme le nitrate d'argent en bromure d'argent.

A. Révélateurs acides ou physiques. —
1° *Appliqués au collodion humide.* — La glace
exposée est retirée du châssis dans le laboratoire
éclairé par la lumière jaune; on a soin de la
maintenir dans le même sens que celui qu'elle
avait dans le châssis, pour éviter des retours
inégaux de la solution de nitrate d'argent qui
s'est accumulée à sa partie inférieure, ce qui
produirait des taches et d'inégales densités. On
appuie cette tranche inférieure sur un buvard,
qui absorbe le liquide qui s'y est accumulé et
on la saisit par l'angle supérieur entre le pouce
et l'index, on lui donne une position presque
horizontale, la partie déclive étant celle qui se
trouvait dans le bas du châssis, cela afin qu'en
versant une nappe du révélateur sur la partie
la plus élevée (d'un bord à l'autre) les premières
parties de ce liquide entraînent l'excès de nitrate
d'argent; ce résultat produit, d'un mouvement
assez prompt, avec lequel on se familiarise, on
arrête le déversement en ramenant la glace à
la position horizontale, on la balance légèrement
pour entretenir le liquide en mouvement et
égaliser son action sur toute la surface. Bientôt
l'image apparaît et se complète en quelques

secondes sous l'influence du réducteur qui est
généralement composé ainsi :

Eau...................... 1,000 grammes.
Sulfate de fer et d'ammo-
    niaque................    50    —
Acide pyroligneux.........    50    —
Alcool à 90°..............    50    —

Les insuccès, en admettant que le collodion
soit de bonne qualité, que le bain d'argent soit
en bon état et la pose exacte, peuvent tenir à ce
que le révélateur n'aurait pas été uniformément
étendu sur la glace; si, en effet, au lieu de le
verser en une nappe abondante, qui s'étend
régulièrement de la tranche supérieure vers la
partie déclive, on le laissait tomber sur un
même point, d'où il s'étendrait sur toute la
surface du cliché, on aurait un manque d'intensité dans cette partie de l'image, parce que le
révélateur l'aurait trop appauvrie en nitrate
d'argent. Si on ne laisse pas perdre une petite
quantité de révélateur, avant de ramener la
glace à la position horizontale, ou qu'on la
relève trop tôt, le bain de fer qui s'est chargé
d'une quantité trop forte de nitrate d'argent,
produira une densité plus accentuée vers la
partie inférieure, et souvent on constatera des
inégalités sur la surface entière du cliché.

Si la quantité d'alcool introduite dans le

révélateur n'est pas assez forte, il ne coulera
pas et ne s'étendra pas uniformément sur la
surface sensible qui est imprégnée de bain
d'argent plus ou moins alcoolisé. On sait que
l'eau est comme repoussée par les corps imbibés
d'alcool, elle y coule en formant des traînées
huileuses; en alcoolisant le révélateur on évite
cet inconvénient qui est une source de taches..
Plus le bain d'argent est chargé d'alcool, plus le
révélateur doit être alcoolisé, on doit en forcer
la dose jusqu'à disparition des traînées huileuses.

Le développement se fait quelquefois d'une
manière excessivement rapide, le révélateur n'a
pas plutôt recouvert la surface sensible, que
l'image est dessinée dans toutes ses parties,
mais elle reste plate et sans vigueur et elle est
généralement voilée. Cela provient d'une insuffisante acidité du bain de fer; en augmentant la
proportion d'acide acétique, le développement
pourra mieux être conduit et les images seront
plus pures.

Un bain de fer qui serait devenu plus ou
moins rouge, par suite d'une trop longue conservation, a perdu beaucoup de son énergie,
les épreuves qu'il fournit sont plus lentes à
venir et elles présentent généralement de trop
grands contrastes.

Un cliché dont la pose a été exacte, sous l'influence du révélateur, laisse d'abord apparaître les grandes lumières, puis les demi-teintes et finalement les ombres ; il se dessine progressivement et suivant l'intensité lumineuse que ses parties ont reçue. Si la pose a été insuffisante, les grandes lumières seules marquent en noir, les demi-teintes ne viennent qu'avec peine, les ombres restent complètement blanches, l'excès de pose se reconnaît à la venue uniforme de tous les détails, qui ne présentent aucun contraste des lumières aux ombres.

Lorsque la première dose de solution de fer semble avoir épuisé son action, on la renouvelle par une seconde et même une troisième, si l'épreuve laisse apparaître de nouveaux détails dans les ombres ; on la regarde alors par transparence pour apprécier l'intensité des noirs, des demi-teintes et des ombres. Si le cliché ne présente pas une densité suffisante et qu'il soit bien détaillé dans les demi-teintes et les ombres, on pourra essayer une nouvelle action du révélateur, mais on constatera qu'elle est maintenant à peu près nulle, car la couche a été privée de tout le nitrate d'argent qu'elle contenait, tant par réduction que par l'entraînement que les doses de révélateur qui se sont succédé sur la plaque ont opéré. On la lave avec soin et on étend uniformément à sa surface une solution acide de nitrate d'argent telle que la suivante :

22

Eau distillée..............   100 cent. cubes.
Acide acétique cristallisable.   5 grammes.
Nitrate d'argent...........      5      —

On l'y laisse séjourner quelques minutes pour qu'elle pénètre la couche, on l'égoutte et on fait de nouveau agir le révélateur, le nouveau dépôt d'argent augmente la densité.

L'image étant à point, le développement est terminé, il n'y a plus qu'à laver la plaque sous un robinet muni d'une pomme d'arrosoir à trous de petit diamètre, afin que la force du jet ne déchire pas la pellicule du collodion; on procède enfin au fixage.

**Développement des épreuves négatives à l'albumine.** — Les surfaces recouvertes d'albumine iodurée sont le plus généralement développées avec une solution mixte d'acide gallique et d'acide pyrogallique, acidulée par l'acide acétique.

Cette solution, mise en contact avec la glace impressionnée, dessine d'abord une image faible que l'on renforce au degré voulu en additionnant le révélateur de quelques gouttes d'une solution de nitrate d'argent à 3 0/0; pour faire cette addition, on retire la glace de la cuvette, on ajoute les quelques gouttes nécessaires du bain d'argent, on mélange intimement, et la glace est replongée dans le bain que l'on main-

tient en mouvement en balançant la cuvette. On
laisse le développement se continuer, tant
que le cliché paraît gagner, et ce n'est que lorsqu'il paraît rester stationnaire, que l'on ajoute
quelques nouvelles gouttes de la solution d'argent, et on continue ainsi, jusqu'à ce que le
cliché ait atteint l'intensité nécessaire, à
moins que le révélateur ne se trouble d'une
façon trop marquée, auquel cas on lave la
plaque et on compose un révélateur neuf.

Lorsque l'image est bien venue dans tous ses
détails, on la lave à l'eau ordinaire et on passe
au fixage.

**Développement des papiers iodurés
secs.** — Les papiers iodurés secs doivent être
développés autant que possible le soir même du
jour de leur exposition. On les développe au
moyen d'une solution saturée d'acide gallique,
placée dans une cuvette; dans ce bain on introduit
les papiers un à un, en évitant les bulles d'air et
en se servant de pinces en corne et d'un triangle
de verre pour les manipuler et les faire plonger dans le révélateur, on se sert du même
triangle de verre pour écarter les bulles d'air.
L'image commence à apparaître, parce que
comme les glaces à l'albumine, les papiers
retiennent dans leur trame une petite quantité de
nitrate d'argent qui n'a pas été entraîné par les

lavages. On opère alors comme pour les glaces
à l'albumine, on ajoute deux ou trois gouttes
de la solution acide de nitrate d'argent à 3 0/0
et on renouvelle ces additions, jusqu'à ce que
le cliché examiné par transparence ait acquis
l'intensité nécessaire. On lave ensuite avec soin
avant de passer au fixage.

**Développement acide appliqué au gé-
latino-bromure d'argent.** — Les révélateurs
acides ne donnent avec les glaces au gélatino-
bromure, telles qu'on les emploie, qu'une trace
d'image, mais si, comme l'a fait remarquer le
D^r Eder, on les plonge d'abord dans une solution
à 3 0/0 de nitrate d'argent acidulée par 1 gramme
d'acide citrique, et qu'on les fasse ensuite sécher, on obtient des surfaces qui ne se conservent pas longtemps, il est vrai, mais qui permettent d'obtenir au moyen d'une exposition
plus longue qu'à l'ordinaire sous un négatif,
de très belles images positives. Les papiers au
gélatino-bromure, les plaques ou papiers au
gélatino-chlorure ou à l'iodo-bromure, peuvent
être traités de même. L'exposition sous le
cliché doit être pour tous de beaucoup prolongée; quelques secondes à la lumière diffuse
seront nécessaires au gélatino-bromure, une
minute ou une minute et demie sera généralement la pose qui dans les mêmes conditions

conviendra au gélatino-chlorure. En développant ensuite soit au moyen du révélateur dont j'ai donné la formule pour le collodion humide, soit au moyen de l'acide pyrogallique additionné d'acide citrique, on obtiendra une image sans aucune trace de voile, belle et brillante, dont la couleur sera modifiée en changeant l'acide qui entre dans la composition du révélateur : au lieu d'acide acétique on emploiera, par exemple, de l'acide citrique ou tartrique, ou bien en additionnant l'acide pyrogallique d'une petite quantité d'acide gallique.

J'ai plus d'une fois contrôlé l'assertion de M. Eder, et j'ai toujours été surpris, en face des beaux résultats que fournit cette méthode, qu'elle ne soit pas plus connue et plus usitée.

B. Révélateurs alcalins ou chimiques. — Ces sortes de révélateurs sont tous des réducteurs énergiques, beaucoup plus énergiques que les révélateurs acides, ils sont à base soit d'acide pyrogallique que l'on additionne d'un alcali (ce sont donc en somme des pyrogallates alcalins qui constituent l'agent réducteur), soit d'oxalate de protoxyde de fer, soit d'hydroquinon ou de chlorhydrate d'hydroxylamine, ces deux dernières substances étant, elles aussi, additionnées d'un alcali pour en exalter le pouvoir réducteur. J'ai déjà parlé ailleurs du chlorhydrate d'hydroxylamine, et l'hydroquinon fera lui aussi l'objet d'un article spécial ; c'est la raison pour laquelle je n'en parlerai pas plus longuement à cette place.

Tous les révélateurs chimiques sont très avides d'oxygène, qu'il absorbent à l'air ambiant ; cette absorption a généralement pour conséquence une coloration assez foncée du bain, et elle est toujours suivie d'un affaiblissement marqué du pouvoir réducteur. On emploie différentes substances pour retarder cette coloration du bain, qui teinte d'une manière très marquée les surfaces que l'on développe, quand celles-ci ont pour subjectile la gélatine. Ces substances sont choisies généralement parmi les corps très oxydables, afin qu'absorbant elles-mêmes de l'oxygène, elles le détournent, pour ainsi dire, du corps réducteur ; tel est le cas du sulfite de soude que l'on voit généralement figurer dans les formules de révélateurs dont l'acide pyrogallique, l'hydroquinon et l'hydroxylamine sont les agents actifs, d'autres emploient l'acide salicylique. Les substances alcalines sont tantôt l'ammoniaque et son carbonate, ce sont même celles qui furent uniquement employées au début ; le carbonate de soude, le carbonate de potasse (voyez ces mots), le sucrate de chaux ont été indiqués plus tard.

Le bain révélateur à l'oxalate de protoxyde

de fer ne renferme généralement pas d'agent préservateur; on a cependant fait des essais dans ce sens, ce qui a permis de constater qu'un bain à l'oxalate, additionné de sulfite de soude, se conservait plus longtemps que celui que l'on emploie généralement, qui consiste simplement en une solution d'oxalate de protoxyde de fer dans un excès d'oxalate neutre de potasse. Un tel bain, exposé quelques heures au contact de l'air, dans une large cuvette, prend une coloration plus foncée, le proto-oxalate de fer, qui est jaunâtre, se transformant en oxalate de peroxyde de fer qui est beaucoup plus rougeâtre, il a alors perdu presque tout son pouvoir développateur; bien plus, il peut détruire l'image qu'il avait formée tout d'abord.

C. RÉVÉLATEURS ALCALINS A BASE D'ACIDE PYROGALLIQUE. — J'ai déjà donné deux formules de ces sortes de révélateurs, l'une en parlant du carbonate de soude, l'autre en parlant du carbonate de potasse ; ce sont, ce me semble, celles que l'on doit employer de préférence en y joignant la méthode à deux cuvettes, méthode qui a été préconisée en premier lieu par M. Audra ; voici les dosages que recommandent MM. Rossignol et Hermagis pour opérer ainsi :

Dans une première cuvette, pour une glace $13 \times 18$, versez la solution suivante :

<pre>
Eau distillée......... 100 cent. cubes.
Acide  pyrogallique..   2 grammes.
Acide salicylique.....   0$^{gr}$,03
</pre>

On y plonge la glace à développer et on l'y laisse séjourner au moins deux minutes, elle pourrait rester dix minutes dans cette solution sans aucun inconvénient. On a soin de recouvrir la cuvette d'un carton, pour préserver la plaque de l'action de la lumière rouge rubis, qui pourrait l'influencer pendant le séjour assez long qu'elle doit faire dans ce premier bain.

Au sortir de la première cuvette, la glace est plongée, sans temps d'arrêt, dans une seconde renfermant environ 100 centimètres cubes d'une solution neuve de carbonate de soude à 25 0/0.

L'image apparaît lentement s'il n'y a pas eu excès de pose, brusquement dans le cas contraire, auquel cas on retire la glace et on ajoute à la solution de carbonate de soude un ou deux centimètres cubes d'une solution de bromure de potassium à 5 0/0. Quand les blancs commencent à se griser, on examine le cliché par transparence, si l'intensité nécessaire est atteinte, et il faut, avec les couches peu transparentes du gélatino-bromure, qu'elle semble dépassée, car une fois fixé le cliché serait trop faible, l'épreuve est lavée, passée dans un bain d'alun, lavée de nouveau et fixée.

Je vais encore donner une autre formule de
développement alcalin à l'acide pyrogallique
que l'on a surtout employé pour les couches
recouvertes d'émulsion au collodio-bromure ;
ceux dont j'ai déjà parlé leur sont sans doute
applicables, mais à l'époque où ce procédé
était pratiqué elles n'étaient pas connues, puis
on fait intervenir un produit, le sucrate de
chaux, qui n'a plus guère été employé, quoiqu'il puisse parfaitement remplacer les alcalis
déjà mentionnés dans les diverses formules de
révélateurs ; pour ma part je l'ai vu communiquer une grande énergie au bain d'hydroquinon ; dans ces derniers temps on l'a même ingé-
nieusement associé à l'acide pyrogallique pour
enduire le dos des glaces au gélatino-bromure
des composants du révélateur.

Ces glaces, qui portent sur une moitié de
leur revers un enduit composé de dextrine et
d'acide pyrogallique et d'une petite quantité
d'acide salicylique, et sur l'autre moitié un enduit formé d'une solution de sucrate de chaux
rendue adhésive par une certaine quantité de
gomme, n'ont besoin, pour être développées,
qu'à être introduites dans une cuvette renfermant de l'eau pure, les composants du révélateur se dissolvant peu à peu, produisent ainsi
un développateur dont l'intensité devient pro-
gressive.

Mais revenons au développement des couches préparées au moyen de l'émulsion au collodio-bromure :

On fait deux solutions :

<pre>
I. Eau.................    1,000 grammes.
   Sesquicarbonate d'am-
     moniaque transpa-
     rent.............       20     —
   Bromure de potassium.     0gr,50 .
II. Alcool à 95°........   100 cent. cubes.
   Acide pyrogallique.      10 grammes.
</pre>

On met dans une cuvette une quantité du n° I suffisante pour recouvrir la glace que l'on va traiter. Avant de l'y plonger on en ramollit la couche en la recouvrant d'un mélange d'eau et d'alcool à parties égales, après quoi on la lave jusqu'à disparition des traînées huileuses et enfin on la plonge dans la solution de carbonate d'ammoniaque; on balance la cuvette durant quelques minutes pour que cette solution pénètre la pellicule de collodion.

Dans un verre à bec, on verse 3 centimètres cubes de la solution n° II, on déverse dans ce même verre le liquide de la cuvette, et le mélange est reversé sur la glace. L'image apparaît rapidement et se complète en quelques minutes. Si elle tarde à venir, si les ombres ne se détaillent pas, on ajoute dans le verre quelques gouttes de la solution suivante :

Eau.....................  100 cent. cubes.
Sucre blanc............  10 grammes.
Chaux éteinte..........  en  excès.
Bromure de potassium.   1 gramme (1).

On déverse de nouveau le révélateur dans le verre et le mélange est rejeté sur le cliché, qui acquiert généralement à la suite de cette addition l'intensité nécessaire. Comme, par le séchage, il devient plus dense, on ne doit pas au développement chercher à obtenir une intensité plus grande que celle que doit conserver le cliché, ainsi qu'on le fait lorsqu'on développe des glaces au gélatino-bromure. L'épreuve est ensuite lavée et fixée.

En terminant là ce que j'ai à dire sur les développements alcalins à l'acide pyrogallique, beaucoup de lecteurs trouveront cet article bien incomplet, car il y a de nombreuses formules de ces révélateurs, trop nombreuses peut-être, pour celui qui en change constamment, espérant trouver mieux. Toutes, du moins lorsqu'elles sont raisonnablement composées, peu-

---

(1) On fait d'abord fondre le sucre dans l'eau, puis on ajoute une quantité de chaux éteinte pour qu'il en reste un notable excès insoluble après agitation, en dernier lieu on ajoute le bromure de potassium. Pour l'usage on la conserve bien bouchée et après avoir décanté la portion nécessaire on l'agite, sa composition reste ainsi constante.

vent donner d'excellents résultats, si on se
familiarise avec l'une d'entre elles, qu'on ap-
prenne en un mot à manier ce mode de développement. Que m'importe que tel auteur pré-
conise l'addition de cyanure jaune, tel autre de
faire des solutions alcooliques d'acide pyrogallique, qu'un troisième vienne dire que les solutions aqueuses d'acide pyrogallique et de sulfite
valent mieux, etc., etc., si je réussis avec de
l'acide pyrogallique solide, dont je mets une
cuillerée à moutarde dans un verre, dans lequel j'ajoute d'abord 100 centimètres cubes
d'eau et quelques gouttes d'une solution saturée de sulfite et de carbonate de soude et je
continue d'ajouter de cette dernière, jusqu'à ce
que mon cliché me satisfasse. Ce que je tiens
avant tout, c'est plutôt d'indiquer pourquoi on
fait telle chose, et ce qui en résulte après cela.

Il arrivera souvent que le cliché reste incomplet On se voit forcé, pour corriger ce manque
de pose, d'ajouter des proportions croissantes
d'alcali, il pourra alors arriver ou que la gélatine se soulèvera sur les bords, premier insuccès qui devient de plus en plus rare aujourd'hui,
grâce aux perfectionnements apportés à la fabrication des gélatines photographiques et surtout
à la fabrication des glaces ; si on a le soin de
passer un peu de suif sur les tranches de la
glace avant de la développer, on aura rarement

à se préoccuper des soulèvements, mais il apparaîtra un autre cause de perte du cliché, ce sera le voile dichroïque, parce qu'il est rougeâtre ou rosé par transparence et vert par réflexion. On doit éviter de développer à l'acide pyrogallique alcalin les glaces qui prennent rapidement le voile dichroïque ; qui ne se forme pas durant le développement à l'oxalate ferreux et rarement avec l'hydroquinon ; je dis rarement, car je l'ai vu se présenter avec ce dernier révélateur sur des glaces qui voilaient, il est vrai, très rapidement à l'acide pyrogallique.

Ce voile dichroïque se produit souvent entre les mains des opérateurs novices ou impatients, qui forcent trop rapidement la teneur du bain en alcali, parce que le cliché ne vient pas, leur semble-t-il, assez vite ; les opérateurs expérimentés savent retirer d'une glace qui n'a cependant reçu qu'une exposition de 1/100 de seconde un cliché dont le modelé ne laisse guère à désirer ; ils savent que l'impatience et la précipitation ne concordent pas avec un développement bien conduit.

Avec les développements à l'acide pyrogallique ; on ne fait pas usage des accélérateurs ; ceux-ci n'ont généralement aucune action avec ce mode de développement, excepté cependant le nitro-prussiate de soude à la dose de 2 grammes par litre ; la solution de sel marin à 10 0/0 produit, dit-on, un sensible effet accélérateur, mais je n'ai pu faire une observation qui me le prouvât bien clairement.

RÉVÉLATEURS A L'OXALATE FERREUX. — L'oxalate de protoxyde de fer constitue un réducteur des sels d'argent beaucoup plus énergique que le sulfate ferreux ; aussi l'a-t-on appliqué ·au gélatino-bromure dès le début de ce procédé, et il est peut-être encore resté celui qui est le plus usité. Des discusions nombreuses ont eu pour sujet de savoir si l'oxalate était préférable, ou s'il était mieux d'avoir recours à l'acide pyrogallique ; il y avait presque deux camps opposés. Aujourd'hui que toutes ces discussions sont presque devenues historiques, on peut un peu se hasarder à émettre son avis et dire que pour quiconque ne cultive la photographie qu'à de rares intervalles, n'est photographe que par occasion, le fer a ses avantages ; sans une habitude très grande des manipulations, on arrive à un cliché, souvent très beau, si la pose a été juste ou peut s'en faut ; aux vraies adeptes, aux excursionnistes qui ne peuvent pas la plupart du temps et pour plusieurs causes calculer exactement la durée de l'exposition, on doit conseiller l'acide pyrogallique, parce que des écarts de pose, même assez considérables, peuvent être corrigés au cours du développement. J'ai souvent entendu dire, et moi-même je suis de cet avis, que les clichés à l'acide pyrogallique sont plus fins, sont plus détaillés dans les ombres que ceux développés au fer. En voyage, la mauvaise qualité de l'eau est moins préjudiciable aux révélateurs alcalins qu'à ceux à l'oxalate ; ceci a cependant peu d'importance, car le voile blanc laiteux peut facilement être détruit au moyen d'un bain légèrement acidulé par l'acide chlorhydrique (1).

Les bains à l'oxalate de fer sont encore à peu près uniquement employés pour développer les papiers recouverts de gélatino-bromure ou de gélatino-chlorure ; ils ne communiquent en effet aucune teinte aux papiers si on prend les quelques précautions que j'indiquerai plus tard ; la couleur des épreuves est en général satisfaisante et sans trace de voile en employant les révélateurs dont je donnerai quelques formules à titre d'exemple. Pour le développement de ces épreuves positives, on a souvent recours aujourd'hui à l'hydroquinon ou au chlohydrate d'hydroxylamine, qui fournissent également des images d'une teinte agréable, tout

---

(1) La divergence d'opinion sur la supériorité de tel ou tel révélateur tient aussi beaucoup à la nature des plaques qui se développent infiniment mieux quelquefois au fer qu'à l'acide pyrogallique.

en agissant plus lentement, ce qui est avantageux quand on développe un assez grand nombre d'épreuves à la fois.

Dès le début, on préparait le révélateur à
l'oxalate de fer en dissolvant de l'oxalate ferreux dans une solution bouillante d'oxalate
neutre de potasse; ainsi opéraient Carrey-Lea
et Wilis, auxquels on doit les premières formules
pour composer ce développement. Le docteur
Eder simplifia sa préparation en faisant mélanger une solution à 30 0/0 de sulfate ferreux à
une autre solution saturée d'oxalate neutre de
potasse. Par double décomposition, il se forme
de l'oxalate de protoxyde de fer et du sulfate de
potasse qui restent en dissolution dans l'excès
de solution d'oxalate de potasse. On ajoute
ordinairement une petite quantité d'un acide à
la solution de sulfate de fer, soit 7 à 8 gouttes
d'acide sulfurique par 100 centimètres cubes,
soit $0^{gr},50$ d'acide tartrique. Ces acides ont pour
effet de retarder la peroxydation du proto-sulfate de fer, dont la solution conserve ainsi beaucoup plus longtemps la teinte vert émeraude
propre aux sels de protoxyde; l'acide tartrique,
à cause de son pouvoir réducteur, ramène,
même sous l'influence d'une vive lumière, les
solutions jaunies à la teinte verte; c'est donc
l'acide qu'il faut employer de préférence. Il faut
toujours éviter d'employer une dose plus forte

d'acide tartrique que celle qui a été indiquée ci-dessus, parce que les révélateurs par trop acides donnent dur. Comme les solutions jaunies de sulfate de fer renferment du sel au maximum, elles donneraient lieu à la formation d'oxalate ferrique; les révélateurs donneraient également dans ce cas des oppositions trop tranchées et, de plus, ils seraient moins énergiques.

La solution d'oxalate de potasse doit être saturée de ce sel; elle est donc à 25 0/0, le proto-oxalate de fer, en effet, ne reste en dissolution qu'en présence d'un grand excès d'oxalate de potasse; l'eau pure ne dissout pas ou ne dissout l'oxalate ferreux qu'en très petite quantité; les solutions d'oxalate de potasse le dissolvent au contraire en quantités d'autant plus grandes qu'elles sont plus concentrées. D'un autre côté, si l'oxalate ferreux qui se forme par le mélange des deux solutions ne trouve pas une assez grande quantité d'oxalate de potasse pour le dissoudre, il se précipite peu à peu, en formant sur les plaques un dépôt jaunâtre qui salit le cliché et qu'il est difficile de dissoudre, cet oxalate ferreux précipité ne se dissolvant plus que difficilement dans l'oxalate de potasse; on a donc tout intérêt à ce que la solution de ce dernier sel en contienne la plus grande quantité possible, qu'elle en soit donc saturée.

Beaucoup de formules font ajouter à la solution d'oxalate neutre de potasse 1 gramme de bromure de potassium par litre de solution, d'autres une dose qui va jusqu'à 2 grammes. Cette addition n'est utile que pour les glaces qui se voilent facilement, inconvénient qui se présente de plus en plus rarement aujourd'hui; nos bonnes marques de plaques françaises n'ont pas besoin de cette addition, bien que l'on puisse voir encore les instructions qui les accompagnent formuler une certaine quantité de bromure de potassium, comme devant faire partie de la solution d'oxalate.

Dans quelles proportions doit-on maintenant mélanger la solution de sulfate ferreux à 30 0/0 à la solution d'oxalate de potasse, car le mélange doit toujours être fait dans cet ordre, afin que l'oxalate ferreux se trouve, au moment de sa formation, en présence d'un grand excès du sel qui lui sert de dissolvant, ce qui ne saurait avoir lieu si on ajoutait l'oxalate dans le sulfate de fer.

Presque toutes les instructions dont j'ai parlé, vous disent : Prenez 3 parties ou volumes de la solution d'oxalate neutre de potasse et ajoutez 1 volume de la solution de sulfate de fer, ce qui constitue le révélateur que l'on doit verser sur la glace placée dans une cuvette, qu'on a soin d'agiter. On surveille la venue de l'image;

si elle vient trop uniforme, par surexposition,
on ajoute dans la cuvette quelques gouttes d'une
solution de bromure de potassium, dont l'effet
est de retarder le développement et de permettre
par conséquent aux lumières de prendre de
l'intensité avant que les ombres aient acquis
une teinte trop foncée. Beaucoup d'opérateurs
n'agissent pas ainsi, au moins lorsqu'il s'agit
d'un travail qui n'est pas uniforme, comme
celui des photographes de profession opérant
dans leur atelier, qu'on est exposé par conséquent à avoir commis des irrégularités dans
les temps d'exposition ; dans ces cas, il est
bien préférable de commencer le développement avec un révélateur beaucoup moins énergique, tel que celui que l'on compose en ajoutant
à 100 centimètres cubes de solution d'oxalate
10 centimètres cubes seulement de fer. L'image
sera plus longue à apparaître, mais cette lenteur précisément permettra de corriger l'excès
de pose, s'il y en a, en se servant de la solution
de bromure, sans que le cliché ait eu le temps
de griser, ce qu'il fait très vite lorsqu'il se
trouve traité par un révélateur énergique ; il
faut alors une certaine dextérité pour modifier
le cliché avant qu'il ait perdu de sa valeur.
D'un autre côté, se trouve-t-on en face d'une
glace manquant de pose : c'est, par exemple, une
instantanée qu'on développe ; ici encore, il faut

avoir recours au début à un développement
lent, peu énergique, à l'encontre de ce qui se
faisait autrefois, car pour les poses rapides on
préparait des révélateurs spéciaux très concentrés. En hasardant cette manière de faire,
je tiens à donner les raisons plausibles qui
doivent nous déterminer à agir ainsi et nous engager à employer dans tous les cas des révélateurs peu énergiques, quelle que soit leur
nature. Un révélateur peu énergique demande
un temps très long pour intensifier les grandes
lumières, pour qu'elles deviennent opaques;
durant ce temps relativement long, les demi-
teintes et les ombres pourront se dessiner. Si à
partir du moment où ces parties peu lumineuses
ont apparu nous augmentons l'énergie du révélateur (soit en ajoutant une nouvelle quantité
de sulfate de fer, s'il s'agit de l'oxalate; soit en
ajoutant de l'acide pyrogallique et de la solution
alcaline si nous nous servons des révélateurs alcalins), tout ce qui s'est déjà développé s'identifiera
simultanément; ce sera un renforcement général
du cliché; il gardera de l'harmonie, ne deviendra
pas dur, et ne fournira pas de parties trop
*crayeuses* sur les positives qu'on en tirera.

On peut trouver une explication à ce phénomène que les ombres, les demi-teintes et les
lumières s'identifient presque également, dans
ce fait que tout le monde peut constater : c'est

que le développement devient plus rapide vers la fin qu'au début, ou, en d'autres termes, que l'image, une fois qu'elle s'est bien dessinée, se complète plus vite qu'elle ne s'est formée.

Le résultat d'un développement ainsi conduit sera donc de nous permettre, sans craindre de ne pas opérer à temps, de rectifier l'excès de pose par l'addition du bromure ; si la pose est exacte, il est loisible d'augmenter l'énergie du révélateur pour aller plus vite, car la solution faible nous fournirait également un bon cliché, mais en un temps plus long ; si la glace a été sous-exposée, nous pourrons obtenir un cliché beaucoup moins dur que si nous nous étions servi tout d'abord d'un révélateur énergique. Celui-ci, en effet, fait bientôt apparaître les grandes lumières qui continuent à monter et sont arrivées même à une densité plus que suffisante avant que les demi-teintes ou les ombres aient eu le temps de se dessiner ; ce sera donc un cliché vitreux dans les ombres et opaque dans les parties correspondant aux grandes lumières.

On a bien trouvé des substances, auxquelles on a donné le nom d'*accélérateurs*, qui, tout en activant le développement, égalisent l'action du révélateur, je veux dire qu'ils semblent donner aux parties de la glace faiblement impressionnées la faculté de se développer beaucoup plus tôt qu'elles ne l'auraient fait sans cela ; les accélérateurs concourent donc à produire la douceur du cliché. Comme en général ils portent les plaques à voiler, il ne faut penser à les employer qu'avec celles qui donnent bien pur. A l'article *chlorure de sodium*, j'ai parlé d'une solution de ce sel à 10 ou 15 0/0, employée comme bain préalable, pour constituer un accélérateur. Le bain d'azotate de chrysaniline à 1/2000 est moins connu et moins usité ; l'accélérateur auquel on a le plus généralement recours est l'hyposulfite de soude, que l'on emploie en solution à 1/3000 ou même à 1/5000, si elle doit servir de bain dans lequel on plongera la glace avant le développement ; on l'y laissera séjourner au plus deux minutes, et sans la laver on la plonge dans le révélateur. Si la solution d'hyposulfite de soude est destinée à être ajoutée au révélateur, on emploie une solution plus concentrée, telle que la suivante, qui est une de celles qui donnent les meilleurs résultats :

Bromure de potassium ............  2 grammes.
Hyposulfite de soude .............  1 gramme.
Eau ..............................  30 grammes.

Au révélateur contenu dans la cuvette, on ajoute, si l'image vient difficilement ou si l'on développe une instantanée, trois gouttes de cette solution ; on a soin auparavant de retirer la glace du bain et de ne l'y replonger qu'après avoir opéré un mélange parfait. Le développement s'accélère immédiatement, ce dont on s'aperçoit à la sortie des détails dans les ombres restées blanches jusque-là. Si l'addition de la solution accélératrice a été faite avant de commencer le développement, ou si elle a constitué un bain dans lequel on a plongé la glace avant de la révéler, l'image apparaît tout de suite et se renforce graduellement.

Dans tous les cas, si tous les détails ne se montrent pas, on peut essayer, sans courir les risques de voiler l'image, d'ajouter encore une ou deux gouttes de la solution qui vient d'être formulée ; de bonnes plaques supporteront l'addition de trois ou quatre nouvelles gouttes de l'accélérateur ; une dose plus forte amènera souvent un voile général plus ou moins accentué.

Le bromure de potassium exerce dans cet accélérateur une action favorable pour empêcher le voile, sans nuire à la douceur du cliché ; il est facile de le constater en se servant d'une solution au 1/30 d'hyposulfite de soude comme celle ci-dessus, mais sans lui ajouter du bromure, et une autre exactement composée comme je l'ai dit. La première ne permettra pas de dépasser la dose de quatre à cinq gouttes sans griser le cliché, tandis que, sous l'effet de la seconde, la sortie des détails sera tout aussi accentuée, et l'image restera sans aucune apparence de voile.

Lorsque le cliché commence, en poursuivant le développement, à se teinter sur toute la surface, on l'examine par transparence ; l'intensité doit en être arrivée à un point qu'elle semble être trop grande, afin qu'après le fixage il conserve celle qui est nécessaire à un bon négatif ; s'il n'en est pas ainsi, on continue à développer jusqu'à ce que l'on soit arrivé au point que l'expérience apprend seule à bien connaître et qui varie d'ailleurs un peu, selon le goût de chaque opérateur, sans cependant s'écarter beaucoup d'une limite qu'on ne peut dépasser ou ne pas atteindre.

On arrête le développement en lavant la glace dans plusieurs eaux ; on a soin, si celles-ci sont très calcaires, d'en faire une provision pour cet usage, après l'avoir privée des sels de chaux, en lui ajoutant une petite quantité de la solution d'oxalate neutre de potasse et en la laissant clarifier par le repos ; on évite ainsi la formation du voile blanc laiteux, formé par de l'oxalate de chaux qui se dépose à la surface de la couche de gélatine et qui se forme même dans son épaisseur. On plonge le cliché deux ou trois minutes dans un bain d'alun à 6 ou 8 0/0, on le lave encore et enfin on procède au fixage.

Le bain de développement, appliqué aux papiers recouverts de gélatino-bromure qui doivent servir à tirer des positives, ne diffère guère de celui qui sert pour les épreuves négatives ; il faut seulement lui ajouter toujours un peu de bromure de potassium pour maintenir les blancs sans trace de voile, condition essentielle lorsqu'il s'agit de positive par réflexion ou par transparence ; de plus, le bain doit être franchement acide pour éviter la formation de sels basiques de fer, qui communiqueraient aux épreuves une teinte rouille plus ou moins accentuée, très difficile à faire disparaître même en partie. C'est encore pour éviter la formation de cette teinte jaune qu'aussitôt après le développement on les lave dans plusieurs eaux acidulées et fréquemment renouvelées avant de les fixer. Pour cet usage de l'oxalate de fer, je vais donner les formules contenues dans l'instruction accompagnant le papier positif d'Eastman.

I.  Oxalate neutre de potasse.   25 grammes.
    Eau distillée..............  100    —

Acide sulfurique ou citrique en quantité suffisante pour que le papier de tournesol révèle l'acidité de la solution.

II.  Sulfate de fer pur........   30 grammes.
     Eau distillée.............  100    —
     Acide sulfurique.........    2     —

III. Bromure de potassium...     3 grammes.
Eau...................... 100      —

Pour développer on mélange dans l'ordre indiqué :

Solution I...............  100 grammes.
   —    II..............   15    —
   —    III.............    2    —

Avant de plonger le papier dans ce révélateur, on l'a préalablement ramolli par un séjour de deux ou trois minutes dans l'eau pure. Après le développement, on lavera les épreuves à trois reprises dans la solution suivante, où elle ne séjournera chaque fois qu'une minute :

Eau...................... 1.000 grammes.
Acide acétique........... 2      —

On lave ensuite et on fixe.

Le développement à l'oxalate de fer pour les épreuves au gélatino-chlorure varie un peu par sa composition ; on l'additionne d'une dose de l'un des retardateurs assez considérable. Les uns emploient le bromure de potassium, les autres les citrates alcalins, le citrate de magnésie, l'acide citrique, etc. J'ai donné à l'article *Chlorure d'argent* la formule de l'un de ces révélateurs applicables aux surfaces recouvertes de gélatino-chlorure; je ne crois pas qu'il soit utile d'y revenir à cette place.

Ce qui concerne le développement se trouve encore incomplet malgré que cette étude ait acquis une certaine étendue; mais en relisant les articles concernant les produits suivants, on verra que tout ce qui peut avoir quelque importance vient compléter cet article; c'est pourquoi j'ai autant que possible évité d'y revenir pour ne pas tomber dans des redites. Ces produits que j'ai entendu mentionner sont les acides gallique, pyrogallique, acétique, tartrique et citrique, les carbonates alcalins, l'ammoniaque, le sulfite de soude, l'oxalate de fer, le chlorhydrate d'hydroxylamine, l'hydroquinon et la pyrocatechine.

**Eau.** (HO). — Ce symbole représentant deux volumes est souvent remplacé, surtout dans les formules organiques, par le suivant ($H^2O^2$) qui représente 4 volumes de vapeur d'eau.

*Généralités.* — L'eau est formée par la combinaison de 1 volume d'oxygène et 2 volumes d'hydrogène qui se condensent pour donner naissance à 2 volumes de vapeur d'eau. Le point d'ébullition de l'eau pure, sous la pression de 760 millimètres, a été pris comme déterminant le 100° degré du thermomètre centigrade, tandis que le 0 correspond à la température de la glace fondante ; le poids de l'unité de volume d'eau, pris aux maximum de contraction, c'est-à-dire + 4° C, fixe l'unité de poids spécifique ou, en d'autres termes, la densité de l'eau à + 4° est représentée par 1.00.

L'eau joue un rôle immense dans la nature. Elle couvre les quatre cinquièmes de la terre. Elle forme environ les trois quarts du poids des animaux. Elle est absolument indispensable à l'existence des végétaux et des animaux.

Cavendish, soupçonna le premier que l'eau doit renfermer de l'hydrogène, car il constata que ce gaz en brûlant donne de l'eau ; Watt et Priestley, aveuglés par la théorie du phlogistique, ne purent expliquer cette formation d'eau. Il faut arriver à Lavoisier pour avoir la démonstration que l'eau est un composé d'hydrogène et d'oxygène ; il le démontra synthétiquement et par l'analyse, dont les résultats ne furent pas absolument exacts, et cela parce que, dans ses expériences, il ne prenait pas le soin de dessécher les gaz, ce qu'on ne savait pas faire, d'ailleurs, à son époque.

*Propriétés physiques.* — Nous connaissons l'eau sous trois états ; à l'état liquide, à l'état de glace et sous celui de vapeur.

L'eau, en passant de l'état liquide à l'état solide ou de glace, se dilate et fait éclater les vases qui la renferment.

La vapeur d'eau, en passant à l'état liquide, abandonne une grande quantité de chaleur, la chaleur latente de vaporisation.

Cette propriété est mise à profit dans beaucoup d'industries pour élever rapidement la température d'un liquide quelconque qu'on ne peut chauffer directement, ou pour le chauffage des étuves et des séchoirs. Applications dans lesquelles on se sert quelquefois de tubes dans lesquels circule de l'eau chaude, au lieu de vapeur d'eau comme précédemment ; on met alors à profit dans ces chauffages, au moyen de termosyphons, la chaleur spécifique considérable, exceptionnelle même de l'eau.

Depuis que la préparation des glaces ou papiers photographiques est devenue une industrie importante, les fabriques possèdent des laboratoires et des séchoirs, où l'on utilise ces divers modes de chauffage ; il en résulte une grande régularité et une grande constance dans les produits obtenus, sans préjudice d'une production journalière beaucoup plus élevée, dont l'amateur est appelé à profiter, par la baisse de prix qu'elle entraîne, sans que la qualité soit sacrifiée.

Par contre, durant la saison chaude, on se sert de tables métalliques à double fond, dans lesquelles on établit une circulation d'eau froide, afin que les glaces au gélatino-bromure que l'on

y dépose fassent rapidement prise. La glace,
dans les laboratoires de l'amateur, sert pour le
même objet à refroidir les plaques de marbre
ou de verre ; on se sert encore de la glace pour
obtenir une solidification rapide des émulsions
versées dans une cuvette ; bientôt après on peut
les diviser en fragments, au moyen d'un
cannevas, et les soumettre au lavage. On recommande, durant la saison chaude, de refroidir
à une température moyenne de 15 à 18° les
bains de développement, dans le but d'éviter
les soulèvements que ces bains, surtout ceux
qui sont alcalins, font subir à la gélatine, si leur
température est quelque peu plus élevée, et se
rapproche, par conséquent, du point de fusion
de la couche gélatineuse. C'est là un des obs-
tacles à l'emploi du gélatino-bromure dans les
pays très chauds qui sont, la plupart du temps,
dépourvus de toutes ressources, soit comme
abris suffisants, où l'opérateur puisse éviter
l'élévation trop marquée de la température, soit
parce qu'il est absolument impossible d'avoir
recours à la glace. Les bains de bichromate de
potasse, qui servent à sensibiliser les papiers
mixtionnés, ne doivent pas dépasser une température de 10 à 12° ; sans cette condition on
s'expose à voir la gélatine colorée se fondre
partiellement. Pour refroidir les cuvettes et
donner à ces différentes solutions le degré de

température convenable, le moyen le plus simple consiste à les placer dans une cuvette plus grande ; dans cette dernière on place des fragments de glace et quelques centaines de grammes d'eau.

Toutes les fois qu'un corps plus froid est exposé dans une atmosphère plus chaude, il se condense à sa surface une couche de gouttelettes liquides, le corps se recouvre de buée, et si l'objet est transparent, cette couche d'eau à l'état vésiculaire lui enlève momentanément sa transparence, qui reparaît à mesure que l'équilibre de température entre le corps et l'air ambiant s'établit.

C'est un désagrément qui nous survient souvent lorsque, prenant un objectif conservé dans une pièce froide, nous le portons et le découvrons à l'extérieur ; en attendant quelques minutes, il reprendra toute la transparence nécessaire pour la formation des images. Le même accident se présente aussi, sans qu'on ait pu le constater tout d'abord, lorsque pendant l'hiver le soleil donne directement sur la chambre noire ; l'élévation de la température fait dégager l'humidité emmagasinée dans le bois et le soufflet ; cette vapeur d'eau se condense sur la lentille postérieure de l'objectif ; l'image qu'il fournit alors est indécise. Pour éviter cet inconvénient, il est bon de laisser pendant l'hiver la chambre

exposée quelques minutes au soleil, après l'avoir
amenée au maximum de tirage et après avoir
aussi enlevé l'objectif et la glace dépolie.
L'aération qui se produira aura vite desséché
toutes les pièces.

L'eau est un corps neutre, sans action sur le
tournesol; à tel titre elle joue le rôle de base
vis-à-vis des acides énergiques et forme avec
eux des composés définis; elle joue, au contraire, le rôle d'un acide avec les bases fortes,
avec lesquelles elle se combine pour former
encore des combinaisons en proportions définies.

L'eau dissout un grand nombre de substances
solides, liquides ou gazeuses, et ce rôle est très
général, plus général même qu'on ne serait
porté à le croire à première vue. Ainsi, les phé-
nomènes géologiques nous permettent de constater que la solubilité du carbonate de chaux
dans l'eau a joué un rôle immense dans la formation des couches sédimentaires; l'action
dissolvante de l'eau sur le verre n'est pas négligeable, surtout à chaud, car l'élévation de
température, à quelques exceptions près, favorise la dissolution des corps solides; les gaz au
contraire sont plus solubles dans l'eau froide
que dans l'eau chaude; c'est pourquoi nous
voyons se dégager de l'eau que nous chauffons
une grande quantité de petites bulles formées
par les gaz qu'elle tenait en dissolution.

Si nous l'amenons jusqu'à l'ébullition et que nous prolongions celle-ci, même fort peu de temps, il nous serait facile de constater que l'eau est entièrement purgée d'air et des autres gaz qu'elle tenait en dissolution. Il se produit en même temps un autre phénomène, qui semble infirmer ce que je disais tout à l'heure, à savoir : que le pouvoir dissolvant de l'eau croît avec la température. En effet, si on chauffe une eau calcaire, elle tient en dissolution une plus grande quantité de carbonate de chaux que celle qui correspond à son pouvoir dissolvant pour cette substance ; cet excès n'est dissous qu'à la faveur de l'acide carbonique dissous également dans l'eau ; la chaleur faisant dégager ce dernier gaz, une partie du carbonate de chaux se précipite et vient se déposer sur les parois du récipient. Nous savons que ce dépôt devient d'une épaisseur assez considérable ; qu'il s'agglomère sous forme de couches dures dans l'intérieur des chaudières à vapeur, en faisant courir le danger d'explosion.

Ce rôle dissolvant de l'eau fait que celle qui sourd à la surface des terrains, celle des rivières, celle aussi qui est recueillie dans des citernes est loin d'être pure. Ces impuretés varient avec la nature des terrains traversés ; ce sont généralement des carbonates et sulfates terreux, des chlorures solubles ; ensuite elle se

charge de matières organiques, tenues en suspension ou en dissolution ; elles proviennent des
détritus de végétaux ou d'animaux. On doit rejeter, comme nous le verrons plus loin, les
eaux souillées par des matières organiques pour
tous les usages photographiques ; il n'est pas
sans intérêt de dire qu'on doit éviter l'emploi
d'eaux semblables pour l'alimentation, quand
bien même elles ne renfermeraient que des sels
minéraux en petite quantité et que, sous ce dernier rapport, elles rentreraient dans la catégorie
des eaux potables.

Les eaux minérales, c'est-à-dire celles qui
sont chargées en quantités considérables et
exceptionnelles de matières minérales, telles
que des sulfures, de l'acide sulfhydrique, du
bicarbonate de chaux, du bicarbonate de soude,
de sels de fer, etc..., sont par cela même im-
propres aux usages photographiques ; nous pourrions en dire tout autant de l'eau de mer.

Parmi les eaux courantes, de source ou de
citerne, que l'on peut être appelé à utiliser, on
ne devra employer telles qu'elles se présentent,
pour les usages ordinaires (je désigne ainsi
les opérations de lavage des émulsions ou des
plaques recouvertes de collodion destiné à être
employé à sec, pour les diverses opérations du
développement, le traitement des épreuves positives), que les eaux rentrant dans la catégorie

des eaux potables, c'est-à-dire ne marquant pas plus de 30° à 32° hydrotimétriques, à la condition expresse que ces eaux ne seront pas souillées par des matières organiques.

Celles marquant plus de 32° hydrotimétriques laissent généralement à désirer et donnent, avec le carbonate de soude, les alcalis quelconques, l'oxalate de fer, d'abondants dépôts blancs qui salissent les clichés ; sont la source de taches sur les plaques au gélatino-bromure, à moins que leur degré élevé ne soit dû, en majeure partie, à des sels magnésiens  Depuis plusieurs années, j'emploie pour ma part une eau marquant 36° hydrotimétriques, dont 16° sont dus aux sels magnésiens que cette eau renferme; n'ayant jamais eu depuis ce temps à constater d'insuccès que je puisse attribuer à son emploi, j'en conclus que le degré hydrotimétrique élevé, quand il est produit en grande partie par des sels magnésiens, n'est pas nuisible.

Au cours d'une excursion on peut être obligé d'employer la première eau qui se présente; on ne doit généralement pas négliger de lui faire subir quelques essais, d'abord pour voir si elle est dans un état de pureté convenable, et, ce premier renseignement acquis, lui faire subir, si c'est nécessaire, quelques traitements qui l'amèneront à un état plus satisfaisant.

Ces essais avaient sans doute plus d'importance, à l'époque où l'opérateur était lui-même obligé de préparer les glaces sensibles, soit au moyen du collodion sec, soit au moyen du collodion albuminé, et était, par conséquent, dans la nécessité de composer des bains, d'effectuer des lavages, opérations dans lesquelles la qualités de l'eau entrait comme facteur important et que l'expérience pouvait seule faire apprécier. M. Davanne dit, en effet, que des eaux, très pures en apparence, lui ont cependant donné des résultats détestables; que l'eau de Seine, qui lui fournissait de bons résultats avec le collodion albuminé, ne lui réussissait pas avec le procédé au tanin. Avec ces procédés, l'expérience directe était le guide le plus certain ; néanmoins il y a des conditions générales que l'eau doit remplir pour qu'elle puisse être appliquée d'une façon à peu près certaine ; je vais les résumer aussi succinctement que possible, en indiquant des procédés simples pour faire ces essais.

Essais de l'eau. — Les eaux chargées d'une trop grande quantité de *chlorure* donnent avec une solution de nitrate d'argent, légèrement acidifiée par l'acide azotique, un abondant précipité de chlorure d'argent.

De telles eaux, employées pour le lavage des glaces au collodion sec, donnent des épreuves qui manquent de brillant ; leur action est moins nuisible pour la préparation des émulsions.

Les eaux chargées de carbonate de chaux en quantité trop considérable présentent les mêmes inconvénients que les précédentes pour les collodions secs, appliquées au lavage des émulsions ; les uns leur attribuent la formation de petits points opaques, ce qui n'est pas absolument certain ; pour ceux-là, les eaux carbonatées doivent être proscrites ; pour les autres, si la quantité de carbonate de chaux n'est pas trop forte, de telles eaux sont préférables à l'eau distillée, en ce qu'elles permettraient d'obtenir une plus grande sensibilité, le carbonate de chaux dissous, disent-ils, pouvant neutraliser l'acidité de l'émulsion, au cas où celle-ci en conserverait une légère trace. Peut-être ces deux assertions contraires ne sont-elles pas suffisamment appuyées sur des expériences bien concluantes ; aussi, après des essais continués plusieurs années, je crois pouvoir avancer que toute eau qui n'est pas trop calcaire et, pour mieux spécifier, celle qui ne donne pas plus de 22° hydrotimétriques attribuables aux sels de chaux peut être parfaitement utilisée. Dans le cas où le procédé de MM. Boutron et Boudet ne pourrait pas être employé, on procéderait aux deux essais suivants :

Une solution d'oxalate de potasse ou d'oxalate d'ammoniaque donnera un abondant dépôt d'oxalate de chaux, si la proportion des sels de chaux est abondante; ce dépôt sera léger, se formera moins rapidement si les sels de chaux sont en minime quantité.

Si on fait bouillir une eau renfermant une grande quantité de bicarbonate de chaux, ce sel est décomposé par la chaleur, transformé en carbonate neutre de chaux qui se dépose et le liquide se trouble; l'abondance du dépôt fera apprécier la quantité de chaux carbonatée que l'eau renferme.

Le liquide surnageant renferme encore de la chaux à l'état de sulfate; en le filtrant et lui ajoutant une solution peu concentrée de carbonate neutre de soude, il se formera un nouveau dépôt de carbonate de chaux.

Les eaux fortement calcaires présentent des inconvénients pour les lavages des clichés développés avec l'oxalate de fer et avec les bains alcalins; l'épreuve se recouvre, dans le premier cas, d'un dépôt d'oxalate de chaux; dans le second d'un dépôt de carbonate de chaux, que l'on peut enlever, il est vrai, au moyen d'un bain d'alun acidifié par l'acide chlorhydrique. On peut cependant les éviter si on a le soin de traiter dans un récipient quelconque la quantité d'eau que l'on juge nécessaire, au moyen d'une solution d'oxalate de potasse, que l'on ajoute successivement par petites quantités, jusqu'à ce qu'une nouvelle affusion ne donne plus de trouble. Après un repos de 24 heures, on pourra décanter la partie claire et s'en servir pour les lavages qui suivent le développement des clichés ou des épreuves positives sur émulsions à la gélatine.

Il est de toute nécessité de rechercher la présence des matières organiques dans les eaux, car celles qui sont ainsi contaminées doivent êtres proscrites de toutes les opérations photographiques ; elles sont, en effet, la source de voiles, d'altération des solutions. On les reconnaîtra par l'un des deux moyens suivants.

Dans 500 centimètres cubes d'eau environ, chauffée à 80° et acidulée par quelques gouttes d'acide sulfurique, on ajoute quelques gouttes d'une solution de permanganate de potasse à 1 gramme pour 1,000 centimètres cubes d'eau ; les eaux naturelles perdent bientôt la coloration rosée que leur avait d'abord communiquée le permanganate de potasse, car toutes renferment une certaine quantité de matières organiques en suspension (microbes, algues, débris de végétaux) ; si elles ne décolorent pas plus de 8 à 12 gouttes de la solution de permanganate au millième, ce qui correspond à peu près à 0,005 ou 0,008 de matière organique par litre d'eau, elles peuvent convenir à tous les usages ; si elles en décolorent une quantité plus considérable, on doit les éliminer, tant pour les opérations photographiques que pour l'alimentation.

Les matières organiques peuvent être encore reconnues au moyen d'une solution bien neutre d'azotate d'argent ; il se produit un précipité composé de chlorure et de carbonate d'argent mélangé à celui formé par la combinaison des matières organiques et de l'azotate d'argent. En portant le liquide à l'ébullition, le précipité noircit, quoique l'on opère à l'abri d'une lumière actinique pouvant agir sur le chlorure d'argent. Si on recueille ce précipité sur un filtre, qu'on le lave, qu'on le dessèche et qu'on le calcine dans un petit tube ; il donnera des vapeurs ammoniacales sensibles à l'odorat et au papier rouge de tournesol.

Les eaux souillées par les matières organiques doivent être, avons-nous dit, éliminées ; si l'on était cependant forcé de les employer, faute d'autres, il faudrait leur ajouter par litre autant de gouttes de solution de permanganate de potasse au millième que le premier essai, dont j'ai parlé, a fait reconnaître comme étant nécessaires pour leur communiquer une coloration rose persistante à peine sensible. On laisse le tout en repos durant quelques heurs et on décante la partie claire, qui ne présente plus généralement la coloration rosée.

Beaucoup d'eaux présentent à la suite des grandes pluies un trouble plus ou moins important ; les matières limoneuses qui altèrent leur limpidité doivent être éliminées par la filtration, ou en les additionnant de quelques décigrammes d'alun par litre et laissant ensuite clarifier le liquide par le repos.

Toutes les eaux renferment des particules solides en suspension. Dans les villes, où elles circulent dans des tuyaux de fonte, il n'est pas rare d'y apercevoir des débris d'oxyde de fer, des particules de plomb ou de cuivre; de telles matières étrangères ne doivent pas arriver au contact des émulsions ou des surfaces sensibles imprégnées de sels d'argent. Aussi ne doit-on jamais négliger de faire précéder l'appareil à lavage d'un filtre, que l'on peut facilement composer au moyen d'un verre de lampe garni, d'une bourre assez longue de coton hydrophyle, et à chaque extrémité d'un bouchon sur lequel on ajuste les tubes de distribution. Si ces tubes sont en caoutchouc, on aura soin de les *désulfurer*, en les laissant séjourner quelques heures dans une eau ammoniacale faible, et en les lavant avec soin après cela.

Si les eaux ordinaires peuvent servir à la plupart des usages, après avoir, bien entendu, constaté que la nature ou la qualité des matières qu'elles renferment ne doivent pas les faire proscrire, l'eau pure ou distillée est cependant nécessaire pour préparer les solutions de nitrate d'argent, de chlorure d'or, de beaucoup d'autres sels, ainsi que pour la préparation des émulsions. L'eau de pluie, récoltée avec soin, peut dans beaucoup de cas remplacer l'eau distillée. Je dois donc dire un mot de la préparation de l'eau distillée et dire aussi comment on doit récolter l'eau de pluie.

Tout le monde sait que l'eau distillée s'obtient au moyen d'un appareil de vaporisation, muni d'un tube entouré d'eau froide, où la vapeur formée dans la première partie vient se condenser et donne l'eau distillée. Mais, ce que l'on sait moins généralement, c'est comment cette opération doit être conduite. Très souvent l'alambic a servi à distiller des matières odorantes (fleurs, plantes, alcoolats pour liqueur); son serpentin reste souillé par les essences que ces distillations y ont introduites. Si l'on s'en sert dans cet état pour la préparation de l'eau distillée, celle que l'on obtiendra sera absolument mauvaise et occasionnera la réduction des sels d'argent, des sels d'or, sera la source de voiles sur les préparations sensibles. Il faut nettoyer l'alambic, et le moyen le plus simple pour faire facilement cette opération consiste à vider l'eau de la cuve du serpentin, à ajouter dans l'appareil de vaporisation ou cucurbite 50 à 60 grammes de carbonate d'ammoniaque et la moitié de l'eau que cette cucurbite peut contenir. On chauffe ; la vapeur entraîne le gaz ammoniac provenant de la décomposition du carbonate par la chaleur ; ces vapeurs alcalines parcourant tout le serpentin le nettoient en peu de temps. On vide complètement la chaudière, on la lave à grande eau, on lave également le serpentin, et l'alambic peut maintenant fournir une eau convenable.

On doit éviter de distiller plus de la moitié ou au plus les trois quarts de l'eau introduite dans la cucurbite ; il se forme, en effet, un dépôt au niveau de l'eau, constitué par les sels qu'elle tenait en dissolution et par les matières organiques. Si ces dépôts se forment sur les parties basses de la chaudière, qui ont par conséquent le contact direct de la flamme, ils se décomposent et produisent des vapeurs empyreumatiques et ammoniacales qui sont entraînées et vont se dissoudre dans l'eau recueillie.

Pour récolter l'eau de pluie, on doit attendre, si on la reçoit d'un toit, que celui-ci ait été bien lavé ; ce n'est donc qu'après plusieurs heures qu'on pourra en commencer la récolte ; elle devra toujours être filtrée pour éliminer les corps en suspension. Cette eau sera néanmoins de qualité inférieure, et on né peut songer à l'appliquer à tous les usages ; elle sera plus pure si on la récolte au moyen d'un grand linge peu tendu, de façon qu'il forme un vaste entonnoir, l'eau qu'il arrête s'écoule par la partie la plus déclive ; on ne doit commencer à la recueillir que lorsque les premières quantités auront fait subir un premier rinçage à l'étoffe.

La neige recueillie sur une surface propre ou la glace qui provient d'une eau bien limpide procurent facilement par leur fusion un liquide qui peut après filtration remplacer l'eau distillée dans toutes les opérations photographiques où celle-ci est formulée.

L'eau ainsi obtenue est très pure, et doit être préférée à certaines eaux distillées du commerce, qui proviennent de la condensation des machines, lesquelles sont souvent souillées par des matières grasses que la vapeur entraîne en passant sur les organes lubrifiés.

**Iconogène.** — (Voir *Appendice*, p. 715.)

**ÉMULSIONS**. — *Généralités*. — Sous le nom d'émulsion, on désigne les liquides qui ont une apparence laiteuse, dont la composition et, par suite, les propriétés peuvent être très différentes. Le nom d'émulsion convient de préférence aux liquides lactescents, qui se préparent en broyant, puis en délayant dans l'eau les semences oléagineuses ; le principe huileux, divisé à l'infini, est maintenu à l'état de gouttelettes microscopiques à la faveur d'une matière mucilagineuse qui épaissit le liquide et s'oppose à la réunion des vésiculeuses huileuses. Par extension, le nom d'émulsion a été donné à des milieux liquides, tenant en suspension des résines, des substances solides très variables, les unes plus légères, les autres plus denses que le milieu. Pour combattre la tendance qu'ont les particules solides à venir surnager ou à former dépôt, suivant leur poids spécifique relatif, on est obligé de communiquer au liquide une viscosité plus ou moins grande; tantôt on emploiera la gomme, la gélatine ou le collodion.

Les émulsions photographiques sont constituées, chacun le sait, par un composé sensible (bromure ou chlorure d'argent) à l'état d'extrême division, maintenues en suspension dans des liquides aqueux ou éthéro-alcooliques, rendus visqueux au moyen de la gélatine ou du coton-poudre.

L'idée de produire une émulsion aux sels d'argent remonte à une trentaine d'années, puisque Gaudin, dans un article du journal *la Lumière*, du 20 août 1853, songeait à la possibilité d'une émulsion au chlorure ou à l'iodure d'argent; il donna la description de son *Photogène* en 1861. Quelques années après, Sayce et Bolton donnaient leurs procédés pho-

tographiques sans bain d'argent. Ils indiquaient,
en 1865, la possibilité d'obtenir une émulsion
au collodion, soit en triturant un collodion bromuré avec du nitrate d'argent, soit en ajoutant
à ce même collodion une solution alcoolique de
nitrate d'argent, ou encore en incorporant à du
collodion normal du bromure d'argent précipité séparément et bien lavé, d'abord à l'eau
et finalement au moyen de l'alcool. Ces mêmes
auteurs reconnurent que l'émulsion obtenue
n'atteint une grande sensibilité que si la formation du composé sensible a lieu en présence
d'un excès de nitrate d'argent. On employa
d'abord ces préparations en laissant subsister
cet excès de nitrate d'argent, ce qui nuisait à
leur conservation. Newton, en 1875, découvrit
qu'on peut conserver la sensibilité des émulsions au collodion, préparées avec un excès de
nitrate d'argent, si, après leur maturation, on
détruit l'excès de sel soluble d'argent au moyen
d'un chlorure soluble ajouté dans le collodion.
L'émulsion au collodion de M. Chardon est
formée sur ce principe. L'émulsion mixte de
Vogel au collodion et à la gélatine est fondée
sur la découverte de M. Bardy, qui démontra
que l'on peut remplacer dans le collodion le
mélange d'éther et d'alcool par d'autres dissolvants de la pyroxyline, tels que l'acide acétique,
l'acétone. Vogel, profitant de ce premier fait et

de cet autre que l'acide acétique est susceptible de dissoudre également la gélatine,
associa le coton-poudre à la gélatine dans son
émulsion mixte.

Poitevin, en 1850, soumettait à l'Académie
des sciences la description d'un procédé consistant à sensibiliser une solution gélatineuse
iodurée dans un bain d'argent. Ce n'était pas à
proprement parler une émulsion à la gélatine,
puisque le composé sensible se formait au sein
de la couche gélatineuse soldifiée; mais je
signale néanmoins cette première application
de la gélatine aux procédés photographiques
avec sels sensibles d'argent. C'est encore
Gaudin qui parle le premier d'une véritable
émulsion à la gélatine, puisque, dans sa première note sur l'émulsion au collodion, il men-
tionnait des produits analogues préparés avec
de l'albumine ou de la gélatine.

King, en 1873, introduisait divers perfectionnements aux procédés de Gaudin, publiés en
1853 et 1861, et à ceux que Maddox faisait connaître en 1871. Le plus important de ces perfectionnements consistait dans l'élimination
des produits de la double décomposition par les
lavages de l'émulsion; on opérait encore par
*dialyse*.

Wratten et Wainwrigth simplifièrent énormément le lavage en indiquant, en 1874, que

ce même résultat pouvait être obtenu en divisant l'émulsion figée en menus fragments, susceptibles d'être lavés à l'eau courante.

Johnston avait primitivement reconnu la nécessité de la présence d'un excès de bromure soluble pendant la préparation de l'émulsion, afin d'éviter une foule d'insuccès que l'on doit attribuer à l'excès de sel soluble d'argent.

La rapidité, grâce à cet excès de bromure soluble, peut être poussée très loin, comme le reconnut Benett en 1878, si l'émulsion est mise quelques jours à digérer à la température moyenne de 32°. Wortley découvrit que si on portait l'émulsion à 60°, on obtenait, au bout de quelques heures, la même rapidité; la préparation était ainsi singulièrement abrégée. Mansfield, l'année suivante, proposa de maintenir l'émulsion dix minutes seulement à l'ébullition pour obtenir une émulsion aussi sensible. Nous arrivons ainsi, pas à pas, au mode actuel de préparation des émulsions au moyen de la chaleur seule. Ce n'est pas tout : en 1880, le D$^r$ Eder annonça que les émulsions à la gélatine qui, comme on le savait déjà, gagnent peu à peu en sensibilité lorsqu'on les abandonne un long temps à l'état neutre et à la température ordinaire, marquent un accroissement rapide de sensibilité si on les rend alcalines. Burton publia, en 1882, une méthode de production d'émulsions extra-sensibles, fondée sur cette remarque du D' Eder.

Ces procédés de préparation des émulsions à basse température ont été simplifiés par Pizzighelli et le D' Eder, Audra, Joly, etc. Nous trouverions de nombreuses formules avec lesquelles on peut ainsi facilement préparer des surfaces d'une sensibilité étonnante.

Pour finir cette partie historique, il est bon de mentionner une autre méthode d'Eder, qui consiste à préparer d'abord l'émulsion à haute température; durant ce traitement qui lui communique déjà une grande sensibilité, on lui conserve une réaction neutre ou légèrement acide, on l'additionne après cela, et lorsque sa température est tombée à 50 ou 55°, d'une petite quantité de carbonate d'ammoniaque. On constate, après qu'on l'a abandonnée quarante-huit heures à la température ordinaire, que sa rapidité s'est notablement accrue, qu'elle est devenue plus homogène et qu'elle donne des images plus intenses.

En 1879, le capitaine Abney fit les premiers essais de précipitation du bromure d'argent pour le laver et l'incorporer alors seulement à la solution gélatineuse. Cette méthode, reprise depuis, a été perfectionnée en ce sens, que l'on a reconnu que le composé sensible doit être précipité en présence d'une petite quantité de gélatine, afin qu'après son lavage il se laisse facilement émulsionner.

Les émulsions de Braun et de beaucoup d'autres auteurs sont préparées par ce procédé avec lequel il est possible d'arriver à une sensibilité poussée aux dernières limites, et, de plus, la gélatine conserve toutes ses qualités adhésives, n'ayant pas été soumise à la chaleur ou à l'action prolongée des alcalis.

Il me resterait à signaler quelques autres méthodes que je passe sous silence. Pour ne pas prolonger indéfiniment cet exposé, je consacre cependant quelques lignes au procédé Obernetter, qui consiste à sensibiliser une solution gélatineuse d'azotate d'argent en la laissant un temps assez long en contact avec une autre solution alcaline de bromure de potassium.

Dans tout ce qui précède, il n'a guère été question que des émulsions au bromure d'argent; je dois dire quelques mots concernant les émulsions au chlorure d'argent, celles-ci, étant généralement destinées à la production des épreuves positives, ne demandent pas une sensibilité aussi grande ; ce qu'on exige de telles préparations, c'est qu'elles donnent des images bien modelées, brillantes, de couleur agréable, ou que l'on puisse modifier facilement par le virage. J'ai déjà parlé du collodio-chlorure d'argent, et à cette place j'aurai à décrire les émulsions gélatineuses chlorurées. Jusqu'à ces derniers temps, ces préparations laissaient à désirer, les travaux qui les concernent sont de beaucoup moins nombreux que pour le gélatino-bromure; cependant des essais industriels, couronnés de succès, font espérer que cette partie des préparations photographiques présentera bientôt, pour la pratique courante, les ressources que nous offrent les préparations bromurées. Les papiers d'Ilford, les glaces de M. Tondeur le prouvent suffisamment.

**Nature des émulsions.**— Le bromure d'argent, le chlorure d'argent ou l'iodo-bromure d'argent peuvent être émulsionnés dans le collodion, dans la gélatine ou dans un mélange de ces deux substances; de là plusieurs sortes d'émulsions :

1° Les émulsions au bromure d'argent dans la gélatine ;

2° Les émulsions au bromure d'argent dans le collodion ;

3° Les émulsions au chlorure d'argent dans la gélatine ;

4° Les émulsions au chlorure d'argent dans le collodion ;

5° Les émulsions mixtes au bromure d'argent.

Ayant déjà parlé des émulsions au collodio-bromure et au collodio-chlorure, dans l'article consacré au collodion, je n'y reviendrai pas ici, je prierai le lecteur de s'y rapporter ; de même qu'avant de commencer les émulsions à la gélatine, je l'engagerai à relire ce qui concerne le bromure, le chlorure et l'iodure d'argent, dont les propriétés et les transformations ont été suffisamment développées pour que je n'ai pas à y revenir, lorsqu'il s'agit des préparations photographiques dont ils font partie.

1° *Emulsion au bromure d'argent dans la gélatine ou gélatino-bromure d'argent.* — Je vais commencer par donner une formule courante de cette préparation; nous l'analyserons et nous en discuterons point par point les différentes phases. En agissant de la sorte, nous nous ferons une juste idée des proscriptions, en apparence assez minutieuses, qu'il faut observer avec soin pour arriver à un résultat certain; la théorie nous indiquera qu'elles sont parfaitement justifiées.

2° ÉMULSION PAR LE PROCÉDÉ PAR ÉBULLITION. — Je donne d'abord le mode de préparation au moyen de la chaleur seule, parce qu'il me semble le plus facile à conduire et celui avec lequel le débutant peut le plus facilement éviter les insuccès.

Si nous choisissons une formule parmi les plus courantes, nous verrons qu'on nous dit de faire d'abord la solution suivante, à laquelle nous appliquerons la désignation de :

Solution n° I.

| | |
|---|---|
| Eau distillée .................. | 200 cent. cubes. |
| Bromure de potassium......... | 24 grammes. |
| Gélatine dure, récente et privée de traces graisseuses....... | 20 — |

Dans un flacon en verre mince (verre de Bohême) ou dans un des récipients en porcelaine, que l'on trouve spécialement fabriqués pour la préparation des émulsions, nous mesurons d'abord la quantité d'eau, puis nous ajoutons le bromure, et dès que celui-ci est dissous on ajoute la gélatine. Au bout d'un quart d'heure au plus, la gélatine a absorbé de l'eau, s'est ramollie et distendue, état très favorable à sa dissolution rapide, dissolution que nous obtiendrons en plaçant le vase dans un bain-marie dont nous porterons l'eau à 60°. Nous aurons soin de garnir le fond de la chaudière d'un disque de zinc ou de laiton, percé de trous et surélevé de quelques centimètres, autant pour éviter les soubresauts que la casse du flacon de verre, qui se produirait infailliblement s'il était en contact immédiat avec le métal qui reçoit l'action du feu.

Pendant que la dissolution de la gélatine s'opère, nous préparons la

Solution n° II

Eau distillée..............    125 grammes.
Nitrate d'argent cristallisé..    30    —
Acide nitrique au 1/10......    7 à 8 gouttes.

Nous nous servons pour la renfermer d'un ballon de ve.re, dont le col est bouché par un bouchon de liège, muni d'un tube de verre mince, effilé en pointe, de façon que l'orifice n'ait pas plus d'un millimètre et demi de diamètre. Ce ballon est placé dans le bain-marie où se trouve le n° 1, afin que l'une et l'autre solution prennent la même température. Au moyen de papiers rouge et bleu de tournesol, nous nous assurons que le n° I est à l'état neutre, que le n° II est légèrement acide. Dans le cas où ces solutions ne se trouveraient point dans l'état que je viens d'indiquer, on les y amènerait au moyen d'une eau ammoniacale ou d'une eau acide l'une et l'autre très étendues.

Dès que les deux solutions sont à la même température, on les retire du bain-marie et on attend, avant de les mélanger, qu'elles n'aient plus qu'une température que la main puisse assez facilement supporter, c'est-à-dire qu'elle soit comprise entre 40 et 50° C.

Jusqu'ici, nous avions opéré au grand jour, mais à partir du moment où, en ajoutant la solution n° 2 dans la solution n° 1 (c'est dans cet ordre que le mélange doit être opéré), nous allons produire le composé sensible, il est évident que nous devrons opérer à l'aide d'une lumière inactinique; toutefois, comme nous traiterons plus tard notre émulsion par le bichromate de potasse, nous pourrons plus commodément continuer nos opérations à la lumière d'une bougie; l'effet de cette lumière actinique sera complètement détruit par le bichromate.

Saisissant de la main gauche le flacon qui contient la solution bromurée et de la main droite le ballon qui renferme la solution n° 2, nous renversons ce dernier au-dessus du verre de Bohême et, au moyen de secousses assez brusques, nous faisons écouler par petites portions le liquide qu'il contient; en même temps nous imprimons un mouvement circulaire au récipient de verre, pour que le nitrate d'argent se répartisse immédiatement dans la solution de bromure de potassium. Nous continuons de la sorte jusqu'à ce que la totalité de la solution n° 2 se soit écoulée. Au moyen d'un agitateur en verre, nous mélangeons bien l'émulsion maintenant formée, puis nous replaçons le flacon qui la contient dans le bain-marie, dont nous activons le feu pour le porter à l'ébullition. Ce point atteint, nous maintenons la même température durant vingt minutes au moins et trente minutes au plus, temps durant lequel nous avons soin d'agiter de temps en temps l'émulsion.

Les trente minutes écoulées, nous éteignons le feu, et lorsque la température du bain-marie est redescendue aux environs de 50 à 60°, nous ajoutons à l'émulsion la

Solution n° III

Eau distillée................ 150 grammes.
Gélatine dure................  15    —

Cette solution a été préparée dans un second bain-marie, pendant que la coction de l'émulsion s'effectuait, et de la façon dont on opère quand il s'agit de préparer une solution quelconque de gélatine, c'est-à-dire que celle-ci a été laissée dix minutes en contact avec l'eau froide, puis chauffée à 60° pour obtenir la dissolution.

Après avoir ajouté cette solution n° 3, nous ajoutons encore 10 à 15 centimètres cubes d'une solution de bichromate de potasse à 2 0/0, puis nous agitons le tout assez vigoureusement pour produire d'abord un mélange intime et bien répartir ensuite dans le liquide le bromure d'argent qui s'était déposé au fond du flacon pen-

dant la coction. L'émulsion, pour être terminée,
n'a plus besoin que d'être débarrassée des sels
solubles produits par la réaction du bromure de
potassium sur le nitrate d'argent, du bichromate
de potasse et d'être additionnée d'une nouvelle
quantité de gélatine pour lui donner la consistance nécessaire. Cette addition ne sera faite
toutefois qu'après avoir débarrassé l'émulsion
des sels solubles, c'est-à-dire après son lavage.

Pour la laver, il faut la diviser en fragments,
ce qui ne peut se faire avant qu'elle soit figée;
nous l'amènerons le plus rapidement possible à
cet état en la versant dans une cuvette en porcelaine, de la dimension $18 \times 24$ au moins, que
nous placerons dans un endroit frais, ou mieux
encore dans une autre plus grande contenant
de la glace finement concassée. Ce sera le moyen
de lui conserver son homogénéité, car le bromure
assez dense tend à gagner les parties inférieures,
et le fait, en effet, si elle reste longtemps à l'état
liquide.

Au bout de deux ou trois heures, la cuvette
renfermera une masse ferme, résistant assez
bien à la pression du doigt; quand il en est ainsi,
on peut procéder au lavage.

A partir du moment où l'émulsion aura le
contact de l'eau, que son lavage sera commencé,
elle reprendra sa sensibilité jusque-là anéantie par le bichromate; il faudra donc supprimer

pour le restant des opérations tout autre lumière que la lumière rouge.

Pour diviser l'émulsion en menus fragments, nous nous servirons d'un cadre de bois, garni aux angles de pointes fortement vernies à la gomme laque; nous tendons sur ce cadre un canevas à larges mailles (de 3 à 4 millimètres), nous le plaçons sur une terrine à moitié remplie d'eau et nous faisons tomber sur le canevas l'émulsion figée. Réunissant les angles du canevas, nous formons un mouet, que nous pressons sous l'eau; la masse gélatineuse se divise en fragments allongés un peu trop volumineux pour être rapidement lavés. Nous les amènerons à un plus petit volume en les repassant à travers le canevas, c'est-à-dire que celui-ci sera de nouveau étendu sur le cadre que nous placerons sur une seconde terrine; le liquide de la première et les grains d'émulsion seront déversés sur l'étoffe; en rinçant plusieurs fois, nous ferons arriver ce qui s'était attaché aux parois. Nous formerons un nouet que nous presserons de nouveau sous l'eau. Le canevas ne nous étant plus utile, il est remplacé sur le cadre par une mousseline assez forte et fine; elle servira à arrêter les fragments d'émulsion qui pourraient être entraînés au cours des décantations que nous ferons pour laver l'émulsion.

Ce lavage s'opère en décantant, comme je viens de le dire, l'eau qui a séjourné dix minutes avec les grains d'émulsion et la remplaçant par une nouvelle quantité. Après huit ou dix renouvellements de l'eau, l'émulsion pourra être considérée comme suffisamment lavée ; nous la verserons sur la mousseline, où on la laissera égoutter quelques minutes. On l'arrosera ensuite à diverses reprises avec de l'eau distillée ; pour déplacer l'eau ordinaire qu'elle retenait. La mousseline est ensuite réunie par les angles ; on serre légèrement pour chasser les dernières traces d'eau interposées ; on y arrive encore d'une manière plus complète en déposant le nouet sur plusieurs doubles de papier buvard, que l'on change dès qu'ils sont par trop humectés. Au bout d'une demi-heure, au moyen d'une cuillère d'argent, on sépare les grains d'émulsion du linge qui la contient, et on les place à mesure dans un flacon en verre mince, ou un vase en porcelaine, dans lequel on a déjà fait la solution suivante :

| | |
|---|---|
| Gélatine tendre............ | 15 grammes. |
| Eau distillée................ | 150      — |
| Acide salicylique........... | $0^{gr},25$ dissous. |
| Dans alcool à 80°........... | 5 grammes. |

Cette solution se trouvera au plus à une température de 60° au moment où l'on ajoutera l'émulsion; d'ailleurs cette température ne devra plus être dépassée, l'émulsion ne contenant plus, en effet, de bromure soluble, une température plus élevée pourrait occasionner le voile. Au moyen d'un agitateur, on produit le mélange intime de la solution gélatineuse et de l'émulsion qui fond rapidement. Quand le liquide est bien homogène, qu'il ne contient plus de grains d'émulsion non liquéfiés, qu'il se trouve enfin à une température voisine de 50°, on le filtre. On se sert pour cela d'un entonnoir en verre, garni à l'entrée de la douille d'une bourre de coton hydrophile peu serrée.

La douille de l'entonnoir s'appuie sur les parois du flacon qui reçoit l'émulsion filtrée; celui-ci est donc placé dans une position inclinée; en prenant cette précaution, on évitera les fines bulles d'air, qui ne manqueraient pas de se produire si l'émulsion s'écoulait en filet ou par gouttes dans la portion déjà filtrée.

L'émulsion, privée des matières solides étrangères que les sels ou la gélatine y avaient introduites, ainsi que des grains trop volumineux de bromure d'argent, est maintenant dans l'état voulu pour être étendue sur les glaces préalablement décapées et recouvertes d'une mince couche de silicate de potasse. (Voyez ce mot.)

On replace le flacon d'émulsion filtrée dans le

bain-marie, on lui laisse supporter à demeure
l'entonnoir qui a servi de filtre ; dès que la température du liquide est remontée vers 45 ou
50°, on en verse une partie dans une cafetière
portant un tube latéral partant du fond ; c'est
par celui-ci que l'on versera l'émulsion sur les
glaces. Le liquide qui provient de cette partie
inférieure est privé de bulles d'air, qui, en
vertu de leur légèreté, gagnent les parties supé-
rieures.

Sur la glace tenue horizontalement au moyen
de la main gauche à demi-ouverte, on verse
15 centimètres cubes environ d'émulsion pour
une grandeur demi-plaque. Elle s'étend uniformément et gagne les bords de la plaque ;
on favorise d'ailleurs cette extension au moyen
de mouvements lents de bascule, puis on
redresse légèrement la glace, en appuyant un
de ses angles sur la cafetière ; on ne conserve
à sa surface que 10 centimètres cubes d'émulsion. Par la pratique, on arrive très aisément à cette estimation ; de même qu'à étendre
régulièrement l'émulsion sur les plaques de
verre, une température du laboratoire comprise en 14° et 18° favorise cette opération,
beaucoup plus difficile à exécuter si la température est plus basse, ou si les glaces sont
elles-mêmes trop froides.

Les glaces recouvertes sont placées sur une

plaque de marbre ou de verre exactement horizontale; on les y laisse jusqu'à ce que la couche
d'émulsion se soit figée, temps que l'on utilise
à en recouvrir de nouvelles. Après la sixième,
on peut redresser la première et la placer au
séchoir, et ainsi des autres. Le séchage doit
être complet dans l'espace de douze à dix-huit
heures ; si l'air se renouvelle rapidement, que le
séchoir soit, en un mot, bien construit, rarement ce temps sera dépassé, ce qui n'arrivera
que pendant les journées froides et humides de
l'hiver; en été six à huit heures suffiront le plus
souvent.

Les glaces sont ensuite empaquetées en les
séparant, soit par des feuilles de papier joseph
lavé, soit au moyen d'onglets de papier buvard
blanc et fort.

Telle est la partie purement opératoire; aussi
longue à décrire, dans beaucoup de ses détails,
qu'à exécuter, je dois la reprendre, pour ainsi
dire point par point, en donnant les raisons
théoriques de ces traitements multiples et minutieux.

En premier lieu, nous n'ajoutons à notre
solution n° 1 qu'une partie de la gélatine qui
fera finalement partie de l'émulsion; en agissant
ainsi, nous avons pour but de soustraire le reste
à l'action prolongée de la chaleur qui la modifie
et lui fait perdre ses propriétés adhésives;

d'autre part, les émulsions concentrées, c'est-à-dire celles qui ne renferment pas toute l'eau et toute la gélatine qui doit en faire partie, gagnent plus rapidement une grande sensibilité par la coction.

Nous employions du bromure de potassium, parce que ce sel me semble préférable aux autres bromures solubles. Nous employions, en outre, une quantité de bromure de potassium supérieure à celle qui serait nécessaire pour transformer les 30 grammes de nitrate d'argent en bromure d'argent. Il y a à cela plusieurs avantages que je vais énumérer. D'abord, une émulsion qui contient un excès de bromure résiste plus longtemps sans voiler à l'action de la chaleur; or, c'est par une coction prolongée que nous exaltons la sensibilité du bromure d'argent; en second lieu, cet excès de bromure dissout ou mieux se combine avec une petite quantité de bromure d'argent, en formant un sel double, qui se dédouble au lavage en mettant en liberté du bromure d'argent excessivement sensible; enfin nous sommes assurés, en employant un large excès de bromure, de décomposer tout le nitrate d'argent, ce qui pourrait ne pas arriver si nous nous en tenions à la quantité théorique et que nos pesées ne fussent pas absolument précises ou que le bromure de potassium fût légèrement impur. La présence d'un excès de nitrate d'argent se traduirait par un voile rouge très accentué, et si peu qu'il fût important, nous pourrions en outre constater que l'émulsion prend au bain-marie une couleur ardoisée ; il y aurait là une preuve de décomposition assez complète pour que notre produit ne fût pas utilisable. Les uns admettent qu'on doit employer quatre parties de bromure de potassium pour cinq parties de nitrate d'argent ; c'est ce rapport que nous avons adopté ; d'autres en emploient un peu moins : ce sont des proportions ainsi réduites que portent les formules de Benett, Wilson, Abney, tandis que le D$^r$ Eder recommande la proportion de la formule que nous exécutons.

Cette solution n° 1 doit être neutre, tandis que la solution n° 2 est rendue légèrement acide. Par leur mélange, on obtiendra un liquide qui présentera une acidité à peine sensible, mais suffisante cependant pour maintenir la pureté de l'émulsion ; résultat auquel concourt aussi, je l'ai dejà dit, l'excès de bromure.

La neutralité des deux solutions serait peut-être plus favorable à une maturation rapide, mais on aurait à craindre que, par suite d'une altération de la gélatine, le milieu ne devînt légèrement alcalin ; ce serait d'une façon à peu près certaine la cause de la production d'un voile plus ou moins prononcé. On ne peut, en

effet, longtemps chauffer une émulsion alcaline
sans qu'elle s'altère plus ou moins et qu'elle
cesse de donner des images bien pures. Nous
avons donc tout intérêt à ce que notre émulsion
soit légèrement acide pendant que nous la
soumettons à la chaleur du bain-marie, et l'acidité que nous lui communiquons est assez
faible pour ne pas sensiblement retarder la
transformation du bromure d'argent pulvérulent
en bromure granulaire très sensible.

Nous employions pour cette première dose
de gélatine, ainsi que pour la seconde, des variétés dures, parce qu'elles sont moins affectées
par les divers traitements (digestion, lavage)
que les variétés tendres qui absorbent beaucoup
d'eau et perdent plus facilement la propriété de
faire prise.

Pour former l'émulsion, nous devons verser
la solution d'argent dans celle de bromure, et
tenir constamment le liquide en agitation ; en
opérant de la sorte, le nitrate d'argent se trouvera toujours en présence d'une assez grande
quantité de bromure de potassium pour qu'il
soit immédiatement transformé en bromure
d'argent et qu'il ne puisse réagir sur la gélatine. Cette action du nitrate d'argent sur la gélatine se traduit le plus souvent par l'apparition du voile rouge.

Nous opérons le mélange de ces deux solutions à une température de 50° environ; au-dessous (vers 30° ou 40°) le bromure d'argent serait très fin, pulvérulent, peu sensible et se transformerait lentement en bromure granu-laire très sensible. A 50° il se forme déjà beau-coup de bromure d'argent granulaire, et cette quantité augmente à mesure que le mélange s'opère à une température plus élevée; mais, d'un autre côté, comme déjà à partir de 60°, le bromure granulaire prend des dimensions assez accentuées, nous avons tout intérêt à ne pas atteindre ce point et moins encore à le dépasser. En opérant, au contraire, à 50°, le bromure sera entièrement fin, et sa transformation complète en bromure granulaire ne demandera pas plus de trente minutes, temps que nous avons assi-gné comme terme à la digestion de l'émul-sion.

On ne saurait, en effet, beaucoup dépasser cette durée, car le grain de bromure d'argent prend, à mesure que la digestion se poursuit, des dimensions plus fortes; il y a donc à consi-dérer si on veut prolonger l'action de la chaleur et augmenter par ce moyen la sensibilité, si cette augmentation du grain ne devient pas nuisible. Il est des cas où l'on préférera gagner en finesse ce que l'on perd en sensibilité, et *vice versa*.

Comme le bromure d'argent tend à se déposer durant la coction, on a soin d'agiter l'émulsion afin de le remettre en suspension.

Après la digestion on ajoute une nouvelle dose de gélatine dure, car la première ne serait pas capable de solidifier rapidement l'émulsion; le bichromate, que nous ajoutons à ce même moment, détruit l'effet de la lumière actinique à laquelle il a été commode d'opérer jusqu'ici.

Si nous avions examiné une goutte d'émulsion répandue sur un verre propre aussitôt après le mélange de ses composants, nous aurions constaté qu'elle ne laisse passer par transparence que des rayons jaunes-rougeâtres; à mesure que sa température se rapproche de 100°, la couleur se modifie, elle devient de plus en plus bleue; après être restée trente minutes au bain marie bouillant, cette couleur bleue sera franchement accusée, ou elle sera à peine rougeâtre.

Au lieu de faire digérer l'émulsion pendant une durée exactement limitée, comme nous l'avons fait, plusieurs auteurs disent qu'il ne faut l'arrêter que lorsque l'émulsion présente par transparence la coloration bleue sans mélange de rouge; ceci peut être préférable quand l'émulsion a été additionnée d'une petite quantité d'iodure soluble, qui a pour effet de retarder la transformation du bromure; ces sortes d'émulsion iodo-bromurées demandent toujours un

temps plus long pour manifester la coloration bleue, tant à cause du retard occasionné par la présence de l'iodure que par la
couleur que leur communique ce dernier. Nous
savons que l'iodure d'argent est franchement
jaunâtre. Une trop grande acidité de l'émulsion retarde aussi l'apparition de la couleur
bleue ; dans certains cas, il sera donc nécessaire
de prolonger la digestion jusqu'à ce que la couleur de l'émulsion indique que l'on est arrivé à
un haut point de sensibilité.

L'émulsion figée est, avant d'être soumise
au lavage, divisée en fragments d'une dimension moyenne, qui est à peu près celle d'un
grain de riz gonflé par l'eau. Un canevas à
mailles de 3 à 4 millimètres, au travers duquel
on la passe deux fois, donne des fragments de
cette grosseur. Le lavage en sera facilement
terminé, au moyen de huit à dix décantations
successives, dans l'espace de deux heures, et
ces fragments ne retiendront pas une quantité
d'eau interposée trop considérable, ainsi que
cela aurait lieu si nous avions poussé la division plus loin en nous servant d'un canevas
beaucoup plus fin.

Les premières eaux de lavage se chargent de
la majeure partie des sels solubles que leur cède
l'émulsion par phénomène d'endosmose ; aussi
présentent elles une coloration plus ou moins

jaune due au bichromate de potasse. Cette teinte
va en s'affaiblissant, à mesure que le lavage
se poursuit ; généralement elle n'est plus perceptible à la cinquième ou à la sixième ; mais
en leur ajoutant quelques gouttes de nitrate
d'argent, il se formera une coloration rougeâtre
due à la formation du chromate d'argent. Ceci
nous indique que le lavage de l'émulsion n'est
pas suffisant ; si nous l'arrêtions à ce point, l'é-
mulsion renfermant encore du bromure de potassium et du bichromate de potasse, elle ne
présenterait qu'une sensibilité très inférieure.

Si nous répétons le même essai après le hui-
tième ou le dixième lavage, il ne se formera plus
qu'un trouble formé par la précipitation de l'argent au contact des sels solubles que renferme
l'eau ordinaire que nous employions pour le
lavage, mais la coloration rougeâtre aura totalement disparu. Nous faisons cependant deux
nouvelles décantations pour plus de sécurité, et
après avoir reçu l'émulsion sur le carré de
mousseline, nous l'arrosons à quatre ou cinq
reprises avec de l'eau distillée, afin de déplacer
l'eau de source retenue entre ses grains.

Nous l'essorons sur du papier buvard pour
la priver de l'eau interposée ; cette dernière, en
effet, viendrait la diluer, de telle sorte qu'elle
ne renfermerait plus dans la suite une quantité
assez grande de gélatine et de sel d'argent.

En dernier lieu, nous lui ajoutons une dernière dose de gélatine, choisie parmi les variétés
tendres ; dès que cette dernière solution gélatineuse et les grains d'émulsion que nous lui ajoutons forment un liquide homogène, possédant
une température de 50° centigrammes, nous fil-
trons la préparation qui est terminée et propre
à être étendue sur les glaces. Grâce à la petite
quantité d'acide salicylique que nous lui avons
ajouté, l'émulsion pourra être conservée quelques jours sans crainte d'altération, en ayant
soin de renverser le vase qui la contient après
qu'elle se sera de nouveau figée. Cet antiseptique la préserve en outre du voile et de toutes
les altérations pouvant donner lieu plus tard
aux soulèvements de la couche, altérations qui
se manifestent pendant le séchage, lorsque
celui-ci est un peu long ou que la température
est très élevée et le temps orageux.

Nous choisissons cette dernière dose de gélatine parmi les variétés tendres pour plusieurs
raisons que je vais énumérer. Une émulsion
exclusivement composée avec de la gélatine
dure, et dans les proportions de 7 0/0, comme
celle que nous venons de préparer, est difficile
à étendre sur les glaces, lorsque la température du laboratoire est inférieure à 15° ou 16° ;
ce n'est donc que pendant l'été qu'on aurait
avantage à employer de la gélatine dure seule.

En second lieu, l'addition de gélatine tendre permet d'éviter les points mats, qui après le fixage limitent des circonférences plus opaques sur les clichés ; enfin, les plaques recouvertes d'émulsion entièrement composée de gélatine dure se développent très lentement, car elle se laisse difficilement pénétrer par les révélateurs. On pourrait, il est vrai, remédier en partie à ces divers inconvénients en employant une dose de gélatine moindre, réduire la dose à 5 ou 6 0/0 seulement, mais le mélange de gélatine dure et de gélatine tendre est encore préférable ; d'autre part, on peut employer les gélatines françaises de première qualité (celles que l'on désigne sous les noms de médailles d'or), celles de Grenet ou de Coignet, par exemple ; on peut les qualifier de demi-dures, elles donneront sans aucun mélange d'excellents résultats ; je ne saurais trop engager à en faire l'essai et aussi à faire écarter le parti pris qui les fait souvent exclure de nos laboratoires.

Les glaces recouvertes d'émulsion, examinées après que la couche s'est solidifiée, en les tenant verticalement au devant du carreau rouge de la lanterne, doivent paraître opaques ; la couche doit en être uniforme ; si par places elles laissent percevoir la lumière qui éclaire la lanterne, c'est qu'elles n'auraient pas été placées après

l'étendage sur une surface exactement horizontale
ou encore que le verre n'était pas plan ; de telles
glaces donneraient des clichés d'intensité inégale.

Si elles n'ont pas reçu un volume d'émulsion
suffisant, elles seront transparentes sur toute
leur surface ; dans ce cas, les clichés ne pourront que rarement être poussés à l'intensité
nécessaire.

Leur séchage peut être lent, quoiqu'il y ait
tout avantage à ce qu'il ne dépasse pas vingt-
quatre heures, mais il doit surtout être régulier ;
tout arrêt dans le séchage formera des zones,
ou, en d'autres termes, chaque arrêt sera indiqué
par un trait qui suivra à peu près les contours
de la plaque. Il est donc essentiel que le courant d'air qui parcourt le séchoir soit entre-
tenu régulièrement.

MODIFICATIONS DIVERSES APPORTÉES A CE MODE
DE PRÉPARATION DES ÉMULSIONS. — On trouvera souvent des formules qui recommandent
d'ajouter à la solution bromurée n° 1 de
0.25 à 0.50 et même 1 gramme d'iodure de
potassium. Le but de cette addition, que les
uns reconnaissent comme favorable à l'obtention d'émulsions plus rapides, tandis que d'autres viennent nous dire que les émulsions iodo-
bromurées sont moins sensibles, réside surtout
en ce que les émulsions renfermant une dose d'iodure qui ne dépasse pas au maximum le 1/25 celle

du bromure donnent des négatifs plus doux. L'iodure d'argent, ne se laissant pas sensiblement réduire par les développateurs que nous appliquons
au gélatino-bromure, fait l'office d'un corps inerte
interposé aux molécules de bromure d'argent, et
vient d'autant amoindrir la teinte que produit la
réduction de celui-ci. Voilà une première explication de l'action en vertu de laquelle l'iodure
d'argent concourt à produire plus de douceur ;
on peut en mentionner d'autres, telles que les
suivantes, qui peut-être s'ajoutent à cette première pour produire le résultat que nous constatons. L'iodure d'argent affaiblit l'image, est-il
à supposer, à cause de sa couleur peu actinique qui empêche la pénétration de la lumière.
Ce qui donne une certaine valeur à cette raison,
c'est que les plaques iodo-bromurées sont
moins sujettes à présenter des halos que les
plaques au bromure d'argent pur : on sait que ce
phénomène provient de la réflexion des rayons
lumineux, ayant traversé toute l'épaisseur de la
couche sensible, sur la face postérieure du
verre ; enfin l'iodure d'argent mélangé au bromure d'argent en retarde la réduction ; on constate, en effet, que les plaques iodo-bromurées
se développent plus lentement que les couches
simplement bromurées.

En présence d'un iodure, la transformation du
bromure d'argent pulvérulent en bromure gra-

nulaire est moins rapide ; de telle sorte que les émulsions iodo-bromurées doivent être plus long-temps soumises à la digestion que les émulsions bromurées pour acquérir le même degré de sensibilité, ce que l'on traduit quelquefois, mais à tort, ce me semble, par cette autre proposition : les émulsions iodo-bromurées peuvent plus longtemps supporter sans voiler l'action de la chaleur ; par conséquent elles doivent être plus sensibles.

Il n'y a pas intérêt, dans les conditions ordinaires, à porter la dose d'iodure à plus du 25$^e$ de de celle du bromure, 1/30 ou 1/40 est encore préférable ; au delà les clichés peuvent présenter un manque d'intensité.

Au lieu d'ajouter directement l'iodure dans la solution de bromure, il est plus rationnel de ne faire cette addition qu'après le mélange des solutions I et II, surtout si la dose d'iodure se rapproche du maximum, soit de 1 gramme. Dans le premier cas, il se produit souvent de l'iodure d'argent floconneux, qu'il est impossible de répartir, tandis qu'en ajoutant l'iodure après avoir d'abord formé le bromure d'argent, l'iodure d'argent qui se formera par la réaction de l'iodure de potassium sur le bromure d'argent sera entièrement fin.

Pour augmenter la sensibitité de l'émulsion, sans rien changer au procédé opératoire que j'ai décrit, on pourra ne faire entrer que 10 grammes de gélatine et 100 grammes d'eau dans la solution n° 1 et reporter le restant de l'eau et de la gélatine dans la solution n° 3. La digestion de l'émulsion se faisant, sous une forme plus concentrée, avec une dose moindre de gélatine, la formation du bromure extra-sensible sera plus rapide et plus parfaite. Beaucoup d'auteurs ne font même entrer dans la solution n° 1 que 1 à 2 grammes de gélatine; la sensibilité peut, il est vrai, être ainsi poussée très loin, mais les émulsions que l'on obtient sont souvent grenues. Il est donc plus prudent de ne pas employer moins de 10 grammes de gélatine.

La sensibilité se trouve plus que doublée si, après avoir filtré l'émulsion, au lieu de l'étendre sur les glaces immédiatement, on la laisse prendre en gelée; on la recouvre ensuite d'une couche d'alcool de 2 à 3 centimètres, on bouche le flacon et on la laisse ainsi en repos pendant huit à dix jours. Après ce temps, au bout duquel la sensibilité cesse sensiblement de s'accroître, on déverse l'alcool, on lave la surface le l'émulsion à deux ou trois reprises avec de l'eau distillée, on la place au bain-marie pour la liquéfier; on peut ensuite l'étendre sur les glaces. Toutefois, ce moyen d'arriver à une grande sensibilité est assez long, et ne peut toujours

être mis en pratique; on pourra dans ces circonstances avoir recours au suivant qui conduit
plus rapidement au même résultat.

Après la digestion de l'émulsion et lorsque la
température du bain-marie est retombée à 30
ou 35°, on lui ajoute 16 centimètres cubes d'une
solution de carbonate d'ammoniaque à 10 0/0,
on laisse digérer ce mélange à cette même
température de 35° pendant 20 minutes, après
quoi on ajoute la solution n° 3 et les 15 centimètres cubes de solution de bichromate de potasse à 2 0/0. L'émulsion est versée, comme à
l'ordinaire, dans la cuvette où elle doit faire
prise, et au lieu de la laver quelques heures après
on laissera la maturation se poursuivre à froid
durant un jour, et même trois jours, si la préparation doit présenter une grande sensibilité.
La division et le lavage de l'émulsion ainsi
traitée se poursuit comme il a été dit. L'influence de la solution alcaline de carbonate
d'ammoniaque sur la gélatine et le bromure
d'argent est moins accentuée que celle d'une
solution d'ammoniaque; sous son influence cependant, la sensibilité de l'émulsion est portée
au moins au double, sans entraîner une intensité trop grande, et sans que l'action de la
solution alcaline altère la gélatine. L'émulsion
devient plus homogène et plus crémeuse à la
suite de ce traitement; elle couvre mieux, ce

qui indique qu'il est favorable à la fine division
du bromure d'argent ; l'intensité se trouve
augmentée dans une faible mesure ; il est d'ailleurs facile de remédier à cette intensité, si on
la trouvait trop forte, en faisant entrer dans la
solution n° 1 de 25 à 50 centigrammes d'iodure
de potassium ; les plaques donneront alors plus
doux.

Ce même résultat peut être atteint en mettant à part 10 0/0 de l'émulsion aussitôt après
sa formation; on ne fait bouillir que les 9/10
pendant les 30 minutes indiquées. Après la digestion et lorsque la température s'est abaissée
à 40° environ, on ajoute le 1/10 mis à part et la
solution de carbonate. Cette quantité d'émulsion non mûrie remplace avantageusement
l'iodure de potassium dans toutes les formules
où celui-ci est indiqué; le bromure d'argent peu
sensible qu'elle renferme qui, dans les poses que
l'on fait subir aux plaques, ne reçoit pas une
impression suffisante ne se trouve pas, par conséquent, dans les conditions voulues pour être
réduit; il agit donc, pour communiquer la douceur aux épreuves, de la même manière que
l'iodure d'argent, et il a, de plus, l'avantage
de détruire le voile qui se serait produit pendant la digestion.

Cette influence du bromure d'argent non
mûri, sur le voile des émulsions est remarquable

et assez complète pour qu'on puisse parfaitement utiliser, ainsi que l'a fait remarquer Abney, des émulsions finies, ne fournissant que des épreuves absolument voilées. Il suffit pour cela d'ajouter à ces émulsions un dixième d'une émulsion non mûrie pour les voir reprendre toutes les qualités d'une émulsion parfaite.

On a fondé sur cette propriété une autre méthode de préparation qui fournit des émulsions dont la sensibilité peut être poussée à un point presque indéfini. Faisons pour cela digérer une émulsion concentrée, très peu chargée en gélatine, jusqu'à ce qu'elle transmette la lumière en bleu foncé, sans mélange d'aucune teinte verte, ce qui demande une heure ou une heure et demie de séjour au bain-marie. Si nous la terminions après cela, très probablement elle voilerait fortement, ou du moins il serait très difficile de la développer, tandis que si nous lui ajoutons un dixième d'émulsion simplement chauffée à 35° et contenant un excès de gélatine, nous obtiendrons un produit encore excessivement rapide, qui se laissera facilement développer et qui présentera même une certaine latitude dans les temps de pose.

ÉMULSIONS PRÉPARÉES SOUS L'INFLUENCE DE L'AMMONIAQUE. — En 1877, Johnston faisait remarquer que l'ammoniaque peut remplacer l'action de la chaleur sur le bromure d'argent pour le faire passer à l'état de bromure très sensible.

Monkoven démontrait bientôt après qu'une émulsion légèrement ammoniacale gagnait beaucoup plus en sensibilité qu'une émulsion à l'état neutre, si on les chauffait l'une et l'autre à une température modérée pendant le même temps. Cependant l'emploi de cet alcali, dans la préparation des émulsions, donna lieu dès le début à de nombreux insuccès, autant parce que les conditions dans lesquelles l'ammoniaque agit favorablement n'avaient pas été bien déterminées que par suite de la qualité des gélatines qui étaient alors dans le commerce.

La gélatine, en effet, est assez fortement modifiée par les liqueurs alcalines; si elle n'est pas d'excellente qualité, cette altération se manifeste plus tard par des soulèvements de la couche, le voile dichroïque et des points mats plus opaques.

Le D$^r$ Eder, en 1880, publia dans les comptes rendus de l'Académie des sciences de Vienne les conditions dans lesquelles il faut se placer pour employer l'ammoniaque avec succès. Les conclusions de ce travail peuvent rapidement se résumer ainsi :

L'ammoniaque n'agit favorablement que si on l'emploie en petites quantités.

Le carbonate d'ammoniaque, le carbonate de soude et les autres alcalis peuvent remplacer l'ammoniaque pour accélérer, même à froid, la maturation du bromure d'argent. Toutefois, la potasse et la soude caustiques ont une action encore plus marquée que l'ammoniaque sur la gélatine; par conséquent leur emploi n'est pas à recommander.

La température à laquelle on doit porter ces émulsions alcalines ne doit jamais être très élevée; au plus devra-t-on les faire digérer à une température de 45° centigrades.

L'ammoniaque agit plus favorablement si elle se trouve en présence du bromure d'argent, au moment même de sa formation, que lorsqu'on la fait agir sur le bromure déjà formé. On peut, pour qu'il en soit ainsi, ou bien ajouter de l'ammoniaque à la solution gélatineuse de bromure de potassium, ou bien se servir d'une solution d'azotate d'argent ammoniacal (Voyez azotate d'argent). Le bromure d'argent formé en présence de l'ammoniaque est absolument fin et prend une sensibilité énorme, soit sous l'influence d'une température de 30 à 40° prolongée de 30 à 40 minutes, soit qu'on le laisse digérer dans le milieu ammoniacal pendant deux à trois jours à la température ordinaire.

Les conditions essentielles à observer, dans

l'emploi de l'ammoniaque, pour éviter les insuccès, sont, je l'ai dit, que la proportion de cet alcali
soit minime ; pour mieux spécifier, cette quantité
ne doit jamais dépasser 1 à 1.50 0/0 d'émulsion
liquide ; au delà la gélatine peut être attaquée,
perdre plus ou moins la propriété de faire prise,
donner lieu à des voiles, et enfin le grain du
bromure d'argent, qui, avec les proportions normales ci-dessus, conserve une finesse suffisante,
deviendrait si on les dépasse, même faiblement,
grossier et visible à l'œil nu dans le négatif.

Dépasse-t-on la température de 40°, les
mêmes accidents se reproduisent ; l'addition
d'iodure de potassium à la solution de bromure
permet une plus longue digestion et à une température un peu plus élevée sans que la production du voile soit à craindre.

L'ammoniaque accroît non seulement la sensibilité du bromure d'argent, mais en outre
l'intensité des négatifs se trouve considérablement augmentée ; l'addition d'iodure sera donc
favorable, ou même presque nécessaire, pour
donner au négatif le modelé que l'on recherche
dans presque tous les travaux..

Le carbonate d'ammoniaque agit d'une manière analogue à celle de l'ammoniaque, mais
d'une manière moins énergique ; ce sel attaque
peu la gélatine, il permet une digestion à température plus élevée, sans produire le voile ou

le soulèvement de la couche; l'intensité par son
usage ne devient jamais trop considérable.
Nous avons mis à profit cette propriété du carbonate d'ammoniaque pour augmenter assez
rapidement la sensibilité d'une émulsion bouillie
et remplacer la maturation à froid de l'émulsion
terminée, qui nous demandait sept à huit jours.
Pour cet usage, nous avons employé 2 centimètres cubes d'une solution de carbonate d'ammoniaque à 10 0/0 par 100 centimètres cubes
d'émulsion bouillie pendant 30 minutes; l'addition de la solution alcaline n'a été faite que
lorsque la température du bain-marie était descendue à 40 ou 45°, température que nous avons
maintenue 20 minutes; la maturation a été ensuite poursuivie à froid durant un jour ou deux.

Sur ces diverses données, il a été publié
plusieurs formules de préparation des émulsions,
qui permettent toutes d'obtenir facilement des
produits très sensibles, mais pour lesquels on
devra employer des gélatines de fort bonne
qualité; j'ai déjà dit pourquoi. Parmi ces diverses
formules, les unes ne font rechercher l'accroissement de sensibilité que sous l'influence du
temps, que l'ammoniaque soit ajoutée à l'émulsion déjà formée, soit qu'elle intervienne au
moment où le bromure d'argent se produit;
les autres permettent d'obtenir plus rapidement
une grande sensibilité en favorisant l'action de

l'ammoniaque au moyen d'une chaleur modérée, et en se servant d'azotate d'argent ammoniacal, pour que l'alcali agisse au moment même de la formation du composé sensible. On peut donc diviser les émulsions ammoniacales en deux classes : 1° celles par *émulsification à froid ou par la méthode d'Henderson*; 2° celles au *nitrate d'argent ammoniacal*, primitivement dé-crites par Eder et Pizzighelli.

Dans la préparation de ces diverses émulsions, nous n'ajouterons que successivement la gélatine pour les mêmes raisons qui nous ont engagé à le faire, lorsqu'il s'est agi de préparer une émulsion à l'aide de la chaleur seule, et nous le ferons avec d'autant plus de raison que l'ammoniaque altère plus énergiquement la gé-latine que la chaleur; nous avons donc tout intérêt à la soustraire, autant que faire se peut, à cet agent et à la conserver le temps le plus court possible à son contact.

En général, la première dose que nous em-ploierons sera peu considérable, quelques gram-mes; la seconde dose, qui doit permettre à la préparation de se prendre en gelée, sera choisie parmi les variétés dures, telles que la gélatine Henrichs ou la gélatine dure Drescher; la troi-sième dose, qui servira à compléter l'émulsion après le lavage, sera choisie parmi les variétés tendres ou demi-dures, suivant la saison. Les gélatines françaises employées seules, ou associées à une petite quantité de gélatine dure, fourniront aussi d'excellents résultats.

Les émulsions ammoniacales exposant souvent à obtenir des plaques présentant des taches circulaires mates et plus opaques, qui marquent légèrement sur les négatives et les positives que l'on en tire, c'est surtout pour elles qu'on pourra songer à leur associer une certaine dose d'albumine (Voyez ce mot); cette substance fera sûrement disparaître ces taches.

ÉMULSIONS PAR LE PROCÉDÉ HENDERSON. — Pour exemple de cette méthode, nous pouvons choisir la formule publiée par M. Audra et Joly, qui donne d'une façon très simple et très facile une émulsion excellente et d'une rapidité considérable.

Les conditions à observer pour obtenir des préparations d'une rapidité constante consistent à employer d'abord de l'ammoniaque d'une concentration toujours égale; le temps pendant lequel on laissera la maturation se faire devra toujours être le même, et la température à laquelle l'émulsion sera ainsi laissée en repos devra dans toutes les circonstances se maintenir dans des limites assez rapprochées. On aura donc recours pendant l'hiver à une étuve ou à une boîte fermée, dont on maintiendra la température aux environs de 20°, au moyen d'une veilleuse, par exemple. Sans cette précaution, les émulsions préparées pendant l'été, alors que la température du laboratoire est en moyenne de 20 à 22°, seraient notablement plus rapides que les émulsions préparées pendant l'hiver, époque à laquelle le thermomètre n'accuserait, dans ce même local, que 5 à 6°, ou même moins.

En décrivant le procédé opératoire, je ferai quelques autres remarques au sujet de la température que doivent posséder les solutions au moment de leur mélange ; elles ont également pour but de permettre l'obtention d'émulsions de rapidité toujours sensiblement égale.

Faites une première solution renfermant :

I. Eau distillée................ 150 grammes.
   Gélatine tendre.............. 4    —
   Bromure d'ammonium........ 20    —
   (ou bromure de potassium 24)

Faites dissoudre au bain-marie, ce résultat obtenu, retirez le flacon et attendez que la température soit descendue à 30° pour ajouter le mélange n° 2.

II. Eau distillée.............. . 50 grammes.
   Alcool à 90°................ 50    —
   Ammoniaque à 25°.......... 15    —

On ajoute cette solution n° 2 dans la solution

n° 1 par petites fractions, et en agitant après chaque addition.

On porte le flacon à l'obscurité, en s'éclairant d'une lumière rouge rubis; on forme l'émulsion au moyen de la solution n° 3, que l'on verse froide et en trois ou quatre fois dans le mélange des deux précédentes.

III. Eau distillée.................. 100 grammes.
    Nitrate d'argent............. 30     —

L'émulsion est vigoureusement agitée pendant une minute au moins, on lui ajoute la solution n° 4.

IV. Eau distillée.................. 30 grammes.
    Iodure de potassium......... $0^{gr},40$

On agite de nouveau, puis on abandonne l'émulsion durant 24 heures dans un endroit dont on puisse maintenir la température à 18 ou 20°. Durant cette maturation, on a soin d'agiter trois ou quatre fois l'émulsion; elle est d'abord peu sensible, et examinée par transparence elle paraît jaune rougeâtre; à mesure que la transformation du bromure d'argent devient plus complète, la couleur bleue se manifeste; au bout de 24 heures, la couleur bleue sera même plus accusée que celle d'une émulsion qui aurait la même rapidité, mais préparée à l'aide de la chaleur seule; ceci est d'ailleurs particulier à toutes les émulsions ammoniacales ; leur couleur est plus manifeste- ment bleue que celles des émulsions boullies, malgré que leur rapidité ne soit pas parfois plus grande.

Après les 24 heures, on doit ajouter à l'émulsion une solution gélatineuse assez con- centrée pour que le tout puisse se prendre en gelée. Cette solution sera préparée séparément et ajoutée à l'émulsion lorsque sa température ne sera plus que de 35°.

    V. Eau distillée.................... 120 grammes.
       Gélatine dure................... 20    —

Après avoir ajouté cette solution, on produira un mélange intime en agitant assez fortement le flacon, après quoi on le remettra au bain- marie, qui a conservé encore la température de 35°, et on l'y laissera jusqu'à ce que la mousse produite par l'agitation ait disparu : cela ne demandera guère que quatre ou cinq minutes.

L'émulsion est ensuite versée dans une large cuvette, où elle se prendra en gelée, après quoi on pourra procéder au lavage. Cependant, en la laissant en repos de 12 à 24 heures, elle sera au moins deux fois plus sensible que si on avait procédé à son lavage aussitôt après qu'elle s'est solidifiée.

Comme nous avons opéré à la lumière rouge,

nous n'emploierons pas de bichromate de potasse, ou du moins l'emploi de ce sel n'est pas absolument nécessaire.

Après le lavage de l'émulsion, effectué exactement comme celui de l'émulsion bouillie, on ajoute la troisième et dernière dose de gélatine dont nous aurons fait une solution (n° VI) séparée et à laquelle nous ajouterons les grains d'émulsion lavés, aussitôt que sa température ne sera plus que de 50°.

VI. Eau distillée............ 150 grammes.  
    Gélatine tendre......... 10 —  
    Gélatine dure........... 10 —  
    Ou gélatine Coignet..... 20 —  
    Acide salicylique........ $0^{gr},25$ dissous.  
    Dans alcool à 80°....... 10 grammes.

L'émulsion une fois liquide est filtrée, le volume que l'on obtiendra ne s'éloignera guère de 700 centimètres cubes et suffira à recouvrir 65 à 70 verres demi-plaque.

L'iodure de potassium n'est pas absolument nécessaire, mais les glaces donnent des négatifs plus doux si on fait cette addition, en même temps les ombres se conservent sans trace de voile.

Au lieu d'iodure de potassium, on pourrait ajouter, pour arriver au même résultat, l'émulsion suivante, dont les composants auraient été mélangés à 35° seulement :

N° 1.  Eau distillée.......... ...,  50 grammes.
       Gélatine...... ..........   6     —
       Bromure de potassium...  2$^{gr}$,4
N° 2.  Eau distillée..........:.....  30     —
       Nitrate d'argent..... ...,   3     —

On laisse figer cette émulsion, aussitôt après
le mélange des solutions 1 et 2, on l'ajoute à
l'émulsion ammoniacale au moment où on la
divise en fragments pour la laver ; de sorte
qu'on procède au lavage de l'une et de l'autre en
même temps.

Émulsions produites au moyen du bromure
d'argent précipité et lavé séparément. —
Dans les divers procédés que nous venons de
passer en revue, la gélatine, bien qu'employée
à doses fractionnées, est soumise à des traitements assez longs, soit à température élevée,
soit en présence de liqueurs alcalines, elle se
trouve donc dans les circonstances qui l'altèrent ; aussi, dès l'année 1879, c'est-à-dire
presque au début du procédé au gélatino-bromure, songea-t-on à précipiter le bromure d'argent, à le laver et l'incorporer seulement alors
à la gélatine. C'est Abney qui donna la première formule d'une émulsion ainsi préparée.
On ne tarda pas à reconnaître que, pour obtenir une émulsion assez fine, en opérant de la
sorte, il était nécessaire de précipiter le bromure
d'argent en présence d'une petite quantité de

gélatine. La précipitation et le lavage sont sans doute plus longs, mais c'est le seul moyen qui permette au bromure de se répartir plus tard dans la solution gélatineuse. Braun a donné le moyen de préparer par cette méthode une bonne émulsion dont la rapidité peut, par un traitement convenable, être poussée à un degré très élevé.

La formule suivante, que j'ai bien souvent mise en pratique, fournit aussi un produit d'excellente qualité et les opérations sont très simples à conduire.

On produit d'abord une émulsion très peu chargée en gélatine, en se servant de l'azotate d'argent ammoniacal; on mélange, par exemple, en opérant à la lumière rouge, les solutions I et II, chauffées l'une et l'autre à 35 degrés.

Solution n° I.

Bromure de potassium...  20 grammes.
Gélatine tendre..........   2    —
Eau distillée...........  200    —

Solution n° II.

Eau distillée...........  200 grammes.
Nitrate d'argent.........   25    —
Ammoniaque en quantité suffisante pour
  redissoudre le précipité qui se forme
  tout d'abord.

Une fois que l'émulsion est formée, vous lui ajoutez 0$^{gr}$,50 d'iodure de potassium, dissous dans 30 grammes d'eau ; agitez le tout quelques minutes et remettez l'émulsion au bain-marie, dont vous entretenez la température à 37 degrés : vous l'y laissez 35 à 40 minutes.

On la verse ensuite dans un grand bocal, de 2 litres au moins de capacité, qu'on achève de remplir d'eau. Vous le placez dans un endroit frais et obscur, au bout de 24 heures, 36 heures au plus, le bromure d'argent s'est déposé. Au moyen d'un syphon dont la branche est assez courte, pour que son orifice soit éloigné de 4 à 5 centimètres du fond du flacon, vous décantez toute l'eau qui peut s'écouler. Remplissez une seconde fois le bocal avec de l'eau ; au moyen d'un agitateur, répartissez le bromure d'argent dans le liquide et soumettez à un nouveau repos de 24 heures, après lequel vous le décantez de la même manière que la première fois. Il reste au fond du bocal 200 à 250 grammes de liquide auquel le bromure se trouve mélangé ; vous le versez dans un vase de terre ou de porcelaine d'un litre de capacité environ, en lui ajoutant 42 grammes de gélatine Coignet, que vous laissez gonfler un quart d'heure. A ce moment, au moyen d'un agitateur, vous incorporez le bromure d'argent dans la masse. Avant de porter l'émulsion au bain-marie pour obtenir la dissolution de la gélatine, ajoutez assez d'eau distillée pour avoir en tout un volume de 550 à 600 centilitres; n'ajoutez pas cependant directement la quantité d'eau nécessaire au mélange de gélatine et de bromure d'argent, mais faites-la servir au lavage du bocal où vous aviez laissé s'opérer la précipitation, vous entraînez au moyen des lavages successifs les portions de sel sensible qui étaient restées adhérentes.

La gélatine étant fondue, il ne reste plus qu'à filtrer l'émulsion et à l'étendre sur les plaques.

ÉMULSIONS MIXTES A LA GÉLATINE ET AU COTON-POUDRE. — Ces sortes d'émulsions étant d'un usage très peu courant, je me contenterai de dire la manière générale dont on les prépare.

Une émulsion ordinaire au gélatino-bromure est amenée à l'état de pellicules sèches; ces pellicules sont ensuite dissoutes dans six fois leur poids d'acide acétique cristallisable, on ajoute à cette dissolution 1 0/0 de coton-poudre. L'émulsion est ainsi prête à être employée, après l'avoir toutefois portée à une température suffisante pour qu'elle soit bien liquide.

Le seul avantage de ces sortes d'émulsions, c'est de permettre de préparer en peu de temps les surfaces sensibles, car la dessiccation s'opère très rapidement.

ÉMULSIONS AU CHLORURE D'ARGENT. — Il y a

deux sortes d'émulsions au chlorure d'argent :
les unes sont destinées à s'imprimer directement au châssis-presse, exactement comme le
papier albuminé; les autres ne fournissent
l'image que par développement.

Les premières renferment de l'azotate d'argent à l'état libre; les secondes, au contraire,
ayant été préparées avec un excès de chlorure
soluble, ont été ensuite soumises au lavage.
L'image, dans le premier cas, se forme par la
coloration de la combinaison argentico-organique
et la réduction du chlorure d'argent; elle est
généralement d'un rouge assez vif, mais cette
couleur vire très facilement dans les bains d'or,
en prenant des colorations très agréables. Toutefois, si les préparations gélatino-chlorurées, s'imprimant directement, ne se sont pas plus répan-
dues, cela tient à leur conservation très limitée;
il en est pour elles comme de toutes les préparations qui renferment du nitrate d'argent à l'état
libre en présence d'une matière organique,
elles se colorent par réduction du sel d'argent,
surtout si elles sont exposées dans un air légèrement humide. La conservation du gélatino-
chlorure, préparé avec un excès de chlorure
soluble, l'émulsion étant ensuite lavée, est, au
contraire, à peu près indéfinie; l'image latente
développée au moyen des révélateurs spéciaux
dont j'ai donné quelques formules à l'article Dé-

VELOPPEMENT, peut ou directement se présenter
avec une coloration qu'il n'est pas nécessaire de
modifier, ou bien, n'étant pas d'un ton agréable,
on la modifie au moyen d'un bain de virage
qui est toujours peu chargé en sel d'or.

Dans la première formule que nous donnerons,
la quantité de chlorure soluble indiquée est supérieure à celle nécessaire pour précipiter tout
l'argent. Les glaces ou les papiers qui en seront
recouverts pourront se conserver indéfiniment
à l'abri de l'humidité ; pour faire apparaître
l'image après l'exposition, qui ne sera que de
quelques secondes à la lumière diffuse, on se
servira du développement à l'oxalate de fer
additionné de citrate de magnésie, dont j'ai
donné la formule (voyez DÉVELOPPEMENT AU GÉ-
LATINO-CHLORURE). Si le ton de l'image est trop
rougeâtre, on la soumettra à un bain de virage
faible à l'acétate de soude, on procédera ensuite
au fixage. Dans le bain d'hyposulfite, la teinte
acquise dans le bain d'or sera d'abord détruite,
mais elle reparaîtra au bout d'un temps plus
ou moins long ; c'est à ce moment qu'il faudra
retirer l'épreuve de l'hyposulfite pour la soumettre à un lavage prolongé. En séchant, l'é-
preuve se foncera beaucoup, sa teinte sera
moins chaude qu'à l'état humide ; ceci se présente également avec le papier albuminé, mais
d'une façon beaucoup moins accentuée que lors-

qu'il s'agit d'épreuves sur gélatino-chlorure. Il faut donc rester un peu au-dessous du ton que l'on désire voir conserver à l'épreuve.

*Préparation de gélatino-chlorure.*

Solution n° 1.

Eau distillée................... 200 grammes.
Gélatine ....................... 25    —
Chlorure de sodium........ ..    7    —

Lorsque la gélatine a été gonflée par le séjour d'un quart d'heure dans la solution de chlorure de sodium, on la dissout au bain-marie à la température de 40 à 50°, et, la portant dans le cabinet noir, on ajoute la solution n° 2,

Eau distillée............ ........ 100 grammes.
Nitrate d'argent............... 15    —

à laquelle on ajoute assez d'ammoniaque pour redissoudre le précipité qui se forme tout d'abord.

Dès que l'émulsion est formée, on la verse dans une large cuvette refroidie avec de la glace, et dès qu'elle a fait prise, on la lave de la même manière que nous avons lavé les émulsions au gélatino-bromure. Après avoir redissous les grains d'émulsion, avoir filtré le liquide au moyen d'un tampon de coton hydrophyle, la préparation peut être étendue sur des verres doucis ou des verres opales ou sur papier.

La couche doit être plus mince que celles de surfaces destinées à l'obtention des épreuves négatives, les plaques de verre doivent être presque transparentes et présenter une coloration gris bleuâtre.

La formule des émulsions pour obtenir directement les épreuves sur gélatino-chlorure indique, nous l'avons déjà dit, une quantité de nitrate d'argent plus grande que celle qui est nécessaire pour transformer le chlorure soluble en chlorure d'argent. Comme on doit laisser subsister cet excès de nitrate d'argent dans l'émulsion, on ne la soumettra pas au lavage, elle renfermera donc aussi les produits de double décomposition; on ajoute le plus souvent aux composants un sel étranger, tel que l'acétate de soude, pour faciliter, sans doute, le virage, mais l'un quelconque de ces sels étrangers n'est pas absolument nécessaire.

La dessiccation des glaces ou des papiers recouverts de gélatino-chlorure destiné à l'impression directe doit être poussée très activement, car les sels d'argent ont une action plus énergique sur les matières organiques à l'état humide qu'à l'état sec ; si les surfaces se dessèchent lentement, il n'est pas rare de les voir sensiblement se colorer.

*Préparation du gélatino-chlorure pour impression directe.* — L'émulsion, n'étant pas très sensible, peut être préparée à la lumière du gaz ou d'une bougie, on la forme en mélangeant dans l'ordre indiqué les solutions suivantes chauffées à 35 ou 40° :

I. Gélatine...................... 20 grammes.
    Acétate de soude............ 4 —
    Eau........................ 450 —

II. Azotate d'argent............ 14 grammes.
    Eau distillée.............. 240 —

III. Chlorure de sodium......... 2 grammes.
    Acétate de soude.......... 3 —
    Eau....................... 240 —

L'émulsion ainsi produite est rendue parfaitement homogène en l'agitant avec une baguette de verre, on lui ajoute ensuite 80 grammes de gélatine que l'on a fait gonfler et puis dissoudre dans 500 grammes d'eau.

On mélange intimement, on filtre et la préparation peut être étendue sur des plaques de verre ou sur des feuilles de papier. Un volume de 6 à 8 centimètres cubes est suffisant pour recouvrir une plaque de la dimension $13\times18$. La dessiccation des surfaces est poussée aussi activement que possible, après cela on peut les imprimer, quoiqu'il soit préférable de les soumettre avant l'exposition aux fumigations ammoniacales. L'impression est surveillée comme celle du papier albuminé ; si on emploie des

papiers recouverts de cette émulsion, on doit
la poursuivre jusqu'à ce que les blancs aient
pris une teinte légère ; si l'impression se fait sur
des glaces, on doit la pousser jusqu'à ce que les
grandes lumières aient paru au dos de la couche.

L'émulsion renfermant un excès suffisant
d'acétate de soude, celui-ci devra être exclu du
bain d'or, dont la composition sera :

> Eau distillée...................... 500 grammes.
> Craie................................ 2 —
> Chlorure d'or..................... $0^{gr},10$

Les épreuves sont plongées dans ce bain de
virage sans être préalablement soumises à
aucun lavage et elles y séjournent jusqu'à ce
qu'elles aient atteint le ton désiré, après quoi
on les fixe dans un bain d'hyposulfite à 10 0/0.

Nous venons de voir quelles sont les opérations, en somme assez longues, qui sont nécessaires pour préparer les émulsions avec
lesquelles on recouvre ensuite les plaques de
verre ou tout autre support, le papier par
exemple ; j'ai dit aussi comment, dans une fabrication restreinte, l'opérateur devait s'y prendre
pour faire cet étendage, ou ce *couchage*, car
c'est là l'expression qui a prévalu. Il me reste
à donner idée de la fabrication en grand, dont
la plupart des ouvrages ne parlent pas, sujet
qui me semble cependant présenter quelque

intérêt pour quiconque emploie des plaques au
gélatino-bromure sortant d'usines où il s'en
fabrique journellement plusieurs milliers. Grâce
à cette production énorme, les prix des surfaces sensibles ne sont plus aussi élevés qu'au
début du procédé au gélatino-bromure; leur
qualité s'est améliorée, tant au point de vue de
la rapidité que sous tous les autres rapports,
et il serait difficile à l'amateur de produire
aussi bien, sans compter que le prix de revient
serait trouvé, sinon supérieur, tout au moins
égal. Il n'est donc pas étonnant que cette partie
des manipulations photographiques soit exclue
de nos laboratoires, non que les difficultés
soient insurmontables, loin de là, lorsque surtout on n'a en vue que la préparation d'émulsions de sensibilité moyenne, telle, par exemple,
celle que fournit le procédé au moyen de la
chaleur seule. Quiconque a vraiment l'amour
de notre art pourra, avec une installation
même assez restreinte, utiliser les verres que
lui fourniront les clichés mis au rebut et les
journées d'hiver, saison durant laquelle objectifs et chambres noires sont généralement longtemps laissés en repos. L'émulsion préparée au
moyen de la formule de MM. Andra et Joly,
conduite exactement comme je l'ai dit, fournira
même assez facilement des glaces qui convien-
dront pour des instantanées moyennement ra-

pides. N'offrant pas au lecteur un traité pratique de photographie, mais une étude sur toutes les opérations qu'elle comporte, je ne pouvais me dispenser de m'étendre assez longuement sur la préparation des surfaces sensibles, qui en est, ce me semble, une des principales. Mais revenons à notre sujet, à la fabrication industrielle des glaces. Aussi scrupuleusement que soient préparées plusieurs émulsions, en suivant le même procédé, elles présenteront néanmoins le plus souvent des écarts assez considérables dans leur rapidité; comme il est nécessaire, dans une fabrication en grand, que les produits livrés au commerce soient toujours à peu près identiques, dans beaucoup d'usines, on prépare simultanément plusieurs émulsions que l'on mélange ensuite; ce mélange possède une sensibilité moyenne qui se maintient assez constante pour que les produits obtenus présentent cette uniformité nécessaire. Cette quantité d'émulsion, qui représente plusieurs dizaines de litres, doit être en outre étendue assez rapidement sur les plaques de verre, car ses propriétés se modifient si elle est longtemps conservée liquide en la maintenant dans un bain-marie. On ne peut songer pour une production quelque peu élevée à coucher les plaques de verre à la main, ainsi que nous l'avons indiqué, ce serait un

procédé coûteux et qu'on ne suit que pour la
fabrication de plaques spécialement soignées ;
il faut dire aussi que ces plaques coulées à la
main présentent rarement une couche aussi
égale que celles recouvertes à la machine ; gé-

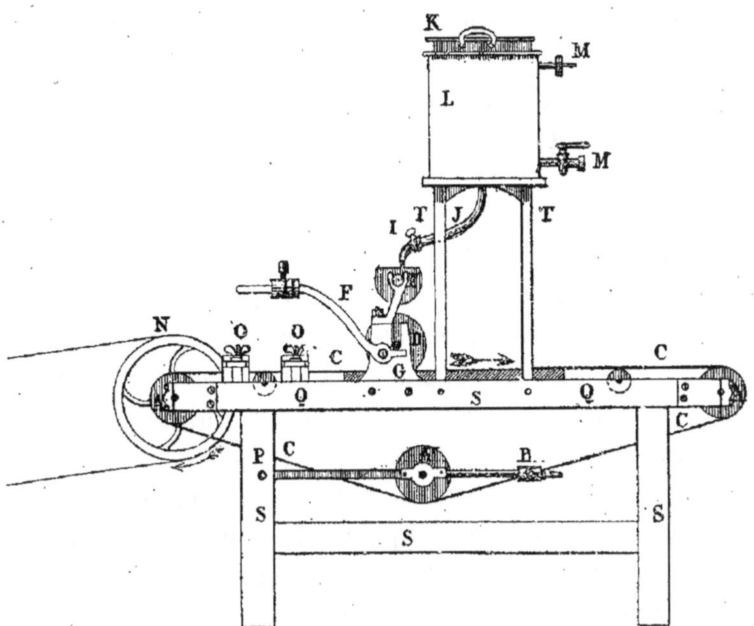

néralement, les premières offrent un peu plus
d'épaisseur de couche vers l'angle où le déversement de l'excès d'émulsion s'est opéré.

Il y a plusieurs modèles de machines à coucher les plaques de verre, celle dont je vais
donner la description a été adoptée par la maison Hutinet.

Au moyen de la poulie N, qui reçoit son mouvement d'une machine à vapeur, dans le sens des flèches, on donne à deux courroies parallèles C, C, C, un mouvement également indiqué par une flèche; ces deux courroies sont toujours également et assez fortement tendues au moyen du rouleau A' et du contrepoids B, de sorte qu'elles sont parfaitement rectilignes au-dessus de la table S, S. Une plaque de marbre qui recouvre une partie de cette table ainsi que les rouleaux Q concourent encore à maintenir parfaitement horizontales les deux courroies dans tout leur parcours au-dessus de la table. Si nous plaçons une lame de verre sur ces deux courroies, elle sera entraînée d'un mouvement uniforme du côté gauche de la table jusqu'au côté droit. Pour guider cette lame de verre et la maintenir sur les courroies, nous avons recours à deux paires de galets horizontaux O, O placés les uns en avant, les autres en arrière et à un écartement sensiblement égal à la largeur de notre lame de verre. Supposons que cette lame ait un mètre de longueur (c'est la dimension qu'on emploie), et pour largeur la plus grande dimension des plaques qu'il s'agit de coucher (ce sera 24 centimètres pour les glaces $18\times24$); nous la plaçons sur les courroies qui l'entraînent d'un mouvement uniforme, elle arrive bientôt sous

le rouleau en porcelaine D qui a également
24 centimètres de longueur, les galets O, O la
guident de façon que le rouleau D recouvre
exactement toute la largeur de la plaque de
verre. Il est aisé de comprendre que si ce rouleau D est imbibé constamment d'émulsion, il
en laissera une couche égale sur la plaque de
verre qui passera d'un mouvement uniforme
au-dessous de lui ; que si à cette première plaque
de verre en succède une seconde, une troisième, etc., toutes recevront une couche toujours égale, pourvu que leur mouvement se
maintienne régulier et que le rouleau D soit
maintenu aussi uniformément recouvert d'une
couche d'émulsion, ce à quoi on arrive au
moyen de la trémie en porcelaine E, à peu
près demi-cylindrique, ayant la même largeur
que le rouleau D et percée à sa partie inférieure
d'un grand nombre de petits trous qui répar-
tissent l'émulsion en couche égale sur le rouleau D. Cette émulsion filtrée est contenue dans
un bain-marie K ; le tube en verre J, muni d'un
robinet I également en verre, permet de régler
l'écoulement et par suite d'obtenir une couche
d'émulsion d'épaisseur suffisante sur les plaques
de verre. Le rouleau D est presque équili-
bré au moyen du contrepoids H et du levier F,
qui soutient ses tourillons ; on règle ce contrepoids de façon qu'en s'appuyant légèrement

sur les plaques de verre qui progressent au-
dessous de lui il puisse prendre un mouvement de rotation ; cette disposition permet également aux plaques de verre qui présentent une
épaisseur inégale de recevoir cependant une
même pression. Il faut régler cette pression et la
rendre suffisante pour que, d'une part, le rouleau prenne un mouvement de rotation régulier,
et que, de l'autre, il ne s'oppose pas à ce que les
plaques de verre soient entraînées par les
courroies.

Les plaques de verre, après avoir parcouru
cette première table, où elles se sont recouvertes d'émulsion, ne sont pas encore figées,
elles doivent donc être maintenues dans une
position horizontale ; pour cela, elles arrivent
sur une seconde table, garnie de courroies
comme la première, mais qui ne porte plus de
rouleau, puisque cet accessoire n'était destiné
qu'à l'extension de l'émulsion. Cette seconde
table est disposée de façon que les plaques de
verre passent entre des récipients où circule de
l'eau froide, pour hâter leur solidification : ces
récipients sont placés les uns au-dessous des
courroies, les autres au-dessus. A la sortie de
cette deuxième table, à laquelle on donne une
longueur de 7 à 8 mètres, l'émulsion est à l'état
de gelée, les glaces peuvent être redressées et
mises au séchoir. La dessiccation parfaite est

obtenue en six à sept heures, au moyen d'une
aération énergique, puis les lames de 1 mètre
sont coupées au diamant à la dimension
voulue.

S'il s'agit de préparer des plaques $13\times18$,
les lames de verre conservent toujours 1 mètre
de longueur, mais n'ont plus que 18 centimètres
de largeur, les galets O, O sont rapprochés à
peu près à cette distance, le rouleau D et la
trémie E sont remplacés par des appareils
n'ayant également que cette dimension. Pour
des plaques de plus grand format, on fait des
changements en rapport.

Les lames de verre sont, bien entendu, avant
d'être recouvertes d'émulsion, parfaitement décapées et polies.

Le bain-marie K est en porcelaine ou en
cuivre fortement argenté à l'intérieur, la température de l'émulsion est maintenue au degré
convenable au moyen d'une circulation de vapeur par les tuyaux M, M. Si la couche est
trouvée trop épaisse, on accélère le mouvement de la poulie N, ou bien on diminue l'écoulement de l'émulsion au moyen du robinet I.
Généralement les petits formats de glaces,
telles que les $9\times12$, $8\times9$, etc., proviennent
des déchets sur la longueur, où sont découpés
dans des plaques plus grandes qui présentent
des défauts.

**Épreuves avec les couleurs naturelles**.
— En parlant de l'argent métallique, j'ai mentionné les essais de M. Becquerel et de M. Niepce de Saint-Victor pour obtenir sur une plaque de ce métal des épreuves présentant les couleurs naturelles; je vais compléter ici la description des méthodes qui permettent d'obtenir le même résultat en se servant d'une feuille de papier comme support. Poitevin, s'inspirant des travaux que M. Becquerel, avait publiés précédemment, produisit sur une feuille de papier une couche de *sous-chlorure d'argent violet*, en exposant pendant longtemps à la lumière ordinaire le chlorure d'argent blanc que le papier renfermait dans sa trame; il le plongeait ensuite dans une solution chlorurante et oxydante, formée par un mélange de chlorure de potassium, de sulfate de cuivre et de bichromate de potasse.

Le papier exposé après dessiccation sous une épreuve colorée la reproduisait avec les mêmes couleurs. Telle est en quelques lignes la marche générale de l'opération, sur laquelle je ne m'étendrai pas très longuement, car ces épreuves ne pouvant être fixées, au moins encore, s'altèrent à la lumière, elles n'ont donc qu'un intérêt théorique. M. de Saint-Florent, en 1873 et 1874, continuant les recherches dans la même voie, est parvenu à produire des épreuves colorées qui résistent assez longtemps à la lumière diffuse. Il produit dans la trame d'une feuille de papier du chlorure d'argent, en la plongeant d'abord dans une solution acide de nitrate d'argent telle que la suivante :

       Azotate d'argent.............. 20 grammes.
       Eau distillée................. 20      —

Après dissolution, ajoutez :

       Alcool....................... 100 cent. cubes.
       Acide azotique............... 10      —

La feuille est séchée, puis l'azotate d'argent transformé en chlorure au moyen du bain suivant :

       Acide chlorhydrique.......... 50 grammes.
       Alcool....................... 50      —
       Nitrate d'urane.............. 1 gramme.
       Oxyde de zinc................ 1      —

L'oxyde de zinc a été d'abord dissous dans l'acide chlorhydrique. Le papier en sortant de ce bain est exposé à la lumière jusqu'à ce qu'il soit devenu violet bleu ; après dessiccation on recommence l'immersion dans ces deux bains, et l'on continue ces opérations jusqu'à ce que la coloration violet bleu soit très intense. Avant

que le papier soit sec, on le plonge dans un
bain de :

Eau...................... 100 cent. cubes.
Nitrate acide de mercure... IV à V gouttes.

On peut ensuite l'exposer sous l'écran coloré ;
en 30 ou 40 secondes, si on opère à la lumière
directe du soleil, l'écran est reproduit avec
toutes ses couleurs.

On fixe à peu près cette image si, après
l'avoir lavée à grande eau, on la plonge dans :

Eau...................... 100 cent. cubes.
Ammoniaque............. V gouttes.

On lave de nouveau ; on passe l'épreuve dans
un bain saturé de chlorure de sodium ; on lave
une dernière fois : *l'épreuve* résiste maintenant
assez longtemps à une faible lumière diffuse.

**Encaustique**. — L'encaustique, dont on se
sert pour lustrer les épreuves sur papier albuminé après leur satinage, a pour but de donner
de la transparence aux ombres et de communiquer beaucoup de brillant à l'épreuve ; il a, de
plus, l'avantage de les préserver jusqu'à un
certain point des altérations que l'humidité de
l'air peut leur faire subir. Il est certain, en
effet, qu'une épreuve fortement pénétrée par

cette composition résineuse est moins sujette à se piquer qu'une autre qui n'a pas subi cette dernière opération. A l'article CIRE, j'ai donné la formule de l'encaustique Mailand, qui me semble entièrement propre à remplacer toutes les compositions analogues.

**Essence de térébenthine.** —L'essence de térébenthine du commerce, de France, provient de la distillation de la térébenthine des pins; cette industrie est surtout localisée dans les Landes. Elle est liquide et incolore, dévie fortement à gauche le plan des rayons de lumière polarisée, et bout à 156°,8; elle émet, surtout à chaud, des vapeurs qui sont très inflammables, on ne doit donc pas chauffer sans quelques précautions l'essence de térébenthine; j'insiste sur ce fait, parce que l'on a signalé quelques accidents tenant au peu de soin avec lequel on préparait, par exemple, la dissolution de cire et de mastic qui doit constituer l'encaustique. L'essence de térébenthine est soluble en toutes proportions dans l'alcool absolu; sa solubilité va rapidement en diminuant, à mesure que l'alcool s'affaiblit, tellement que l'alcool à 85° en dissout seulement 10 à 12 pour 100 de son poids.

L'essence de térébenthine du commerce contient toujours une certaine quantité de matières résineuses dont on la débarrasse en la soumettant à la rectification, c'est-à-dire à une nouvelle distillation avec de l'eau. Si on veut l'avoir chimiquement pure, il faut la distiller d'abord sur de la chaux, puis sur du chlorure de calcium fondu.

Elle constitue, sous son état de pureté, un hydrocarbure dont la formule est représentée par $C^{20} H^{16}$, auquel on donne le nom de térébenthène.

*Usages.* — On devra toujours se servir de l'essence rectifiée pour préparer les dissolutions de cire ou de résine; ces dissolutions constituent l'encaustique ou des vernis. J'ai déjà donné la formule de l'encaustique, ainsi que la manière de le préparer; à l'article VERNIS, nous trouverons au moins une formule dans laquelle on fait entrer de l'essence de térébenthine. Ces deux emplois constituent à peu près les seuls usages courants de l'essence de térébenthine. On pourrait signaler encore celui qu'en font quelques opérateurs pour donner plus de transparence aux clichés trop intenses. Ainsi, on remarquera que des noirs tout à fait opaques dans un cliché prennent quelque transparence si on les imbibe d'essence de térébenthine au moyen d'un pinceau.

Le *mattolain*, ou vernis résineux, destiné à faciliter la retouche des clichés, est constitué par une dissolution d'une partie de résine

Dammar dans 40 parties d'essence de térébenthine ; on peut encore retoucher facilement les
clichés en réduisant en poudre très fine un
mélange d'os de seiche et de sandaraque, et
étendant sur la partie à modifier une très petite quantité de cette poudre au moyen du
doigt imbibé d'essence de térébenthine.

Dans les procédés héliographiques, l'essence
de térébenthine sert très souvent à dissoudre
le bitume de Judée, qui est la substance sensible à la lumière, en ce sens qu'elle perd sous
l'influence des rayons lumineux la propriété
d'être de nouveau soluble dans le térébenthène.
En traitant par ce liquide une planche de
cuivre recouverte à l'obscurité d'une mince couche de bitume de Judée et qui a été exposée un
temps convenable sous une épreuve photographique, ce n'est que par places que le
métal sera mis à nu ; là où le bitume de Judée
sera passé à l'état insoluble, il formera *réserve*.

Il y a quelques années, on a signalé une
autre propriété de l'essence de térébenthine, il
serait plus juste de dire de ses vapeurs, elle
réside en ce que ces vapeurs sont susceptibles
de réduire l'intensité des épreuves produites
sur papier albuminé. On peut donc y soumettre
des épreuves trop imprimées ; au bout d'un
nombre d'heures toujours assez considérable,
on verra qu'elles ont régulièrement et notable-

ment baissé. En prolongeant le séjour, on pourrait même les amener à presque disparaître; pour preuve, voici un fait duquel j'ai été témoin : une personne, au cours d'un voyage en Italie, s'était procuré un assez grand nombre de vues stéréoscopiques des monuments qu'elle avait visités et les avait renfermées dans un coffret dont l'intérieur avait été fraîchement verni. Une vingtaine de jours après son retour, la personne en question voulut me montrer ses photographies, nous les trouvâmes totalement décolorées et presque sans trace d'image. Les vapeurs d'essence de térébenthine agissent sans doute en produisant de l'ozone, corps éminemment oxydant, dont l'action se porte sur l'argent qui forme l'image.

*L'essence de lavande aspic,* ou simplement *l'essence d'aspic,* peut remplacer l'essence de térébenthine dans toutes les applications où cette dernière est formulée.

**Éther ordinaire ou éther sulfurique** ($C^4H^5O$). — *Propriétés.* — L'éther ordinaire, appelé improprement éther sulfurique, puisque cet acide n'entre pas dans sa composition, mais sert seulement pour sa préparation, constitue un liquide incolore, très limpide, d'une mobilité extrême. Son odeur est vive et suave, et sa saveur est fraîche et aromatique. Sa densité est 0,723 à + 12°. Il est extrêmement volatil, il bout à 35°,6 sous la pression de 760 millimètres; il émet d'abondantes vapeurs qui forment avec l'oxygène de l'air un mélange fortement explosif, la manipulation de l'éther ne doit donc jamais se faire à côté d'une lumière, il brûle lui-même très facilement. Une partie d'éther se dissout dans 10 parties d'eau, il se mêle en toutes proportions avec l'alcool, les huiles fixes et volatiles.

L'éther pur marque 65° à l'aréomètre de Baumé; mêlé avec une partie égale d'alcool, il prend le nom de *liqueur d'Hoffmann*, dont on se sert pour la préparation des collodions; il marque alors 46° Baumé.

*Préparation.* — On prépare l'éther en traitant l'alcool ordinaire par des corps très avides d'eau, l'acide sulfurique, l'acide phosphorique, le chlorure de zinc par exemple. Industriellement, on le prépare toujours en chauffant un mélange de 10 parties en poids d'acide sulfurique avec 6 parties d'alcool. Il se forme d'abord de l'acide sulfovinique, par la réaction de l'acide sulfurique sur l'alcool, lequel se dédouble à son tour, en présence de l'alcool non attaqué, en éther et acide sulfurique. Ce dernier peut indéfiniment contracter les mêmes combinaisons et donner naissance à des quantités indéterminées d'éther, si on lui ajoute de nouvelles quantités d'alcool, à mesure que les premières sont transformées en éther. C'est ce que l'on fait, au moyen d'une disposition adaptée aux alambics où cette sorte de distillation se conduit. L'acide sulfovinique, ne se dédoublant en éther qu'à une température voisine de 140°, c'est à cette même température que l'on maintient les appareils distallatoires. L'éther qui se condense dans le réfrigérant est mélangé à une forte quantité d'alcool, il ne marque guère que 56° Baumé; pour le purifier et l'amener au 65° degré, on lui fait subir plusieurs rectifications.

*Usages.* — La préparation du collodion normal et du collodion iodo-bromuré constitue le principal emploi de l'éther en photographie. Pour cet usage, il est nécessaire qu'il marque un degré voisin de 65° Baumé, un degré inférieur indique qu'il est mélangé d'alcool ; or, les formules de collodion sont généralement établies en ayant en vue de l'éther à peu près pur ; si on emploie un liquide qui renferme déjà de notables quantités d'alcool, ce dernier existera en quantités trop considérables dans les collodions qui ne présentent plus les qualités que l'on en exige, telles qu'une évaporation rapide ; son pouvoir dissolvant pour le coton-poudre peut, dans ce même cas, devenir insuffisant.

L'éther ordinaire fait encore partie des ver-

nis granulaires dont il a été question à l'article
BENZINE.

*Impuretés, altérations.* — L'éther contient
souvent de l'eau en petite quantité ; sans doute,
cette quantité d'eau est toujours très petite,
mais doit néanmoins être considérée comme
une altération, car elle est une des causes qui
portent l'éther à s'acidifier au contact de l'oxygène de l'air. Un éther anhydre ne peut dans
les mêmes circonstances donner naissance à de
l'acide acétique. On reconnaîtra que l'éther renferme de l'eau, en l'agitant avec un peu de sulfure de carbone : le mélange reste limpide si
l'éther est anhydre, tandis qu'il devient laiteux
dans le cas contraire.

Par suite d'une rectification imparfaite, il
peut renfermer des traces d'acide sulfurique ;
en agitant quelques grammes d'un tel éther
avec quelques centimètres cubes d'eau distillée,
chassant ensuite l'éther par la chaleur, le chlorure de baryum permettra de reconnaître l'acide
sulfurique.

L'aréomètre de Baumé nous indiquera si
l'éther est mélangé d'alcool et jusqu'à un certain point dans quelles proportions. Si on
n'avait pas d'aréomètre, on pourrait avoir
recours au violet d'aniline pour faire cette constatation. L'éther pur ne se colore pas quand
on lui ajoute quelques parcelles de cette cou-

leur, tandis que l'éther alcoolisé se colore en violet, d'autant plus intense que la quantité d'alcool est plus forte.

**EXPOSITION**. — La photographie a pour objet, un corps quelconque sensible étant donné, de le soumettre un temps convenable à l'action des rayons lumineux, pour qu'à la suite des modifications qu'ils lui font subir il soit susceptible, en lui appliquant des réactifs spéciaux, de fournir une image positive ou négative.

C'est ce temps convenable que l'on nomme *exposition* ou *temps de pose*. La première dénomination est plus particulièrement appliquée quand il s'agit d'impressions positives, la seconde est plus spécialement réservée aux impressions négatives.

1° IMPRESSIONS NÉGATIVES. — Si on n'employait, pour produire les images positives ou négatives, que des surfaces s'imprimant directement, comme le papier au chlorure d'argent, par exemple, rien ne serait plus facile que de déterminer exactement le temps durant lequel on doit prolonger l'exposition; mais il n'en est jamais ainsi, du moins dans l'état actuel; quand il s'agit d'impressions négatives, c'est au jugé que l'on règle le temps de pose. Les divers appareils présentés jusqu'ici pour fournir une approximation ne sont pas devenus d'un usage général, ou bien, ne tenant pas compte de toutes les conditions physiques, leurs indications manquent de précision. Comment, en effet, trouver un appareil qui tienne compte de la quantité de lumière, de sa coloration, d'où dépend son pouvoir actinique, de la coloration et de la transparence du milieu où l'on opère, de la couleur de l'objet reproduit, des effets de lumière plus ou moins heurtés, causes, cependant, que nous savons, à la suite d'une longue expérience, avoir une influence, qui n'est pas négligeable, sur la durée des temps de pose.

Aussi, lorsqu'il s'agit d'épreuves négatives, c'est par suite d'une longue étude de tous les faits que l'on parvient à une approximation suffisante; le développement bien conduit permet, d'un autre côté, de corriger les écarts, soit en plus, soit en moins, pourvu qu'ils ne soient pas trop considérables. Les praticiens expérimentés arrivent ainsi à une détermination plus exacte que ne sauraient la fournir les photomètres les plus parfaits que nous ayons encore.

Ce sont là les conditions, pourrions-nous dire, extérieures, mais la durée de la pose est subordonnée à d'autres influences : d'une part, à la sensibilité de la préparation et à l'énergie du révélateur que nous lui appliquerons, et, de l'autre, au pouvoir lumineux de l'objectif.

Nous sommes donc amenés, pour déterminer

les temps de pose, à considérer comme facteurs :

1° Les conditions extérieures de lumière, de transparence de l'air, de couleur de l'objet, de son éclairage plus ou moins heurté ;

2° Les conditions de sensibilité de la substance que nous impressionnons et l'énergie du révélateur ;

3° Le pouvoir lumineux de l'objectif.

Examinons donc séparément chacun de ces facteurs : j'ai déjà dit que pour le premier nous ne pouvions nous en rapporter qu'à l'expérience acquise ; elle nous indique que durant l'hiver, par exemple, les temps de pose doivent être en général de trois à quatre fois plus longs que durant les belles journées d'été ; que la lumière du matin est beaucoup plus actinique que celle du soir : cette dernière prend, en effet, une teinte jaunâtre peu favorable à l'impression, quoiqu'elle paraisse assez vive à l'œil ; nous savons encore que les objets de couleur verte, jaunâtre ou rougeâtre, demandent sous le même éclairement un temps de pose notablement plus long que ceux dont la couleur est bleue ou violette.

Les actinomètres et les photomètres destinés à fournir des indications sur le pouvoir actinique de la lumière sont d'ailleurs des instruments trop fragiles, peu pratiques en voyage ou au cours d'une excursion, et encore arrive-

t-il souvent que la lumière qui éclaire l'objet
à reproduire s'est modifiée durant l'expérience
préalable, de telle sorte qu'au moment où l'on
ouvre l'objectif on se trouve dans des circonstances nouvelles. Emploie-t-on des photomètres
dans lesquels c'est l'œil qui doit apprécier le
plus ou moins grand éclat de la lumière, ici
l'opération est rapide, mais elle manque de précision; outre que deux opérateurs, se servant
simultanément du même appareil, trouveront
des indications qui ne seront pas concordantes,
il arrive encore que si on se sert de ces instruments à une faible lumière diffuse, dans l'intérieur d'une chambre et au dehors, alors qu'on
est ébloui par le soleil, on sera étonné des différences notables auxquelles ils vous font
arriver. Je ne les conseillerais donc que pour
des cas difficiles, alors que l'appréciation se
fait à peu près dans les mêmes circonstances;
s'agit-il, par exemple, d'une vue d'intérieur et de
travaux analogues, les photomètres sont d'utiles
auxiliaires auxquels il est bon d'avoir recours.

Signalons encore, comme pouvant rendre de
réels services, l'iconomètre actinoscopique de
M. Rossignol; en même temps qu'il nous permet de nous rendre un compte plus exact de
l'ensemble du sujet qu'il nous montre sous
forme d'image aérienne réduite et limitée ainsi
qu'elle le sera sur l'épreuve; de plus, la lentille

biconcave de cet appareil est en verre possédant une teinte bleue, de sorte que l'image
aérienne qu'elle nous fournit se présente avec
cette même couleur. Or, ce sont les rayons
bleus qui impressionnent principalement la surface sensible; si cette image de l'iconomètre
nous paraît peu brillante, nous pouvons en conclure que le temps de pose doit être prolongé.
On se rendra très exactement compte des renseignements que ce petit appareil peut fournir,
en examinant successivement un espace découvert, tel qu'une place publique et les monuments qui l'entourent, et de l'autre, une avenue
bordée d'arbres élevés et couverts de feuillage :
l'éclat des deux images sera tout différent, et
tel que l'examen à l'œil ne pouvait nous le
faire supposer. Le verre bleu, en éliminant
de l'image aérienne à peu près tous les autres
rayons qui ne sont pas de la même teinte que
lui, nous indique quelle est à peu près la
somme de rayons utiles.

Examinons encore un monument entouré
de verdures qui nous paraît assez vivement
éclairé sur toute sa surface; que ces parties
soient directement frappées par les rayons du
soleil ou qu'elles ne reçoivent que des rayons
diffusés par les objets voisins, l'iconomètre
nous fournira une image très heurtée, car les
parties qui ne sont pas directement éclairées par

le soleil le sont par les rayons verts diffusés. Si nous voulons reproduire suffisamment les parties qui sont dans l'ombre, nous serons obligés de donner une pose assez longue à la plaque, et pour affaiblir l'impression des parties directement éclairées, serons-nous peut-être obligés d'avoir recours à un verre vert que nous placerons au devant de l'objectif, ou d'employer des glaces ortho-chromatiques, qui sont, nous le savons, sensibles au vert. Je pourrais donner une foule d'exemples, où un appareil, tel que l'iconomètre actinoscopique, peut nous fournir d'utiles renseignements, et venir corriger, au moyen d'une expérience qui ne demande que quelques secondes, les appréciations erronées que notre œil nous fait commettre.

Les principales conditions physiques tenant à la nature du sujet et à son éclairement, qui font varier le temps de pose ont été résumées dans le tableau suivant, établi par M. Dorval, à la suite de nombreuses expériences ; il constitue un guide auquel on peut se reporter pour opérer avec plus de certitude. En prenant comme unité, le temps de pose qu'exige un panorama en plein soleil et admettant que la lumière varie, comme l'indique la première ligne du tableau, on peut dire que les chiffres suivants donnent, avec une approximation suffisante, le temps de pose dans les conditions variables où l'on peut se trouver et en employant les glaces au gélatino-bromure. Pour faire mieux comprendre l'usage que l'on doit faire de ce tableau, supposons que par expérience nous ayons acquis la certitude qu'une demi-seconde nous suffit pour obtenir, au moyen d'un aplanétique, muni de son plus petit diaphragme et d'une glace au gélatino-bromure de marque donnée une vue panoramique avec le soleil du plein du jour, le tableau indique qu'il nous faudra 40 secondes pour reproduire un sous-bois à la lumière diffuse du matin en nous servant du même objectif également diaphragmé et de glaces de la même série.

La sensibilité des surfaces que nous impressionnons, est de toutes les causes qui peuvent faire varier les temps de pose, celle qui doit être considérée comme la plus importante, ceci a à peine besoin d'être indiqué; nous savons, en effet, que dans les mêmes conditions d'éclairage et avec le même objectif, les préparations à l'albumine ne peuvent donner une image complète qu'après un temps de pose plusieurs centaines de fois plus long que celui qui est nécessaire aux plaques au gélatino-bromure d'argent que nous employons aujourd'hui; avec ces dernières surfaces, on peut couramment avoir recours à des poses qui ne dépassent pas

| | SOLEIL plein du jour. | SOLEIL matin et soir. | LUMIÈRE diffuse plein du jour. | LUMIÈRE diffuse matin et soir. | TEMPS gris et sombre. | Le plein du jour se compte, en été, de 9 h. a 4 h. ; en hiver, de 11 h. à 2 h. — Il est préférable de ne pas opérer l'été, après 6 h. ; l'hiver, après 4 h. du soir, car la pose devient alors très longue. |
|---|---|---|---|---|---|---|
| Grande vue panoramique. | 1 | 2 | 2 | 4 | 6 | |
| Grande vue panoramique avec masses de verdure. . | 2 | 4 | 4 | 8 | 12 | |
| Vue avec premiers plans, monuments blancs. . . . . | 2 | 4 | 4 | 8 | 12 | |
| Vue avec premiers plans, avec verdures ou monuments sombres . . . . . . . . . . | 3 | 6 | 6 | 12 | 18 | |
| Dessous de bois, bords de rivières ombragés, excavations de rochers, etc, . | 10 | 20 | 25 | 40 | 60 | |
| Sujets animés, groupes et portraits, en plein air. . . | 4 | 8 | 12 | 24 | 40 | |
| Sujets animés, groupes très près d'une fenêtre et sous un abri . . . . . . . . | 8 | 16 | 24 | 48 | 80 | |
| Reproductions et agrandissements de photographies, gravures, etc . . . . . | 6 | 12 | 12 | 24 | 50 | |

une très petite fraction de seconde. Mais parmi
les préparations analogues, considérons seulement les émulsions à la gélatine, puisque ce
sont les seules qui sont maintenant usitées,
toutes n'ont pas une sensibilité égale ; la supériorité d'une marque réside souvent dans une
rapidité qui n'a pas été atteinte par les autres
fabricants ; de plus, cette sensibilité ne se maintient pas toujours égale, et s'il y a à peu près
identité dans une même série, on constate des

différences assez sensibles de l'une à l'autre,
quoique depuis quelque temps ces différences
deviennent de plus en plus négligeables et assez peu importantes pour qu'il n'y ait guère à
en tenir compte dans l'appréciation des temps
de pose. Néanmoins, pour quiconque veut opérer en toute certitude, il y a avantage de rapporter à une unité, acceptée de tous, la rapidité
de la préparation dont il va se servir. Cette
unité de comparaison n'est pas encore établie,
sans doute parce que la question d'évaluer nu-
mériquement la sensibilité des préparations
exigerait que l'unité de lumière fût elle-même
établie, qu'on la fît agir à l'unité de distance
pendant l'unité de temps et qu'enfin la surface
sensible fût soumise à ce que l'on pourrait ap-
peler l'unité de développement, c'est-à-dire à
un révélateur type, que l'on emploierait au
même degré de température, en le laissant agir
pendant un temps exactement déterminé. Voilà
bien des unités et des bases à établir. C'est
une des questions que se propose de résoudre le congrès photographique qui va sié-
ger durant cette exposition de 1889 ; espérons
qu'une solution assez simple nous sera fournie
et que l'établissement d'un sensitomètre étalon, universellement adopté, en sera la conséquence.

En attendant que cette base soit établie, nous

devons dire que l'on estime assez généralement la sensibilité relative des plaques au gélatino-bromure d'après le degré qu'elles accusent au sensitomètre Warnecke, dont je dois, par conséquent, dire quelques mots. Cet appareil est basé sur les propositions suivantes qui toutes ne sont pas absolument rigoureuses ni constantes, enfin tous les instruments ne donnent pas des résultats absolument identiques : 1° une substance phosphorescente prend un éclat proportionnel à la lumière qui l'a frappée ; 2° l'action de cette lumière sur la substance phosphorescente est instantanée et elle n'est pas modifiée par la durée de l'exposition, en un mot, la substance phosphorescente resterait un temps deux, trois, quatre fois plus long en face de la lumière qui lui fait acquérir la phosphorescence sa luminosité n'en serait pas pour cela accrue ; 3° la coloration de la source lumineuse est sans influence sur la coloration du produit phosphorescent. Tel est le point de départ du sensitomètre de Warnecke ; disons en peu de mots comment il est construit et de quelle manière on doit s'en servir.

Il est formé d'une sorte de châssis-presse de petites dimensions, dont la glace est remplacée par une échelle de teintes transparentes graduées, affectées chacune d'un numéro ou degré. La plus claire correspond au n° 1, la plus foncée

au n° 25, les teintes sont régulièrement ascen-
dantes entre ces degrés extrêmes.

D'un côté de cette échelle, on applique la
glace dont on veut essayer la sensibilité, de
l'autre, on place la surface phosphorescente qui
en est maintenue éloignée d'un centimètre par
une rainure dans laquelle elle peut coulisser,
enfin un volet, qui peut se mouvoir dans cet espace intermédiaire compris entre la plaque
phosphorescente et l'échelle, permet d'établir
une séparation opaque entre les deux parties
du châssis. Veut-on faire un essai, on retire
d'abord la plaque phosphorescente, le volet
étant abaissé et préservant ainsi la plaque de
toute lumière, on fait brûler en face et aussi
près que possible du sulfure de calcium un
morceau de ruban de magnésium et on remet
la plaque phosphorescente en place, son côté
lumineux tourné du côté du volet, on attend
exactement une minute, puis on retire le volet
intérieur. La lueur agit alors sur la glace sensible, on prolonge cette impression 30 secondes,
le volet est ensuite vivement repoussé et on procède au développement de la plaque au moyen
d'un révélateur formé en mélangeant trois parties de solution saturée d'oxalate de potasse
et une partie de solution récente de sulfate
ferreux à 30 0/0; ce mélange, qui ne doit
pas posséder une température très éloignée de

15°, est laissé cinq minutes au contact de la glace, on lave et on fixe. On examine alors l'épreuve obtenue, on prend comme degré celui qui suit le dernier numéro visible, ou en d'autres termes, le n° 16 est-il le degré le plus élevé que l'on puisse lire, on dira que la plaque marque 17° Warnecke. Comme ces degrés n'indiquent aucune sensibilité relative, on peut consulter pour faire cette évaluation le tableau suivant dressé par le D⁏ Eder, dans lequel une surface accusant le 10ᵉ degré est pris comme unité ou étalon, en ce sens, que c'est à ce 10ᵉ degré que l'on rapporte les sensibilités correspondant à tous les autres.

Cet étalon de sensibilité correspond à celle d'une bonne plaque préparée au collodion humide. On voit immédiatement, en consultant ce tableau, que les degrés du sensitomètre ne nous donnent directement aucune indication pratique sur la sensibilité de deux ou plusieurs plaques accusant des degrés différents, puisque une surface marquant 19°, est moitié moins sensible environ qu'une autre qui marque 21°, que la sensibilité suit, par degré, une marche énormément plus rapide à mesure que ceux-ci sont plus élevés.

| Nᵒˢ du sensitomètre. | Sensibilités. | |
|---|---|---|
| 10. . . . . . . . . . . | 1 | C'est-à-dire égale à celle d'une plaque au collodion humide. |
| 11. . . . . . . . . . . | 1 1/3 | |
| 12. . . . . . . . . . . | 1 3/4 | |
| 13. . . . . . . . . . . | 2 1/3 | |
| 14. . . . . . . . . . . | 3 | |
| 15. . . . . . . . . . | 4 | |
| 16. . . . . . . . . . | 5 | |
| 17. . . . . . . . . . | 7 | fois plus grande que celle d'une plaque au collodion humide. |
| 18. . . . . . . . . . | 9 | |
| 19. . . . . . . . . . | 12 | |
| 20. . . . . . . . . . | 16 | |
| 21. . . . . . . . . . | 21 | |
| 22. . . . . . . . . . | 27 | |
| 23. . . . . . . . . . | 36 | |
| 24. . . . . . . . . . | 48 | |
| 25. . . . . . . . . . | 63 | |

On ne peut toujours disposer d'un sensitomètre et cependant il serait utile de pouvoir
faire quelques essais comparatifs, ne serait-ce
que pour adopter, par exemple, les glaces qui
présenteraient la sensibilité la plus élevée, on
peut, avec le matériel ordinaire, arriver à cette
détermination en opérant, comme l'a proposé
M. Londe. On met une glace dans un châssis
négatif ordinaire et après avoir placé ce châssis
à une distance de 0ᵐ,50 d'une bougie, on l'ouvre
successivement par fractions, en laissant agir
la lumière une seconde chaque fois. Si on a
opéré en dix fois, la glace développée présen-

tera une série de dix bandes d'intensité croissantes, dont la première correspondra à une
exposition de 10 secondes et la dernière à une
exposition de une seconde. Ce premier type
produit, veut-on essayer une ou plusieurs autres
séries de glaces, on découpe dans chacune
d'elles des bandes que l'on juxtapose dans le
châssis et on procède comme la première fois;
on les développe ensuite toutes à la fois, avec
un révélateur ayant la même composition que
celui que nous avons employé dans notre première expérience et en le laissant agir pendant
le même temps. Ces bandes découpées dans
différentes glaces, ont été, au moyen d'un diamant à écrire, marquées d'un signe distinctif
quelconque, après leur fixage on les compare à
la glace type, cette comparaison donnera leur
sensibilité relative par rapport à celle-ci d'abord,
et entre elles en second lieu. Supposons, en
effet, qu'une bande marquée I ait, au bout d'une
seconde d'exposition, pris la même teinte que la
glace type au bout de quatre secondes, on peut
dire qu'elle est pratiquement quatre fois plus
rapide ; cette même bande I a atteint, après deux
secondes d'exposition, la même intensité que celle
acquise en une seconde par la bande marquée III,
cette dernière est deux fois plus rapide que la
glace I. Sans doute, la qualité des émulsions
peut avoir une influence assez considérable sur

les résultats que cette méthode peut fournir;
nous savons, en effet, que si elle est composée
de gélatine dure, son développement sera loin
d'être complet après les 5 minutes indiquées
comme terme de cette opération, et qu'en la
prolongeant nous verrions de telles glaces arriver à présenter une sensibilité plus élevée;
toutefois, comme ce ne sont pas des mesures
rigoureuses que nous voulons effectuer, mais
plutôt de simples renseignements que nous voulons acquérir, l'une quelconque de ces méthodes
conduit suffisamment près du but que nous re-
cherchons.

L'objectif intervient à son tour, pour faire
varier la pose, et sans pouvoir donner des formules absolument rigoureuses, nous sommes
cependant ici en face de lois physiques qui sont
simplement compliquées par la nature même de
l'objectif (le nombre de lentilles, leur transparence, leur poli, leur perméabilité aux rayons
lumineux, etc.). Nous n'en tiendrons pas
compte, puisque nous ne parlerons que de sa
longueur focale et du diamètre utile qu'il présente, c'est-à-dire du diamètre de ses diaphragmes.

D'ailleurs, vouloir tenir compte de toutes les
influences tenant à la nature de l'objectif ou du
verre dont il est composé, serait une chose
presque impossible dans certains cas, ou sorti-

rait du cadre que je me suis tracé, ce serait de plus sans grand profit, puisqu'il resterait les aléas attribuables aux autres facteurs, et que nous devons opérer par à peu près, en modifiant le révélateur suivant que l'écart a été commis en plus ou en moins. J'insiste peu sur cette influence de la nature du révélateur et des moyens que l'on emploie pour en accroître l'énergie ou pour l'amoindrir, puisque cette question a été traitée dans l'étude que nous avons faite *du développement*. Rappelons seulement, que lorsqu'on appliqua les révélateurs alcalins au procédé au collodion sec, on vit que la pose pouvait être réduite à peu près à la moitié de celle qui était exigée, quand on soumettait ces mêmes surfaces aux développements acides. Mais revenons aux lois optiques qui régissent les temps de pose.

1° *Les temps de pose sont proportionnels aux carrés des longueurs focales.*

En supposant deux objectifs de même construction et de même ouverture, mais dont l'un a pour longueur focale 10 centimètres, et le second 20, le premier n'exigera qu'une pose égale au quart de celle exigée par le second, il sera en un mot quatre fois plus rapide; le carré de 10 étant 100 et le carré de 20 étant 400. Il est bien entendu que nous opérons dans des conditions de lumière et de préparations identiques.

Cette même loi nous démontre que la pose doit être prolongée, si, pour reproduire des objets très rapprochés, nous sommes obligés d'augmenter la longueur focale. Le foyer absolu d'un objectif étant 10 centimètres pour reproduire un objet rapproché, nous sommes obligés d'éloigner la glace dépolie et la longueur focale sous laquelle nous opérons est maintenant 15 centimètres, les conditions de lumière et la préparation restant les mêmes, si nous posions 2 secondes dans le premier cas, il nous faudra poser 4 secondes et demie dans le second.

En opérant avec la longueur focale absolue de l'objectif, il serait à supposer, d'après cette loi, que tous les objets compris dans différents plans ne devraient pas présenter au développement une différence d'impression autre que celle tenant à leur couleur; il n'en est rien, heureusement, les objets s'impriment avec d'autant plus d'énergie que leur éloignement est plus grand, quoique la longueur focale reste la même ; ces différences donnent l'effet de perspective aérienne.

2° *Les temps de pose sont inversement proportionnels aux carrés des diamètres des ouvertures des objectifs (c'est-à-dire des diamètres des diaphragmes).*

Ce qui veut dire qu'un objectif armé d'un diaphragme d'un diamètre de 2 centimètres, sera

quatre fois plus rapide que si, à ce premier diaphragme, on en substitue un autre qui n'ait
qu'un centimètre de diamètre.

La même loi nous porte à admettre que si
deux objectifs de construction identique, et de
même foyer, l'un peut couvrir nettement une
surface donnée avec un diaphragme plus grand
que le second, le premier sera plus rapide que
l'autre dans le rapport du carré des diamètres
des diaphragmes dont il faut les armer pour
avoir l'image nette sur toute la surface de la
plaque. On peut dire encore que deux objectifs
de foyer inégal, peuvent avoir cependant la
même rapidité, si on arrive à compenser la pro-
longation de pose qu'exige la plus grande longueur focale au moyen d'une ouverture de diaphragme proportionnelle. Il y a donc une relation
entre la longueur focale et le diamètre des diaphragmes, telle que l'on peut, dans les objectifs
de même construction, mais de foyers différents,
conserver pour tous un même temps de pose en
prenant un rapport égal entre la longueur focale
et le diamètre des diaphragmes. C'est ce que
font aujourd'hui la plupart des opticiens, en
donnant pour diamètre aux ouvertures des
diaphragmes des dimensions également pro-
portionnelles aux différentes longueurs focales
d'une part, et en les choisissant de l'autre, de
telle sorte que les poses aillent toujours en dou-

blant, en passant successivement du plus grand au plus petit. Ces diaphragmes sont alors numérotés 1, 2, 4, 16, 32, 64. Ce qui veut dire que si un objectif est armé du plus grand, on pose un nombre de secondes que l'on prend pour unité, avec le diaphragme 4, on posera quatre fois cette unité, et ces mêmes nombres pourront être applicables à tous ceux de la série.

Ceci étant donné, et ayant sous les yeux le tableau de M. Dorval, nous pouvons d'une manière très approximative évaluer le temps de pose exigé avec un objectif en face d'un sujet quelconque.

Ce tableau ne nous donne que des coefficients, que nous pouvons transformer en temps réels de pose, si nous déterminons ce que l'on appelle le *pouvoir photogénique de l'objectif*. Pour cela, on mesure son foyer en millimètres, on divise ce nombre par le diamètre du plus grand diaphragme, pris également en millimètres, on élève au carré le quotient obtenu et on le divise par 1000.

Le nombre ainsi trouvé est le coefficient photogénique de l'objectif, muni de son plus grand diaphragme, il devient 2, 3, 4 fois plus petit, si nous l'armons des diaphragmes que l'opticien a numérotés 1, 2, 3, 4...

Supposons-le égal à 0,05, cela veut dire que

si pour reproduire une vue panoramique en plein soleil, les glaces que nous employons exigent 0″,05 de pose avec le plus grand diaphragme, il nous faudrait poser 32 fois plus avec le diaphragne n° 32, c'est-à-dire 1″,6, pour reproduire ce même panorama.

Si les glaces n'exigent qu'un temps de pose moitié moins grand, nous les affecterons d'un indice de 1/2 ; sont-elles plus rapides encore, et n'exigent que le quart de la pose trouvée en déterminant le pouvoir photogénique de l'objectif, nous les affecterons de l'indice 1/4.

Ayant fait un tableau comme celui de M. Dorval, dans lequel l'unité est le pouvoir photogénique de l'objectif, il nous sera facile de déterminer la pose nécessitée par un sujet quelconque, au moyen d'un objectif muni de l'un quelconque de ses diaphragmes, si nous avons, une fois pour toutes, déterminé quel est, ce que je nomme *l'indice* des plaques que l'on emploie.

Pour mieux faire saisir, je prends comme exemple un aplanétique de M. Hermagis et les glaces étiquettes bleues de M. Lumière, que plusieurs essais m'ont démontré pouvoir être affectées d'un indice 1/5.

Le pouvoir photogénique de l'objectif, déterminé comme je l'ai dit est 0,05, je le prends comme unité, j'obtiens alors le tableau suivant :

| | SOLEIL PLEIN du jour | SOLEIL MATIN et soir | LUMIÈRE DIFFUSE plein du jour | LUMIÈRE DIFFUSE matin et soir | TEMPS GRIS et sombre |
|---|---|---|---|---|---|
| Grande vue panoramique .......... | 0.05 | 0.10 | 0.10 | 0.2 | 0.3 |
| Grande vue panoramique avec masses de verdure ....... | 0,1 | 0.20 | 0.10 | 0.4 | 0.6 |
| Vue avec premiers plans, monuments blancs .......... | 0.1 | 0.20 | 0.20 | 0.4 | 0.6 |
| Vue avec premiers plans, avec verdure ou monuments sombres .......... | 0.15 | 0.30 | 0.30 | 0.6 | 0.9 |
| Dessous de bois .... | 0.5 | 1 | 1.25 | 2 | 3.00 |
| Sujets animés, groupes en plein air .. | 0.2 | 0.4 | 0.60 | 1.2 | 2.00 |
| Sujets animés sous abris ............. | 0.4 | 0.8 | 1.20 | 2.4 | 4.00 |
| Reproductions ...... | 0.3 | 0.6 | 0.60 | 1.2 | 2.5 |

Nous voulons reproduire au moyen de cet objectif muni de son diaphragme 16, une vue avec premiers plans à la lumière diffuse du plein du jour et en nous servant des plaques étiquettes bleues de M. Lumière. Avec le diaphragme 1 et des plaques d'indice 1, nous poserions 0″,20, le diaphragme 16 exige une pose 16 fois plus longue soit 3″,20, les plaques étant d'indice 1/5, elles exigent une pose cinq fois moindre soit 0,65, ou un peu plus de demi-seconde.

Telle est la base dont je me sers depuis plusieurs années pour déterminer les temps de pose,

évaluation pour laquelle je tiens aussi compte
de la saison (en hiver, par exemple, je les porte
au double ou au triple) ; l'expérience que j'en
ai faite me démontre qu'elle est parfaitement
suffisante et elle est très simple, puisqu'elle se
borne à déterminer au moyen d'une expérience
préalable de quel indice il faut affecter les
glaces dont on s'est approvisionné, à consulter
le tableau ci-dessus, multiplier le chiffre en
regard du sujet que l'on photographie, pris
dans la colonne convenable, par le nombre
que porte le diaphragme et à diviser ce premier produit par l'indice des plaques.

2° IMPRESSIONS POSITIVES. — L'impression des
positives, présente, dans la plupart des cas, plus
de précision, le temps durant lequel elle doit
être prolongée peut être plus rigoureusement
déterminé.

L'impression du papier albuminé peut être
contrôlée et le simple examen de son avance-
ment peut suffire ; nous pourrions en dire autant des papiers au platine, de ceux même qui
sont destinés à être développés, car l'image se
dessine faiblement sur leur surface, et l'impression doit en être poussée jusqu'à ce que les
demi-teintes deviennent visibles.

Toutefois, pour arriver à un tirage régulier
d'un grand nombre d'épreuves d'un même cliché, et pour s'affranchir de cette sujétion qui

consiste à examiner assez souvent la positive, pour s'assurer qu'elle est à point, on conseille de placer durant la première impression un photomètre à côté du châssis-presse, pour que l'un et l'autre reçoivent la même quantité de lumière; l'impression étant reconnue suffisante, on note en même temps la teinte à laquelle est arrivée le papier du photomètre; on arrêtera les impressions suivantes quand cette teinte sera obtenue et cela sans que l'on ait besoin d'examiner la venue de l'épreuve. On comprend qu'il est nécessaire, pour que l'on puisse opérer ainsi, que le papier au chlorure d'argent ait été sensibilisé sur le même bain et soit de même fabrication.

Les impressions au charbon se conduisent de même, mais comme la richesse du bain en bichromate, la température extérieure, le temps qui s'est écoulé depuis la sensibilisation jusqu'à l'impression, et enfin celui qui doit s'écouler entre l'impression et le développement ont une influence marquée sur la durée de l'exposition, le problème devient plus complexe. Cependant, grâce au tableau suivant dressé par M. Léon Vidal, on peut arriver à une approximation suffisante, en corrigeant, s'il y a lieu, les écarts en plus ou en moins, en faisant varier la température de l'eau qui sert au développement :

| TITRE DU BAIN de BICHROMATE | TEMPÉRATURE EN DEGRÉS CENTIGRADES | | | | |
|---|---|---|---|---|---|
| | $+\ 5°$ | $+\ 10°$ | $+\ 15°$ | $+\ 20°$ | $+\ 25°$ |
| 1  0/0. . . . . . . | $4^m$ | $3^m$ | $2^m\ 30^s$ | $2^m$ | $1^m\ 30^s$ |
| 2  — . . . . . . . | $3^m$ | $2^m\ 30^s$ | $2^m$ | $1^m\ 30^s$ | $1^m\ 15^s$ |
| 3  — . . . . . . . | $2^m\ 30^s$ | $2^m$ | $1^m\ 30^s$ | $1^m\ 15^s$ | $1^m$ |
| 4  — . . . . . . . | $2^m$ | $1^m\ 30^s$ | $1^m\ 15^s$ | $1^m$ | $0^m\ 40^s$ |
| 5  — . . . . . . . | $1^m\ 30^s$ | $1^m\ 15^s$ | $1^m$ | $0^m\ 40^s$ | $0^m\ 30^s$ |
| 6  — . . . . . . . | $1^m\ 15^s$ | $1^m$ | $0^m\ 40^s$ | $0^m\ 30^s$ | $0^m\ 20^s$ |

Supposons qu'avec un papier au charbon nous ayons imprimé un négatif qui nous avait demandé, à $+\ 5°$, 12 minutes d'exposition, le titre du bain était de 4 pour 100; quelques mois plus tard, nous voulons l'imprimer encore au moyen d'un papier au charbon tiré du même rouleau, sensibilisé sur un bain de même concentration, la température étant aujourd'hui de $+\ 15°$, nous ne donnerons qu'une exposition $7^m,30^s$, et elle sera suffisante, si nous nous sommes placés dans des conditions de lumière à peu près identiques.

Ceux qui opèrent par impression au charbon, feront bien de se préparer un guide de comparaison qui, avec l'aide du tableau précédent, évitera beaucoup de tâtonnements. On conserve 4 ou 5 clichés d'intensité croissante et on écrit au dos de chacun d'eux, le degré du photomètre qu'ils exigent, à la température de 10°, par exemple, le bain de bichromate étant de 3 0/0, a-t-on un cliché quelconque à imprimer, on le compare à ces clichés de réserve et on voit quel est celui qui s'en rapproche le plus, on note la température ; si elle est plus élevée on ne poussera pas l'impression tout à fait au même degré du photomètre, si elle est plus basse on dépassera ce degré, on fait d'ailleurs un premier essai au moyen d'un petit morceau de papier mixtionné que l'on développe immédiatement ; ce premier essai, qui conduit assez près du but, permet de régler définitivement les opérations ultérieures. Cette question de photométrie appliquée à l'impresion des épreuves au charbon nous entraînerait beaucoup trop loin si nous voulions décrire toutes les méthodes qui ont été proposées, aussi, j'engagerai ceux que cette question intéresse à lire les traités que MM. Léon Vidal, Geymet, Lamy, ont fait paraître sur les impressions au charbon, ouvrages dans lesquels elle a reçu tous les développements désirables.

Les durées des impressions sur papiers au gélatino-bromure ou sur gélatino-chlorure, sont plus simples à déterminer, car si on se sert des

mêmes surfaces, le seul facteur variable peut
n'être que l'intensité plus ou moins grande du
cliché, puisque on peut donner à l'éclairage
artificiel dont on se sert, une intensité toujours
égale ou sensiblement égale, de plus, on placera
le châssis-presse toujours à la même distance
du foyer lumineux.

Il suffira donc d'avoir une série de cinq à six
clichés d'intensités croissantes, portant l'indication du temps de pose qui leur est respectivement nécessaire, à une distance donnée du
foyer lumineux qui restera toujours le même.

Je ne parlerai pas de l'évaluation des temps
de pose nécessaires pour les impressions phototypiques, photoglyptiques et les procédés
héliographiques, car ce sont là des méthodes
qui ne sont pas pratiquées dans les laboratoires
de l'amateur, et ensuite j'aurai à en donner
une idée, lorsque ces divers procédés seront
décrits.

J'ai absolument passé sous silence les modifications que le produit sensible éprouve sous
l'influence des rayons lumineux durant le temps
d'exposition, d'une part, parce que ces modifications sont décrites ailleurs (bromure d'argent, chlorure d'argent, iodure d'argent, chlorure de platine, albumine), et que, de l'autre,
on n'est pas encore absolument fixé sur la nature de ces modifications; ce n'est, en effet,

que d'une façon hypothétique qu'on admet que le bromure d'argent est transformé en sous-bromure d'argent, sous l'influence d'une courte exposition aux rayons lumineux.

**Ferrocyanure de potassium.** — Voyez cyanure jaune.

**FIXAGE**. — Les préparations photographiques, après avoir été soumises au développement de l'image latente, ou après qu'on a arrêté la formation de l'image directe, renferment encore une grande partie du produit sensible qui n'a pas été utilisé ; si on considérait donc l'image comme terminée après le développement, ou lorsque l'impression a été reconnue suffisante, il arriverait, avec les préparations au chlorure et au bromure d'argent, qu'elles continueraient à se colorer si on les exposait à la lumière. Celles qui ne renferment que de l'iodure d'argent ne se coloreraient pas sensiblement dans les mêmes circonstances, car nous savons que l'iodure d'argent ne se colore à la lumière qu'en présence du nitrate d'argent; or, celui-ci, en admettant qu'il en existât dans la préparation, est réduit par le révélateur. Les préparations à l'iodure d'argent pourraient, à la rigueur, n'être pas privées du sel sensible non utilisé, pourvu qu'elles subissent un lavage

très soigné après le développement, afin d'enlever ainsi toute trace de ce réactif, qui recom-
mencerait sans cela une nouvelle action, sur
toute la surface de la plaque cette fois, si on
les exposait à la lumière. Un lavage pratiqué
avec une solution d'un iodure, d'un bromure
ou d'un chlorure soluble, nous offrirait encore
plus de sécurité, car l'iodure d'argent n'est plus
sensible à la lumière en présence de l'un de
ces composés.

Toutefois, l'élimination des composés sensibles est toujours nécessaire, ne serait-ce que
pour communiquer plus de transparence aux
images négatives et anéantir la sensibilité des
images positives qui ne tarderaient pas, dans
le cas contraire, à prendre une teinte générale
plus ou moins accentuée, suivant la nature des
préparations.

Pour anéantir cette sensibilité, nous devrons
nous adresser à des réactifs qui dissolvent
seulement les sels d'argent et qui n'altèrent pas
l'image formée par de l'argent réduit. Les réactifs qui remplissent ces conditions sont dits des
*agents fixateurs;* ils sont assez nombreux,
mais on n'en emploie maintenant guère qu'un
seul, l'hyposulfite de soude; beaucoup plus
rarement on a recours aux sulfocyanures alcalins; le cyanure de potassium, qui était presque généralement employé avec les prépara-

tions au collodion humide, ne l'est plus avec les préparations sur gélatine, parce qu'il agit énergiquement sur cette dernière substance et qu'il a une action marquée sur l'argent réduit qui forme l'image, et qu'enfin c'est un corps dont le maniement journalier présente de sérieux dangers ; je me suis étendu longuement sur cela à l'article *cyanure de potassium*. Les sulfocyanures alcalins ne peuvent non plus convenir au fixage des préparations dont la gélatine fait partie ; ce sel a sur elle une action dissolvante très marquée que nous avons même utilisée pour le développement à froid des épreuves sur papier mixtionné.

Par contre, les sulfocyanures alcalins présentent de sérieux avantages pour le fixage des positives sur papier albuminé qu'elles n'exposent pas à s'altérer si, par un lavage prolongé, on n'en a pas enlevé jusqu'aux dernières traces ; l'hyposulfite de soude, au contraire, s'il reste en quantités même excessivement minimes dans une telle épreuve, ne tarde pas à la jaunir et même à la détruire presque totalement. Le prix assez élevé des sulfocyanures en a encore retardé l'usage courant ; ils nécessitent ensuite un double bain de fixage ; cette opération supplémentaire, jointe à leur prix élevé, fait préférer l'hyposulfite de soude, qui ne nécessite qu'une seule opération, qui est d'un prix insignifiant et qui convient également au fixage des positives et des négatives.

Après ces généralités sur les agents fixateurs, nous allons étudier chacun d'eux en particulier et bien déterminer les conditions qu'il faut observer dans leur emploi, je donnerai également les principales réactions qui s'accomplissent durant l'opération du fixage, exécutée avec l'un ou l'autre de ces réactifs.

1° *Fixage au moyen de l'hyposulfite de soude.* — On emploie des solutions d'hyposulfite plus ou moins concentrées, selon qu'il s'agit de fixer des images positives ou des images négatives. Pour les premières, on ne dépasse jamais la dose de 10 0/0 environ, pour les secondes on se sert de solutions à 15 ou 20 0/0 ; le dosage de ces solutions n'est jamais fait très exactement, car on se contente le plus souvent de mesurer une quantité donnée de cristaux d'hyposulfite, que l'on fait dissoudre dans le volume d'eau convenable, ou bien on se sert d'une dissolution saturée, que l'on dilue au moment du besoin, en lui ajoutant un volume d'eau suffisant pour avoir une nouvelle solution à peu près à la concentration voulue. Le dosage exact de l'hyposulfite de soude n'est pas, en effet, nécessaire ; la seule condition que doivent remplir les solutions destinées au fixage, c'est qu'elles renferment une quantité de ce sel assez abondante pour que la première réaction dont nous allons parler puisse se produire et qu'il y ait ensuite un excès de sel pour dissoudre le composé auquel cette réaction donne naissance. Il y a deux hyposulfites d'argent et de soude dont on peut représenter la composition par les formules suivantes :

$$Ag^2Na^4(S^2O^3)^3 \text{ et } AgNaS^2O^3$$

Le premier de ces composés ne se forme qu'en présence d'un excès d'hyposulfite de soude, dans lequel il se dissout ; le second prend naissance lorsqu'un sel d'argent ne se trouve en présence que d'une petite quantité d'hyposulfite de soude ; une fois formé, il ne se dissout plus, viendrait-on à le mettre en présence d'un grand excès d'hyposulfite ; de couleur d'abord jaunâtre, il passe bientôt au brun foncé.

En supposant donc notre solution fixatrice assez concentrée, les réactions suivantes se produisent :

$$2AgCl + 3Na^2S^2O^3 = 2NaCl + Ag^2Na^4(S^2O^3)^3$$

Cet hyposulfite d'argent et de soude étant soluble dans l'hyposulfite de soude en présence d'un excès de ce sel, il se forme une solution limpide, et le fixage est parfait.

La solution fixatrice est-elle, au contraire, trop diluée, c'est le second hyposulfite d'argent et de soude qui se formera :

$$AgCl + NaS^2o^3 = NaCl + AgNaS^2o^3$$

les épreuves se colorent d'abord en jaune et passent finalement au brun. Nous n'arriverons pas à leur faire perdre cette coloration, ni en prolongeant le fixage, ni en ayant recours à un bain plus concentré, en un mot, elles seront perdues.

Sur ces réactions nous pouvons établir toutes les règles que nous devons suivre pour procéder à un bon fixage.

En premier lieu, nous ferons usage de bains assez riches, le bas prix de l'hyposulfite nous permet d'user largement de ce produit et de renouveler souvent nos solutions qui s'appauvrissent par suite de fixages répétés, sans compter encore que les solutions qui ont déjà servi, ne peuvent pour d'autres causes convenir au fixage des positives.

En second lieu, il faudra tenir nos bains de fixage en agitation, afin de renouveler sans cesse les parties de liquide en contact avec les préparations à fixer.

Il arriverait, en effet, si nous les laissions en repos, que celles qui se trouvent en contact avec l'épreuve s'appauvriraient seules en hyposulfite, bientôt la quantité de sel qu'elles renferment ne serait pas assez considérable pour former l'hyposulfite double soluble, le précipité brun apparaîtrait, comme il ne peut plus se redissoudre, l'épreuve serait salie, sans qu'on puisse y porter remède. Pour une cause toute semblable, les épreuves ne doivent jamais rester collées entre elles.

Si nos doigts sont imprégnés d'hyposulfite de soude, et que nous venions à toucher une épreuve qui n'a pas encore été mise dans le bain de fixage, aux endroits touchés, il se formera l'hyposulfite brun, ce seront autant de taches indélébiles.

Nous étant conformés à toutes les indications qui peuvent nous faire éviter les insuccès, nous reconnaîtrons que le fixage des négatives est complet, lorsque, en les examinant par le dos elles ont perdu tout aspect laiteux; nous prolongerons néanmoins le séjour du cliché quelques minutes de plus dans l'hyposulfite, afin d'éliminer, par endosmose, de la couche qui forme l'image, l'hyposulfite d'argent et de soude qui jaunit quand il est exposé à une vive lumière; on peut le constater en plaçant au soleil un cliché sorti du bain d'hyposulfite, aussitôt après la disparition des dernières traînées blanches. Le fixage complet des épreuves positives n'est pas aussi facile à apprécier, on recon-

naît cependant assez facilement que le sel
sensible a totalement disparu, en examinant ces
épreuves par transparence, tant qu'elles ne sont
pas fixées, elles semblent comme poivrées
dans les blancs, tandis que ceux-ci sont parfaitement et également transparents, si le sel
d'argent est dissous en entier.

Les bains de fixage destinés aux préparations
ayant la gélatine pour support, sont souvent
additionnés d'alun, on évite ainsi le soulèvement de la couche, qui se produit assez souvent
durant les grandes chaleurs; j'ai discuté cette
manière de faire en parlant de l'*alun*, ce qui
me dispense d'y revenir ici.

Il faut autant que possible pour les négatifs,
se servir d'un bain d'hyposulfite neuf, cela devient indispensable si on veut obtenir de belles
positives sur verre, qui ne soient pas sujettes
dans la suite à se teinter en jaune. Nous ferions
la même remarque au sujet des positives sur
papier albuminé, en voici la raison : la dissolution d'hyposulfite d'argent et de soude dans
l'excès d'hyposulfite de soude, s'altère assez
vite, il ne tarde pas à se former, si elle est
exposée à la lumière, du sulfure d'argent qui se
dépose; en même temps, il se produit des acides
de la série thionique qui se décomposent eux-
mêmes. Le résultat de ce dédoublement est la
formation de nouvelles quantités de sulfure

d'argent qui se déposent ainsi d'une manière successive et continue, et enlèvent au bain tout l'argent qui s'y était dissous, en laissant un liquide éminemment sulfurant dans lequel on peut avoir des teintes très riches, mais qui s'altèrent avec le temps. Si on veut donc que les épreuves négatives ou positives fixées à l'hyposulfite de soude se conservent telles qu'on les a obtenues, il est absolument nécessaire d'employer, d'une façon générale, des bains n'ayant pas encore servi, ou n'ayant servi que depuis quelques heures.

Les épreuves, pour être à l'abri de toute altération, devront être absolument privées après le fixage de toute trace d'hyposulfite de soude, nous en verrons les raisons en étudiant l'*hyposulfite de soude*.

*Fixage au moyen des sulfocyanures alcalins.* — M. Meynier proposa, il y a déjà plus de vingt ans, pour éliminer les causes d'altérations des épreuves positives résultant de l'emploi de l'hyposulfite de soude, de le remplacer par les sulfocyanures d'ammonium ou de potassium dissous dans l'eau à la dose de 40 0/0.

Les sulfocyanures alcalins forment avec les sels d'argent des sels doubles solubles dans un excès de réactif, mais non dans l'eau pure, de telle sorte, qu'en plongeant dans l'eau une épreuve que l'on vient de fixer dans une solution de sulfocyanure, il se produit un précipité blanchâtre, formé par ce sel double, dont une partie reste dans la trame du papier ; or, comme ce sel est sensible à la lumière, les épreuves doivent en être à peu près entièrement débarrassées en les plongeant au sortir du bain de fixage proprement dit, dans une seconde solutions de sulfocyanure alcalin, à laquelle on donnera la même concentration qu'à la première, afin qu'elle puisse servir à la remplacer lorsqu'elle aura perdu tout pouvoir fixateur. Les épreuves sont ensuite lavées, pour les débarrasser du sulfocyanure qui les imprègne, après le lavage, quand bien même elles en retiendraient de très minimes quantités, les épreuves ne présenteraient pas pour cela des causes de destruction certaine, car les sulfocyanures alcalins ne peuvent, comme l'hyposulfite de soude, amener la sulfuration de l'argent.

On remarquera, en fixant au moyen des sulfocyanures, que le virage doit être poussé un peu plus loin que si on sert de l'hyposulfite de soude, la teinte revient, en effet, toujours assez fortement vers les tons rougeâtres. Dès que les épreuves ont le contact de la solution à 40 0/0 de sulfocyanure d'ammonium ou de potassium, elles prennent un ton rouge assez vif qui remonte, en prolongeant l'immersion, à peu près à celui que le virage leur avait communiqué.

*Fixage au moyen du cyanure de potassium.*
— Le cyanure de potassium n'est guère plus
employé que pour le fixage des positives directes sur collodion ou pour les positives destinées aux projections si elles ont été obtenues
également sur collodion. Le cyanure de potassium forme avec les sels d'argent des cyanures
doubles, solubles dans un excès de réactif;
une faible quantité de cyanure alcalin peut
ainsi dissoudre une assez grande quantité de
sel d'argent, aussi n'a-t-on besoin d'avoir recours qu'à des solutions très peu chargées, à
2 ou 3 0/0. Déjà, à cette concentration,
elles attaquent l'argent qui forme le négatif ;
cela est surtout sensible sur les demi-teintes et
sur le léger voile qui peut avoir pris naissance,
aussi, de prime abord, les négatifs fixés au
cyanure peuvent paraître séduisants, mais au
tirage, on remarque que les épreuves qu'ils
fournissent sont beaucoup moins modelées que
celles fixées à l'hyposulfite de soude; à une
concentration plus forte, son action sur l'argent
serait plus énergique encore.

Cette propriété du cyanure de potassium
explique pourquoi on l'a conservé pour fixer
les positives directes et les positives par transparence qui doivent être exemptes de voile; on
s'en sert encore pour les reproductions de
gravures, son emploi dans ce cas est avanta-

geux, puisque ces clichés doivent être très
purs.

Comme il fixe rapidement, qu'il n'est pas
très coûteux, il fut longtemps à peu près le
seul agent employé et il a fallu l'adoption générale du gélatino-bromure, auquel il ne peut
convenir, pour voir ce produit ne plus heureusement exister dans les laboratoires des amateurs, souvent peu expérimentés et peu pru-
dents.

**Fluorure de sodium** (Na Fl.) et **fluorure
de potassium** (K Fl.). Ces deux sels, que l'on
peut préparer en saturant l'acide fluorhydrique
commercial au moyen du carbonate de soude
ou du carbonate de potasse, se présentent en
cristaux blancs, assez solubles dans l'eau ; leur
manipulation ne présente aucun danger, cependant on peut retirer de leur emploi les
mêmes effets que de l'acide fluorhydrique,
substance que l'on ne doit manier qu'avec les
plus grandes précautions, serait-elle très étendue d'eau.

Les fluorures alcalins, mis en présence
d'un acide énergique, tel que l'acide sulfurique, laissent dégager de l'acide fluorhydrique,
un sulfate alcalin se forme en même temps.
Mettons à profit cette réaction pour produire
des traces d'acide fluorhydrique au sein de la

couche de gélatine d'un cliché supporté par
une lame de verre, la gélatine se détachera de
son support avec la plus grande facilité, c'est
nous le savons une propriété de l'acide fluorhydrique.

Pour produire ces minimes quantités d'acide
fluorhydrique nécessaires à cette opération,
nous n'avons qu'à plonger notre cliché d'abord,
dans une solution étendue d'un fluorure alcalin, le laisser dans cette solution un temps
suffisant (trois à quatre minutes) pour que la
gélatine s'en imbibe de part en part, puis sans
laver, faisons passer le cliché dans un bain
à 1 0/0 d'acide sulfurique, il ne tardera pas à
se détacher très régulièrement.

Nous pourrons avoir recours à ce moyen si
simple, soit pour débarrasser les verres des
clichés mis au rebut et les faire servir ensuite à
la préparation de nouvelles plaques, soit pour
obtenir des clichés pelliculaires.

Dans ce dernier cas, pour éviter l'extension
de la pellicule, dès qu'elle a abandonné le support, on devra au préalable laisser séjourner
le cliché, au moins une heure, dans un bain
d'alun de chrome à 5 ou 6 0/0; au sortir de ce
bain, on le lave dans une eau trois ou quatre
fois renouvelée et enfin on le soumet aux deux
bains successifs qui servent à le détacher. Dès
que la pellicule est libre, on peut avoir en vue

ou de la retourner simplement, en lui donnant
pour support une nouvelle lame de verre, ou
de la conserver à l'état de pellicule libre. Dans
les deux cas, on placera la pellicule devenue
libre sur un verre de dimensions légèrement
plus grandes que la sienne, en faisant glisser
cette lame de verre par-dessous, tant qu'elle
est encore dans la cuvette renfermant l'eau
acidulée. On soulève d'une main la plaque de
verre avec précaution, et avec l'autre armée
d'un pinceau, on étale la pellicule sur le verre ;
cela fait, on transporte le tout dans une cuvette
renfermant de l'eau pure pour débarrasser la
pellicule de l'eau acide qui l'imprègne, on la
transporte de la même manière, dans une seconde cuvette où son lavage se continue. On
retire la plaque de verre qui avait servi de
support provisoire et on la remplace par un
verre gélatiné, si le cliché doit seulement être
retourné, ou talqué, collodionné et gélatiné si
le cliché doit être pelliculaire. Il est évident
que le cliché devra être retourné au moyen du
pinceau avant d'être étendu sur la glace, de
manière que sa face libre primitivement, soit
en second lieu en contact avec la gélatine ; on
aura ainsi un cliché propre aux impressions
phototypiques ou sur papier mixtionné avec
transfert simple. Les clichés reçus sur glace
talquée, collodionnée et gélatinée peuvent être

collés dans un sens ou dans l'autre, car la pellicule sera assez mince pour être imprimée dans l'un ou l'autre sens.

**Foie de soufre.** — Voyez sulfure de potasse.

**Fulmicoton.** — Voyez coton-poudre.

**Gélatine.** — *Préparation, propriétés.* — Les os, la peau, les tendons, les cartilages traités par l'eau, bouillant sous pression, cèdent à ce liquide une matière à laquelle on a donné le nom de *gélatine*, à cause de la propriété que possèdent ses solutions de se prendre en gelée par le refroidissement. On pourrait traiter ces dépouilles par l'eau bouillante, sans se servir d'un autoclave, mais la transformation de l'osséine, que contiennent les tissus, en gélatine se fait beaucoup plus rapidement en opérant sous pression, c'est-à-dire à une température supérieure à 100° C.

La gélatine extraite, d'une part, des os, de la peau et des tendons et, de l'autre, celle extraite des cartilages n'ont pas une composition identique. Cette dernière, que l'on nomme *chondrine*, est plus riche en oxygène et plus pauvre en azote que la gélatine proprement dite provenant des os, de la peau et des tendons; les proportions de carbone et d'hydrogène sont à peu près les mêmes dans les deux espèces. Les gélatines du commerce renferment souvent une ou plus ou moins grande quantité de chondrine ; elles ne peuvent, dans ce cas, convenir à la préparation des émulsions ; nous verrons plus loin la manière de reconnaître ce mélange.

La solution gélatineuse obtenue est écumée, soutirée et filtrée ; on la verse dans des moules de forme rectangulaire où elle fait prise en se refroidissant. Après l'avoir démoulée, on la coupe en tranches minces au moyen d'un fil de laiton ; on étend ces tranches sur des claies garnies d'un treillage en fil de fer étamé, et on les fait sécher rapidement à l'air.

Les feuilles solides de gélatine qui résultent de cette dessiccation sont livrées au commerce sous différents noms, suivant la destination du produit, son état de pureté, sa coloration ; ces différences tiennent autant au mode de préparation qu'au choix des matières premières employées.

Ce que l'on nomme *colle forte, colle de Flandre* est de la gélatine en feuilles plus ou moins épaisses, colorées en jaune-brun, présentant quelquefois une légère odeur animale ; ce sont les sortes les plus communes, plus spécialement usitées dans diverses industries.

Les os frais de bœuf et de veau, débarrassés avec soin des dernières traces de chair adhérente, fournissent les belles qualités de gélatine blanche que l'on emploie pour préparer les gelées alimentaires; ces sortes conviennent également aux préparations photographiques. Cependant, la couleur de la gélatine n'est pas un signe absolument certain de sa pureté, car avec des matières premières de deuxième choix, qui fourniraient des gélatines déjà assez colorées, on parvient à obtenir des gélatines blanches en les soumettant à une ébullition prolongée, clarifiant la solution avec un peu de chaux, et ajoutant un peu d'alun pour donner de la fermeté à la gelée; nous savons, en effet, qu'une ébullition prolongée enlève en grande partie à la gélatine la propriété de faire prise. De telles gélatines, quoique de bel aspect, doivent être exclues de nos préparations; on les reconnaîtra à la présence de la chaux et de l'alun.

L'industrie des produits photographiques est devenue assez importante pour qu'on fabrique aujourd'hui spécialement des gélatines en vue de cet emploi, ou bien on trouve parmi les premières qualités de nos gélatines françaises des sortes qui peuvent très bien convenir, et fournir des résultats très constants. Ces gélatines répondent aux caractères suivants : elles

sont en lames très dures, transparentes, à peu
près incolores, tout à fait inodores, se gonflant
modérément dans l'eau froide sans s'y dissoudre, exigeant une températured'au moins 26° C.
pour que la dissolution s'opère; celles que l'on
désigne sous le nom de variétés *dures* exigent
même 30° C. pour se dissoudre ; une partie des
gélatines en question doit faire prendre en gelée
de 90 à 100 parties d'eau ; leurs solutions ne
doivent pas être alcalines, elles peuvent au
contraire être légèrement acides.

La gélatine s'altère, avons-nous dit souvent,
si on maintient longtemps ses solutions à la
température de l'ébullition; d'après Hofmeister,
il se produit une décomposition à la suite de
laquelle la gélatine se dédouble en *semi-gluten*
et en *hémicolline*. La première substance est
insoluble dans l'alcool, la seconde s'y dissout ;
c'est donc au moyen de ce réactif que l'on peut
les séparer. Le *semi-gluten* réduit le nitrate
d'argent sans le précipiter ; l'*hémicolline* ne le
réduit pas, mais le précipite sous forme floccon-
neuse. A la suite de ce dédoublement, les solutions perdent la propriété de faire prise et contractent des propriétés réductrices qui se
traduisent par des voiles.

A la température de 35 à 40°, le dédoublement précédent est beaucoup plus long à se faire,
et il n'est d'ailleurs jamais aussi complet. C'est

pourquoi une gélatine qui fournit des émulsions constamment voilées, lorqu'on les prépare
à haute température, pourra être utilisable à la
rigueur, si on remplace l'ébullition par une
digestion à 40° C. suffisamment prolongée.

La présence d'un alcali ou d'un acide dans
la solution gélatineuse, en quantité quelque peu
importante, facilite énormément le dédoublement en semi-gluten et hémicolline. Nous trouvons là la raison pour laquelle les solutions
gélatineuses sont rapidement altérées par les
solutions alcalines, surtout à température élevée;
les doses d'acide que nous employions dans la
préparation des émulsions, ne sont jamais assez
fortes pour qu'il y ait à tenir compte de leur
action; mais nous en voyions une application
dans la préparation des colles fortes liquides,
qui résultent de l'action d'une dose d'acide assez
forte et à la température de l'ébullition sur une
solution de gélatine.

A la température ordinaire, les germes qui
flottent dans l'air et qui se déposent sur tous
les corps qui y sont exposés trouvent dans les
gelées gélatineuses un terrain où ils se développent très aisément, si aisément que ces sortes de gelées ont été adoptées comme milieu
de culture dans les études bactériologiques. Une
température moyenne de 30 à 40° C. favorise ce
développement de bactéries (anaérobies); le

résultat en est une sorte de putréfaction et la liquéfaction des solutions gélatineuses. On constate qu'il s'est formé, à la suite de ces modifications, de l'ammoniaque, des acides gras volatils, du glycocolle, des peptones et de l'acide carbonique. L'emploi d'une gélatine en décomposition occasionne des voiles qui se manifestent au développement bien avant que l'odorat puisse constater que ce phénomène s'est produit; on ne doit donc employer que des solutions récentes, et il est encore prudent de les additionner d'un antiseptique pour retarder le développement des bactéries.

Faisons encore remarquer, que les gélatines à réaction acide, résistent plus longtemps à la putréfaction que les gélatines alcalines; que celles qui ont été clarifiées au moyen de l'albumine y sont beaucoup plus sujettes qu'avant ce traitement; ce moyen de purification dont nous avons parlé à l'article *albumine* ne serait donc pas absolument recommandable, si on ne prend pas des précautions toutes spéciales pour éviter la putréfaction, par exemple se servir d'un antiseptique et pousser activement le séchage des plaques.

Par ce qui précède, on voit que la gélatine est un corps éminemment altérable, dont le choix demande des soins tout particuliers, ce qui me fait dire que la qualité des émulsions dépend souvent de celles de la gélatine et de la manière dont elle est traitée.

Qu'elle soit, en effet, modifiée par une action de la chaleur trop prolongée, c'est le *frilling* qu'elle occasionne et des voiles plus ou moins considérables, accidents qui se produisent encore si les alcalis l'ont trop profondément altérée, ou que cette même modification provienne du développement des germes déposés par l'air ambiant.

A l'article *émulsions*, j'ai eu soin de donner les moyens généralement employés pour se mettre à l'abri de ces diverses altérations, dont le meilleur, à mon avis, consiste à préparer les émulsions au moyen du bromure d'argent précipité et lavé séparément, et émulsionné alors seulement dans une solution fraîchement préparée de gélatine, que l'on additionne d'une faible dose d'acide salicylique, d'autres disent d'acide phénique ou de thymol, ou encore d'une petite quantité d'eau oxygénée qui, outre ses propriétés antiseptiques, détruit les composés qui sont la source du voile.

*Altérations.* — Toute gélatine présentant une odeur animale ou de substances en légère putréfaction doit être rejetée ; si primitivement elle était de bonne qualité, elle a contracté cette odeur, parce qu'elle a été conservée longtemps dans un lieu humide où elle s'est altérée.

On doit également rejeter une gélatine qui ne solidifie pas au moins 90 fois son poids d'eau, celle dont les solutions laissent percevoir à la surface des yeux ou taches graisseuses.

Celles qui fondent au-dessous de 20°, seraient-elles qualifiées de *tendres*, proviennent de solutions gélatineuses ayant longtemps subi l'ébullition; leur emploi occasionne souvent des insuccès; les gélatines *dures* ne doivent pas fondre au-dessous de 26°; si elles ne fondent qu'à 30°, elles n'en seront que meilleures.

Toutes les solutions de gélatine qui précipitent par le sulfate d'alumine, le sulfate ferreux, les acides, l'acétate de plomb, sont formées par une gélatine renfermant de la chondrine, car ces réactifs sont sans action sur les solutions de gélatine pure. Les gélatines, ainsi altérées, ne doivent dans aucuns cas servir à la préparation des émulsions qui seraient grenues et inutilisables.

**Glycérine** ($C^6\ H^8\ O^6$). — La glycérine, découverte par Scheele, est une des parties constituantes des huiles et des graisses. Ces substances peuvent, d'après les travaux de Chevreul et de M. Berthelot, être considérées comme des éthers constitués par la combinaison des acides gras avec la glycérine. En saponifiant les corps gras, c'est-à-dire en faisant combiner ces acides

gras avec de la potasse ou de la soude, on met
la glycérine en liberté. La préparation de la
glycérine ne fait pas par elle-même l'objet d'une
industrie spéciale, puisque c'est un produit accessoire de la fabrication des bougies, de l'acide
stéarique, des savons; mais sa purification et sa
concentration sont localisées dans des usines
spéciales.

*Propriétés et usages.* — La glycérine constitue un liquide sirupeux assez lourd (D = 1.26),
d'une saveur sucrée, soluble dans l'eau, dans
l'alcool, volatile à 280° C., température à laquelle
sa décomposition est déjà manifeste, par les
vapeurs âcres et piquantes d'*acroléine* qui se
mélangent aux siennes; aussi la distille-t-on,
pour la purifier, dans des vases fermés, et on
opère soit dans un vide partiel, soit en favorisant
le départ des vapeurs de glycérine au moyen
d'un courant de vapeur d'eau.

Exposée à l'air, elle ne se dessèche pas; les
corps auxquels on la mélange conservent une
certaine souplesse; c'est en vertu de cette propriété qu'on en ajoute une certaine quantité aux
collodions devant servir à préparer des pellicules; que l'on a encore conseillé, pour conserver
plus longtemps les couches de collodion à l'état
humide, d'ajouter une certaine quantité de glycérine au bain d'azotate d'argent qui sert à le
sensibiliser.

**GOMMES.** — **Gomme arabique.** — La gomme arabique, ou *gomme d'Arabie*, est le suc gommeux qui s'écoule de différentes espèces d'acacias (*acacia vera, arabica, Sénégal* ou *verek, Seyal*, etc.).

Elle est formée presque en totalité d'une gomme soluble (arabine), de faibles quantités de débris de tissus, d'un acide et de phosphate de chaux. Elle nous vient d'Égypte, d'Arabie et du Sénégal. La gomme arabique est en morceaux irréguliers, secs, d'un aspect brillant, transparents; mais, vus en masse, ils paraissent opaques.

Avant de livrer la gomme au commerce, on en fait le triage : de là les gommes de premier, deuxième et troisième choix, selon la pureté, la blancheur ou la coloration des morceaux.

Ces gommes sont entièrement solubles dans l'eau, précipitables par l'alcool, et ont une odeur et une saveur presque nulles.

*Usages.* — En photographie, la gomme sert à préparer des dissolutions qui possèdent des propriétés adhésives très prononcées si elles sont concentrées. Rarement on se sert de la colle de gomme pour faire adhérer les épreuves ordinaires sur leurs cartons, parce que les parties qui débordent salissent les supports et donnent des reflets brillants désagréables. D'autre part, les solutions gommeuses deviennent rapidement acides, et sous cet état elles sont préjudiciables à la bonne conservation des épreuves.

Les épreuves, dites émaillées, sont le plus souvent rendues adhérentes au bristol au moyen d'une solution épaisse de gomme, que l'on étend sur deux ou trois millimètres de leurs bords seulement.

On peut donner aux solutions de gomme la faculté de se conserver plus longtemps et en augmenter les propriétés adhésives au moyen du traitement suivant indiqué, en 1882, par le *Bristish Journal* : on dissout 30 grammes de gomme arabique dans 60 grammes d'eau ; cette solution est additionnée de 30 centigrammes de sulfate neutre d'alumine, dissous dans quelques grammes d'eau. Au bout de quelques heures, l'alumine s'est combinée avec l'acide gommique et l'acide sulfurique avec la chaux pour former du sulfate de chaux qui se précipite. On décante la partie claire pour l'usage. Signalons enfin l'emploi de la gomme dans la préparation des bains acidulés par l'acide tartrique et l'acide citrique, sur lesquels on fait flotter le papier albuminé sensibilisé pour lui permettre de se conserver ; la gomme agit ici comme simple épaississant, afin que le liquide imbibe régulièrement et peu à peu la trame du papier.

**Gomme laque.** — Cette résine, improprement nommée gomme, est produite par une sorte de cochenille, le *coccus lacca*, qui vit dans l'Inde sur les *ficus indica et religiosa*. Dans le commerce on trouve plusieurs espèces de laques : 1° la laque en bâtons ; ce sont les branches de l'arbre entourées par les cellules résineuses de l'insecte ; 2° la laque en grains ; c'est la précédente détachée des rameaux ; 3° la laque en écailles ; ce sont les précédentes fondues, passées et coulées en plaques minces ; 4° la gomme laque blanche, qui est obtenue en décolorant la laque naturelle, au moyen de l'hypochlorite de soude additionné d'un peu d'acide chlorhydrique.

La laque fond aisément ; elle est soluble dans l'alcool, insoluble dans l'éther, le sulfure de carbone, l'essence de térébenthine, la benzine, très facilement soluble dans la soude caustique qu'elle teint en violet, soluble aussi dans les solutions chaudes de borate de soude.

*Usages.* — Les solutions alcooliques de laque, pures ou additionnées d'autres résines, constituent les vernis dont nous aurons à donner la composition lorsqu'il sera question de ces derniers. Beaucoup de formules indiquent la gomme laque blanche, d'autres la laque blonde en écailles ; celle-ci me semble préférable dans la plupart des cas, par exemple lorsque la coloration légère qu'elle communique au vernis n'est pas un obstacle, et c'est le plus souvent le cas, parce que la laque blanchie, ayant été plus ou moins altérée durant cette opération, les couches que fournissent les vernis négatifs, dont elle fait partie, sont moins résistantes que celles des vernis préparés avec la laque blonde. La première laisse d'ailleurs toujours un assez abondant résidu insoluble.

Il est un autre emploi de la gomme laque dont je dois dire quelques mots seulement : c'est son application aux tirages des positifs par la méthode de M. Taylor ; les épreuves ainsi obtenues sont très artistiques et d'une conservation parfaite, si j'en juge d'après les spécimens que j'ai eus sous les yeux et qui remontent à plus de 25 ans cependant.

On fait une première solution de gomme laque blanche dans une solution chaude de borax ; on pèse environ 8 grammes de laque, on les pulvérise finement, on lave cette poudre à l'eau pure, on décante cette dernière, et la pâte obtenue est versée dans une solution tiède de :

<pre>
Eau................. 100 grammes.
Borax.............   4   —
</pre>

On porte ensuite à l'ébullition, que l'on maintient 2 heures en remplaçant l'eau qui s'évapore. On laisse refroidir le liquide, on le laisse en repos 12 heures au moins, et enfin on le filtre pour séparer la résine en excès.

On fait une deuxième solution de laque en opérant comme la première fois dans :

Eau................ 100 grammes.
Phosphate de soude. 4 —

On mélange ensuite cinq parties de solution au borax et trois parties de solution au phosphate de soude, et dans ce mélange, on plonge de champ le papier sur lequel on veut produire l'épreuve; au bout d'une demi-minute on le retire et on le suspend pour le faire sécher. Il est ensuite sensibilisé sur un bain de nitrate d'argent à 15 0/0; on l'y laisse flotter trois minutes environ. Le papier une fois sec peut être imprimé, mais il ne se conserve pas longtemps, tandis que si on le replonge dans le mélange des deux solutions au borax et au phosphate de soude, il pourra, au contraire, se conserver un temps fort long, et, de plus, on pourra le fixer après l'impression sans le soumettre à aucun lavage. Le papier à une seule couche devra être lavé dans trois ou quatre cuvettes avant de le plonger dans l'hyposulfite.

C'est dans le bain de fixage, formé par une solution d'hyposulfite de soude à 25 pour 100, que les épreuves prennent leur couleur définitive. Au bout de dix minutes, le fixage est complet, on lave soigneusement, puis on fait sécher l'épreuve qui peut être considérée comme terminée; cependant on l'améliore encore en la saturant du vernis suivant, que l'on étend au pinceau, au revers de l'image :

> Gomme laque blanche.    10 grammes.
> Alcool à 90°..........    100 —

**Héliogravure.** — Je me bornerai à une description très sommaire des procédés héliographiques, comme, du reste, de tous les autres procédés industriels de tirage, qui ne sont pas ordinairement pratiqués dans le laboratoire de l'amateur photographe.

Ce traité de *Chimie photographique* a été, en effet, écrit non pour former un traité général et descriptif, mais plutôt pour donner des renseignements sur les diverses opérations que nous sommes journellement appelés à pratiquer. Quand il s'agira de procédés industriels, ce ne sera donc que des indications théoriques que je me contenterai de donner, afin de démontrer que certaines réactions, que nous utilisons pour nos tirages restreints, ont fait naître des applications plus importantes, en ce sens, que la photographie, grâce aux tirages photomécaniques, peut s'unir aux autres modes d'impressions, et l'on peut affirmer que bientôt l'illustration typographique sera généralement exécutée par les procédés héliographiques.

L'*héliogravure* ou *photogravure* comprend deux procédés distincts : dans l'un, on produit sur une feuille de métal des entailles ou creux plus ou moins profonds capables de retenir l'encre; l'impression se fait alors par le mode d'impression dite *en taille-douce* ; dans le second, les parties de métal constituant le dessin restent sur le même plan, et on enlève, en les creusant, toutes celles qui doivent rester blanches, de sorte qu'en passant un rouleau chargé d'encre sur la planche, il n'y a que les parties en relief qui la retiennent; l'impression se fait donc par les procédés *typographiques ordinaires*.

Dès l'invention du daguerréotype, Donné essaya de transformer les plaques daguer-riennes en planches propres à la gravure. Pour cela, il les soumettait à un bain d'acide chlor-hydrique faible, l'argent était attaqué dans les parties noires, et finalement il obtenait une gravure en creux, très imparfaite il est vrai, et qui ne pouvait encore fournir qu'un petit nom-bre d'épreuves; la mollesse de l'argent ne per-mettait, en effet, qu'un tirage limité; après une cinquantaine d'épreuves, la gravure était totale-ment déformée. Fizeau arriva à de meilleurs résultats au moyen d'un procédé assez compliqué et délicat à mettre en pratique ; comme Donné, il traitait la plaque daguerrienne par une liqueur acide, les parties noires formées par le sel d'argent impressionné sont seules attaquées ; il obtenait ainsi une planche gravée en creux, mais dont la profondeur était trop faible pour fournir une bonne impression ; il enduisait alors la plaque d'une matière grasse qui se fixait dans les creux et respectait les parties en saillie ; il la plongeait ensuite dans un bain de dorure galvanique. L'or ne se déposait que sur les saillies, qui n'étaient pas protégées par la matière grasse ; en nettoyant la plaque avec soin après cette opération et la traitant par de l'acide azotique étendu, il approfondissait les creux, les reliefs étant protégés par la couche d'or déposé n'étaient pas attaqués ; enfin il donnait à la planche gravée une plus grande résistance en lui faisant subir un léger cuivrage galvanique.

A ce moment arriva la découverte de la photographie sur papier, qui vint détourner les esprits des recherches de ce genre ; mais on y revint lorsque la photographie sur papier eut donné tout ce qu'elle pouvait fournir ; Poitevin a particulièrement contribué aux progrès de la photogravure. Dès 1847, il était arrivé à obtenir, au moyen d'un cliché, des gravures en creux ou en relief. La première méthode qu'il trouva consistait à se servir comme ses prédécesseurs de la plaque daguerrienne.

Aussitôt que l'image s'était dessinée sous l'influence des vapeurs du mercure, et sans dissoudre l'iodure d'argent non modifié par la lumière, il cuivrait la plaque dans un bain galvanoplastique. Le dépôt de métal se fait seulement sur les parties amalgamées, les autres sont préservées par l'iodure d'argent peu conducteur. Il traitait ensuite la plaque par l'hyposulfite de soude; l'iodure d'argent, en se dissolvant, mettait à nu l'argent métallique qu'il recouvrait. L'image apparaissait donc ainsi : les clairs recouverts de cuivre, les ombres formées de l'argent de la plaque primitive.

En chauffant légèrement, le cuivre se recouvre d'une légère couche d'oxyde, suffisante cependant pour l'empêcher de s'amalgamer avec du mercure métallique que l'on répand sur la plaque; il n'y a donc que l'argent qui s'allie au mercure. En recouvrant ensuite l'image d'une feuille d'or, l'or adhère seulement sur les parties amalgamées qui représentent les ombres du dessin, les clairs restant toujours représentés par l'oxyde de cuivre. Si après cela nous soumettons la plaque à l'acide azotique, les clairs seront rongés, creusés, tandis que les ombres, qui sont représentées par les parties dorées, resteront en relief. On a finalement une planche pouvant servir à l'impression typographique. Poitevin donna en même temps le moyen d'obtenir une gravure en creux au moyen de cette même plaque daguerrienne; au lieu de l'impressionner à la chambre noire ou à travers un positif, on l'impressionne sous un négatif, on opère ensuite exactèment de la même façon.

. Quelques années plus tard, Poitevin ayant reconnu les propriétés de la gélatine bichromatée, il imagina une seconde méthode d'héliogravure. Il s'aperçoit qu'une feuille de gélatine bichromatée, insolée sous un négatif et soumise ensuite à un bain galvanoplastique, se recouvre seulement de cuivre dans les parties qui n'ont pas été modifiées par la lumière; il constate en outre que la gélatine en contact avec le liquide se gonfle en dessinant un relief qui est la reproduction exacte du négatif; les creux et les saillies sont régulièrement proportionnés aux transparences du cliché. L'inventeur utilise immédiatement la propriété que possède la gélatine de ne plus-se gonfler par l'eau; une fois la feuille de gélatine obtenue avec ses creux et ses saillies, correspondant aux noirs et aux clairs du dessin, il la fait sécher et en prend un moulage en plâtre. Le moule en plâtre, surmoulé encore par la galvanoplastie, sert à produire une planche de gravure sur

cuivre. Cette deuxième méthode de Poitevin
fut désignée sous le nom d'*hélioplastie;* il la
complète par un autre procédé qui, perfectionné,
est devenu la *Photoglyptie* ou *Woodburytypie.*

M. Nègre, par un procédé qu'il tient secret,
a aussi obtenu de très belles gravures photographiques ; il fait usage de bitume de Judée,
qui lui sert à ménager des réserves sur les
parties qui ne doivent pas être dorées à la pile
et qui, par conséquent, doivent être soumises
à l'action des acides. La dorure faite, on enlève
le vernis au moyen d'un dissolvant approprié,
puis on fait mordre à l'eau-forte ; on a ainsi
une planche dont les blancs sont en relief et
les noirs en creux, comme dans la gravure en
taille-douce. M. Baldus est un de ceux qui ont
rendu la gravure photographique presque industrielle. Il a employé successivement deux
procédés. En 1854, il impressionnait une plaque
d'acier ou de cuivre, recouverte de bitume de
Judée, au moyen d'un cliché négatif qui se
traduisait en positif sur la plaque, lorsqu'au
moyen de l'essence de térébentine on avait enlevé toutes les parties de bitume restées solubles. Ensuite, au moyen de la galvanoplastie,
il obtenait à volonté une gravure en creux ou
en relief, suivant que la plaque était suspendue
au pôle positif ou au pôle négatif. Depuis 1854,
M. Baldus ne fait plus usage de la galvano-

plastie. Il se sert d'un sel de chrome pour obtenir la surface impressionnable. Après avoir obtenu l'image par la méthode ordinaire, il trempe la plaque dans une solution de perchlorure de fer, dans laquelle tout le sel de chrome non influencé se dissout; on a ainsi un léger relief qui s'accentue en prolongeant le séjour de la plaque dans la solution de perchlorure de fer; on a eu soin, toutefois, d'enduire les premiers reliefs obtenus d'encre d'imprimerie pour mieux les préserver. Le métal est attaqué dans les creux seulement, et on les amène ainsi à la profondeur convenable. Suivant que la plaque aura été impressionnée sous un négatif ou un positif, on obtient une gravure en creux ou en relief.

En 1855, Garnier et Salmon firent connaître un procédé ingénieux au moyen duquel le premier put produire de très belles gravures photographiques qui lui valurent le grand prix de photographie à l'Exposition universelle de 1867. Le procédé de ces deux auteurs peut être ainsi résumé : une planche de laiton est exposée à l'obscurité aux vapeurs d'iode, puis insolée sous un négatif et frottée avec un tampon de coton imbibé de mercure. Cette plaque, soumise au rouleau d'encre grasse, repousse l'encre dans ses parties amalgamées; elles forment donc réserve. La couche,

traitée par une solution de nitrate d'argent,
donne une plaque en taille-douce après qu'on
a enlevé l'encre d'imprimerie ; mais si on n'enlève pas l'encre grasse, et qu'après la première
morsure au nitrate d'argent, on fasse sur la
lame un dépôt de fer galvanique, celui ci se dépose sur les parties amalgamées, et l'encre
enlevée laisse à nu le laiton iodé. On attaque
de nouveau la planche par le mercure qui ne
s'attache pas au fer. Soumise de nouveau au
rouleau, le fer seul se recouvre, etc... Si l'on
veut une planche typographique, au lieu d'opérer
un dépôt de fer, on dépose de l'or, puis on
creuse les parties non dorées, jusqu'à ce que
l'on ait obtenu un relief suffisant.

M. Rousselon transforme presque immédiatement la photographie en gravure au moyen
d'un procédé dont voici les phases principales.
On obtient sur gélatine bichromatée l'image
d'un cliché photographique. La gélatine a été
préparée de telle sorte que l'image est grainée
naturellement et proportionnellement à l'action de la lumière, c'est-à-dire que le grain,
très accusé dans les noirs, diminue progressivement dans les demi-teintes et cesse complètement dans les blancs. Cette première image est
moulée en plomb au moyen de la presse hydraulique, et transformée en planche de cuivre au
moyen de la glavanoplastie.

Ce procédé reproduit toutes les finesses et le modelé du cliché; les gravures qu'il permet d'obtenir sont d'une très grande délicatesse et font l'objet de publications courantes. Il me resterait sans doute à décrire une foule d'autres procédés ou de variantes de ceux dont j'ai parlé, car les procédés héliographiques font, à juste titre, l'objet des nombreuses recherches; il ne se passe pas d'année qui ne nous montre un progrès accompli, et nous sommes à la veille de voir la perfection atteinte dans ces sortes d'impressions, comme on peut s'en convaincre en examinant les belles photogravures exposées cette année par MM. Lumière; la perfection des détails et le modelé du cliché photographique y sont reproduits aussi finement que sur la meilleure positive à l'argent.

**Huile de Ricin.** — L'huile de ricin, ou de *palma christi*, s'obtient, par expression, des semences du *ricinus communis*, plante de la famille des Euphorbiacées, originaire de l'Inde, d'une partie de l'Amérique et du Sénégal, mais que l'on cultive avec succès dans le midi de la France et en Algérie. Elle est peu fluide, visqueuse, jaunâtre ou incolore, suivant son mode de préparation. Elle est soluble en toutes proportions dans l'alcool et dans l'éther ou dans le mélange de ces deux liquides, tel que celui qui fait partie des collodions.

Les pellicules de collodion, résultant de l'évaporation de ce liquide, même très faiblement additionné d'huile de ricin, présentent une certaine souplesse et sont moins sujettes à se gondoler que celles fournies par un autre collodion qui n'aurait pas reçu cette addition. C'est à cause de cette propriété de l'huile de ricin de rendre les couches moins rétractiles qu'on en ajoute au collodion normal destiné à l'émaillage ou à celui destiné à fournir des clichés pelliculaires, ou toutes les fois que l'on veut obtenir des pellicules dans dans la composition desquelles entre du collodion. Cette dose est toujours très minime, quelques gouttes au plus par 100 centimètres cubes de collodion normal.

**Hydroquinon.** — ($C^{12} H^6 O^4$). L'hydroquinon est un isomère *de la résorcine* et de *l'oxyphénol* ou *pyrocatéchine*, ou encore *acide protocatéchique*. Il n'est donc pas étonnant que ces corps aient des propriétés communes : par exemple, de former avec les bases des composés peu stables, qui s'altèrent et se colorent facilement au contact de l'air, les corps oxydants hâtent cette décomposition ; elle est, au contraire, retardée par les corps réducteurs ou par ceux qui sont avides d'oxygène, tels que le sulfite de soude.

*Préparation.* — L'hydroquinon se forme dans une foule de circonstances dont voici les principales :

L'*Oxyphénolammine*, corps produit par la réduction du phénol isonitré, oxydé par le bichromate de potasse et l'acide sulfurique, donne de l'hydroquinon.

L'acide quinique fournit de l'hydroquinon par distillation sèche, c'est la réaction la plus usitée industriellement pour obtenir l'hydroquinon.

L'arbutine, contenue dans les feuilles de l'*uva ursi*, plante commune dans nos pays, où elle est vulgairement appelée *raisin d'ours*, traitée par l'*émulsine* que contiennent les graines oléagineuses et l'acide sulfurique étendu, se dédouble en hydroquinon et glucose.

$$\underbrace{C^{12}H^{10}O^{10}(C^{12}H^6O^4)}_{\text{Arbutine}} + H^2O^2 = \underbrace{C^{12}H^{12}O^{12}}_{\text{Glucose}} + \underbrace{C^{12}H^6O^4}_{\text{Hydroquinon}}$$

C'est là un mode de préparation que j'ai plus d'une fois mis en pratique et qui m'a toujours fourni un excellent produit ; je ne doute pas qu'industriellement il ne permît d'obtenir l'hydroquinon à assez bas prix.

*Propriétés, usages.* — L'hydroquinon cristallise en prismes à six pans, incolores, d'une saveur douceâtre, solubles dans l'eau, l'alcool et l'éther. Il fond à 177°, il peut être sublimé.

Mais sous l'influence d'une haute température, il se dédouble en quinon et hydrogène. Ses solutions alcalines réduisent énergiquement les sels solubles d'argent ; les composés haloïdes de ce métal, impressionnés par la lumière, sont également réduits à l'état métallique par ces mêmes solutions.

C'est en vertu de cette propriété que l'hydroquinon est employé comme révélateur. Indiqué d'abord par Abney, en 1880, qui l'employait sous forme de solution aqueuse additionnée d'ammoniaque, il fut ensuite expérimenté par le D$^r$ Eder qui, en 1883, s'exprimait ainsi à l'égard de ce produit : « Si le prix en diminuait, il est évident que l'hydroquinon deviendrait d'un usage excellent et mériterait une sérieuse considération. » (Eder, *Traité du gélatino-bromure*.) Plusieurs autres praticiens essayèrent l'hydroquinon ; mais il n'est réellement devenu d'un usage courant, du moins en France, qu'à la suite des essais faits par M. Balagny, dont il communiqua les résultats, ainsi que les formules employées, à la Société française de photographie dans le courant de janvier 1888.

La formule du révélateur, adoptée par M. Balagny, a été peu modifiée depuis, quoique les uns aient avancé que le carbonate de potasse donnait avec l'hydroquinon de meilleurs résul-

tats que le carbonate de soude, et que la potasse
caustique permettait d'obtenir un réducteur notablement plus actif; cela est vrai; mais l'action
de cet alcali sur la gélatine est trop énergique
pour qu'on puisse songer à adopter une telle
formule d'une manière générale; peu de plaques
peuvent être soumises à un tel révélateur sans
présenter des soulèvements considérables. Au
lieu d'employer l'ammoniaque, le carbonate de
soude ou le carbonate de potasse, Newton préfère se servir d'eau de chaux. Un tel développateur manque d'énergie, son action est excessivement lente ; j'ai démontré qu'au moyen du
sucrate de chaux et de l'hydroquinon, on pouvait obtenir un révélateur qui ne le cédait en
rien à celui qui est préparé d'après les formules
courantes, celle de M. Balagny par exemple.

On a enfin songé à associer l'hydroquinon à
l'acide pyrogallique et même d'ajouter au mélange de ces deux réducteurs du chlorhydrate
d'hydroxylamine. Ces diverses formules de révélateurs complexes ne semblent pas encore
avoir prévalu, sans doute parce que les avantages qu'ils présentent, si réellement ils en présentent, ne compensent pas la complication
qu'entraîne nécessairement leur préparation et
leur emploi. Le développement mixte à l'hydroquinon et à l'acide pyrogallique, indiqué
par M. Ottenheim, semble donner des résultats

excellents au point de vue de la coloration des clichés.

Voici la formule proposée par M. Ottenheim; on fait les deux solutions suivantes :

```
A. Eau distillée.............. 100 cent. cubes.
   Sulfate de soude...........   6 gr 50
   Hydroquinon................   1 gr 30
B. Eau distillée.............. 100 cent. cubes.
   Acide pyrogallique........:   1 gr 78
   Acide sulfurique à 10 0/0..   8 gouttes.
```

Pour l'emploi, on mélange 55 centimètres cubes de A et 15 de B. Ce révélateur prenant assez rapidement une teinte brune très marquée ne peut servir que pour une glace, ou une série de deux ou trois glaces que l'on traite successivement.

C'est donc la formule au carbonate de soude, indiquée par M. Balagny, qui semble présenter le plus d'avantages ; elle est, à peu de chose près, aussi énergique que toutes celles qui ont été données pour la remplacer, celle à la potasse caustique exceptée. Mais, comme je l'ai dit, cette dernière a une action trop marquée sur la gélatine pour pouvoir l'employer avec la dose suffisante d'alcali qui lui donne cette supériorité ; de plus, le révélateur au carbonate de soude, s'il a été préparé avec des produits *bien purifiés*, se conserve longtemps sans pren-

dre la teinte brune; le cliché est donc retiré
parfaitement clair et brillant ; si le bain est
coloré, que cette coloration provienne de la
mauvaise qualité des produits, ou par suite d'un
usage prolongé, le cliché possédera une teinte
jaunâtre ou même brune dont on pourra le dé-
barasser, il est vrai; mais il est certainement
préférable de ne pas la voir se produire.

Il faut donc, pour préparer le révélateur à
l'hydroquinon, s'approvisionner de carbonate
et de sulfite de soude purifiés ; l'hydroquinon
mérite un choix spécial, car tel produit qui est
cependant en beaux cristaux, parfaitement
isolés, sera de moins bonne qualité qu'un autre
qui se présentera sous forme de poudre cristal-
line grise assez tenue. Néanmoins, tout hydroquinon bien cristallisé doit être préféré à un
autre produit qui est sans caractères bien définis, et peut, à cause même de cela, être facilement additionné de substances étrangères
inertes et nuisibles. Un hydroquinon de bonne
qualité se dissout entièrement dans l'alcool,
et cette solution est incolore.

On prépare les deux solutions suivantes :

A. Eau ordinaire................ 500 grammes.
    Sulfite de soude pur......... 125      —
B. Eau ordinaire................ 500      —
    Carbonate de soude pur...... 125      —

On laisse reposer ces solutions durant un

jour ou deux, après quoi on les filtre et on les conserve en flacons soigneusement bouchés.

Quand, dans la suite, on voudra préparer le bain de développement, on fera chauffer dans une capsule de porcelaine 300 centimètres cubes de la solution A ; dès qu'elle a atteint une température voisine de 70° C., on y fait dissousoudre 10 grammes d'hydroquinon. On portera toute son attention à ce que le moindre cristal d'hydroquinon soit totalement dissous avant d'ajouter 600 contimètres cubes de la solution B, qui donneront, avec les 300 centimètres cubes de la solution précédente, 900 centimètres cubes de révélateur.

Le bain ainsi préparé est réparti dans des flacons de 90 à 100 grammes de capacité que l'on bouché avec soin et que l'on peut longtemps conserver sans altération; il doit être absolument incolore; une coloration même légère indique que les produits, l'hydroquinon le plus souvent, n'étaient pas dans l'état de pureté convenable ou que la préparation a été mal faite, en ce sens que l'hydroquinon n'était pas totalement dissous lorsqu'on a ajouté la solution de carbonate de soude. Le bain préparé aux doses indiquées est très énergique; on ne devra l'employer à l'état de *bain neuf* que pour des instantanées très rapides; pour tous les autres cas, on emploiera des bains ayant déjà servi. On remarquera même qu'un bain n'ayant jamais servi, et quelle que soit la rapidité de la pose, voile légèrement la première plaque qu'il développe ; à la seconde cet inconvénient n'existe plus. Durant ce premier développement, il s'est chargé d'un peu de bromure de sodium, dont la dose, quoique minime, suffit pour maintenir la pureté des plaques suivantes. Il est donc rationnel d'additionner les bains neufs d'une faible quantité de bromure de potassium pour éviter le voile qui se manifeste sur la première plaque ; 2 à 3 gouttes de bromure à 10 pour 100 permettent d'arriver à ce résultat. M. Balagny conseille, dans le même but, 6 à 7 gouttes d'acide acétique cristallisable par 50 centimètres cubes de révélateur neuf.

Les révélateurs ayant servi à développer plusieurs clichés instantanés seront conservés pour développer les clichés ordinaires, après quoi on pourra les faire servir encore à développer les clichés de reproduction de gravure.

Il est à remarquer, en effet, que les révélateurs à l'hydroquinon donnent d'autant plus dur qu'ils ont servi un nombre de fois plus considérable ; cela se conçoit aisément, puisqu'ils se chargent durant le développement de chaque glace d'une nouvelle dose de bromure de sodium. Il faudrait donc, pour obtenir des clichés identiques, en employant les mêmes

glaces, en prolonger successivement un peu la
pose, si le même révélateur doit successivement aussi servir à les développer, ou bien il
faudra le remonter, c'est-à-dire lui conserver
sensiblement les mêmes propriétés en lui ajoutant après chacune une petite dose de bain
neuf ; c'est je crois cette dernière manière de
faire qui doit être regardée comme la plus pratique.

Il a été beaucoup dit et beaucoup écrit pour
et contre le révélateur à l'hydroquinon ; d'une
manière impartiale, il ne faut pas trouver dans
ce mode de développement un révélateur automatique qui surpasse tous les autres, de même
que je ne suis pas de l'avis de ceux qui le trouvent détestable. Il demande, comme tous les
autres, un certain raisonnement pour en retirer
les meilleurs résultats possibles ; on ne peut
songer, pour un sujet à contrastes très heurtés,
à employer un révélateur déjà vieux, très
chargé en bromure ; la pose en aurait-elle été
assez prolongée, le cliché serait certainement
peu satisfaisant. Un bain neuf développera
très bien une glace exposée un temps très
court, le cliché obtenu sera bien modelé ; il en
sera de même d'une troisième et d'une quatrième peut-être ; mais si cette dernière donne
un cliché inférieur, dans lequel les ombres restent vitreuses, il ne faut pas hésiter à renouve-

ler le bain et à le remplacer par un bain neuf additionné de trois ou quatre gouttes de bromure à 10 pour 100. C'est à cause de cette obligation de changer de bain, dès qu'il donne un peu dur, que je conseille de n'en employer qu'un volume assez faible chaque fois, soit 60 à 80 centimètres cubes pour des glaces $13 \times 18$ ; cela me semble préférable à l'emploi d'un fort volume, dans lequel on développera successivement un assez grand nombre de glaces.

Malgré cela, le révélateur à l'hydroquinon fournit d'une manière moins courante des clichés aussi harmonieux que le révélateur à l'acide pyrogallique ; leur finesse est aussi moins grande, ce point a été contesté, mais il est évident pour le plus grand nombre ; enfin les détails dans les ombres sont moins accusés ; de telle sorte que le seul avantage bien réel de l'hydroquinon serait son énergie. Sur cette dernière question encore on est loin d'être d'accord ; il me semble qu'on peut cependant la résoudre en disant qu'un opérateur peu expérimenté parviendra plus sûrement à obtenir un bon cliché d'instantanée très rapide avec l'hydroquinon qu'avec l'acide pyrogallique, quelle que soit la glace qu'il ait exposée ; mais il est aussi certain qu'un opérateur habile et patient obtiendra mieux encore au moyen du développement pyrogallique bien et patiemment conduit, surtout si les glaces sont de bonne qualité.

Le révélateur à l'hydroquinon, préparé avec une dose moindre de cette substance et de carbonate de soude que celle que je viens d'indiquer, convient également bien à développer les épreuves sur papier au gélatino-bromure ; son action, plus lente que celle de l'oxalate de fer, permet de mieux conduire le développement et d'opérer sur une assez grand nombre d'épreuves à la fois. Il est important pour cette application de n'employer que des révélateurs à peu près incolores, si on ne veut pas s'exposer à voir les blancs prendre une teinte jaunâtre désagréable par le fait de la teinture de la gélatine qui s'opère au contact du bain coloré ; les bains d'hyposulfite de soude devront être récents, les bains vieux pouvant faire acquérir une certaine teinte aux épreuves.

Si la coloration jaune s'est produite au cours du développement, on pourra décolorer les épreuves au moyen du bain suivant, qui peut servir aussi pour les clichés qui auraient acquis cette même teinte jaune, soit dans les bains à l'hydroquinon, soit dans ceux à l'acide pyrogallique.

| | |
|---|---|
| Eau...................... | 160 grammes. |
| Chlorure de sodium........ | 20 — |
| Acide sulfurique........... | $1^{gr}.20$ |

Au bout de cinq à six minutes de séjour dans ce bain, toute teinte jaune aura disparu; on continue ensuite le lavage.

Le bain suivant, dont la formule a été communiquée par M. Négri, réussit également.

| | |
|---|---|
| Eau . . . . . . . . . . . . . . . . . | 100 centim. cube. |
| Hyposulfite de soude. . . . | 15 grammes. |
| Alun . . . . . . . . . . . . . . . . | 5     — |
| Acide chlorhydrique ou oxalique . . . . . . . . . . . . | 2 à 5   — |

Le liquide se trouble; on laisse s'opérer le dépôt, on décante ou on filtre. Dans ce bain, où l'on ne doit plonger le cliché qu'après son fixage et après qu'il a été parfaitement lavé et séché, la coloration jaune passe au violet, puis disparaît entièrement. La durée de l'opération peut osciller entre quelques minutes et plusieurs heures. On lave ensuite le cliché, en renouvelant l'eau de quart d'heure en quart d'heure.

**Hyposulfite de soude** $(NaO, S^2O^2 + 5\,Ho)$. — *Préparation*. — L'hyposulfite de soude se prépare en faisant bouillir une solution de sulfite neutre de soude avec un excès de soufre; la solution filtrée est évaporée et soumise à la cristallisation; c'est, pourrions-nous dire, le procédé des laboratoires, car dans l'industrie on retire ce sel en traitant les marcs de soude brute. Il peut encore se préparer économiquement en chauffant jusqu'à fusion un mélange de 500 parties de carbonate de soude desséché et 150 parties de fleur de soufre ; le mélange liquide est agité avec un ringard pour qu'au contact de l'air le sulfure de sodium, d'abord formé, se change en sulfite ; on fait dissoudre ce sel dans l'eau, on filtre et on fait bouillir la solution avec de nouveau soufre. La nouvelle solution est filtrée et soumise à l'évaporation, après quoi on la laisse cristalliser.

*Propriétés.* — L'hyposulfite de soude se présente en gros cristaux formés par des prismes rhomboïdaux volumineux, que la chaleur décompose en sulfate de soude et pentasulfure de sodium.

Il est très soluble dans l'eau, insoluble dans l'alcool, incolore, inodore ; sa saveur est saline et amère. Son soluté concentré dissout plusieurs sels insolubles (sulfate et iodure de plomb, biiodure de mercure, sulfate de chaux, sels haloïdes d'argent) ; il forme des sels doubles solubles avec les oxydes de mercure, d'argent, d'or ; ce dernier, *hyposulfite d'or et de soude* ou *sel de Fordos*, a servi au fixage des images daguerriennes ; il est aussi usité dans quelques modes spéciaux de virage, non qu'on emploie le sel directement préparé, mais celui qui s'est

formé en ajoutant une solution de chlorure
d'or dans une solution d'hyposulfite de soude
en excès. Toutefois, ces formules de virage me
semblent peu recommandables, car, ainsi que
l'ont démontré MM. Fordos et Gélis dès 1843,
en même temps que l'hyposulfite d'or et de soude
prend naissance ($Au^2O, S^2O^2, 3\,NaO, S^2O^2, 4\,HO$)
il se forme de l'acide sulfureux, du soufre,
des acides pentathionique, tétrathionique,
trithionique, qui sont tous éminemment sulfu-
rants. Dans toutes les formules où l'on indique l'emploi du chlorure d'or mélangé à
l'hyposulfite de soude, il serait plus rationnel
et plus prudent de remplacer ce mélange par le
sel de Fordos pur, que l'on dissout dans la solution d'hyposulfite de soude; mais comme ce
sel contient moins d'or que les chlorures, il faut
augmenter la proportion de moitié.

L'hyposulfite de soude doit complètement
être éliminé des épreuves positives ou négatives aux sels d'argent qu'il sert à fixer; sans
cela on s'expose à une destruction certaine,
dans un temps plus ou moins long, suivant
que l'épreuve sera exposée dans un lieu plus
ou moins humide. L'hyposulfite de soude, au
contact de l'argent, en présence de la vapeur
d'eau et d'un corps organique poreux, le fait
passer à l'état de sulfure; c'est donc du sulfure
d'argent noir qui primitivement prend nais-

sance; aussi toute épreuve positive en train de s'altérer se fonce d'abord en couleur; mais ce sulfure d'argent, à son tour, se combine à la matière organique et prend une coloration jaune, celle que nous constatons finalement sur les épreuves passées.

*Usages.* — L'hyposulfite de soude est aujourd'hui l'agent de fixage le plus employé, soit pour les épreuves positives, soit pour les épreuves négatives; à l'article *fixage*, je me suis assez longuement étendu sur cette application spéciale pour que je n'y ai rien de plus à ajouter ici. Je viens de signaler dans les lignes qui précèdent son application dans la confection de certains bains de virage qui servent en même temps de fixateurs, si la dose d'hyposulfite de soude est assez grande, pour que la dissolution des sels d'argent puisse complètement s'opérer dans le temps nécessaire à la coloration des épreuves; tel est le suivant, indiqué pour le virage et le fixage simultanés du papier au gélatinochlorure d'Ilford :

| | | |
|---|---|---|
| Eau | 700 | grammes. |
| Hyposulfite de soude | 140 | — |
| Acétate de soude | 28 | — |
| Sulfocyanure d'ammonium | 14 | — |
| Solution de chlorure d'or à 1 0/0. | 14 | — |

Cette solution doit être faite en dissolvant les composants successivement et suivant l'ordre

33

dans lequel ils sont écrits. Je répéterai encore
que ces solutions, en vertu de leur action sulfurante, sont loin d'être absolument recommandables, et qu'il est bien préférable d'opérer
le virage d'abord au moyen des bains ordinaires, laver les épreuves et enfin les fixer.

**ICONOGÈNE** (Voir *Appendice*, p. 715).

**IODE** ($I = 126$). — L'iode fut découvert en
1814 par Courtois, qui signala sa présence dans
les dernières eaux du raffinage du salpêtre, pour
la préparation duquel il employait les soudes de
varech. Ayant fait part de sa découverte à
Gay-Lussac, ce dernier en fit une étude appro-
fondie et le signala comme un corps simple.

*Préparation.* — Les eaux-mères des soudes
de varech sont chargées de chlorure de sodium, de sulfate de potasse, de chlorure de potassium, de carbonate de soude et d'une certaine proportion d'iodures et bromures alcalins. On enrichit ces eaux-mères en iodures et
bromures en les faisant entrer de nouveau
dans la fabrication; finalement leur teneur est
assez élevée pour qu'on puisse en extraire le
brome et l'iode. On commence par ajouter à ces
eaux-mères de l'acide sulfurique ; les carbonates, sulfites, hyposulfites et sulfures qu'elles
contiennent sont transformés en sulfates, on

les laisse cristalliser, et après la décantation de
la partie liquide, on traite celle-ci par un courant de chlore qui précipite d'abord l'iode, car
ce métalloïde est insoluble dans les liqueurs
aqueuses qui ne contiennent plus d'iodures alcalins en dissolution. On arrête le courant de
chlore avant qu'il porte son action sur les bromures. L'iode précipité est recueilli, lavé à
l'eau pure et purifié par sublimation.

*Propriétés.* — L'iode se présente alors sous
forme de substance solide, cristallisée en lames
gris bleuâtre, d'un aspect métallique; il se volatilise facilement par la chaleur, même à une
température assez basse, ainsi que le prouve
son odeur et son action sur les corps qui sont
dans son voisinage; à 107°, il entre en fusion
et bout à 175°, en donnant des vapeurs violettes
très denses, d'odeur irritante. Il est très peu
soluble dans l'eau, à laquelle il communique
une très légère teinte ambrée ; si l'eau contient
un iodure alcalin ou de l'acide iodhydrique, la
quantité d'iode dissous peut devenir considérable; ces solutions prennent alors une coloration rouge brun; l'alcool en dissout 1/12 de son
poids, il est également soluble dans le chloro-
forme et le sulfure de carbone ; les solutions
dans ces deux derniers réactifs présentent une
teinte violette.

L'iode, comme le brome, attaque énergiquement les matières organiques qu'il désorganise ; il a pour caractère distinctif de colorer l'amidon en bleu intense ; on a donné à cette combinaison le nom d'*iodure d'amidon ;* elle semble se détruire aux environs de 100°, car chauffé à cette température l'iodure d'amidon se décolore.

*Usages*. — L'iode, à l'état libre, a reçu des applications importantes au début de la photographie ; c'est au moyen de ce métalloïde que l'on provoquait la formation d'iodure d'argent sur la plaque daguerrienne ; dans l'état actuel, il ne sert guère qu'à diminuer l'intensité des clichés sur couche de collodion ; on se sert pour cela d'une solution d'iodure de potassium, à laquelle on ajoute quelques parcelles d'iode.

En versant une telle solution sur un cliché, il se forme de l'iodure d'argent par la combinaison de l'iode et de l'argent réduit qui forme l'image ; dès que l'action est jugée suffisante, on lave et on dissout l'iodure formé au moyen du cyanure de potassium ou de l'hyposulfite de soude.

L'iode sert à préparer les iodures solubles.

**IODURES**. — Les iodures solubles dont on se sert en photographie, il serait presque utile de dire, dont on se servait, car dans le procédé au gélatino-bromure les iodures ne reçoivent presque aucun usage, sont l'iodure d'ammonium, de cadmium, de zinc, de potassium. Devant faire partie des collodions, on a choisi ceux dont la solubilité dans ce liquide est assez grande pour obtenir des collodions assez chargés en iodures.

Ce que nous disions à propos des raisons qui ont fait adopter un assez grand nombre de bromures pour la composition des collodions, nous pourrions le répéter en parlant des iodures, car elles sont absolument les mêmes.

La méthode générale de préparation des iodures alcalins consiste à préparer d'abord de l'iodure de fer, en faisant réagir l'iode sur de la tournure de fer, à filtrer la solution et à la saturer exactement par du carbonate de potasse, du carbonate de soude ou du carbonate d'ammoniaque, selon que l'on veut obtenir de l'iodure de potassium, de l'iodure de sodium ou de l'iodure d'ammonium.

Les iodures métalliques solubles se préparent en traitant directement le métal réduit en limaille par l'iode, en présence d'une quantité d'eau convenable; dès que la liqueur a perdu toute coloration rouge, indiquant qu'elle ne renferme plus de l'iode non combiné, on la filtre, on évapore jusqu'à pellicule; la cristallisation s'opère par refroidissement.

Les iodures insolubles se préparent en traitant une solution d'un sel du métal à transformer en iodure par une autre solution d'iodure de potassium que l'on cesse d'ajouter dès qu'une nouvelle quantité ne fait plus naître de précipité ; sans cela on s'expose à redissoudre une partie de l'iodure déjà formé, les iodures insolubles dans l'eau le devenant dans une solution d'un iodure alcalin.

C'est ainsi que nous préparerons l'iodure d'argent ; ce sel se forme dans la trame du collodion plongé dans le bain sensibilisateur de nitrate d'argent, par la réaction des iodures solubles que renferme le collodion sur le nitrate d'argent qui fait partie du bain.

**Iodure d'argent** (AgI). — L'iodure d'argent est jaunâtre, complètement insoluble dans l'eau, dans les acides ; l'ammoniaque ne le dissout pas, ce qui le distingue du chlorure, qui est très soluble dans ce réactif ; le bromure d'argent ne s'y dissout que faiblement, mais la couleur jaune de l'iodure d'argent le distingue facilement du bromure qui est blanc.

L'hyposulfite de soude, le cyanure de potassium dissolvent rapidement l'iodure d'argent, comme ils dissolvent le chlorure et le bromure d'argent.

On obtient l'iodure d'argent par double décomposition ; il suffit de mélanger une solution d'un iodure soluble avec une solution d'azotate d'argent. Suivant qu'on laissera subsister une partie du sel soluble d'argent, ou que l'on ajoutera, au contraire, un excès de l'iodure soluble, l'iodure d'argent présentera des propriétés toutes différentes en face des rayons lumineux. Précipité en présence d'un excès d'iodure soluble, la lumière n'a aucune action sur lui; précipité en présence d'un excès de nitrate d'argent, viendrait-on par le lavage à le priver totalement de toute trace de ce sel, il sera susceptible de noircir sous l'influence de la lumière seule, ainsi que le fait le chlorure, mais avec beaucoup plus de lenteur.

L'iodure d'argent, formé au contact d'un excès de sel soluble d'argent, est également susceptible d'être noirci par les révélateurs après une courte exposition à la lumière, et il conserve cette propriété malgré des lavages répétés. Cette propriété est utilisée dans les procédés au collodion humide, dont le composé sensible est constitué en majeure partie par de l'iodure d'argent que l'on expose à la lumière en présence d'une notable quantité d'azotate d'argent; dans les procédés au collodion sec, l'iodure d'argent qui a été formé avec un excès d'azotate d'argent conserve sa sensibilité malgré les lavages répétés que l'on fait subir à la plaque pour la priver de toute trace d'azotate d'argent. Si la sensibilité des préparations au collodion sec n'est pas aussi grande que celle des préparations au collodion humide, il ne faut pas dire que cette sensibilité différente tient uniquement à ce que, dans les collodions secs, l'iodure d'argent a été débarrassé du sel soluble d'argent. Sans doute, l'azotate d'argent est un sensibilisateur chimique, c'est-à-dire un corps qui facilite l'action de la lumière sur les composés haloïdes d'argent en absorbant le chlore, le brome ou l'iode que la réduction du chlorure, du bromure ou de l'iodure d'argent en sous-chlorure, sous-bromure ou sous-iodure d'argent effectuée par les rayons lumineux met en liberté; mais ce n'est pas là la seule cause qui occasionne la sensibilité plus faible des préparations au collodion sec. Le peu de perméabilité de la couche a une influence marquée, et c'est même la principale, car en augmentant la perméabilité de cette couche on augmente en même temps la rapidité des préparations au collodion sec ; le rôle des préservateurs (tanin, morphine, quinine) est précisément de conserver la porosité de la couche, et comme ce sont des substances capables d'absorber le chlore, le brome ou l'iode, ils agissent encore comme sensibilisateurs chimiques.

L'iodure d'argent, formé avec un excès d'iodure soluble, ou sans excès de nitrate d'argent, comme cela a lieu lorsqu'on le fait entrer dans la composition des émulsions, malgré les lavages répétés que l'on fait subir à la préparation, n'est que faiblement et très lentement réduit par les révélateurs ; il agit donc comme un corps inerte incorporé au bromure d'argent.

Ceci cependant n'est pas tout à fait exact, car on ne pourrait expliquer l'action retardatrice de l'iodure d'argent sur le bromure d'argent, et tout autre corps inerte pourrait le remplacer, s'il en était ainsi que je viens de le dire. Si le bromure d'argent se laisse moins facilement réduire en présence de l'iodure d'argent, ou si, en d'autres termes, l'iodure d'argent joue le rôle de substance retardatrice, cela provient de ce que, dans les émulsions additionnées d'iodure de potassium, il se forme un sel d'argent double, l'iodo-bromure d'argent ($Ag^2BrI$), qui est moins facilement réductible que le bromure et plus facilement que l'iodure pur.

**Iodure d'ammonium** ($AzH^4I$). — Ce sel est blanc ou légèrement jaunâtre, il se décompose facilement et prend en vieillissant une teinte rouge, due à l'iode mis en liberté. Il sert à préparer les collodions iodurés, et on obtient, dit-on, plus de rapidité avec cet iodure qu'avec les autres ; mais comme les collodions iodurés

33.

avec l'iodure d'ammonium seul se décomposent facilement, on est obligé de leur ajouter d'autres iodures qui leur donnent une stabilité plus grande ; il faut de même diminuer la fluidité qu'il communique aux collodions en lui associant de l'iodure de cadmium, par exemple, qui les rend épais et très stables.

**Iodure de cadmium** (CdI). — L'iodure de cadmium, se prépare en attaquant directement le cadmium métallique par l'iode ; après décoloration complète de la liqueur, on la filtre, on la concentre dans une capsule en porcelaine ; par le refroidissement, il se dépose de belles écailles nacrées qui constituent l'iodure de cadmium, associé le plus souvent à un peu d'oxyde de cadmium, dont il faut le débarrasser en le dissolvant dans l'alcool absolu ; on filtrera cette solution avant de l'employer, car la présence de l'oxyde dans le collodion serait une cause d'altération rapide du produit.

**Iodure de potassium** (KI). — Cet iodure est blanc, cristallisé en gros cubes, très soluble dans l'eau, peu soluble dans l'alcool ou le collodion, dans la composition duquel on ne peut, par conséquent, en faire entrer que de petites quantités.

Il doit être, pour convenir aux opérations

photographiques, exempt de potasse caustique, de carbonate de potasse ; on doit en outre s'assurer qu'il ne contient pas de chlorure de potassium, qu'on lui ajoute frauduleusement.

Toute solution d'iodure de potassium qui reste incolore en lui ajoutant quelques gouttes d'une solution alcoolique d'iode renferme de la potasse caustique ; se forme-t-il un précipité blanc lorsqu'on ajoute à cette même solution d'iodure de potassium une autre solution de chlorure de calcium, il faut en conclure qu'il renferme du carbonate de potasse. Pour reconnaître le chlorure de potassium, on précipite une solution de l'iodure à essayer par l'azotate d'argent; le mélange d'iodure et de chlorure d'argent (en admettant que l'iodure renferme du chlorure de potassium) est traité par l'ammoniaque, le chlorure d'argent est dissous; on sépare l'iodure d'argent par le filtre, et on obtient une liqueur ammoniacale, de laquelle on pourra isoler le chlorure d'argent en saturant l'alcali par un acide.

**Kaolin.** — Le kaolin est un silicate d'alumine naturel, provenant de la décomposition des feldspaths ; c'est donc une argile très pure, très blanche, qui forme la base de la porcelaine. Le kaolin sert, en photographie, à décolorer les bains d'argent positifs qui ont été noircis par

les substances organiques que l'albumine laisse
entrer en dissolution. L'alumine du kaolin se
combine avec ces matières organiques en. formant une sorte de laque qui se précipite.

**Magnésium** (Mg $= 12$). — L'oxyde de magnésium, ou magnésie, est un des corps les
plus abondamment répandus dans la nature, où
on la rencontre associée avec l'acide carbonique, l'acide silicique, l'acide sulfurique, etc.;
d'un autre côté, les combinaisons du magnésium avec les métalloïdes, tels que le chlorure
de magnésium, l'iodure de magnésium, etc.,
existent à l'état de dissolution dans les eaux
des sources, des rivières et des mers.

Le magnésium, découvert par Bussy, se prépare en jetant dans un creuset chauffé au rouge
un mélange de :

| | |
|---|---|
| Chlorure de magnésium......... | 6 parties. |
| Sodium coupé en morceaux...... | 1    — |
| Spath fluor .................... | 1    — |
| Chlorure de sodium ........... | 1    — |

Les deux dernières substances ne servent
que de fondant. La réaction est violente ; lorsque le mélange est fondu, on l'agite avec une
tringle de fer, et on laisse refroidir.

Ce métal est d'un blanc d'argent ; il fond
vers 500° C. et distille vers 1000°. Il se ternit à
l'air, décompose l'eau à 100° ; il brûle au rouge

avec un éclat éblouissant, en donnant d'abondantes fumées qui sont formées par de la magnésie.

*Usages.* — Le magnésium laminé en lames minces, que l'on découpe en rubans, est utilisé en photographie comme source de lumière artificielle; elle est très actinique, car elle est riche en rayons bleus. On a construit des lampes spéciales pour brûler le magnésium et pouvoir ainsi opérer la nuit, ou dans des lieux où la lumière du soleil ne pénètre pas ou ne pénètre que d'une façon tout à fait insuffisante.

Ces lampes sont disposées de telle sorte qu'un mouvement d'horlogerie déroule le ruban de magnésium dans les mêmes proportions que s'opère sa combustion; par cet artifice, le foyer lumineux occupe un point à peu près fixe, situé au foyer d'un réflecteur. On ne peut cependant songer à utiliser le magnésium pour un éclairage d'une certaine durée, au moins dans un local fermé, car les fumées qu'il produit sont bientôt assez abondantes pour enlever la transparence de l'air et rendre le séjour de la pièce insupportable; la lumière électrique, devenue maintenant d'un usage courant, remplace avantageusement celle du magnésium dans ces circonstances.

D'ailleurs, on préfère aujourd'hui, si on doit se servir du magnésium, car il n'est pas tou-

jours possible d'avoir recours à la lumière électrique, augmenter son pouvoir éclairant et la
rapidité de sa combustion en lui associant des
corps oxydants et former ce que l'on nomme
des *photo-poudres*, compositions dont j'ai parlé
à l'article *Chlorate de potasse*. Mais ces photo-
poudres ne sont pas sans présenter quelques
dangers, tant pour leur préparation que pour
leur manipulation, surtout si la quantité en
est quelque peu importante; aussi a-t-on songé
à arriver par un autre moyen à la combustion
rapide du magnésium. C'est en se servant d'une
poudre excessivement ténue de ce métal, projetée au sein d'une flamme, que ce résultat a
été atteint.

Plusieurs appareils pour produire l'éclair
magnésique de cette façon ont été proposés; le
meilleur sera celui qui permettra de projeter
sûrement et au moment voulu toute la quantité de magnésium jugée nécessaire pour que la
flamme produite soit instantanée et que les
moindres parcelles de poudre n'échappent pas
à l'inflammation. Un des plus simples et des
plus sûrs pour que ces conditions se réalisent
consiste à prendre une petite lampe à pétrole à
mèche ronde de petit calibre dont on enlève le
verre et que l'on alimente, non avec du pétrole,
mais avec de l'alcool. Au centre du bec circulaire, on dispose un tube de verre courbé en

forme d'S que l'on fait passer par l'ouverture triangulaire située au bas du porte-mèche ; l'orifice supérieur de ce tube est laissé un centimètre environ en dessous de l'extrémité supérieure du bec de la lampe ; au moyen de soutiens appropriés, il est possible de retirer et de remettre commodément le tube de verre. Par l'orifice supérieur, légèrement évasé en entonnoir, on introduit dans la première courbure $0^{gr},50$ de magnésium pulvérisé (cette quantité est généralement suffisante pour impressionner une plaque rapide, en se servant d'un aplanétique opérant à grande ouverture et le foyer lumineux étant situé à un mètre environ du sujet) ; à l'autre extrémité, on adapte un tube de caoutchouc, muni d'une forte poire de même substance, et on allume la lampe. En pressant fortement la poire au moment opportun, le courant d'air chassera la poudre de magnésium, qui sera obligée de traverser la flamme circulaire ; pas une parcelle n'échappera à la combustion ; l'éclair sera donc aussi instantané qu'on puisse le désirer.

**Nitrates**. — *Voyez* Azotates.

**OXALATES**. — **Oxalates de fer**. — L'oxalate de protoxyde de fer et l'oxalate de peroxyde, ou oxalate ferrique, ont reçu des applications photographiques : le premier comme agent réducteur, le second dans la préparation des papiers au platine ; nous aurons ensuite à signaler quelques autres applications de ces deux sels, qui présentent une importance moins grande.

**Oxalate de protoxyde de fer**. $(FeO, C^2O^3)$. — On prépare l'oxalate ferreux en traitant du fer métallique divisé par une solution concentrée d'acide oxalique ; ce sel, peu soluble, se dépose presque à mesure de sa formation à l'état de matière pulvérulente jaune verdâtre, que l'on doit laver avec de l'eau distillée bouillie pour le priver de l'excès d'acide oxalique, et sécher rapidement pour éviter l'action de l'air qui l'altère à l'état humide, en le faisant passer à l'état d'oxalate ferrique, tandis qu'à l'état sec il est inaltérable.

L'oxalate ferreux est peu soluble dans l'eau ; une solution à 20 0/0 d'oxalate neutre de potasse en dissout 6.50 ; les solutions d'oxalate d'ammoniaque et d'oxalate de soude en dissolvent un peu moins. Ces solutions possèdent une couleur ambrée qui se fonce assez rapidement à l'air, par suite de la transformation de l'oxalate de protoxyde de fer en oxalate de peroxyde.

*Usages*. — Les solutions d'oxalate ferreux

sec dans l'oxalate de potasse furent proposées, en 1877, comme révélateurs applicables au gélatino-bromure par Carey Lea ; Willis, quelque temps après, donna la formule suivante : faites dissoudre à chaud dans 100 centimètres cubes de solution d'oxalate neutre de potasse à 30 0/0 8 grammes d'oxalate ferreux sec ; filtrez rapidement et conservez la solution jaune rougeâtre dans des flacons bien bouchés. Le D$^r$ Eder, en 1879, simplifia beaucoup la préparation du révélateur à l'oxalate ferreux en démontrant qu'il n'était pas nécessaire d'avoir recours à l'oxalate ferreux tout formé, pour en faire ensuite une solution dans l'oxalate neutre de potasse, mais qu'on pouvait se servir du liquide obtenu en mélangeant une solution de sulfate de protoxyde de fer et une autre d'oxalate neutre de potasse ; car, sans inconvénient, on peut laisser subsister dans le révélateur les produits provenant de la double décomposition, c'est-à-dire le sulfate de potasse.

Pour maintenir en dissolution l'oxalate ferreux formé dans ces circonstances, il est nécessaire d'employer un large excès d'oxalate de potasse ; car si, par défaut de ce dernier sel, une partie de l'oxalate ferreux vient à se précipiter, il ne se dissout plus que très difficilement, et il faut pour cela ajouter beaucoup d'oxalate de potasse.

On emploiera donc une solution saturée qui

en renferme environ 30 0/0, et pour 3 parties de cette dernière, on lui ajoutera, pour composer le révélateur, une partie d'une autre solution de sulfate ferreux à 30 0/0 également. Les quatre parties de bain qui résulteront de ce mélange posséderont la couleur jaune rougeâtre, propre aux solutions d'oxalate ferreux ; elles renfermeront, outre ce dernier sel, un grand excès d'oxalate de potasse et du sulfate de potasse. Ce liquide peut être employé comme révélateur tel qu'il vient d'être préparé, ou bien on peut l'additionner de bromure de potassium ou d'hyposulfite de soude suivant le cas. (Voyez *Développement.*)

Cette solution perd assez rapidement son énergie en absorbant l'oxygène de l'air, l'oxalate ferreux dissous passant à l'état d'oxalate de peroxyde, qui ne possède pas la propriété de développer ; bien plus, il détruit aussi bien l'image latente que l'image développée et fixée.

On a donc tout intérêt à employer le révélateur aussitôt après qu'il a été formé, ou, si on désire le conserver, il faut avoir soin de le renfermer dans des flacons pleins et soigneusement bouchés.

On doit, dans le même but, n'employer que des solutions de sulfate de fer parfaitement vertes, ne contenant pas, par conséquent, du sul-

fate de peroxyde de fer, qui leur communique
une teinte plus ou moins jaune ; pour pouvoir
les conserver en bon état pendant quelque
temps, on leur ajoute quelques gouttes d'acide
sulfurique ou mieux un peu d'acide tartrique,
ce dernier pouvant ramener au vert une solution
jaunie si on l'expose aux rayons directs du
soleil ou à une vive lumière.

Le révélateur à l'oxalate ferreux perd de ses
qualités par l'usage, à tel point qu'on ne peut
le faire servir à développer successivement
que deux ou trois glaces, et encore on constatera que la troisième fournit un cliché généralement assez dur ; cela tient à la formation
d'oxalate ferrique et à ce que le bain se charge
de quantités croissantes de bromure de potassium ; généralement on préfère rejeter les révélateurs qui ont servi ; cependant on peut les
régénérer en ramenant à l'état d'oxalate ferreux l'oxalate ferrique qui s'est formé. On
arrive à ce résultat en leur ajoutant par 100 centimètres cubes de 2 à 3 centimètres cubes d'une
solution d'acide tartrique à 3 0/0 et les exposant ensuite au soleil : le bain ne tardera pas
à reprendre la couleur jaune rougeâtre qu'il
avait en premier lieu. On constatera que ce développateur régénéré donnera plus dur qu'un
révélateur frais, et cela parce qu'il renferme
une certaine quantité de bromure provenant

de la réduction des premières plaques développées, et en second lieu à cause de l'acidité
prononcée qu'on a été obligé de lui communiquer. On peut combattre cet inconvénient par
l'addition de quelques gouttes d'une solution
d'hyposulfite de soude à 1/200, mais il sera
mieux encore de n'employer que des révélateurs fraîchement composés. Ceux-ci doivent
présenter, pour donner des images sans trace
de voile, une acidité à peine sensible au papier
bleu de tournesol, et ils seront dans cet état
si la solution d'oxalate de potasse que l'on emploie est bien neutre et celle de sulfate de fer
légèrement acide. D'autre part, à l'article *Développement*, j'ai fait remarquer qu'on ne devait jamais traiter une plaque par le révélateur
au maximum de concentration, c'est-à-dire tel
qu'il résulte du mélange de 3 volumes de solution saturée d'oxalate neutre de potasse et de
1 volume de solution de sulfate ferreux à 30 0/0,
mais bien par un révélateur plus faible dans
lequel n'entre qu'un sixième environ de la
solution de sulfate de fer.


**Oxalate ferrique** $(Fe^2O^3, 3C^2O^3)$. — L'oxalate de peroxyde de fer se prépare en dissolvant
du sesquioxyde de fer hydraté dans l'acide
oxalique; il se forme alors une dissolution
d'un brun vert qui, en s'évaporant, laisse un

résidu sirupeux, de couleur brune que l'on ne peut faire cristalliser.

La solution d'oxalate ferrique tenue à l'obscurité et dans un lieu dont la température ne dépasse pas 30° peut se conserver plusieurs mois sans altération. Exposée à la lumière ou à une température supérieure à 35°, elle se transforme peu à peu ; l'oxalate ferrique passe à l'état d'oxalate ferreux.

*Usages.* — L'oxalate de peroxyde de fer est une des substances qui font partie de la solution sensibilisatrice des papiers au platine, préparés suivant la première méthode de MM. Pizzighelli et Hübl, c'est-à-dire de ceux qui doivent toujours être soumis au développement ; il fait encore partie, associé à l'oxalate d'ammoniaque ou à l'oxalate de soude, de la solution sensibilisatrice des papiers au platine qui peuvent être ou imprimés par la lumière seule, ou bien être, après une exposition moindre, qui commence à dessiner l'image, soumis au développement comme les premiers.

Pour pouvoir convenir à la préparation de ces solutions sensibilisatrices, la solution d'oxalate ferrique doit être à une concentration qui réponde à peu près exactement à 1 partie d'oxalate de fer pour 5 parties d'eau distillée. On la prépare avec des doses convenables d'hydrate de peroxyde de fer et d'acide oxalique pour

que, une fois terminée, elle se trouve à une concentration plus forte ; on l'amène, après en avoir
fait l'analyse quantitative, à ne plus renfermer
que les proportions exigées.

Par exemple, on fait une solution bouillante
renfermant 50 grammes de perchlorure de fer,
et on lui ajoute assez de soude caustique pour
précipiter tout le fer à l'état d'hydrate de peroxyde. Cela exigera environ 25 grammes de
soude.

La liqueur surnageant l'hydrate de fer est
décantée ; on le soumet à des lavages répétés,
jusqu'à ce que l'eau ne présente plus de réaction alcaline ; un assez grand nombre de lavages
sont nécessaires pour arriver à ce résultat.

Sur l'hydrate de fer ainsi obtenu et qui est à
l'état de pâte liquide, on ajoute 20 grammes
d'acide oxalique cristallisé et pur. On porte ce
mélange à l'obscurité et dans un endroit où la
température ne s'élève au plus qu'à 30°. L'hydrate de fer se dissout et forme avec l'acide
oxalique de l'oxalate de peroxyde de fer ; quand
il est complètement dissous, on a un liquide d'un
vert tirant sur le brun ; on le filtre et on en fait
l'analyse quantitative.

A cet effet, on en mesure 5 centimètres cubes
exactement, que l'on évapore doucement à sec
dans une capsule de porcelaine tarée ; ce résultat obtenu, on ajoute au résidu quelques gouttes

d'acide azotique fumant et on porte au rouge ; après avoir un peu laissé refroidir, on ajoute encore quelques gouttes d'acide azotique et on porte de nouveau au rouge. On laisse enfin complètement refroidir la capsule, on la pèse ; l'augmentation de poids qu'elle a subi donne la quantité de peroxyde de fer contenu dans 5 centimètres cubes de solution d'oxalate ferrique.

Pour doser la quantité d'acide oxalique, on mesurera de nouveau 5 centimètres cubes de la même solution ; on les étend de 200 à 300 centimètres cubes d'eau distillée, on ajoute quelques centimètres cubes d'acide sulfurique, puis, au moyen d'une burette graduée en dixièmes de centimètres cubes, on verse une solution de permanganate de potasse titrée (1), jusqu'à ce que le liquide prenne une teinte rose permanente on note le volume employé.

Comme un centimètre cube exige $0^{gr},063$ d'acide oxalique pour être décoloré, pour connaître la quantité de ce dernier acide contenu dans les 5 centimètres de solution d'oxalate de peroxyde de fer, on multipliera le nombre de centimètres cubes indiqués par la burette par 0,063.

(1) Cette solution renferme $31^{gr},62$ de permanganate de potasse par litre ; chaque centimètre cube exige 0,063 d'acide oxalique cristallisé pour être totalement décoloré.

Après ces essais, on note exactement le volume
de la solution d'oxalate de fer que l'on a obtenu, et au moyen d'une simple proportion, on
détermine combien ce volume renferme d'oxalate ferrique ; avec de l'eau distillée, on l'amène
à n'en renfermer que 20 pour 100. Les calculs
de l'analyse démontreront qu'elle renferme une
quantité d'acide oxalique supérieure à celle qui
est théoriquement nécessaire pour former l'oxalate ferrique ($Fe^2O^3,3C^2O^3$) (100 d'oxalate ferrique correspondent à 100 d'acide oxalique
cristallisé et 42.55 d'oxyde ferrique); en tenant
compte de cet excès, on en ajoutera une nouvelle quantité telle, que cette quantité d'acide
oxalique libre s'élève à un sixième de l'oxalate
ferrique. Si cette solution a été bien préparée,
elle ne devra pas former de précipité bleu avec
le cyanure rouge, ce qui indiquera qu'elle ne
renferme pas d'oxalate de protoxyde de fer ;
étendue d'eau, elle ne doit pas se troubler ; le
contraire prouverait qu'elle renferme de l'oxalate de fer basique.

Conservée à l'abri de la lumière, elle se maintiendra dans le même état et pourra longtemps
servir à préparer les solutions sensibilisatrices
dont nous verrons l'emploi en parlant du papier
au platine.

Les cristaux verts qui se déposent dans les
flacons où l'on conserve de vieux bains révéla-

teurs à l'oxalate sont constitués par de l'oxalate ferrico-potassique. Ces cristaux, dissous dans l'eau, donnent une solution qui détruit l'image développée et fixée ; on peut donc s'en servir pour diminuer l'intensité des clichés trop développés ; une solution d'oxalate ferrique permettrait aussi d'arriver au même résultat. On doit arrêter l'action de ces solutions avant que l'image soit exactement descendue à l'intensité désirée, car elle continue à s'affaiblir dans la première eau de lavage.

**Oxalate neutre de potasse** $(KO, C^2 O^3)$. — Ce sel peut être préparé en saturant peu à peu une solution chaude de carbonate de potasse pur par de l'acide oxalique, ou en saturant une solution d'oxalate acide de potasse (sel d'oseille) par du carbonate de potasse. Dès que les papiers bleus et rouge de tournesol indiquent que la liqueur est bien neutre, on la filtre, et on la laisse refroidir pour qu'elle cristallise.

L'oxalate neutre de potasse se présente en petits cristaux, solubles dans 3 parties d'eau froide. Cette solution ayant la propriété de dissoudre l'oxalate de protoxyde de fer permet de faire réagir celui-ci sur le bromure d'argent impressionné par la lumière. Les solutions d'oxalate de potasse servent donc à préparer les révélateurs à l'oxalate ferreux, ainsi que cela a été dit à l'article *développement* et *oxalate de protoxyde de fer*; pour pouvoir convenir à cette préparation, elles ne doivent pas présenter de réaction alcaline; une légère réaction acide ne serait pas nuisible, quoique la neutralité soit préférable. Les solutions alcalines, malgré l'acidité de la solution de sulfate de fer qu'on leur mélange, pourraient donner lieu à un révélateur présentant lui aussi une réaction alcaline; dans ce cas, les épreuves qu'il servira à développer seront plus ou moins voilées et, de plus, ces bains seront rarement clairs; ils laisseront déposer une matière ocracée qui salira les clichés, et surtout les épreuves positives sur papier qui prendront une teinte jaune. Si la solution d'oxalate est par trop acide, le révélateur présentera à un assez haut degré cette réaction, les épreuves seront dures.

L'oxalate de potasse sert encore à préparer les bains de développement pour épreuves au platine; ceux-ci doivent présenter une réaction acide; nous en donnerons la raison en parlant des *papiers au platine*. Comme on emploie ces solutions bouillantes ou à peu près, il arrive qu'il se forme un dépôt d'oxalate de potasse sur les bords de la cuvette; celui-ci, étant directement exposé à l'action de la chaleur, peut être porté à une température assez élevée pour se décomposer partiellement et se transformer en carbonate de potasse ; ce dernier, en se dissolvant, peut ou détruire l'acidité, ou même communiquer au développateur une réaction alcaline. On ne doit donc jamais omettre de vérifier l'état du bain avant de s'en servir, et lui communiquer une réaction franchement acide en lui ajoutant une quantité suffisante d'acide oxalique pour qu'il rougisse le tournesol.

*Essai.* — Quand on s'est approvisionné d'oxalate de potasse, on doit en faire dissoudre une certaine quantité dans de l'eau distillée, et s'assurer au moyen du tournesol que la solution obtenue est bien neutre ; présente-t-elle une réaction acide, toutes les solutions faites avec ce même sel devront être neutralisées au moyen d'une autre solution concentrée de carbonate de potasse, que l'on ajoutera par petites quantités jusqu'à ce que les papiers bleu et rouge de tournesol ne soient plus influencés. Aurait-on constaté un état alcalin, on neutraliserait les solutions au moyen d'une solution d'acide oxalique.

L'oxalate de potasse peut être frauduleusement additionné de chlorure de sodium, de chlorure de potassium, de sulfate de soude ; on reconnaîtra ces diverses falsifications en calcinant au rouge, dans une capsule de porcelaine, quelques grammes d'oxalate de potasse ; il se transforme en carbonate de potasse ; après

rcfroidissement on reprend le résidu, resté dans
la capsule, par de l'acide azotique au 1/10, ajouté
en léger excès, de manière à avoir une liqueur
acide. Dans une partie de cette solution, on ajoute
quelques gouttes d'une autre solution de nitrate
d'argent; s'il se forme un précipité, cela prouve
que l'oxalate de potasse renferme un chlorure.
Presque toujours on constatera un léger trouble,
ou même un précipité peu abondant, car le carbonate de potasse que l'on a employé pour préparer l'oxalate renferme souvent un peu de
chlorure de potassium; cette minime quantité
de chlorure ne présente aucune importance; il
en est tout autrement si le précipité qui se
forme en ajoutant l'azotate d'argent est volumineux, et indique une proportion notable d'un
chlorure contenu dans l'oxalate. Les sulfates
seront reconnus en ajoutant du chlorure de baryum dans une autre partie de la solution; il se
formera presque toujours un trouble; mais si le
précipité est abondant, on peut en conclure que
l'oxalate de potasse a été frauduleusement additionné d'un sulfate.

**PAPIERS**. — **Papier albuminé**. — Pour
tout ce qui regarde le choix, le traitement, l'exposition de ce papier, consultez les articles *albumine, exposition;* vous les compléterez par ceux
qui ont rapport au *fixage* et au *virage*. La prépa-

ration du papier albuminé étant exclusivement industrielle, je ne m'occuperai pas de cette fabrication.

**Papier au charbon.** — La préparation des papiers mixtionnés est également une opération qui ne s'exécute pas dans les laboratoires de l'amateur photographe ; je me bornerai donc à donner les indications qui doivent servir à guider notre choix parmi les diverses sortes qui nous sont présentées dans le commerce.

On trouve, en effet, des papiers mixtionnés de plusieurs teintes, telles que le noir, le bistre, le brun pourpré, le rouge carmin, le noir pourpré, etc., et chacune de ces teintes existe en plusieurs charges de matière colorante, c'est-à-dire que l'on peut choisir un papier mixtionné dont la gélatine renferme peu de matière colorante, ou en renferme une dose moyenne, ou enfin une dose très forte. Au point de vue de la teinte, je n'ai rien à dire, c'est une affaire de goût, ou elle est indiquée d'après la nature de la reproduction que l'on veut faire ; il n'en est pas de même de la richessse plus ou moins grande de la mixtion en matière colorante.

Bien qu'en faisant varier la richesse du bain de sensibilisation en bichromate de potasse, suivant que l'on a à imprimer un cliché plus ou moins doux, ce seul moyen ne permet pas tou -

jours de tirer du cliché la meilleure épreuve possible. On arrivera plus sûrement à ce résultat en prenant des mixtions de charge différente, ce qui n'empêchera pas de faire varier encore la richesse du bain de bichromate.

Il faut, en effet, se rappeler que les images sont d'autant plus douces que le bain de bichromate est lui-même plus concentré; les bains concentrés permettent également une impression plus rapide.

Si, pour un cliché doux, on se sert d'un bain peu concentré et, en second lieu, d'une mixtion très chargée en couleur, au développement on finira par obtenir une image dont les contrastes seront suffisamment accusés, puisque la moindre épaisseur de gélatine qui ne sera pas atteinte fournira malgré cela une teinte assez foncée. C'est le contraire que nous devons rechercher s'il s'agit d'imprimer un cliché heurté; outre que nous tâcherons d'uniformiser l'image au moyen d'un bain riche en bichromate, nous aurons, d'autre part, recours à une mixtion peu colorée et qui, malgré l'insolubilisation qui s'étendra à peu près dans toute son épaisseur, sous les clairs du cliché, ne donnera pas lieu à des teintes trop accusées.

Les épreuves destinées à être examinées par transparence demandant toujours une assez forte coloration, on choisira, pour ce genre d'é-

preuves, des papiers mixtionnés dont la gélatine est très chargée en couleur.

Ces quelques indications suffiront pour bien
choisir le papier au charbon qui convient le
mieux à la nature du cliché et à celle de la
reproduction. Ce choix a une importance capi-
tale, car c'est de ce premier point que dépend
en grande partie la perfection de l'épreuve.

Les papiers mixtionnés peuvent se conserver
en bon état pendant un temps fort long, si
on a le soin de les tenir à l'abri de l'humidité en les enfermant, par exemple, dans un
étui métallique dont on ferme le joint au moyen
d'un anneau de caoutchouc.

La sensibilisation ne se fera, autant que possible, surtout si la température est élevée, qu'un
ou deux jours à l'avance ; le degré de concentration du bain de bichromate sera moins élevé
lorsqu'il fait très chaud que durant l'hiver,
parce que l'action de la chaleur s'ajoute à celle
du bichromate pour amener l'insolubilisation de
la gélatine.

La composition de ce bain peut varier, suivant la saison ou la nature du cliché, entre
2 grammes et 5 grammes de bichromate de
potasse par 100 grammes d'eau.

Le sensibilisation, pour être bien faite et pour
éviter les insuccès, exige les conditions suivantes :

Le bain doit être neuf; tout bain qui a déjà servi à des sensibilisations antérieures est altéré par la petite quantité de gélatine qui s'y est dissoute.

Sa température ne doit pas dépasser 10 à 12°; si elle est supérieure, on devra l'y ramener en y ajoutant un peu de glace, ou en plaçant la cuvette qui le renferme dans une autre plus grande où l'on a placé des fragments de glace et un peu d'eau; une température de 15 à 18° occasionnerait la dissolution partielle de la gélatine ou tout au moins des coulures.

On y dépose le papier mixtionné, face en dessus, et on l'immerge complètement dans le bain avec un triangle de verre, qui sert en même temps à chasser les bulles d'air; on le retourne bientôt après, et on chasse encore les bulles d'air qui adhèrent au papier. On remarque que tout d'abord le papier mixtionné s'enroule la gélatine en dedans, puisque l'enroulement se fait en sens contraire; c'est au moment où il est devenu plan qu'on doit le retirer du bain de bichromate; on le place, gélatine en dessous, sur une glace inclinée; au moyen d'une raclette en caoutchouc on expulse le liquide surabondant, et on le transporte dans un endroit obscur où on le fera sécher; pour saisir le papier sans endommager la gélatine, on se sert de deux morceaux de carton mince de deux

centimètres environ de largeur que l'on a pliés
en V. Au moyen de deux épingles qui tra-
versent en même temps les deux cartons et
le papier, on pique la feuille contre une tra-
verse, et on laisse le séchage s'opérer.

Je dois donner les raisons qui nous portent à
retirer le papier du bain de sensibilisation aussitôt qu'il est devenu plan : en premier lieu, le
papier absorbant plus rapidement la solution que
la gélatine, c'est lui qui se distend le premier
et le fait courber le papier en dehors ; la gélatine absorbant le liquide se distend à son tour ;
cette action contrebalance celle du papier, et
l'emporterait même en prolongeant l'immersion ;
mais si l'on attendait qu'il en soit ainsi, on in-
troduirait dans la gélatine une plus grande
quantité de solution de bichromate qui, après
que l'eau sera éliminée par l'évaporation, lais-
serait dans la mixtion une plus grande quantité de bichromate ; on se trouverait donc dans
les mêmes conditions que si la sensibilisation
avait été faite dans un bain plus riche et opéré
avec une immersion de plus courte durée. On
doit donc chercher à se trouver dans des circonstances toujours identiques. Pour cela il faut
assigner un terme à l'imbibition du papier, de
telle sorte qu'une fois sec il renferme sensiblement la même quantité de bichromate. En
étendant la feuille de papier mixtionné sur une

glace et en chassant au moyen de la raclette
le liquide surabondant, nous écartons le liquide
qui la baigne et qui s'accumulerait dans les
parties les plus basses. La gélatine étant loin
d'avoir absorbé toute l'eau susceptible, elle
s'enrichirait donc en bichromate dans ces parties, d'où inégalité dans la sensibilité des diverses parties de la feuille, ce qui se traduirait
au développement par des intensités inégales.
En chassant le liquide surabondant, nous aurons une feuille également imbibée et, de plus,
sa dessiccation en sera rapide et surtout régulière, conditions essentielles pour la bonne qualité du papier.

Si le temps que demande la dessiccation
est long, le papier sera plus sensible, mais il
sera sujet au voile, le bichromate venant
s'accumuler vers les parties extérieures de la
gélatine, où l'évaporation se fait ; ces parties
deviendront très riches en bichromate, et leur
insolubilisation se produira partiellement, même
à l'obscurité ; s'il est irrégulier, ce phénomène
ne se produira que par places. On ne peut songer à élever la température pour activer le séchage, car, au-dessus de 20° C., on s'exposerait
à fondre la couche de gélatine ; ce ne sera donc
que pendant l'hiver que l'on pourra élever légèrement, au moyen d'un foyer, la température
du séchoir ; mais, dans aucun cas, on ne devra

y laisser dégager les produits de la combustion
de ce foyer ; ils occasionneraient une insolubilisation plus ou moins complète de la gélatine
bichromatée. C'est au moyen d'une aération
rapide de la pièce que l'on cherchera à activer
la dessiccation.

Le temps d'exposition, qui est environ trois
fois moindre qu'avec le papier au chlorure
d'argent, se règle, ainsi que nous l'avons dit, au
moyen d'un photomètre; voyez d'ailleurs les
articles *exposition* et *développement* des papiers
au charbon.

Papiers au platine. — 1° *Papiers destinés
à être développés.* — Pour préparer de tels
papiers au platine, il faut choisir du papier
bien encollé, uni, débarrassé de toute particule
métallique, et qui n'ait pas été azuré au moyen
du bleu d'outremer, mais au moyen du smalt
(bleu de cobalt); les premiers jaunissent quand
on les traite par l'acide chlorhydrique. On
devra donc essayer d'abord l'action d'un bain
d'acide chlorhydrique sur le papier, et le rejeter s'il jaunit. Les papiers photographiques
de Rives conviennent parfaitement; on devra
prendre les sortes assez fortes (de 10 à 15 kilos
la rame) pour qu'ils puissent supporter sans
se rompre les diverses manipulations qu'on
doit leur faire subir ; suivant le genre et la
grandeur des épreuves, on prendra des papiers

glacés ou mats. On marquera d'un trait, fait au crayon, leur endroit, c'est-à-dire la face qui, examinée sous un jour frisant, ne laisse pas apercevoir la marque de la toile métallique; c'est sur cette face que l'on appliquera d'abord l'encollage supplémentaire, composé d'une dissolution faible de gélatine légèrement alunée ou d'arrowroot. On enduit ces feuilles de papier en les faisant affleurer sur l'encollage contenu dans une cuvette, on suspend ensuite les feuilles verticalement pour les faire sécher. Une fois sèches, on répète la même opération, mais en les suspendant, la seconde fois, par la partie opposée; on obtient ainsi une couche d'encollage à peu près régulière. Les étoffes peuvent être encollées de la même façon que le papier.

Pour sensibiliser les feuilles, on préparera l'un des mélanges suivànts :

| | |
|---|---|
| Dissolution d'oxalate de peroxyde de fer...................... | 22 cent. cub. |
| Dissolution normale de protochlorure de platine... ............. | 24 cent. cub. |
| Eau distillée.................... | 4　— |

Ce mélange donne des ombres douces et des noirs intenses; les épreuves seront plus brillantes si on emploie les proportions suivantes :

Dissolution de platine.............  24 cent. cub.
Dissolution de fer...............  18    —
Dissolution de chlorate de fer...   4    —
Eau...........................   4    —

La dissolution de chlorate de fer se prépare en faisant dissoudre 40 centigrammes de chlorate de potasse dans 100 centimètres cubes de dissolution d'oxalate de peroxyde de fer; cette solution doit être conservée comme celle d'oxalate de fer dans l'obscurité la plus complète.

Pour des négatifs très faibles, on supprimerait complètement la dissolution d'oxalate ferrique dans la liqueur sensibilisatrice et on emploierait :

Dissolution de platine............  24 cent. cub.
Dissolution de chlorate de fer....  22    —
Eau.............................   4    —

Ces dissolutions s'étendent sur le papier encollé, maintenu plan en le fixant sur une planchette à dessin au moyen de quelques punaises, en se servant d'un pinceau dans la monture duquel il n'entre aucune partie métallique; on peut opérer à une faible lumière diffuse ou mieux encore avec une lumière artificielle. On croise les traits pour égaliser la couche; on y arrive facilement, si on passe en dernier lieu un second pinceau en tous sens. On suspend la feuille pour la faire sécher rapidement, en l'ap-

33

prochant d'un poêle ou d'un réchaud quelconque ; mais dans tous les cas, le papier ne devra pas être exposé à une chaleur supérieure à 40° C. ; une température plus élevée présente deux inconvénients : le premier, c'est la production du voile, le second, c'est que la dissolution sensibilisatrice ne pénétrant pas assez dans la trame du papier, les images sont tout entières à la surface et ne présentent aucune vigueur. Un séchage trop lent, en permettant une pénétration trop profonde du liquide sensibilisateur, donne des images floues et des noirs ternes.

Le papier sensibilisé, placé dans une boîte à chlorure de calcium, se conserve pendant plusieurs semaines, mais l'air humide l'altère rapidement ; les images que fournit un papier au platine exposé à l'humidité sont floues et voilées. On peut, jusqu'à un certain point, redonner ses premières qualités au papier ainsi altéré, en passant à sa surface, au moyen d'un pinceau, une solution de chlorure de potassium à $0^{gr},05$ 0/0 d'eau et en le faisant ensuite sécher rapidement ; une solution de chlorate de potasse à 10 centigrammes de sel pour 100 d'eau produit le même résultat.

Le papier parfaitement sec est maintenant propre au tirage, on ne l'arrêtera que lorsque, sous l'influence de la lumière, les demi-teintes se dessineront en couleur plus brune, sur le fond jaune du papier ; c'est ainsi que se dessine l'image, mais on remarquera quelquefois que, sous les parties les plus claires du cliché, la teinte brune passe, en prolongeant l'exposition jusqu'à ce que les demi-teintes soient visibles, à une teinte de plus en plus claire, de sorte que les ombres les plus épaisses semblent moins imprimées que les demi-teintes ; il suffit d'être averti de cette particularité pour ne pas être induit en erreur.

Sous l'influence de la lumière, l'image se dessine, avons-nous dit, en brun, cela ne tient pas à la réduction du sel de platine, mais à ce que l'oxalate de peroxyde de fer est plus ou moins réduit à l'état d'oxalate de protoxyde. Notre image imprimée au point reconnu nécessaire, renferme dans ses parties impressionnées un sel réducteur du protochlorure de platine, tandis que dans les parties préservées des rayons lumineux, le réducteur n'a pu se former. En soumettant le papier à ce moment à un lavage à l'eau bouillante, l'oxalate de protoxyde de fer formé réduira bien le sel de platine, mais cette réduction n'étant pas assez rapide, une partie du sel de platine se dissoudra dans l'eau bouillante ou pénétrera le papier ; le résultat de cette réduction incomplète et lente sera une image floue et manquant de vigueur. Nous sommes donc amenés à aug-

menter le puvoior réducteur de l'oxalate ferreux,
pour que le sel de platine soit instantanément
réduit à l'état métallique et à l'endroit précis où
s'est formé l'oxalate de protoxyde de fer. Plusieurs sels peuvent servir à augmenter ce pouvoir réducteur de l'oxalate ferreux et satisfaire
aux conditions que nous énumérions tout à
l'heure, mais on n'emploie généralement que
l'oxalate de potasse, quelquefois le carbonate
de soude. Ces solutions, auxquelles on donne le
nom de *développatrices*, sont employées à chaud,
pour exalter encore le pouvoir réducteur.
Cependant, si on remarquait que l'exposition
eût été trop prolongée, on pourrait leur donner
une température un peu plus basse pour avoir
une réduction moins énergique et contrebalancer
ainsi l'excès d'exposition. Dans tous les cas,
les images seront d'autant plus fines que le
développement aura demandé moins de temps,
par conséquent, nous avons intérêt à le faire
avec un bain presque bouillant, ce qui demande
une durée d'exposition qui ne soit pas dépassée;
voilà pourquoi encore les développements exé-
cutés à froid me semblent devoir donner des
résultats inférieurs, moyen auquel il ne faut
avoir recours que lorsque les révélateurs employés à chaud ne donnent, par suite de l'altération du papier, que des images voilées, et
encore est-il préférable de les traiter par le chlo-

rure de potassium pour leur rendre leurs propriétés primitives.

Les bains d'oxalate de potasse sont saturés de ce sel, toujours dans le but de leur communiquer la plus grande activité possible. De plus, ils doivent être acides, on évitera ainsi la formation de sels basiques de fer, qui colorent les épreuves en jaune, et cette coloration résiste au bain d'acide chlorhydrique. Cette acidité ne doit pas cependant être trop prononcée. Vient-on, par exemple, à former une notable quantité de bioxalate de potasse, qui a sur l'oxalate ferreux une très faible action dissolvante, on amoindrit la puissance réductrice.

On se contentera de maintenir les bains d'oxalate dans un état d'acidité tel, qu'ils rougissent franchement le papier de tournesol. Un gramme d'acide oxalique par 270 grammes de solution saturée d'oxalate de potasse constitue la proportion la plus convenable. L'acide tartrique, l'acide citrique et les autres acides organiques non volatils pourraient remplacer l'acide oxalique; les acides minéraux ne peuvent convenir, car ceux-ci pénètrent trop facilement le papier et occasionnent la production des images floues.

La solution sensibilisatrice doit aussi être acide; nous avons, pour qu'il en soit ainsi, additionné la solution normale de fer d'une quantité d'acide oxalique libre, égale au sixième de celle de l'oxalate ferrique dissous. Cette acidité a encore pour but d'empêcher la formation des sels basiques de fer. Une acidité trop prononcée, outre qu'elle permettra à la solution sensibilisatrice de pénétrer dans la trame du papier et de fournir ainsi des images floues, donnerait lieu au phénomène de la solarisation, c'est-à-dire que les ombres seraient trop claires. Notons enfin que cette acidité prononcée nuirait à la sensibilité.

Nous employions cette solution sensibilisatrice sous forme concentrée ; nous ne sommes donc obligés que d'en étendre une couche très mince sur le papier, qui malgré cela retient une assez forte quantité de sel de platine pour pouvoir donner des images vigoureuses.

Si la solution était diluée, nous devrions en étendre un volume plus considérable ; elle pénétrerait assez profondément dans l'encollage. Cette imbibition dans les couches profondes du papier est, nous le savons, une des causes qui produit les images floues et sans vigueur.

Enfin, pour imprimer des images sans grands contrastes, ou pour donner plus de vigueur, nous ajoutons dans certains cas, à la solution sensibilisatrice un peu de la solution de chlorate de fer, ou même pour des négatifs faibles, nous supprimons complètement la solution normale.

de fer pour la remplacer par celle de chlorate de fer. A l'article *Chlorate de potasse*, j'ai indiqué que par ce moyen il se formait dans la trame du papier du bichlorure de platine, sel plus difficile à réduire que le protochlorure de platine. Une quantité notable de ce sel donne des images dures, sèches, ce qui est favorable lorsqu'on a à imprimer des clichés qui fourniraient des images sans contrastes.

**Papiers au platine pour impression directe.** — Dans les papiers au platine dont je viens de parler, il ne se forme pas au sein de la couche sensible un réducteur assez puissant pour ramener le sel de platine à l'état métallique et donner lieu à la formation directe de l'image; on est obligé au moyen des solutions de développement d'exalter cette action réductrice de l'oxalate ferreux formé sous l'influence de la lumière.

Le capitaine Pizzighelli a cherché à augmenter la puissance réductrice du sel de protoxyde de fer en ajoutant dans la solution sensibilisatrice des oxalates solubles ; les citrates, les tartrates solubles pourraient également convenir. Durant l'impression, il se forme de l'oxalate de protoxyde de fer, qui combiné à l'oxalate de soude ou d'ammoniaque, réduit le sel de platine. Il se forme donc une image directe qu'il suffit d'amener au point voulu. On la termine, en débarrassant le papier des sels excédants et en la lavant dans une eau acidulée par l'acide chlorhydrique, qui sert en somme de fixage tout en lui faisant perdre la teinte jaune due aux sels de fer ; un lavage à l'eau pure sert ensuite à la débarrasser de toute trace d'acidité. Les platinotypies sont sans doute plus faciles à obtenir par ce procédé, où l'on peut contrôler la venue de l'image, mais elles sont peut-être inférieures à celles que fournit le procédé par développement, les blancs manquent souvent de pureté, l'image semble terne et un peu voilée.

Quoi qu'il en soit, le procédé par impression directe, offre des avantages incontestables et la pratique en a sanctionné l'excellence. On trouve aujourd'hui dans le commerce, de bons papiers au platine préparés par cette méthode.

Le capitaine Pizzighelli a donné plusieurs formules de ces sortes de préparations. Je ne parlerai que de la plus simple et qui semble la meilleure, celle, par conséquent, qu'on a doublement raison d'adopter.

On remarquera qu'on emploie de l'oxalate de soude et de peroxyde de fer, sel double que l'on peut obtenir cristallisé, c'est-à-dire dans un état parfaitement défini et pur ; que, en second lieu, l'encollage du papier (produit au moyen de la gomme) et la sensibilisation se font en même temps, ce qui simplifie d'autant la préparation.

On prépare les solutions suivantes :

A. Chloro-platinite de potasse...... 1 gramme.
  Eau distillée...................... 6   —

ce qui constitue la solution normale de platine dout j'ai donné le mode de préparation à l'article *Chlorure de platine*. Cette solution se trouvant en outre dans le commerce, il sera plus simple de s'en approvisionner ainsi :

B. Oxalate double de potasse et
    de fer. ................... 40 grammes.
  Gomme arabique............ 40   —
  Solution d'oxalate de soude
    à 3 0/0. ................. 100   —
  Glycérine................... 3   —

Chauffez d'abord la solution d'oxalate de soude à 40 ou 50°, et ajoutez-lui le sel de fer et la glycérine. Après dissolution, on verse peu à peu le liquide dans un mortier où l'on a placé les 40 grammes de gomme arabique pulvérisée. Ce mélange étant fait sans grumeaux, on attend quelques heures avant de filtrer la solution à travers une étamine.

C. Solution B ................ 100 grammes.
  Chlorate de potasse.......... 0 gr. 40.

D. Solution de chlorure mercu-  
    rique à 5/00..............     20 cent. c.  
Solution d'oxalate de soude  
    à 3/00...................     100   —  
Gomme arabique. ..........     24 grammes.  
Glycérine.................     2 cent. c.

Pour obtenir des tons noirs on mélange :

5 centimètres cubes de................ A  
 6     —      — de................ B  
 2     —      — de................ C

Pour obtenir les tons sépia on mélange :

5 centimètres cubes de................ A  
 4     —      — de................ C  
 4     —      — de................ D

On étend ces mélanges au pinceau, en opérant de la même manière que lorsqu'il s'est agi
de préparer les papiers destinés à être développés. On sèche et on conserve dans un étui à
chlorure de calcium.

**Perchlorure de fer.** — *Voyez* Chlorures
de fer.

**Permanganate de potasse** ($KO,Mn^2O^7$).
— Lorsqu'on chauffe pendant une demi-heure
ou une heure, au-dessous du rouge sombre et
à l'abri de l'air, un mélange de potasse et de
bioxyde de manganèse, la matière verdit; il se

forme du sesqui-oxyde de manganèse et du manganate de potasse.

$$KO + 3MnO^2 = KO,MnO^3 + Mn^2O^3$$

La matière verte, mise en macération dans l'eau, produit une solution d'un vert foncé qui, évaporée, fournirait du manganate de potasse en petits cristaux.

Si on ajoute un acide à cette liqueur, ou même si on la fait traverser par un courant d'acide carbonique, l'acide s'empare de la potasse ; il se forme du permanganate de potasse et un oxyde inférieur de manganèse ; de verte qu'elle était, la solution devient d'un beau violet. En la filtrant sur de l'amiante et l'évaporant, on obtient le permanganate de potasse cristallisé ; ce sel se présente en belles aiguilles rouges, à reflet métallique, très solubles dans l'eau. Le permanganate de potasse est doué d'une grande puissance colorante, mais on ne peut néanmoins s'en servir pour la teinture, car ce sel est détruit par les matières organiques qu'il oxyde ; à la suite de cette oxydation, les produits organiques sont brûlés, c'est-à-dire transformés en produits volatils du carbone et en matières insolubles ; le permanganate est lui-même précipité sous forme d'oxyde inférieur de manganèse.

*Usages.* — Cette propriété du permanganate

de potasse a été mise à profit pour décolorer les bains d'argent qui servent à sensibiliser les papiers albuminés; ces bains contractent une forte coloration par suite des principes solubles que leur cède l'albumine; ceux-ci, en effet, forment des combinaisons argentico-organiques qui noircissent et restent en suspension dans le bain. Les papiers albuminés, sensibilisés sur des bains d'argent colorés, jaunissent vite après leur préparation et fournissent des images moins brillantes.

Nous avons, outre l'emploi du permanganate de potasse, signalé ailleurs différents autres moyens pour les décolorer et leur rendre leurs premières qualités; je rappellerai l'emploi de l'*alun*, du *kaolin*, de l'*acide perchlorique*, et l'exposition des bains aux rayons directs du soleil.

Le permanganate de potasse nous a encore servi à constater la présence des matières organiques dans les eaux et à les débarrasser de ces mêmes matières; enfin, je signalerai l'emploi que nous en avons fait pour doser l'acide oxalique contenu dans la solution d'oxalate ferrique destinée à la préparation des papiers au platine.

**Phénol** ($C^{12}H^6O^4$). — On nomme aussi ce corps l'*alcool phénique*, l'*acide phénique*, l'*hydrate de phényle*. Il existe dans le casto-

reum ; on a signalé sa présence dans l'urine des
herbivores et dans celle de l'homme. On le retire des huiles lourdes de houille qui bouillent
entre 170° et 190° (j'ai déjà parlé des diverses
substances que l'on retirait. des goudrons de
houille à l'article *Couleurs d'aniline*), on les
traite par de la soude caustique; on étend d'eau
pour précipiter les huiles non combinées, et le
phénate de soude dissous en est séparé par
décantation; c'est là le *phénol sodique* ou *sodé*,
dont on retire l'acide phénique en traitant la
liqueur par l'acide chlorhydrique.

Le phénol se prend au-dessous de $+ 34°$ en
une masse solide composée de belles aiguilles,
qui sont peu solubles dans l'eau, très solubles
dans l'alcool, l'éther, la glycérine.

Le phénol peut fournir avec le chlore, le
brome, l'iode, de nombreux produits de substitution qui n'ont aucun intérêt pour les opérations photographiques. Nous savons que l'acide
phénique, traité par l'acide azotique, fournit de
l'*acide picrique*, matière colorante jaune, dont
j'ai signalé divers emplois à l'article *Couleurs
d'aniline*.

Le phénol n'est pas à proprement parler un
acide, quoiqu'il se combine avec les bases, il ne
décompose pas les carbonates et possède certaines réactions propres aux alcools; c'est le type
d'une classe de corps dont le crésylol (retiré de

la créosote), et le thymol (retiré de l'essence du thym) sont les plus connus.

*Applications.* — Le phénol coagule l'albumine ; il est employé comme antiseptique ; il s'oppose, en effet, énergiquement au développement des germes que l'air dépose sur tous les corps avec lequel il est en contact ; à ce titre, il peut nous être utile pour conserver des substances très altérables par ces germes. Les émulsions à la gélatine additionnées de 0.15 à 0.20 0/0 de phénol peuvent se conserver longtemps à l'état de gelée sans manifester aucune altération ; cependant, pour cet usage, je préfère employer l'acide salicylique qui ne m'a jamais occasionné d'insuccès, tandis que certains échantillons d'acide phénique, assez purs en apparence, ont amené du voile, non que j'attribue ces insuccès à l'acide phénique lui-même, mais aux impuretés qu'il contenait.

**PHOTOTYPIE.** — Le procédé d'impression, auquel on a donné le nom de *phototypie*, pourrait avec plus de justesse recevoir celui de : *photolithographie*, quoique ces impressions ne s'exécutent pas sur pierre mais bien sur couche de gélatine et que, dans ce cas, photogélatinographie serait plus exact, mais, du moins, le mot de photolithographie indiquerait que l'on emprunte à la lithographie ses procédés de tirage, tandis que le mot consacré semble indiquer, à tous ceux qui ne connaissent pas la pratique de ces procédés, qu'il s'agit d'impression typographique.

Les premières indications ayant trait à la phototypie ont été données par Poitevin en 1855, lorsqu'il reconnut l'action de la lumière sur la gélatine bichromatée, et surtout en 1862, lorsqu'il se fut assuré que l'encre grasse adhérait seulement sur les parties solarisées d'une surface quelconque recouverte d'un mélange de gélatine (ou de matières gommeuses ou d'albumine) et de bichromate de potasse. Sans doute, les procédés opératoires ont été perfectionnés, mais le principe est toujours resté le même et peut très simplement être ainsi exposé :

Pour obtenir une phototypie, on doit étendre sur une surface plane quelconque, un mélange de gélatine et de bichromate de potasse, mélange auquel on peut ajouter diverses autres substances destinées, soit à donner une fermeté et une résistance plus grande à la couche, soit à faciliter l'impression. Cette surface étant ensuite desséchée, est exposée à la lumière sous un négatif retourné, si on désire que les images se trouvent dans leur vrai sens. Après que l'impression a été reconnue suffisante, on débarrasse la surface gélatinée du bichromate, et cela au moyen d'un lavage assez prolongé; à partir de ce moment, la couche prend les propriétés lithographiques, l'encre grasse adhère aux parties solarisées, et cela dans un rapport exact avec leur solarisation.

Il est évident qu'après le lavage de la couche bichromatée, on doit attendre, pour procéder à l'impression, qu'elle se soit partiellement séchée, ou bien, il faudra procéder au *mouillage* avant de la soumettre au rouleau si, après le lavage, elle a été soumise à une dessiccation complète.

Ceci étant dit, il ne me reste plus qu'à indiquer à grands traits les variantes qui donnent lieu aux différents procédés particuliers. Je ne les décrirai pas tous, ce qui serait sans grand intérêt, car nous ne les verrions se différencier que par quelques détails. Pour suivre l'ordre chronologique, nous devons, après avoir donné les indications de Poitevin, parler des essais d'application industrielle de la photolithographie que firent MM. Tessié du Motay et Maréchal, en 1867. Ces deux opérateurs donnèrent à ce mode d'impression le nom de phototypie, qui a été adopté depuis la publication de leur procédé. Il consiste à appliquer sur des plaques de cuivre séchées et chauffées à 50°, un mélange de colle de poisson, de gélatine, de gomme arabique et de bichromate de potasse. La plaque

dé cuivre est remise à l'étuve dans une position
exactement horizontale, et on l'y laisse séjourner plusieurs heures. La couche gélatineuse se
dessèche et devient insoluble dans toute son
épaisseur, par suite de la réaction du bichromate de potasse sur la gélatine qui se produit
à la température de 50° à laquelle la plaque
reste soumise pendant un temps assez long.
L'adhérence de la couche au support, ainsi que
sa résistance, se trouvent sans doute augmen-
tées, mais pas d'une manière suffisante, puisque les planches ne peuvent fournir qu'une
centaine d'épreuves.

Après le passage à l'étuve, les plaques sont
insolées sous le négatif, puis lavées pour débarrasser la couche imprimante des sels de
chrome, séchées et préparées pour l'impression.

En 1869, M. Albert de Munich, au moyen
d'un procédé encore mal connu, parvint à faire
produire plus de mille tirages à la même
planche, et ces images à l'encre grasse présentaient une finesse et un modelé qui surpassait
de beaucoup celles de MM. Tessié du Motay et
Maréchal. Les modifications, qui permettaient
d'obtenir avec le nouveau procédé des tirages
aussi nombreux, résidaient, d'une part, dans
l'adaptation de la presse aux exigences de ce
nouveau mode d'impressions, et de l'autre,
parce que M. Albert faisait reposer la couche

de gélatine bichromatée sur une couche préalable d'albumine bichromatée et insolubilisée ;
notons enfin que l'auteur se servait de plaques
ou dalles de verre comme support de la couche
imprimante. La principale amélioration consistait dans l'emploi d'un premier substratum
d'albumine insoluble, qui d'un côté adhère fortement à la glace et s'unit de l'autre à la couche
de gélatine et augmente son adhérence, mais
elle ne réside pas dans la substitution de la
glace comme subjectile à la feuille de cuivre
qui servait à M. Tessié du Motay, puisque,
de nos jours encore, les feuilles de cuivre sont
employées de préférence par quelques-uns de
nos habiles opérateurs, tandis que d'autres ont
adopté les plaques de glace, parce qu'elles permettent de suivre les progrès de l'insolation et
de l'arrêter lorsqu'elle est reconnue suffisante.

C'est surtout dans la composition de la solution gélatineuse que l'on doit rechercher les
variantes qui donnent lieu aux divers procédés
décrits, ou encore dans celle qui constitue la
couche adhésive préliminaire. Tandis que les
uns emploient de la gélatine bichromatée,
d'autres de l'albumine bichromatée ou ces
mêmes substances additionnées de silicate de
soude, il est des opérateurs qui, se servant
d'un support transparent, n'en font pas usage ;
mais arrivent au même résultat en insensibili-

sant une partie elle-même de la couche imprimante en l'insolant par le dos. On pourrait encore signaler que la couche sous-jacente, au lieu d'être insolubilisée par les rayons lumineux, est quelquefois traitée par certains agents chimiques qui produisent ce même résultat, tels sont l'alcool, quand cette couche est constituée par de l'albumine, l'alun, le sulfate de fer, l'acide gallique, le tannin, etc., quand on se sert de gélatine comme premier substratum.

Les plaques, après avoir reçu cette première préparation et après que par l'un ou l'autre moyen, on l'a fait passer à l'état insoluble, peuvent recevoir la couche imprimante proprement dite. Parmi les nombreuses formules qui servent à préparer cette liqueur sensible, nous choisirons la suivante empruntée au traité de phototypie de Vidal :

| | | |
|---|---|---|
| Gélatine... ........... .. ... | 90 | grammes. |
| Eau....................... | 720 | — |
| Colle de poisson............. | 30 | — |
| Eau ...................... | 360 | -- |
| Bichromate de potasse....... | 30 | — |
| Eau ...................... | 360 | — |

La gélatine et la colle de poisson sont respectivement mises à gonfler dans leur eau, puis on les fait dissoudre séparément au bain-marie.

La colle de poisson ne se dissoudra jamais complètement, même en la maintenant long-

temps au bain-marie bouillant. On filtre ces
deux dissolutions à travers une mousseline assez
fine, puis on ajoute la dissolution du bichromate. Les surfaces à recouvrir sont placées
dans une étuve chauffée à 35°, elles reposent
sur des vis calantes qui les maintiennent dans
une position exactement horizontale, on en retire une première dès qu'elle a uniformément
pris la température de l'étuve, on la place sur
un support à vis calantes de manière qu'elle
soit encore exactement horizontale, on la recou-
vré de la solution gélatineuse bichromatée, dès
que la couche est bien égale et qu'on en a
écarté les bulles d'air on la replace dans l'étuve.
On procède de la même manière pour toutes
celles que l'on a à préparer ; on ferme l'étuve,
on règle sa température de manière qu'elle
atteigne au plus 35°; une température plus
haute pouvant amener l'insolubilisation partielle
de la gélatine sans le concours de la lumière.

Au bout de deux heures environ, la dessiccation est complète, car la couche de gélatine
bichromatée que l'on doit laisser sur les glaces
est assez mince, un volume de 8 à 10 cent. cubes
suffit pour une glace 13 × 18. On laisse refroidir l'étuve, on en retire les glaces, pour les
soumettre à l'insolation sous le cliché, qui doit
être retourné, pour donner des images dans le
vrai sens.

Cette insolation peut être contrôlée, si la couche gélatineuse repose sur glace ; elle doit être poussée jusqu'à ce que l'image se dessine en brun sur le fond jaune de la couche bichromatée.

Le cas n'est plus le même lorsqu'il s'agit de couches bichromatées reposant sur des feuilles métalliques, il faut une certaine pratique pour arrêter l'impression au moment convenable, on se guide au moyen d'un photomètre et par comparaison avec une série de clichés de réserve, sur lesquels on a écrit les numéros du photomètre nécessaires pour l'impression de chacun d'eux.

Les glaces, après l'impression, seront exposées quelques minutes à la lumière diffuse, la face portant l'image reposant sur un drap noir, on prolonge cette exposition jusqu'à ce que le dessin visible à travers la glace ait presque disparu. Ce traitement qui n'est pas indispensable, puisqu'on ne peut le faire subir aux supports opaques, qui fournissent cependant de très beaux résultats et de longs tirages, assure cependant une plus longue durée à la couche imprimante et cela pour deux raisons : la première, c'est que la couche gélatineuse se soude mieux au substratum insoluble, et de l'autre elle supprime pour ainsi dire la couche de gélatine non modifiée, susceptible par conséquent de se gonfler au mouillage, qui existe entre la surface extérieure et le subjectile. Cette seconde insolation par la face opposée achève de modifier la gélatine à peu près dans toute son épaisseur sans altérer en rien la couche extérieure, celle qui porte l'image.

L'insolation étant faite, on soumet la glace à un lavage de deux heures au moins et en ayant soin de renouveler l'eau fréquemment, on la prive ainsi du bichromate qu'elle retient et qui continuerait sans cela son action. Le lavage doit être poursuivi tant que l'eau et la couche présentent une teinte jaune.

On passe souvent les glaces, au sortir de la cuve à lavage, dans un bain d'alun à 5 ou 6 0/0 pour augmenter leur résistance, on les lave de nouveau et on les laisse sécher.

Avant de procéder à l'impression, il faut de nouveau humecter la couche de gélatine, la *mouiller*; pour faire cette opération, on laisse séjourner la glace un quart d'heure dans l'eau et plus, si l'impression a été reconnue trop poussée. Après le mouillage, la surface de la gélatine accuse un très léger relief qui dessine l'image avec toutes ses finesses, ce relief provient de ce que les parties les moins modifiées par la lumière sont celles qui absorbent la plus grande quantité d'eau et sont par conséquent les plus proéminentes, les parties fortement

solarisées gonflent à peine et tous les états intermédiaires se retrouvent dans cette image en relief. Cet état de perméabilité proportionnel aux
transparences du cliché, va se manifester encore
mieux en passant le rouleau chargé d'encre
grasse ; plus les parties sont perméables et
chargées d'humidité, moins elles la retiennent,
elles donnent ainsi les demi-teintes et les blancs.
Une première épreuve étant tirée, l'imprimeur
juge si la plaque est dans un état convenable.
Est-elle trop mouillée, l'image ne retient pas
assez d'encre, surtout dans les demi-teintes, les
épreuves sont alors heurtées, si au contraire, la
gélatine a absorbé une quantité d'eau insuffisante l'épreuve est grise, sans effets ; on peut
donc, au moyen d'un mouillage convenable,
corriger dans une assez grande mesure soit
l'excès ou le manque d'insolation, soit contre-
balancer les défauts d'un cliché trop doux ou
heurté.

Après le tirage de quelques images qui
sont ordinairement assez peu satisfaisantes, la
planche fournit de bonnes épreuves, mais elle
ne se maintiendrait pas longtemps en cet état,
si on ne prenait le soin d'entretenir son humidité au moyen d'un mouillage répété toutes les
fois que les épreuves indiquent que cette opération devient nécessaire. On emploie le mouillage à l'eau ou avec la composition suivante

qui permet le tirage d'un grand nombre d'exemplaires sans avoir besoin de renouveler l'opération :

| | |
|---|---|
| Eau..................... | 100 cent. cubes. |
| Glycérine................. | 100 — |
| Sucre.................... | 10 — |

En ajoutant un peu d'ammoniaque ou d'hyposulfite de soude à la glycérine, on rend la
couche plus perméable et on obtient par conséquent des blancs plus purs. Après avoir humecté
la couche avec le liquide et avant de recommencer le tirage, on l'essuie au moyen d'un
linge doux et on repasse le rouleau.

Souvent on se sert de deux sortes d'encres, de
même teinte ou de teintes différentes, la première est dure et n'adhère que sur les parties
foncées, la seconde plus claire garnit les demi-
teintes. Le tirage s'effectue sur des papiers mats
ou couchés, ces derniers fournissent des épreuves beaucoup plus fines qui n'ont pas besoin
d'être vernies ; on opère avec marges ou sans
marges, suivant qu'au moyen d'une cache, on
préserve une partie du papier du contact de la
couche de gélatine, ou qu'au contraire, l'épreuve
s'imprime sur toute la surface du papier, que
l'on coupe ensuite aux dimensions voulues. Les
épreuves sans marges réservées peuvent être
encollées avec une faible dissolution de gélatine

et vernies; si elles ont été tirées au moyen d'une encre de coloration convenable, elles se distinguent à peine d'une épreuve ordinaire à l'argent.

**Phototypie sur supports souples.** — Il est évident, qu'au lieu d'étendre la gélatine bichromatée sur une feuille de cuivre ou une plaque de verre, on peut se servir comme support d'une feuille de papier résistant, une feuille de fort papier parchemin, par exemple, et même pour pouvoir faire une assez grande provision de ce papier gélatiné, au lieu d'introduire le bichromate de potasse dans la préparation, on peut les enduire seulement d'une couche gélatineuse qui sera sensibilisée plus tard comme les papiers au charbon, en l'immergeant dans un bain de bichromate, dont on fera varier la richesse, suivant le cliché et le degré de température. Pour faire présenter à ce support souple une surface unie, qui s'appliquera ensuite d'une façon exacte contre le cliché et en même temps pour l'obtenir exactement plan, on l'étendra après la sensibilisation sur une glace talquée, dont il se détachera aisément une fois sec; comme la dessiccation est assez lente, le papier parchemin s'opposant assez fortement à l'évaporation, on peut l'activer en remp'açant dans le bain de bichromate un tiers de la quantité d'eau par un égal volume d'alcool.

L'impression des papiers secs se fait au châssis-presse et la venue de l'image est contrôlée comme celle des glaces phototypiques. On insole ensuite le papier par le dos pour insolutiliser la couche sous-jacente et la rendre adhérente au parchemin. On lave jusqu'à disparition de toute trace jaune, la feuille est ensuite étendue sur un stirator spécial (l'autocopiste photographique), on la laisse sécher quelques instants, puis on passe successivement deux rouleaux chargés d'encres de différentes consistances et on procède au tirage.

Comme la feuille de parchemin n'offre pas une résistance suffisante pour supporter les efforts des presses lithographiques à râteau ou à rouleau, l'impression se fait en appliquant la feuille de papier sur la surface encrée et portant le tout sous une presse à copier ; on serre modérément et après une minute on retire de la presse. On mouille avec la composition à la glycérine additionnée ou non d'ammoniaque suivant que l'image est trop ou pas assez noire. La compagnie de l'Autocopiste a mis, au moyen de son nécessaire phototypique, ce mode d'impression à la portée de tous les amateurs ; en suivant exactement les instructions détaillées qui accompagnent chaque appareil, on arrive rapidement à obtenir un assez grand nombre d'épreuves très satisfaisantes.

**Photoglyptie.** — Ce procédé, qui a d'abord porté le nom de woodburytypie, du nom de Woodbury son inventeur, a reçu plus tard le nom qu'il porte aujourd'hui et qui rappelle bien qu'il a pour but de produire une gravure en creux au moyen de la lumière.

La photoglyptie, est arrivée aujourd'hui bien près de la perfection comme mode de tirage, mais le matériel qu'il nécessite est très coûteux et ne le rend possible qu'industriellement, aussi, je ne ferai que le décrire d'une manière très sommaire. C'est encore Poitevin qui indique le premier la possibilité d'obtenir une gravure en creux au moyen de la gélatine bichromatée, mais c'est à Woodbury que revient sans conteste l'invention des procédés pratiques pouvant servir à une nouvelle méthode industrielle d'impression.

La préparation de cette planche gravée en creux comporte plusieurs opérations, la première consiste à étendre sur une glace talquée et collodionnée une assez forte couche de gélatine bichromatée (on ajoute à cette solution une petite quantité de glycérine et de sucre).

La glace est, pour arriver à ce résultat, d'abord talquée, on enlève le talc au moyen d'un tampon mouillé d'albumine sur une largeur d'environ 2 à 3 millimètres tout autour, on la collodionne ; dès que le collodion est sec, on

place la glace de niveau et on la chauffe légèrement. La couche de gélatine est étendue d'une
façon bien égale, on verse de la solution une
quantité suffisante pour former une couche de
2 à 3 millimètres.

Dès qu'elle a fait prise, on porte les glaces au
séchoir, garni de chlorure de calcium ou de
tout autre corps avide d'eau ; on détache les
pellicules de gélatine de la glace dès qu'elles
sont entièrement sèches en les coupant à 5 ou
6 millimètres des bords.

On procède ensuite à l'exposition en ayant
soin de mettre la pellicule de collodion en contact avec le négatif ; il est préférable d'opérer
aux rayons directs du soleil, pourvu toutefois
que le châssis soit exactement perpendiculaire
à ces rayons, on évite ainsi en grande partie la
dispersion des rayons lumineux dans l'épaisseur relativement forte de la pellicule ; la venue
de l'image peut être contrôlée, en examinant la
pellicule, ce qui se fait en soulevant un volet
du châssis ; le dessin doit paraître en couleur
plus sombre sur la teinte jaune de la pellicule
et toutes les demi-teintes doivent être nettement accusées.

Pour développer l'image, c'est-à-dire pour
produire l'image en creux, on colle provisoirement la pellicule sur une glace au moyen
d'une dissolution de caoutchouc, le collodion

en-dessous. La glace est ensuite plongée dans une cuve à rainures verticales, dans laquelle on place d'abord de l'eau tiède et ensuite de l'eau de plus en plus chaude jusqu'à ce qu'on arrive à 60 ou 80° C. Les parties de gélatine non solarisées se dissolvent, l'insolubilisation étant proportionnelle aux transparences du cliché, il en résulte une image accusée par des reliefs plus ou moins prononcés. Lorsque le développement est terminé, c'est-à-dire lorsque les reliefs cessent de gagner en profondeur, ou encore lorsque l'eau de la cuve ne présente plus de coloration, si la couche gélatineuse a été préalablement additionnée d'une poudre colorante inerte et finement broyée, on passe la pellicule dans un bain d'alun et on la laisse sécher. L'épreuve est ensuite détachée de la glace qui lui servait de support, on dissout le caoutchouc qui avait servi à la coller et on la transporte sur le plateau d'une forte presse hydraulique, les reliefs en dessus, on place contre l'image une feuille de plomb laminé de 1 centimètre d'épaisseur que l'on a eu soin de courber légèrement en arc de cercle, de façon qu'elle ne porte sur le relief en gélatine que par sa grande courbure. Sur le plomb on met un bloc dressé et on fait agir la presse, d'abord doucement et on augmente successivement la pression jusqu'à atteindre 500 kg. par centimètre

carré. Le plomb reproduit toutes les finesses de
la gélatine et constitue un moule que l'on doit
manier avec toutes les précautions que demande
un objet aussi facilement malléable. Ce moule
est calé sur le plateau inférieure d'une presse
verticale à levier, on l'enduit d'un corps gras
et on le remplit d'une encre gélatineuse ; on
place une feuille de papier et l'on presse ; l'excès d'encre est refoulé, on laisse refroidir pour
permettre à celle qui est restée dans le moule
de se solidifier. On soulève le plateau de la
presse et on enlève le papier avec précaution,
l'encre y adhère, mais abandonne le moule
graissé. L'image n'a plus qu'à être soumise à
une dessiccation spontanée, être ébarbée, passée
à l'alun et montée. Le moule débarrassé des coulures, graissé de nouveau, est prêt à recevoir
une nouvelle dose d'encre et servir à la production d'une nouvelle épreuve.

On peut, au lieu de recevoir l'épreuve sur
une feuille de papier, la faire adhérer sur une
glace, qui après dessiccation fournira une ma-
gnifique épreuve transparente ; on aura seulement le soin d'employer une encre plus colorée
que celle qui convient aux épreuves ordinaires
sur papier.

M. Woodbury avait espéré rendre l'application de son procédé plus pratique et possible
dans tous les ateliers photographiques, en rem-

plaçant le moulage à la presse hydraulique par
un moulage galvanoplastique, en procédant de
la manière suivante : Le relief de gélatine, après
qu'il a été collé sur la feuille de verre, est
graissé et recouvert d'une feuille d'étain mince,
sans défaut ni piqûre ; on passe le tout sous une
presse à satiner en augmentant graduellement
la pression. Grâce à l'interposition de quelques
feuilles de buvard, placées sur la feuille d'étain,
celle-ci épouse exactement les contours de la
gélatine, on en recouvre les bords, qui ne sont
pas protégés par la feuille d'étain, d'un vernis
isolant et on soumet au bain galvanique. Après
trois ou quatre heures, l'épaisseur du cuivre
déposé est suffisante pour pouvoir procéder au
démoulage sans crainte d'altération.

Au moyen d'une composition plastique, composée de gomme laque, de résine et de térébenthine de Venise, on fait adhérer le moule à
une glace que l'on cale enfin sur le plateau de
la presse ; après l'avoir graissé on procède à
l'impression qui se fait comme dans le premier
procédé. Cependant, ces opérations, quoique ne
demandant pas un matériel aussi coûteux que
le moulage à la presse hydraulique, ne sont pas
utilisées d'une manière courante ; la formation
du moule galvanoplastique présente, en effet,
certaines difficultés qu'on ne peut arriver à
surmonter qu'à la suite d'une longue pratique.

Les images photoglyptiques présentent un léger relief, sans doute plus apparent lorsque l'encre est encore humide, elles sont, en effet, formées par une épaisseur d'encre d'autant plus forte que les noirs sont plus intenses, dans les blancs, aucune trace d'encre au moins perceptible, ne vient se superposer à la surface du papier qui conserve sa couleur.

Le papier destiné aux impressions photoglyptiques doit donc être imperméable, pour que la solution gélatineuse colorée qui forme l'encre ne l'imbibe pas et vienne salir les blancs ; toutefois, un papier fortement encollé ne présenterait pas assez de propriétés adhésives si on ne le recouvrait pas d'un second encollage, qui favorise l'adhérence. Le premier encollage, qui est destiné à le rendre imperméable, est formé par une solution de gomme laque, de borax et de carbonate de soude, le second consiste en une émulsion de benjoin, produite en versant de la teinture de benjoin dans une eau renfermant une petite quantité de gélatine.

Le plus souvent le premier encollage est légèrement coloré avec du carmin, coloration qui donne un meilleur aspect aux épreuves. On le lamine enfin entre des lames d'acier poli, ce qui leur communique un beau brillant.

**Plombagine.** — La plombagine ou *gra-*

*phite*, est une variété de carbone très pur, elle se présente en masses molles, très onctueuses ; on la découpe en parallélipipèdes qui, introduits dans un manchon en bois, constituent nos crayons ordinaires. C'est une substance que l'on trouve, dans le sol de divers pays ; la plus belle nous vient aujourd'hui de Sibérie ; à Ceylan il existe aussi des mines de graphite d'excellente qualité.

La fonte de fer est parsemée de paillettes hexaédriques de graphite que l'on peut isoler en dissolvant le métal par l'acide chlorhydrique.

La plombagine, finement pulvérisée, nous a servi au développement des contre-types.

**Positifs directs.** — Les épreuves Daguerriennes sont des positives directement obtenues à la chambre noire ; dès le début du procédé au collodion, on cherchait souvent à obtenir des positives par réflexion. Les opérations sont les mêmes que celles qui nous ont servi à produire les négatifs ; la seule condition essentielle pour arriver à un résultat satisfaisant consiste à éviter la production d'un voile quelconque, qui ternirait l'image. On aura donc recours à un collodion déjà vieux, coloré en rouge par l'iode mis en liberté, ou que l'on additionnera d'une dose d'iode suffisante pour lui communiquer la couleur rouge vineux.

Le bain d'argent sera assez fortement acidulé et le temps de pose sera exactement suffisant pour dessiner une image assez heurtée ; la
dissolution de sulfate de fer présentera une
réaction franchement acide, on lui ajoutera
même un peu d'acide sulfurique. Cette addition
aura pour double résultat de prévenir la formation d'un sous-sulfate de fer ocreux, qui salit
l'image et de plus, l'argent déposé sera plus
brillant. Enfin on fixera de préférence au cyanure de potasium, qui en rongeant un peu l'épreuve, détruit le léger voile qui aurait pu se
produire malgré les précautions prises pour
empêcher sa formation. Les épreuves sèches
sont examinées sur un fond noir, en les recouvrant sur la face collodion d'un vernis noir ;
on peut aussi les recevoir sur une toile cirée
noire recouverte d'une couche de gomme arabique, sur laquelle on applique l'épreuve baignée
préalablement dans une eau acidulée qui facilite
le détachement de la couche de collodion.

Les ferrotypes ne sont autre chose que des
positives par réflexion, qui au lieu d'être produites sur une plaque de verre, sont obtenues
sur une feuille de tôle mince fortement vernie à
la gomme laque, afin d'éviter l'action du fer sur
le nitrate d'argent. Dès qu'elles sont fixées,
lavées et séchées, on les recouvre d'un vernis
transparent et la feuille de tôle est découpée

avec des ciseaux. Toutes ces opérations ne demandent que quelques minutes et peuvent même être faites automatiquement, au moyen de l'ingénieux appareil contruit tout dernièrement par M. Enjalbert. Ce constructeur est parvenu à combiner une machine, dans laquelle l'électricité sert d'heureux auxiliaire, et qui, une plaque de tôle lui étant fournie, exécute le collodionnage, la sensibilisation, la mise en châssis, la pose, d'après un temps réglé d'avance, le développement, le lavage, le fixage et le vernissage, tout cela en cinq minutes et d'une façon entièrement mécanique.

Les procédés que je viens d'analyser très succinctement ne permettent d'obtenir directement à la chambre noire que des positifs par réflexion, il peut être utile cependant d'obtenir directement un positif par transparence, par exemple pour des travaux héliographiques, dans lesquels l'impression de la plaque à graver exige non un négatif mais un positif. On a décrit plusieurs manières pour arriver à transformer les négatifs en positifs, à produire ce que l'on nomme des images *amphitypes*, je ne décrirai que celle de M. le capitaine Biny, qui me semble la plus parfaite.

Cette méthode consiste à produire d'abord un bon négatif à la chambre noire, soit sur collodion, soit sur gélatine bromurée.

Avant de fixer ce négatif, on l'expose sur un fond noir à la lumière diffuse, pour attaquer les sels d'argent qui n'ont pas concouru à former la négative. On fait ensuite disparaître l'image négative à l'aide d'un bain d'acide azotique, additionné d'un chromate alcalin, ou d'acide chromique, ou de brome; bain qui transforme l'argent réduit, formant la négative, en sels solubles dans l'hyposulfite ou le cyanure. On développe ensuite une seconde fois la plaque, qui laisse apparaître une image positive, produite pendant l'exposition à la lumière diffuse; on fixe enfin ce positif en dissolvant en même temps les sels d'argent reconstitués de l'ancien négatif.

Il semblerait, au premier abord, que lorsqu'on traite la plaque exposée à la lumière diffuse par le bain transformateur d'acide nitrique, de chromate et de brome on doive aussi détruire l'action de la lumière sur les sels d'argents non réduits et desquels nous devons tirer l'image positive lors du second développement; il n'en est rien, cependant, car l'expérience démontre que malgré ce traitement, ils restent susceptibles d'être réduits par le révélateur qui nous donne le positif.

Pour les clichés de dessin au trait, on se servira préférablement du collodion qui donne des images plus nettes que les plaques à la gélatine. Après la pose, que l'on prolongera de

manière qu'il y ait un léger d'exposition, on
développe le négatif au fer et on le renforce à
l'acide pyrogallique, additionné, en dernier lieu,
de quelques gouttes d'une solution acide d'azotate d'argent.

On lave légèrement le cliché et on l'expose à
la lumière diffuse ; le côté collodion reposant sur
un drap noir pendant 30 à 40 secondes environ,
l'exposition doit être prolongée jusqu'à ce que les
traits, primitivement blancs, aient pris une teinte
gris-bleu. On porte de nouveau la plaque dans
le laboratoire éclairé par des verres jaunes assez
clairs, et on la plonge dans le bain suivant :

| | |
|---|---|
| Eau...................... | 500 cent. cubes. |
| Acide nitrique pur......... | 300        — |
| Eau saturée de bichromate de potasse.............. | 200        — |

L'argent réduit passe d'abord à l'état d'azotate d'argent qui, au contact du bichromate,
se transforme en chromate d'argent rouge;
les traits noirs du cliché deviennent rougeâtres,
les traits blancs conservent à peu près la même
couleur qu'avant l'immersion, sauf un léger
dépôt de chromate d'argent qui les recouvre,
et dont il faut les débarrasser en projetant à la
surface de la plaque une solution formée à volume
égal d'alcool, d'acide nitrique et de bichromate
à saturation, le tout étendu d'eau.

On lave le cliché ainsi nettoyé et on le développe avec une solution d'acide pyrogallique pure d'abord, et additionnée ensuite de nitrate d'argent. La positive se développe par transparence et par réflexion; lorsque son intensité paraît suffisante, on lave la plaque et on procède au fixage dans un bain de cyanure de potassium.

Si le positif est trouvé trop faible pour fournir un bon cliché positif, on le renforce au bichlorure de mercure, à l'azotate de plomb, ou à l'acide pyrograllique et à l'argent.

Les clichés de demi-teintes étant faits aujourd'hui généralement sur gélatine, je vais décrire la méthode qui va permettre de les transformer en positifs.

Le cliché est développé au fer, jusqu'à ce que les noirs du négatif soient visibles au dos de la couche; il est ensuite légèrement lavé à l'eau distillée et exposé au jour, la face gélatine reposant sur un drap noir, et on le laisse en pleine lumière, jusqu'à ce que les parties qui étaient abritées par les taquets des châssis et qui étaient restées complètement blanches dans le développateur aient pris une teinte lilas foncé. On porte ensuite le cliché dans le cabinet obscur, on continue son lavage pour éliminer maintenant l'oxalate de fer et on le plonge dans le bain suivant :

Eau...................... 100 cent. cubes.
Acide nitrique............ 5 —
Eau saturée de bichromate
  de potasse............. 30 —
Eau saturée de brome...... 10 —

Le négatif disparaît peu à peu au contact de ce liquide, et brusquement apparaît une image positive ; on prolonge le séjour de la glace dans ce bain, jusqu'à ce qu'elle présente, examinée par une face et par l'autre, une image positive par réflexion et par transparence et que ce positif soit bien détaillé et vigoureux.

La plaque est ensuite lavée, au moins une demi-heure, dans une eau souvent renouvelée ; le lavage ne pourra être considéré comme suffisant que lorsque la dernière eau ne présentera plus les réactions d'une solution de bichromate.

Quand ce résultat est obtenu, on fixe la plaque dans un bain d'hyposulfite à 20 0/0.

La positive se présente avec une couleur lilas foncé se rapprochant du violet, mais elle n'est généralement pas assez intense pour pouvoir servir de cliché. On la renforce au bichlorure de mercure.

La production des positifs à la chambre noire, obtenus en copiant par transparence un négatif, ne doit pas nous occuper, puisque cette opération ne diffère en rien de celle qui a pour but

de produire un négatif ; le seul soin à prendre
pour obtenir des images brillantes et sans trace
de voile, c'est de n'admettre dans l'objectif que
les seuls rayons lumineux qui ont traversé le
cliché. On peut produire ces positives sur collodion humide ou sec, sur gélatine bromurée, sur
gélatine chlorurée ou sur toute autre surface
sensible.

## PRUSSIATES. — Prussiate jaune. —
*Voyez* CYANURE JAUNE DE POTASSIUM ET DE FER.

### Prussiate rouge. — *Voyez* CYANURE ROUGE
DE POTASSIUM ET DE FER.

### Pyrocatéchine. — ($C^{12}$ $H^6$ $O^4$). *Prépara-
tion, propriétés*. — La pyrocatéchine, ou *oxyphénol*, est ainsi nommée parce qu'on peut l'obtenir en soumettant à l'action de la chaleur
l'acide protocatéchique ; on l'obtient également
par la distillation sèche du quinate de baryte, de la
gomme ammoniaque, du cachou et de beaucoup
d'autres corps. Synthétiquement on peut la
former de diverses manières : par exemple en
suroxydant au moyen de l'hydrate de potasse
l'acide phénolsulfurique.

La pyrocatéchine est un isomère de l'hydroquinon et de la résorcine ; elle cristallise en
lames blanches et brillantes, sa saveur est

amère ; elle se dissout dans l'eau, l'alcool et l'éther ; elle est neutre au papier de tournesol.

Comme ses isomères, l'*hydroquinon* et *la résorcine*, la pyrocatéchine est un puissant réducteur des sels d'argent.

*Applications*. — Les dissolutions de pyrocatéchine ne se colorent que très lentement au contact de l'air, même si on les conserve deux mois à l'état de vidange dans un flacon mal bouché ; il n'est pas besoin pour cela qu'elles soient additionnées de sulfite de soude. Les formules de révélateurs à la pyrocatéchine ne mentionnent donc pas de sulfite, produit qui ne présente plus aucune utilité et dont la présence est même nuisible, puisqu'elle s'oppose à la densité de l'image ; inconvénient auquel on peut parer, du reste, en augmentant la dose du réducteur ; mais c'est un surcroît de dépense dont on peut bien se passer dans le cas présent, puisque les simples solutions alcalines de pyrocatéchine, très diluées, nous permettent d'obtenir un révélateur énergique et de longue conservation.

La pyrocatéchine est encore un produit assez cher ; mais comme on peut se servir, avons-nous dit, de solutions très diluées, le développement d'une seule glace revient à un prix insignifiant, même en ne faisant servir le révélateur qu'une seule fois, ce qui est toujours préférable, puis-

qu'on peut le composer avec une dose de réducteur en rapport avec la pose subie par chaque
glace.

Prenons pour exemple la formule recommandée par D^r Arnold :

    A. Pyrocatéchine pure......    1 gramme.
       Eau.....................  100 cent. cube.
    B. Carbonate de soude......   20 grammes.
       Eau.....................  100 cent. cube.

Pour composer un révélateur de moyenne
force, applicable aux sujets posés, on emploie
12 à 15 gouttes de (A), 10 cent. cubes de (B) et
70 cent. cubes d'eau ; pour les instantanées, on
obtient un révélateur très énergique en prenant
5 cent. cubes de (A), 10 cent. cubes de (B) et
70 cent. cubes d'eau. Les clichés ainsi développés
présentent une teinte très favorable au tirage, et
ne se voilent que si la pose a été dépassée dans
de très fortes limites.

La *résorcine*, qui est un isomère de la pyrocatéchine, semble posséder les mêmes propriétés
que cette dernière substance et peut s'employer
de la même manière ; elle n'a été soumise qu'à un
petit nombre d'essais, dont les résultats demandent à être contrôlés.

**Réduction des clichés.** — Ramener un
cliché à une opacité moins grande est une

opération qui théoriquement est excessivement
simple et facile, puisque par divers moyens on
peut transformer l'argent réduit qui forme
l'image en chlorure d'argent, par exemple, qu'il
ne reste plus ensuite qu'à dissoudre par un fixateur. On peut, en prolongeant suffisamment
l'action de l'agent chlorurant, arriver à transformer tout l'argent en chlorure, et détruire,
par conséquent, toute trace d'image, ou bien
n'opérer qu'une transformation partielle, et
alors simplement diminuer l'opacité du cliché.

Mais cette opération, si simple en théorie, ne
donne dans certains cas, dans la plupart des
cas, puis-je dire, que des résultats absolument
mauvais, et il aurait été le plus souvent préférable de laisser le cliché dans son premier état.
Aussi me permettrai-je de donner ce conseil
aux jeunes amateurs : n'essayez jamais de réduire un cliché, j'ajouterai aussi de le renforcer,
avant d'en avoir tiré une épreuve et de l'avoir
soumis à quelques retouches élémentaires
destinées à pallier ses défauts ; ne vous décidez
à le soumettre aux réactifs dont il va être ici
question ou à ceux qui feront l'objet de l'article
*renforcement* que dans le cas où l'épreuve positive est absolument inacceptable, et, si c'est
un cliché que vous ne pouvez refaire, conten-
tez-vous de le garder tel quel, pour peu que
vous y attachez quelque prix ; enfin ayez recours

aux conseils d'un praticien expérimenté avant
que, par des traitements inopportuns, vous l'ayez
mis à l'état de rebut.

Il faut avant tout déterminer quelle est la
cause qui rend le cliché trop opaque et impropre
à un bon tirage, car le traitement qu'on devra
lui appliquer variera suivant que l'opacité sera
partielle ou générale, qu'elle ne sera due qu'à
une coloration plus ou moins forte de la gélatine, occasionnée par le révélateur à l'aide pyrogallique ou à l'hydroquinone.

Disons tout de suite qu'un cliché coloré par
les révélateurs peut être facilement amené à une
transparence beaucoup plus grande en se servant du bain suivant :

    Solution d'alun de chrome à
        6 0/0...................... .....    100 cent. cube.
    Acide chlorhydrique.........    2 à 3    —

Le négatif ne doit séjourner que quelques
instants dans ce bain, après quoi on le soumet
au lavage.; il réussit très bien lorsque la coloration a été occasionnée par l'acide pyrogallique,
mais est sans grand effet sur ceux qui ont été
jaunis par l'hydroquinon; on aura recours pour
ces derniers au bain dont la formule a été communiquée par M. Négri et que j'ai transcrite à
l'article *hydroquinon*.

La diminution générale d'un cliché trop posé,

soumis ensuite à un développement trop énergique, est encore une opération qui donne facilement de bons résultats; elle ne demande pour cela qu'à être conduite avec un peu d'attention.

On a donné beaucoup de formules de réducteurs; tous permettent d'arriver au même but; je prends comme exemple l'une des plus simples. On fait les deux solutions suivantes :

<br>

A. Hyposulfite de soude..... 10 grammes.
   Eau...................... 100    —
B. Prussiate rouge de potasse  1 gramme.
   Eau ..................... 100 grammes.

<br>

Au moment de l'emploi, on mélange les solutions A et B par parties égales; dans ce bain on immerge le cliché que l'on a préalablement lavé dans une eau alcoolisée ou dans une solution faible de glycérine s'il était sec; dans le cas contraire, on peut en le retirant de la cuvette à lavage le soumettre au bain réducteur.

Le ferricyanure de potassium transforme l'argent réduit en ferrocyanure d'argent d'après l'équation suivante :

$$K^3Fe^2Cy^6 + 2Ag = 3K^2FeCy^3 + Ag^2FeCy^3$$

Ce ferrocyanure d'argent, au contact de l'hyposulfite de soude, se transforme en hyposulfite d'argent et de soude qui se dissout et en ferrocyanure de sodium. Si le mélange des

deux solutions est fait depuis trop longtemps, il
n'a plus aucune action puisque déjà, après une
demi-heure, le ferricyanure est passé à l'état de
ferrocyanure, qui n'agit plus sur le cliché. On
emploie des solutions peu chargées en ferricyanure, afin que l'action du réducteur soit
lente et facile à surveiller; dès qu'on est arrivé
à l'affaiblissement qui paraît convenable, on
arrête l'action en lavant soigneusement la
plaque; on voit en même temps disparaître la
teinte jaune que le bain lui avait communiquée.
Si l'action du réducteur s'arrête avant d'être
arrivé à la transparence désirée, on ajoutera au
bain une nouvelle quantité des deux solutions
A et B; si enfin, après le lavage, on s'aperçoit
qu'elle n'est pas assez grande, on peut de nouveau soumettre le cliché à l'action du bain réducteur. Il est plus prudent de s'arrêter trop tôt
que de s'exposer à produire un affaiblissement
trop considérable qu'on ne peut plus réparer, et
d'ailleurs, comme ce sont les demi-teintes qui
disparaissaient les premières, en poussant trop
loin l'affaiblissement on compromet la valeur du
cliché; ce sont donc surtout les demi-teintes
qu'il faut surveiller, et ne plus continuer la réduction dès que les parties les moins accusées de
l'image ne présentent plus que l'intensité suffisante; si les grands noirs restent malgré cela
trop opaques, on pourra essayer de les affaiblir

en les touchant avec un pinceau que l'on aura trempé dans la solution.

M. Bucquet indiqua la manière suivante pour donner la transparence aux clichés devenus noirs après le développement. Le négatif, lavé, est plongé dans un mélange de quatre à six parties d'eau pour une partie d'eau de Javelle ; il se forme une boue noire sur la plaque que l'on enlève au moyen d'un tampon de ouate et d'un filet d'eau ; le négatif devient après ce traitement parfaitement clair et transparent ; on le lave et on le remet dans un bain d'hyposulfite à 10 0/0, où il séjourne quatre à cinq minutes ; on termine par le lavage ordinaire.

Si le cliché présente de trop fortes oppositions, des noirs opaques et des ombres vitreuses, ce qui provient d'une pose trop courte, suivie d'un développement trop prolongé, ou bien trop chargé en bromure, soit que ce dernier sel ait été ajouté en trop grande quantité, ou que, le révélateur ayant déjà servi, il s'en soit naturellement chargé, l'affaiblissement ne doit porter, cela se comprend, que sur les parties trop opaques en respectant entièrement les parties qui ne présentent qu'une très légère impression ; pratiquement et théoriquement cela est impossible ; aussi doit-on prendre un moyen détourné pour adoucir le cliché, à moins qu'on ne possède une dextérit assez grande pour attaquer les seules parties opaques au moyen d'un pinceau chargé de la solution de ferricyanure et d'hyposulfite, mais ce sera un travail impossible, à moins que le cliché ne comprenne de larges espaces noirs ; les fins détails ne sauraient être traités ainsi ; la solution, aussi légèrement qu'elle soit passée, s'étend en largeur et va détruire des parties qu'il faudrait conserver. Voici le moyen le plus recommandable pour améliorer de tels clichés : on détruit complètement l'image au moyen d'une solution qui transforme l'argent métallique en chlorure d'argent ; l'une des deux suivantes peuvent convenir à cet effet :

| | | |
|---|---|---|
| 1e Eau...................... | 100 | cent. cubes. |
| Perchlorure de fer liquide. | 3 à 4 | — |
| 2° Acide chlorhydrique...... | 3 | grammes. |
| Bichromate de potasse ... | 1 | — |
| Eau...................... | 100 à 150 | |

Le négatif est plongé dans l'une de ces deux solutions jusqu'à ce qu'il soit devenu entièrement blanc, même lorsqu'on l'examine par le dos. On le lave bien jusqu'à ce qu'il n'y ait plus trace de coloration jaune sur la plaque, et on la traite par l'oxalate ferreux qui ne pénètre que peu à peu et développe de cette façon une image faible si on ne l'a pas laissé agir trop longtemps. Pour terminer, on fixe à l'hyposulfite de soude et on lave.

**Réduction des épreuves positives.** — Les épreuves sur papier au chlorure d'argent peuvent être ramenées à une teinte moins prononcée en les exposant dans une atmosphère chargée d'ozone(?) par exemple, en les laissant séjourner un temps, toujours assez long, dans une caisse où l'on place quelques tampons de coton imbibés d'essence de térébenthine.

H. Sherman a proposé, dans le but de réduire l'intensité des épreuves positives, d'employer le mélange d'hyposulfite de soude et de ferricyanure de potassium qui nous a servi pour les négatifs, auquel on ajoute quelques gouttes d'une solution saturée de carbonate d'ammoniaque par chaque 100 centimètres cubes du mélange réducteur ; si l'action en est trop vive, on l'étend d'eau ou bien on le renforce en ajoutant un peu plus de ferricyanure si elle est trop lente. Les épreuves arrivées à l'intensité voulue sont parfaitement lavées, fixées de nouveau et enfin soumises à des lavages prolongés.

**Renforcement des négatifs.** — Je disais, à propos de la réduction des clichés, que ceux-ci ne doivent être soumis à cette opération, comme du reste à celle du renforcement, que lorsqu'on s'est assuré au moyen d'un premier tirage qu'il n'est pas possible de faire autrement pour obtenir une épreuve positive satisfaisante.

Bien souvent, au moyen d'une retouche légère, exécutée sur vernis mat appliqué au dos de la glace, d'un tirage bien conduit, exécuté avec des papiers plus ou moins nitratés et exposés, s'il le faut, légèrement à la lumière avant l'impression, ou encore en ayant recours à des expositions plus ou moins longues, si on opère avec des papiers destinés à être développés, on pourrait obtenir de meilleurs résultats de la plupart des négatifs, tels qu'ils sont sortis du fixage, qu'après les avoir soumis à toutes ces réactions qui, huit fois sur dix, les rendent plus mauvais. Néanmoins, le renforcement, tout aussi bien que la réduction, ont en quelques circonstances leur utilité; il ne s'agit que d'apprendre à juger dans quel cas il est nécessaire d'y avoir recours; quelques essais démontreront bientôt les différences caractéristiques des clichés bons pour le renforcement ou devant être diminués.

Si un cliché est faible dans toutes ses parties, parce que, à la suite d'une pose exacte ou même légèrement dépassée, le développement n'a pas été poussé assez loin, il ne fournira qu'une positive plate et sans vigueur; en le soumettant à un traitement qui augmentera régulièrement son intensité générale, nous obtiendrons un négatif qui nous fournira sûrement de bien meilleures épreuves; nous aurions, au contraire, le plus grand tort de renforcer un cliché qui est trop heurté, dans lequel les détails dans les ombres ne sont que très faiblement dessinés, puisque nous augmenterions ainsi les oppositions de lumière déjà trop fortes, sans faire sortir aucun détail nouveau.

Les formules propres au renforcement des clichés sont excessivement nombreuses, preuve qu'il n'y en a aucune d'absolument parfaite; j'ai eu l'occasion, en parlant de *l'azotate de plomb*, de donner celle qu'il faut adopter lorsqu'il s'agit de clichés sur couche de collodion reproduisant des dessins au trait; je prierai le lecteur de s'y rapporter pour ce cas spécial, auquel elle convient parfaitement. Depuis l'adoption générale des couches à la gélatine, le procédé de renforcement le plus suivi, quoiqu'il soit des premiers en date, est le renforcement au bichlorure de mercure; c'est certainement aussi le plus commode, et il ne le cède en rien à tous ceux que l'on a présentés pour le remplacer; son seul inconvénient, c'est de réclamer l'emploi d'une substance éminemment toxique, qu'on doit tenir en lieu sûr pour éviter les accidents. Conservons donc cet agent délétère parmi nos produits pour nous en débarrasser aussitôt qu'on nous présentera un moyen qui permette de nous en passer, tout en fournissant des résultats équivalents.

Le cliché qui doit être renforcé est préalablement débarrassé par le lavage de toute trace d'hyposulfite de soude qui décomposerait le sel mercuriel ; il est ensuite placé dans le bain suivant :

Eau...................... 100 cent. cubes.
Bichlorure de mercure. .... 2 grammes.
Chlorhydrate d'ammoniaque. 2 . —

Plusieurs opérateurs remplacent dans cette formule le sel ammoniac par du bromure de potassium, qui prévient l'action dissolvante de l'ammoniaque, que nous allons faire agir maintenant sur le chlorure d'argent.

J'ai déjà indiqué, à l'article *bichlorure de mercure*, par suite de quelles réactions ce sel transformait l'argent réduit en chlorure d'argent, en se transformant lui-même en proto-chlorure de mercure qui, sous l'influence du bain ammoniacal, donne lieu à la formation d'un corps noir, *l'anidure de mercure ;* ce corps augmente l'intensité des parties au sein desquelles ces diverses réactions se sont opérées.

Le cliché plongé dans la dissolution précédente blanchit d'abord à la surface, puis dans toute son épaisseur, si on prolonge l'immersion pendant un temps suffisant pour qu'elle pénètre de part en part la couche de gélatine ; dans tous les cas, on règle l'action plus ou moins complète du bain, suivant le renforcement que l'on veut produire.

Il faut après cela laver soigneusement le cliché pour le débarrasser de toute trace de sel mercuriel; sinon on s'exposerait à produire des taches irrémédiables. Après le lavage, on le plonge dans une eau ammoniacale assez faible (eau 100 parties, ammoniaque 10 à 12 parties); l'image perd rapidement sa couleur blanche pour revenir au noir; en l'examinant par transparence, nous verrons son intensité considérablement accrue.

Il serait peut-être préférable, après avoir blanchi le cliché au moyen du bichlorure de mercure de le traiter après l'avoir bien lavé par un des révélateurs que l'on emploie, l'oxalate de fer, l'acide pyrogallique ou l'hydroquinone. On pourra régler en quelque sorte le renforcement en prolongeant le développement jusqu'à ce que l'intensité soit arrivée au point nécessaire.

Le sulfite de soude alcalinisé, soit par le carbonate de soude, soit par l'ammoniaque, a été plus particulièrement préconisé ces derniers temps pour remplacer le bain ammoniacal; il est certain qu'avec ce produit on évite les taches, et les ombres se conservent parfaitement claires.

Enfin les négatifs durs, voilés par surexposition, peuvent être améliorés en les traitant par la solution de bichlorure de mercure, les lavant après qu'ils ont complètement blanchi, et en les laissant sécher sans les traiter par aucun des autres réactifs que je viens d'indiquer; ils donnent à la suite de ce simple traitement des épreuves beaucoup plus douces.

**Résidus.** — 1° *Provenant des épreuves négatives.* — Dans le procédé au collodion humide, une grande partie de l'argent non utilisé se retrouve dans les bains de développement, le restant dans les bains de fixage. Au contraire, lorsqu'on traite des plaques à la gélatine, c'est dans les bains de fixage qu'on retrouve la totalité de l'argent qui ne concourt pas à former l'image. Ces résidus ont une certaine valeur, puisque en moyenne, dans les procédés négatifs, il n'y a guère que 10 0/0 de l'argent total employé qui restent sur la glace pour y dessiner l'image.

*A.* Les bains de développement qui se répandent de la glace collodionnée, ainsi que ceux qui servent à son renforcement, n'ont besoin que d'être recueillis dans un tonneau portant à 7 ou 8 centimètres du fond un robinet de vidange. Le réducteur, auquel l'azotate d'argent se trouve mélangé, précipite le métal qui se dépose au fond du tonneau; quand ce dernier est plein, on décante le liquide clair au moyen du robinet, et il est prêt à recevoir une nouvelle quantité de révélateurs qui formeront un nou-

veau dépôt. Quand celui-ci est assez abondant,
on le recueille, on le lave d'abord avec de l'acide
chlorhydrique dilué, puis à l'eau; on le sèche
et on le fond avec 25 parties de nitre et
50 parties d'acide borique, ou, ce qui est plus
simple, on le vend à un affineur.

*B*. Les bains de fixage, qu'ils proviennent
des glaces au collodion, des glaces ou des papiers recouverts de gélatino-bromure et de
gélatino-chlorure, sont traités par des feuilles
de cuivre qu'on y laisse séjourner plusieurs
jours, en ayant soin de gratter plusieurs fois
leur surface pour en détacher l'argent réduit et
remettre le cuivre à nu. L'argent déposé se
sulfure en partie; c'est pourquoi on ne peut
l'employer tel quel et qu'on doit le fondre avec
50 parties de nitre et 50 parties d'acide borique.

On peut encore traiter ces bains fixateurs
par une solution de foie de soufre (c'est même
là le procédé le plus suivi); le sulfure d'argent
se dépose par le repos; on le recueille au
bout de quelques jours, on le lave et on le sèche.
Après avoir mélangé le sulfure avec trois fois
son poids de nitre, on le projette par petites
portions dans un creuset, et on pousse le feu
jusqu'à ce que l'on obtienne la fusion du culot
d'argent.

Les vieux bains à l'oxalate ferreux, chauffés
avec les bains fixateurs en précipitent l'argent

métallique. Comme le métal ainsi obtenu est très pur, il peut être, immédiatement après son lavage, transformé en nitrate d'argent.

Les émulsions manquées, inutilisables pour une cause ou pour une autre, sont, après qu'on les a laissé figer dans une large cuvette, placées à l'état de fragments dans un bocal ou une autre cuvette renfermant une solution d'hyposulfite de soude à 20 ou 25 0/0 ; dès que les fragments sont devenus incolores, on décante la solution d'hyposulfite, que l'on remplace par une égale quantité d'eau. La solution d'hyposulfite et l'eau de lavage sont ensuite traitées par un des procédés ci-dessus.

2° *Provenant des épreuves positives.* — Les épreuves positives sur papier couché de préparations à la gélatine fournissent des résidus qui se retrouvent en entier dans le bain de fixage ; leur traitement se fait donc par un des moyens décrits én *B.*

Les positives sur papier albuminé fournissent des résidus importants que l'on retrouve dans les eaux de lavage précédant le fixage, dans les bains d'hyposulfite, et enfin dans les rognures et les épreuves de rebut.

C. — Les eaux de lavage sont précipitées par le sel marin. Quand on a une quantité de chlorure d'argent suffisante, on en extrait le métal en le fondant avec 70 parties de craie et une partie de charbon. On doit maintenir le creuset au rouge vif pendant une heure.

D. — Les bains de fixage se traitent par le foie de soufre ou par un des autres procédés décrits en (B). Il est d'ailleurs plus simple de réunir tous les bains de fixage, qu'ils proviennent des papiers ou des plaques, et de les traiter ensemble.

F. — Les vieux papiers à filtrer, les rognures, les épreuves de rebut sont brûlés dans une cheminée bien nettoyée pour ne pas introduire des cendres étrangères ; le tas de cendres qui en résulte n'est pas remué, mais abandonné à une combustion lente qui se fait ainsi d'une manière plus complète, et lorsque la quantité en est assez considérable pour faire une fonte, il suffit de faire le mélange suivant :

| | | |
|---|---|---|
| Cendres ci-dessus | 100 | parties. |
| Carbonate de soude desséché | 50 | — |
| Sable commun | 25 | — |

Le mélange est introduit dans un creuset que l'on chauffe pendant une heure au rouge vif ; l'argent réduit se réunit en culot au fond du creuset ; au-dessus on trouve un verre formé par la combinaison de la silice et de la soude.

Il est bien rare que les amateurs se résignent à fondre eux-mêmes les résidus ; mais comme on trouve facilement à les vendre, le prix qu'on en retire compense largement le léger surcroît de travail qu'occasionne la précipitation des bains de fixage et des eaux de lavage des épreuves positives.

**Silicate de potasse** $(Ko, Sio^3)$. — On trouve dans le commerce du silicate de potasse à l'état de solution sirupeuse et du silicate de potasse desséché ; généralement on s'approvisionne du silicate liquide, que l'on délaye ensuite dans les proportions de 1 partie pour 100 d'eau distillée.

Cette solution est étendue en couche excessivement mince, au moyen d'un tampon de coton, sur les verres que l'on veut recouvrir de gélatino-bromure ; immédiatement après on essuie la surface du verre avec un chiffon propre, ayant soin de laisser une trace de verre soluble.

L'émulsion, grâce à la légère couche de silicate de potasse, s'étend ensuite très facilement, et, de plus, comme l'a fait remarquer Obernetter, qui recommanda le premier ce traitement, l'adhérence de la couche de gélatine se trouve augmentée. Les propriétés du verre silicaté se perdant avec le temps ; ce n'est que quelques heures, au plus, avant d'étendre l'émulsion qu'on devra les traiter. Il ne faut pas employer une solution plus concentrée que celle au centième, parce que, d'une part, le verre peut être terni, et, de l'autre, une trop grande quantité de silicate donne lieu à des taches qui se reconnaissent facilement comme lui étant dues, parce qu'elles se produisent dans le sens où la plaque a été essuyée en dernier lieu et parce qu'elles dessinent les traits que l'on ferait, à titre d'expérience, avec un tampon de coton imbibé d'une solution un peu plus concentrée de silicate.

**SULFATES.** — **Sulfate d'alumine** ($Al^2O^3$, $3So^3$). — Le sulfate d'alumine est un sel déliquescent qui s'obtient en chauffant à 70° pendant quelques jours des argiles pures avec de l'acide sulfurique à 52°. On étend d'eau, on précipite le fer de la solution par un sulfure alcalin, on filtre et on évapore à sec.

*Applications.* — Les solutions de sulfate d'alumine peuvent remplacer les dissolutions d'alun destinées à durcir la gélatine. M. Stolze emploie ce produit en solution assez concentrée pour traiter les glaces développées en voyage et dont on veut retarder le fixage. L'acétate d'alumine convient encore mieux à cet usage. On traite une solution d'acétate de plomb par une autre solution de sulfate d'alumine; on ajoute de cette dernière tant qu'une nouvelle affusion donne lieu à la formation de nouvelles quantités de sulfate de plomb; on laisse reposer et on filtre. On a ainsi une solution d'acétate d'alumine. On en ajoute à l'eau de lavage, qui suit le développement, une quantité suffisante pour qu'il s'en dégage une forte odeur d'acide acéti-tique; ce bain peut servir tant qu'il reste acide. On lave ensuite les glaces légèrement, on les laisse sécher et on les conserve à l'abri d'une lumière trop vive; au retour, on procède au fixage et au lavage définitifs du cliché.

L'acétate d'alumine peut enfin servir, ainsi que le sulfate d'alumine, à durcir énergiquement la couche des clichés terminés qui se laissent ensuite facilement retoucher au crayon.

**Sulfate d'alumine et de potasse. — Sulfate d'alumine et d'ammoniaque.** — *Voyez* Aluns.

**Sulfate de fer** ($FeO, So^3 + 7Ho$). — Le sulfate de fer, ou *vitriol vert*, *couperose verte*, se présente en cristaux vert émeraude, du système klinorhombique. Ils perdent 6 équivalents d'eau à 100° et le septième à 300°; le sel anhydre est blanc, il reprend sa teinte verte au contact de l'eau. Au rouge, il se détruit en donnant de l'acide sulfurique fumant et laissant pour résidu du *colcothar* ou *rouge à polir*.

*Préparation.* — On prépare ce sel dans les grandes villes avec les déchets de fer, que l'on traite dans des bassines en plomb par des rési-dus d'acide sulfurique qui ont servi dans diver-ses industries.

On le fabrique en grand dans quelques con-
trées, comme la Picardie, au moyen de certaines pyrites de fer alumineuses.

Le sel du commerce est ordinairement mélangé à de petites quantités de sulfate de cuivre ou d'autres sels. On le purifie en évaporant
la solution en présence de la limaille de fer. Le
cuivre est précipité, et, de plus, la liqueur étant
toujours acide, dégage de l'hydrogène qui empêche le fer de se peroxyder. Par refroidissement le sulfate de fer cristallise. Le sulfate de
fer pur est ordinairement préparé dans les laboratoires en dissolvant de la tournure de fer
dans de l'acide sulfurique dilué, jusqu'à ce qu'il
commence à se déposer des cristaux ; si elle
n'est pas franchement acide, on ajoute une petite quantité d'acide sulfurique, on la filtre, on
l'évapore rapidement et on dessèche les cristaux qui se forment par refroidissement.

*Applications.* — Les solutions de sulfate de
fer, acidulées par l'acide acétique et quelquefois
additionnées d'une petite quantité d'acide sulfurique, nous ont servi à développer les plaques préparées au collodion humide, quoiqu'on
remplace le plus souvent le sulfate de fer simple par le sulfate double de fer et d'ammoniaque, dont les solutions sont plus stables et conservent plus longtemps leur pouvoir réducteur.

Le sulfate de fer nous sert à préparer le révélateur à l'oxalate ferreux : on emploie dans ce but une solution à 30 0/0, additionnée de quelques gouttes d'acide sulfurique, pour le préserver de l'oxydation ; l'acide tartrique, à la dose de 0.50 0/0, convient mieux encore, puisque cet acide peut ramener au vert les solutions peroxydées.

*Altérations.* — Le sulfate de fer le plus pur, d'un beau vert, perd peu à peu cette couleur ; ses cristaux se recouvrent d'une couche ocracée de sulfate de peroxyde ; ces cristaux donnent une solution jaunâtre que l'on ne peut employer telle quelle ; elle donnerait lieu à la formation d'oxalate ferrique qui diminue l'énergie du révélateur ; elle serait, d'autre part, moins énergique pour réduire l'argent qui doit se former sur la pellicule des collodions. Cependant ces solutions jaunes sont utilisables, car il est facile de les ramener au vert, soit au moyen de l'acide tartrique, soit en leur ajoutant un morceau de fil de fer et quelques gouttes d'acide sulfurique ; l'acide tartrique, d'un côté, et l'hydrogène naissant, de l'autre, réduisent le sulfate ferrique ; la solution reprend donc toutes ses qualités.

**SULFITES.** — **Sulfite de soude** ($NaO$, $So^2 + 6HO$). — Le sulfite de soude, que l'on emploie en photographie, est le *sulfite* *neutre,*qui cristallise en beaux prismes obliques. Celui qu'on trouve dans le commerce présente presque toujours une réaction alcaline. Il est soluble dans quatre parties d'eau froide et dans son poids d'eau bouillante.

*Préparation.* — On prépare ce sel en faisant arriver les gaz qui proviennent de la combustion du soufre et qui renferment de l'acide sulfureux sur des cristaux de carbonate de soude humectés. On dissout la masse dans l'eau et on la fait cristalliser. Pour obtenir du sulfite de soude pur, on prend les cristaux du commerce, on en fait une solution saturée à chaud, et on la fait traverser par un courant d'acide sulfureux jusqu'à ce qu'elle soit bien neutre, ou mieux encore on fait passer un excès d'acide sulfureux qui transforme le sulfite neutre en bisulfite. Pour le transformer en sulfite neutre, on ajoute à la liqueur du carbonate de soude jusqu'à ce qu'elle soit parfaitement neutre.

*Applications.* — Le sulfite de soude, absorbant l'oxygène de l'air pour se transformer en sulfate de soude, peut préserver de l'oxydation les substances altérables par l'oxygène avec lesquelles il se trouve dissous. C'est dans ce but que l'on a conseillé d'introduire une certaine quantité de sulfite de soude dans le révélateur à l'oxalate ferreux; cette addition est loin d'être devenue aussi générale que celle qui consiste à se servir des solutions de *pyrosulfite :* on entend sous ce nom des solutions mixtes d'acide pyrogallique et de sulfite de soude. Ces solutions présentent plusieurs avantages ; elles influent favorablement sur la couleur des négatifs, et elles permettent un développement prolongé et certain. Pour qu'elles se conservent en bon état, c'est-à-dire pour qu'elles ne se colorent pas sensiblement, le sulfite de soude doit être pur ; s'il est alcalin, comme l'est le plus souvent celui que l'on rencontre dans le commerce, il est nécessaire d'ajouter au pyrosulfite une petite quantité d'acide citrique ou préférablement quelques gouttes d'acide sulfurique, parce que ce dernier ne donne pas lieu à la formation d'une substance retardatrice, qui diminue un peu l'énergie du révélateur ; or, on a intérêt à avoir un révélateur aussi énergique que possible, lorsqu'il s'agit de développer des épreuves sous exposées. La formule suivante est un exemple de ces solutions de pyrosulfite :

| | |
|---|---|
| Sulfite de soude.............. | 25 grammes. |
| Acide sulfurique............... | 3 à 4 gouttes. |
| Eau distillée................. | 100 grammes. |
| Acide pyrogallique............ | 12   — |

On fait d'abord dissoudre le sulfite de soude dans les 100 grammes d'eau, on ajoute l'acide sulfurique et, en dernier lieu, l'acide pyrogallique ; après sa dissolution, on filtre et on conserve en flacons bouchés avec soin.

Plusieurs opérateurs recommandent d'employer l'acide pyrogallique à l'état solide, que l'on fait dissoudre au moment où l'on va procéder au développement dans une solution de sulfite à 25 0/0, étendue de 10 à 12 fois son poids d'eau ; dans ce premier mélange, on immerge la glace à développer durant 40 à 50 secondes, puis on ajoute la dissolution de carbonate par petites quantités et suivant la marche du développement. Cette dernière manière d'agir me semble entièrement recommandable, en ce sens que l'acide pyrogallique se conserve infiniment mieux à l'état solide qu'à l'état de dissolution alcoolique ou à l'état de pyrosulfite, et qu'en second lieu, l'emploi d'un sulfite légèrement alcalin ne présente plus aucun inconvénient.

Le sulfite de soude, employé à trop fortes doses dans le révélateur pyrogallique, exerce une action retardatrice dont il faut tenir compte, en n'employant de ce produit que la quantité nécessaire pour que la solution révélatrice ne se colore pas d'une façon trop marquée; on peut se contenter de la dose qui permet d'obtenir des négatifs dont la teinte jaune, quoique apparente, ne nuit pas cependant au tirage. Une faible teinte jaune semble, en effet, favorable à la douceur des épreuves, surtout s'il s'agit d'instantanées ; tel est l'avis de M. Londe, et c'est aussi le mien ; peu importe que le négatif ne soit pas d'un aspect aussi séduisant, pourvu que le résultat final, l'épreuve positive, possède la plus grande somme de perfection. On pourrait d'ailleurs détruire cette faible teinte jaune au moyen des bains d'alun acidulés.

La pureté du sulfite de soude est encore une condition plus nécessaire pour la préparation du bain révélateur à l'hydroquinon ; si la bonne qualité de ce dernier produit est indispensable pour éviter toutes sortes de déboires, on peut en dire tout autant du sulfite de soude. Dans l'état actuel, l'hydroquinon que nous pouvons nous procurer dans le commerce remplit généralement les conditions exigées ; mais j'ajoute aussi que, presque toujours, le sulfite de soude n'y satisfait pas, malgré qu'on ait soin de s'approvisionner du produit qualifié de *pur*.

L'inconstance des résultats obtenus, a divergence d'opinions d'opérateurs très consciencieux, proviennent en majeure partie de l'impureté du sulfite de soude, qui renferme une plus ou moins grande quantité de soude libre.

Vient-on à se servir d'un produit purifié avec soin par le procédé que j'ai indiqué au début de cet article, ou plus simplement en saturant exactement l'alcali caustique au moyen d'acide sulfurique au dixième, on voit immédiatement le révélateur à l'hydroquinon se conserver à peu près incolore, même après avoir servi un nombre de fois assez considérable ; les résultats qu'il fournit sont surtout d'une constance absolue, et on n'a plus à constater ces voiles persistants, la coloration des négatifs, leur manque de vigueur et de détails, qui ont amené nombre d'amateurs à renoncer à l'hydroquinon.

Pour neutraliser la soude libre que renferme la sulfite de soude, le moyen le plus rationnel, mais aussi le plus long, consiste à le purifier, comme je l'ai dit au début, en le transformant d'abord en bisulfite, que l'on ramène ensuite à l'état de sulfite neutre au moyen d'une quantité convenable de carbonate de soude ; on peut encore se contenter de neutraliser la soude libre qu'il renferme en lui ajoutant assez d'acide sulfurique pour qu'il présente au tournesol une réaction acide à peine sensible ; il renferme alors une petite quantité de sulfate de soude, mais ce corps est inerte et non nuisible. Pour neutraliser le sulfite de soude, vous faites, par exemple, un litre de solution à 25 0/0, de laquelle vous prélevez 10 centimètres cubes ; après les avoir colorés au moyen de quelques gouttes de teinture de tournesol, on leur ajoute, peu à peu, assez d'acide sulfurique au dixième pour que le tournesol prenne une teinte rouge violacée ; l'acide sulfurique au dixième ayant été ajouté en se servant d'une burette divisée en dixièmes de centimètres cubes, on note la quantité qu'on a été obligé d'employer. Supposons que les 10 centimètres cubes de solution de sulfite aient exigé 5 divisions, ou un demi-centimètre cube, celui-ci renferme $0^{gr},05$ d'acide sulfurique ; pour neutraliser le 1,000 centimètres cubes ou le litre entier de solution, nous sommes obligés de lui ajouter 5 grammes d'acide sulfurique pur. Cette solution pourra servir, après cela, à préparer le révélateur à l'hydroquinon ou les solutions de pyrosulfite.

Le sulfite de soude a reçu quelques autres applications de moindre importance que je me contenterai de signaler. Ainsi M. Paul Poire a démontré que l'on pouvait parfaitement développer les glaces à la gélatine en employant une solution de sulfite de soude à 25 0/0, additionnée d'acide pyrogallique, sans qu'il soit besoin d'ajouter aucun alcali. Le temps exigé pour arriver à la densité nécessaire en se servant de ce révélateur est assez long, mais il n'occasionne jamais de voile, ce qui le rend très propre à l'obtention des positives par transparence. Comme la gélatine ne se colore nullement, que le révélateur reste lui-même à peu près incolore, la teinte de l'argent réduit est franche, conditions essentielles pour les positives transparentes ; c'est le mode de développement que j'ai adopté de préférence pour ce genre d'épreuves, parce qu'il me semble fournir les meilleurs résultats et que la lenteur avec laquelle l'image se forme permet de contrôler aisément le point auquel il convient d'arrêter le développement; on peut d'ailleurs opérer sur plusieurs épreuves à la fois, en se servant d'une cuvette assez grande ou en ayant plusieurs cuvettes juxtaposées.

Une solution à 20 0/0 de sulfite de soude peut remplacer avantageusement la dissolution ammoniacale à 10 0/0, destinée à faire passer au noir les épreuves que l'on a blanchies dans le bain de bichlorure de mercure, dans le but de les renforcer. Les épreuves doivent séjourner peu de temps dans le bain de sulfite de soude.

On a encore signalé le sulfite de soude comme fixateur, mais ce ne sont là que des indications théoriques. MM. Fordos et Gélis ont indiqué ce sel pour extraire l'or à l'état métallique dans le traitement des résidus formés par les vieux bains de virage.

*Altérations.* — J'ai déjà parlé de la principale altération du sulfite de soude, son alcalinité, que l'on constatera en colorant une de ses solutions au moyen de quelques gouttes de tournesol. La liqueur bleue conservera cette même teinte, après lui avoir ajouté quelques

gouttes d'acide sulfurique étendu. L'alcalinité
est d'autant plus prononcée qu'il faut ajouter
une quantité plus considérable d'acide sulfurique pour que le tournesol vire au rouge lie de
vin. Le sulfite de soude renferme ordinairement une petite quantité de chlorure de sodium
et de sulfate de soude ; la quantité de ce dernier sel peut être assez considérable si le sulfite
a été conservé à l'air libre ou dans des flacons
imparfaitement bouchés ; dans ce cas, une solution d'un tel sulfite, acidulée par l'acide chlorhydrique, fournira un abondant dépôt quand
on lui ajoutera une autre solution de chlorure
de baryum.

**Sulfite de potasse** (MÉTA-BI). —On prépare
ce sel en saturant une solution concentrée de carbonate de potasse par l'acide sulfureux ; on
précipite le sel formé en ajoutant à la liqueur
de l'alcool absolu, tant qu'il se précipite, des
cristaux aciculaires de métabisulfite de potasse ;
on les reçoit sur un filtre et on les lave à l'alcool absolu ; dès que l'alcool est évaporé, on les
renferme dans des flacons bien bouchés, car le
sel se décompose lentement au contact de
l'air.

MM. Mawson et Swan prétendent que la
solution d'acide pyrogallique, préparée d'après
la formule suivante, peut se conserver plus de

deux ans sans présenter aucune altération. On fait dissoudre 2 grammes de métabisulfite de potasse et 1 gramme de bromure d'ammonium dans 22 grammes d'eau ; après dissolution des sels, on ajoute 2 grammes d'acide pyrogallique. Pour composer le révélateur, on prend une partie de cette dissolution, 10 parties d'eau, mélange auquel on ajoute une quantité suffisante d'ammoniaque à un dixième.

Le métabisulfite de potasse semble donc plus avantageux que le sulfite de soude employé jusqu'à présent pour conserver les solutions pyrogalliques ; il agirait avec la même supériorité vis-à-vis de l'hydroquinon, mais il est probable que son prix relativement assez élevé en restreindra l'emploi.

**Sulfocyanure de potassium** $(Cy\,S^2\,K)$ **et Sulfocyanure d'ammonium** $(Cy\,S^2\,Az\,H^4)$.— Le sulfocyanure d'ammonium existe tout formé dans les produits de l'épuration du gaz d'éclairage ; on le produit aussi, en même temps que le prussiate de potasse et lorsqu'on traite le sulfure de carbone, par le sulfhydrate d'ammoniaque et le sulfure de potassium. On pourrait directement préparer le sulfocyanure de potassium en fondant ensemble 46 parties de cyanure jaune, 17 parties de carbonate de potasse et 16 parties de soufre : la masse lessivée par l'alcool bouillant donne par refroidissement de beaux cristaux de sulfocyanure de potassium, qui jouit des mêmes propriétés que le sulfocyanure d'ammonium.

*Applications.* — Les sulfocyanures alcalins ont été proposés par Meynier comme agents fixateurs pour remplacer l'hyposulfite de soude, dont ils ne présentent pas les inconvénients au point de vue de la conservation des épreuves ; j'ai déjà parlé de cette application à l'article *fixage*.

Les solutions des sulfocyanures alcalins jouissent de la propriété de dissoudre la gélatine à froid ; la chaleur augmente beaucoup cette action dissolvante ; j'ai indiqué à l'article *développement au charbon* le parti que l'on pouvait tirer de cette propriété pour procéder à froid au développement des épreuves sur papier mixtionné, et aussi comment on pouvait arriver à dépouiller une épreuve trop solarisée en ajoutant à l'eau chaude une plus ou moins grande quantité de sulfocyanure d'ammonium, qui augmente son pouvoir dissolvant.

Les sulfocyanures alcalins font encore partie de certains bains de virage, plus spécialement appliqués aux épreuves sur gélatino-chlorure ou collodio-chlorure ; ils donnent souvent aux épreuves deux teintes se dégradant l'une dans l'autre. Les parties foncées prennent une coloration bleue, tandis que les demi-tons restent rosés.

Voici une formule de ces sortes de virage :

Eau......................... 1,000 grammes.
Sulfocyanure d'ammonium.. 15 —
Chlorure double d'or et de
potassium ................ 1 —

On dissout d'abord le sulfocyanure et on ajoute peu à peu le chlorure dissous séparément dans 20 grammes d'eau. On doit s'abstenir d'ajouter de l'hyposulfite de soude à ces bains de virage, ainsi qu'il est recommandé dans certaines formules ; on doit même éviter de se servir de cuvettes ayant renfermé de l'hyposulfite de soude, car les épreuves ne tarderaient pas à prendre un ton jaunâtre, à la suite de l'action sulfurante du mélange des sulfocyanures alcalins avec l'hyposulfite de soude.

**Talc.** — Le talc que l'on nomme encore *stéatite* ou *craie de Briançon* est un silicate de magnésie naturel assez abondant; on le trouve aux environs de Briançon, en feuillets minces, transparents, ayant une grande analogie avec le mica, dont il diffère cependant par sa composition chimique. Réduit en poudre impalpable, il est gras, onctueux au toucher; il sert en photographie à enduire les glaces d'une couche

39

mince, presque invisible, sur laquelle on fait les
préparations qui, une fois sèches, peuvent se
détacher sous forme de pellicules. Le talc, qui
jouit de la propriété de permettre une facile
séparation des préparations sèches, n'influe
aucunement sur leur adhérence à l'état humide,
bien plus, les couches de collodio-bromure et les
collodions en général, sont à l'abri des soulèvements, qui se montrent pendant le développement
et le fixage, lorsqu'ils reposent sur glace talquée.

**Tannins** ($C^{54}H^{22}O^{34}$). — On désigne sous le
nom de *tannins* ou d'*acides tanniques*, des
composés très répandus dans les végétaux,
jouant le rôle d'acides faibles et caractérisés par
deux propriétés : d'une part, ils précipitent les
solutions de gélatine et de matières albumi-
noïdes ; d'autre part, ils communiquent aux
solutions ferriques une coloration noirâtre.
Le tannin que nous utilisons dans les opérations photographiques est l'acide *querci-tanni-
que* ou *tannin du chêne*, on l'extrait de la noix
de galles, excroissance du *quercus infectoria*,
développée sous l'influence de la piqûre d'un insecte le *Cynips gallæ tinctoriæ*. On concasse la
noix de galles et on épuise la poudre, placée
dans un appareil à déplacement, au moyen
d'éther à 62° saturé d'eau. Le liquide qui a
passé sur les noix de galles est laissé 24 heures

en repos, il se sépare en deux couches ; l'inférieure, brune, est constituée par une solution aqueuse très concentrée de tannin retenant un peu d'éther et d'alcool ; la couche supérieure est éthérée et presque exempte de tannin. On décante la couche inférieure, on la lave avec de l'éther et on l'évapore rapidement à l'étuve dans des assiettes. Le tannin reste sous forme d'une matière jaunâtre, amorphe, légère et boursouflée. Il est inodore, très astringent, très soluble dans l'eau, moins soluble dans l'alcool, insoluble dans l'éther.

Les solutions de tannin brunissent rapidement à l'air en s'altérant, elles dégagent de l'acide carbonique, il reste finalement de l'acide gallique ; cette transformation est plus rapide en présence des alcalis.

*Applications.* — Le tannin est employé en photographie pour la conservation des glaces sèches au collodion. Son rôle, dans ces conditions, semble être multiple, on peut d'abord lui attribuer la destruction des dernières traces d'azotate d'argent ; ensuite il modifie la contexture de la couche de collodion en la maintenant poreuse et perméable ; enfin, il agit comme sensibilisateur chimique, c'est-à-dire comme substance capable de se combiner avec l'iode et le brome, mis en liberté, par l'action de la lumière sur l'iodure et le bromure d'argent.

Les infusions de café et de thé peuvent remplacer, pour cette application, les solutions de tannin, ces infusions en renferment, en effet, une notable quantité.

**Tripoli. Terre pourrie.** — Ce sont deux substances analogues, formées de silice pulvérulente plus ou moins pure, associée à une quantité assez grande d'argile dans la terre pourrie. On se sert de ces deux produits pour le nettoyage des glaces et des plaques métalliques ; on doit les soumettre à la lévigation pour en séparer les parties grossières qui causeraient des rayures pouvant mettre les plaques, surtout les plaques métalliques, hors d'usage.

On les met en suspension dans un liquide alcoolique, ou dans une eau ammoniacale, que l'on agite avec soin avant d'en répandre quelques gouttes sur les objets que l'on désire polir, après dessiccation on les essuie avec un linge doux et propre, sans négliger les tranches.

**Vaseline. Huile de vaseline.** — Ces deux produits, retirés des résidus de la distillation des pétroles, servent dans l'industrie à remplacer les matières grasses animales ou végétales ; l'huile de vaseline qui n'est pas siccative, sert très avantageusement à la lubrification des pièces délicates, telles que les machines à

coudre, les pièces d'horlogerie, les obturateurs;
elle ne forme pas de cambouis et n'altère pas,
quand elle est bien neutre, les pièces de cuivre.
La vaseline solide, étendue en très petite quantité sur les verres des objectifs, que l'on essuie
ensuite à fond, avec un linge doux conservé
pour cet usage à l'abri des poussières, leur
communique beaucoup de brillant et surtout les
rend moins hygrométriques. On a conseillé de
laisser subsister à la surface des lentilles la légère couche grasse de vaseline, lorsqu'on doit
rester longtemps sans se servir de l'objectif, afin
de les préserver du contact de l'air qui a sur
certains verres une influence assez marquée. Au
moment de s'en servir, il n'y a qu'à les essuyer
jusqu'à disparition des stries graisseuses.

La vaseline liquide et la vaseline solide ont
été proposées au lieu de cire ou d'huile de ricin
pour donner la transparence aux clichés sur
papier.

L'opération avec la vaseline liquide se fait
simplement en passant au dos du cliché un
tampon imbibé de cette huile; on suspend le
cliché, en faisant adhérer à l'angle inférieur un
morceau de buvard qui absorbe l'excès. Au bout
de quelques heures, le papier s'est régulièrement imbibé et présente toute la transparence
désirable.

Si on fait usage de vaseline solide, l'opération

est encore plus rapide, puisqu'il suffit d'étendre une couche uniforme mais très mince de cette substance au dos du cliché ; on fait ensuite arriver un jet de vapeur sur la face qui porte l'image, la vaseline fond immédiatement et pénètre dans la trame du papier qui devient aussitôt transparent ; il ne reste plus qu'à essuyer légèrement le dos du cliché qui peut dès lors être mis au tirage.

**Vernis.** — Les négatifs sur collodion ne peuvent être employés avant d'avoir été au préalable protégés par une couche de vernis ; sans cette précaution ils seraient rapidement éraillés et mis hors d'usage. On pourrait bien, pour un tirage restreint, se contenter de les recouvrir d'une solution de gomme à 10 0/0, mais il est certainement plus prudent d'avoir recours à un vernis.

Le meilleur est celui à la gomme laque en solution dans l'alcool ; pour le préparer on dissout à une douce chaleur :

Gomme laque blonde.. .....  8 grammes.
Dans l'alcool à 90........... 100 . —

Au bout de quelques minutes la dissolution s'est faite, on filtre la liqueur qui est prête pour l'usage. On indique généralement la gomme laque blanche comme devant entrer dans la composition du vernis négatif, le seul avantage qu'elle présente, c'est de fournir un produit un peu moins coloré ; mais que l'on étende une couche de l'un et de l'autre vernis, on ne saura reconnaître après dessiccation quelle est celle qui provient du vernis le plus coloré ; donc cette préférence pour la gomme laque blanche ne me paraît pas bien justifiée, d'autant plus que les couches qu'elle fournit sont un peu moins résistantes ; il arrive aussi que les dissolutions alcooliques de gomme laque blanche laissent déposer quelques mois après leur préparation des filaments blancs insolubles, qui forcent à filtrer de nouveau le vernis. On pourrait, il est vrai, éviter ce dépôt en remplaçant dans la formule précédente 5 grammes d'alcool ordinaire par une égale quantité d'alcool méthylique. Un autre vernis qui se laisse facilement retoucher par le crayon, qui reste assez élastique pour ne pas se craqueler à la suite d'une exposition prolongée à la lumière, et qui est cependant assez sec pour ne pas rester poisseux, conditions essentielles d'un bon vernis négatif, est donné par la formule suivante :

| | |
|---|---|
| Alcool à 90 c......... | 1 litre. |
| Benjoin ............ | 50 grammes. |
| Gomme éléni. ........ | 25 — |
| Gomme laque brune........ | 25 — |

Ce vernis se prépare par simple dissolution

à froid, ce qui demande deux à trois jours, en
ayant soin d'agiter le mélange de temps en
temps.

Pour étendre les vernis, il est prudent de
gommer d'abord légèrement les clichés au collodion, car certains pyroxyles sont assez solubles
dans l'alcool pour voir le cliché se dissoudre au
contact du vernis. On chauffe la plaque très
régulièrement en la promenant au-dessus d'une
lampe à alcool, sur la flamme de laquelle on
place une toile métallique, afin de mieux égaliser la chaleur. Lorsque le verre, appliqué sur
le dos de la main paraît très chaud, mais non
brûlant, on attend quelques secondes avant de
verser le vernis que l'on étend comme si on collodionnait. On évite de faire des retours qui
doubleraient l'épaisseur de la couche, ce à quoi
on parvient facilement, en tenant la glace dans
une position presque verticale, et appuyant sur
sa tranche inférieure, aussitôt que l'excédant
de vernis s'est écoulé, un morceau de papier
buvard plié en plusieurs doubles que l'on fait
courir sur les deux côtés de l'angle par lequel
le vernis s'est écoulé. Lorsque le papier buvard
ne paraît plus absorber de vernis, ce qui a lieu
après une demi-minute environ, on rapproche la
glace de la position horizontale, sans l'y faire
arriver cependant, et on la reporte au-dessus
de la flamme dont on la tient assez éloignée,

d'abord pour que le vernis ne s'enflamme pas et ensuite pour qu'il ne se dessèche pas trop rapidement, ce qui pourrait donner lieu à la formation d'une multitude de petites bulles qui enlèveraient la transparence du cliché. Il faudrait, dans ce cas, le dévernir en le baignant dans une cuvette d'alcool et recommencer l'opération.

Le cliché est laissé une ou deux heures en repos; on enlève auparavant le vernis qui aurait pu couler au revers, au moyen d'un tampon humecté d'alcool, il peut ensuite être soumis à la retouche ou au tirage. On facilite beaucoup la morsure du crayon sur le vernis, en passant à sa surface, le doigt légèrement chargé de résine en poudre impalpable ou une dissolution de une partie de gomme Dammar dans 40 parties d'essence de térébenthine, composition à laquelle on donne le nom de *mattolain;* il serait facile de donner de nombreuses formules de cette dernière composition, chaque retoucheur ayant la sienne, mais la résine ou la dissolution de gomme Dammar sont d'un excellent emploi.

S'il s'agit de produire quelques retouches au dos du cliché, donner par exemple au moyen de l'estompe quelques grandes lumières, on passe sur cette surface une couche de *vernis mat* dont j'ai donné la formule et le mode préparatoire à l'article *Benzine*. En enlevant avec une pointe certaines parties de ce vernis, on arrive à éclaircir les parties correspondantes du cliché, d'ailleurs ce vernis prenant bien le crayon, rend d'utiles services pour améliorer un cliché présentant de trop vives oppositions.

Les clichés sur gélatine peuvent à la rigueur se passer du vernissage, la couche en est assez dure, surtout si elle a été soumise à un bain d'alun, pour résister sans s'endommager, même à des tirages nombreux; cependant, tout cliché présentant une certaine valeur et que l'on tient à conserver, doit être protégé, d'abord, par l'application d'une couche de collodion normal qui le préservera des taches indélébiles qu'occasionne sur la gélatine le papier nitraté qui n'est pas parfaitement sec, l'humidité n'aura ensuite aucune action, à travers cette première couche imperméable de collodion, sur la gélatine qui reste assez hygrométrique malgré l'alunage; le vernis que l'on passe en dernier lieu lui donne une plus grande résistance au frottement. On ne doit vernir les clichés à la gélatine que lorsqu'ils son parfaitement secs; si l'on venait à les chauffer alors qu'ils retiennent une certaine humidité, on s'exposerait à voir la couche se fondre partiellement, ou tout au moins présenter des coulures ou des déformations. En hiver, on les approche lentement d'un foyer qui dissipe insensiblement l'humidité, on les recouvre de la couche de collodion, qui doit être appliquée sur le cliché froid mais bien sec; on laisse le collodion sécher une demi-heure, ensuite on chauffe le cliché et on opère exactement comme pour les négatifs sur collodion. On néglige la plupart du temps de recouvrir les négatifs à la gélatine de la couche de collodion; c'est après leur dessiccation parfaite que l'on applique l'un des vernis dont j'ai donné plus haut la formule.

En 1888, il a été donné la formule d'un nouveau vernis aqueux, dont on peut recouvrir les clichés tant qu'ils sont encore humides; au sortir de la dernière eau de lavage et après les avoir laissés égoutter un quart d'heure, on les laisse séjourner quelques minutes dans une cuvette renfermant une couche de un à deux centimètres de ce vernis, on les soulève, on les laisse égoutter un instant et on renouvelle l'immersion que l'on prolonge autant de temps; après les avoir nettoyés au dos avec un tampon de coton, on les laisse sécher naturellement.

Pour préparer ce vernis, on fait dissoudre 2 grammes de carbonate de soude et 8 grammes de borax dans 160 centilitres d'eau chaude; on y ajoute 32 grammes de gomme laque concassée; on remue jusqu'à parfaite dissolution, on filtre, puis on ajoute 2 grammes de glycérine et assez d'eau pour amener au volume de 320 centilitres. Au bout de quelques jours, il se forme un dépôt qu'on sépare par le filtre, et on peut alors se servir de la préparation.

**Virage.** — On entend par *virage*, l'opération à laquelle on soumet les épreuves positives pour leur faire acquérir un ton plus agréable. Durant le virage il y a substitution d'or métallique à l'argent métallique qui forme l'image, rarement substitution de platine métallique à l'argent ; les virages au platine n'étant pas, du moins encore, entrés dans la pratique. Je me contenterai d'ajouter à leur sujet, qu'il serait préférable d'employer, pour composer ces sortes de bains, le protochlorure de platine et de potassium au lieu du bichlorure de platine qui entre dans la formule du virage au platine donnée à l'article *Chlorure de platine ;* en employant des solutions neutres, on arriverait à une substitution équivalente des deux métaux; par conséquent les épreuves ne seraient pas rongées.

Pour simplifier cette étude du virage au moyen des sels d'or, je vais d'abord m'occuper des épreuves sur papier albuminé, puis des épreuves sur collodio-chlorure et enfin sur gélatino-chlorure.

Les épreuves positives sur papier albuminé, pour pouvoir être soumises au virage, doivent se trouver dans certaines conditions spéciales, de même le chlorure d'or doit être ramené, de l'état de persel d'or à l'état de proto-sel, avant d'agir sur les épreuves dont il doit modifier la couleur. Ayant déjà donné à l'article *Chloruro d'or*, les raisons théoriques qui nous indiquent qu'il doit en être ainsi, je n'y reviendrai pas, mais j'engage le lecteur à se remettre en mémoire les diverses réactions qui s'opèrent durant l'opération du virage. La craie, l'acétate de soude, le phosphate de soude, le borate de soude, etc., etc., sont les substances que l'on emploie le plus souvent pour ramener les solutions de persel d'or à l'état de proto-sel ; leur action étant assez longue à la température ordinaire, celle du carbonate de soude excepté, il est nécessaire de préparer les bains de virage, au moins quand ils ne renferment pas de carbonate de soude, une journée à l'avance, on est alors certain que la totalité du persel d'or est transformée en proto-sel et que les épreuves ne seront pas rongées. Si par oubli, ou pour toute autre cause, le bain de virage n'est pas prêt au moment de l'utiliser, on favoriserait sa formation au moyen de la chaleur, en dissolvant, par exemple, l'acétate de soude, si c'est ce dernier sel que l'on désire employer, dans le

tiers ou le quart de la quantité d'eau qui doit
faire partie du bain, et que l'on a portée à la
température de 30 à 40°, lorsque ce sel est
dissous, on y ajoute le chlorure d'or dissous séparément dans 20 à 30 grammes d'eau distillée.
On élève progressivement la température jusque vers 100°, la liqueur perd rapidement sa
teinte jaune ; on ajoute ensuite le restant de
l'eau, et le bain est prêt à servir.

Si l'on emploie du carbonate de soude, on ne
fera d'abord intervenir que de petites quantités
de ce sel alcalin, et en second lieu, le bain ne
devra jamais être préparé trop longtemps avant
d'en faire usage. Les substances très alcalines
transforment, en effet, rapidement les persels
d'or en proto-sels ; à ce moment, le bain de virage se trouve dans de bonnes conditions, mais
avec le temps, le nouveau sel d'or, sous l'influence de la substance alcaline, prend une stabilité trop grande pour pouvoir être décomposé par l'argent, le bain refuse alors de virer.
Il est donc important que les virages alcalins ne
soient préparés que peu de temps à l'avance, et
si cela était possible, avec la quantité théorique de substance alcaline seulement nécessaire.

Les formules de virage sont excesivement
nombreuses, je me contenterai d'en donner
quelques-unes à titre d'exemple; une des plus

anciennes et des plus économiques est le virage.
à la craie de MM. Davanne et Girard :

Eau distillée...... , ............ ... 2 litres.
Chlorure d'or et de potassium.. 1 gramme.
Craie en poudre........... ....... 5 grammes.

Ce virage est bon à utiliser sept à huit heures
après sa préparation, et il se conserve indéfiniment en cet état, du moins tant qu'il n'a pas
servi. Le carbonate de chaux amène le sel
d'or à l'état parfaitement neutre, mais ne peut
rendre le bain alcalin, l'action du bain n'est
donc pas entravée au bout de quelques heures.

Quand il a déjà servi, il s'est nécessairement
appauvri en or, une autre quantité de ce métal continue à se déposer dans le flacon dans
lequel on le conserve, soit par suite de la
réduction qui s'opère au contact des matières
organiques entrées en dissolution, soit parce
qu'il continue aussi à s'appauvrir en présence
de la craie, mais il retient néanmoins une
quantité d'or assez importante, pour qu'il y
ait intérêt à le ramener à son état primitif,
en l'additionnant d'une nouvelle quantité de sel
d'or sensiblement égale à celle qu'il a perdue.

On peut estimer cette quantité comprise entre
4 et 5 centigrammes de métal par feuille entière
de papier. Malgré cette économie réelle qu'il y
a à remonter les anciens bains d'or, je conseil-

lerai plutôt **aux** amateurs, qui ne virent qu'à d'assez longs intervalles, d'user chaque fois d'un bain neuf, que ce soit de celui à la craie, ou de tout autre dont ils fassent usage; les résultats obtenus seront plus constants et, en fin de compte, cette manière d'agir sera tout aussi économique pour eux, s'ils ont le soin de préparer leurs bains un peu plus faibles, en faisant entrer dans la formule précédente, 3 litres d'eau au lieu de 2 litres, de façon à les épuiser, ou à peu près, à chaque opération, et de plus, ils ne s'exposeront pas à se trouver en face d'un bain qui ne veut plus marcher, qui se couvre de moisissures et dont l'or se précipite totalement.

Virage de l'acétate de soude (l'abbé Laborde) :

```
Eau distillée.................  2 litres.
Acétate de soude fondu.......  30 grammes.
Chlorure d'or et de potassium   1 gramme.
```

Le bain à l'acétate de soude préparé depuis quelques temps agit avec moins de rapidité que lorsqu'il est préparé depuis sept à huit heures seulement, mais il donne encore de bons résultats.

Je donnerai encore la formule d'un virage au borax, parce qu'il exige un mode opératoire un peu différent :

### SOLUTION Nº 1.

Eau...................... 1,000 grammes.
Borax....  ...............    20    —
Bicarbonate de soude.....     5    —

### SOLUTION Nº 2.

Eau......................  500 grammes.
Chlorure d'or............    1 gramme.

Pour virer, on mélange :

Solution nº 1.................. 100 parties.
Solution nº 2..................  12    —

et cela au moment de procéder à l'opération ; le
liquide est porté à une température de 40 à
45°, en plaçant la cuvette sur un réchaud quelconque, on maintient cette même température
tout le temps que dure l'opération. Quand l'action du virage se ralentit, ajoutez au bain une
nouvelle quantité de la solution nº 2 pour le ramener à sa force première.

L'un quelconque de ces bains étant prêt,
avant d'y plonger les épreuves, il faut les débarrasser de l'excès de nitrate d'argent qu'elles
renferment, et saturer leur acidité, si on a em-

ployé des papiers sensibles préparés sur des bains acides ; sans ces précautions, l'excès de sel d'argent précipiterait immédiatement le sel d'or, et le virage ne pourrait s'opérer, de l'autre côté, toute réaction acide s'opposant au virage, si on ne neutralisait pas les papiers, les épreuves resteraient toujours rougeâtres et ne se modifieraient qu'avec peine.

Les épreuves à virer sont donc soumises à des lavages répétés tant que l'eau devient laiteuse, par suite de la formation de chlorure d'argent, on a même soin de les laisser séjourner après cela dans une dernière eau, où les dernières traces de nitrate, qui ne sont pas assez importantes pour donner lieu à du trouble se dissolvent. En ajoutant dans la première cuvette une petite quantité d'une solution concentrée de bicarbonate de soude, en même temps qu'on opère le premier lavage on sature également l'acidité des papiers ; il est évident que si on ne se sert que de papiers sensibilisés sur bains neutres ou alcalins, l'addition de bicarbonate de soude est inutile.

On constate que les épreuves ont pris après leur lavage complet une teinte rouge brique assez prononcée, si cette teinte ne s'était pas produite, plusieurs praticiens conseillent de la développer en passant les épreuves dans une légère solution de chlorure de sodium ; on les lave encore une fois, et enfin on procède au virage.

Le bain ne doit pas être trop froid, pour que l'action soit rapide et régulière ; aussi durant l'hiver fera-t on bien de réchauffer la cuvette en porcelaine (spécialement et uniquement affectée au virage), en la remplissant d'eau bouillante que l'on rejette pour y verser le volume de bain d'or nécessaire. Les épreuves sont maintenues en agitation pour renouveler le liquide qui les baigne, sans cela les parties comprises entre les épreuves s'épuisent très vite, et la coloration devient inégale. A mesure qu'elles atteignent la coloration désirée, car certaines épreuves virent beaucoup plus vite que d'autres, on les place dans une cuvette remplie d'eau où leur ton continue encore à se foncer, ce dont on doit tenir compte; quand la dernière est retirée du virage, on renouvelle encore l'eau de la cuvette, on les y laisse séjourner quelques minutes et on procède au fixage.

Le virage des épreuves au collodio-chlorure s'opère un peu différemment ; d'abord, au lieu de forcer légèrement la tonalité des épreuves comme on le fait avec le papier albuminé, on laisse, au contraire les tons des positives sur collodio-chlorure un peu rougeâtre, car il se fonce dans le bain d'hyposulfite; en second lieu, le bain de virage doit présenter une réaction légèrement acide, tandis que celui qui est destiné aux épreuves sur papier albuminé doit être neutre ou alcalin. Ces bains de virage sont ordinairement composés avec les sulfocyanures alcalins. Parmi les diverses formules nous pouvons choisir la suivante qui donne de bons résultats :

SOLUTION N° 1.

| | |
|---|---|
| Sulfocyanure d'ammonium... | 20 grammes. |
| Eau........................ | 100 — . |

SOLUTION N° 2.

| | |
|---|---|
| Chlorure d'or.............. | 1 gramme. |
| Eau........................ | 750 grammes. |

Au moment de virer on mélange :

| | |
|---|---|
| Eau........................ | 3 parties. |
| Solution 1................. | 1 partie. |
| Solution 2................. | 3 parties. |
| Acide sulfurique........... | 1 goutte. |

Les composants doivent être mélangés dans l'ordre où ils sont écrits. On lave d'abord les épreuves dans de l'eau froide, puis au moyen d'eau tiède trois ou quatre fois renouvelée, on procède ensuite au virage. Les épreuves doivent séjourner dans le bain jusqu'à ce que les grandes lumières aient pris une teinte rougeâtre. On lave les épreuves avant de les fixer dans une solution d'hyposulfite à 20 0/0, où on les laisse séjourner jusqu'à ce que la teinte rougeâtre ait disparu dans les grandes lumières.

A l'article collodio-chlorure, j'ai donné une autre formule de bain de virage que l'on peut appliquer aux surfaces recouvertes de cette émulsion et qui permet de varier le ton dans de larges mesures.

Les épreuves sur gélatino-chlorure demandent en général des bains d'or très peu concentrés dont la composition varie suivant la nature de l'émulsion employée ; les émulsions avec excès de nitrate d'argent, qui servent donc aux impressions directes, peuvent être, après plusieurs lavages, soumises aux bains de virage qui conviennent au papier albuminé, mais il ne faut pas les chauffer au point de dissoudre la gélatine : les épreuves sur gélatino-chlorure, obtenues par développement, sont parfaitement lavées après cette opération pour les débarrasser de toute trace de révélateur qui décomposerait le bain d'or, puis on les soumet au bain de virage. La formule suivante donne d'excellents résultats :

SOLUTION N° 1.

Eau distillée................ 600 grammes.  
Acétate de soude............ 7 —  
Chlorure de chaux.......... $0^{gr},3$

SOLUTION Nº 2.

Eau distillée................. 1.000 grammes.
Chlorure d'or ............... 1 gramme.

Au moment de virer, on mélange :

Solution nº 1.............. 100 cent. cubes.
Solution nº 2.............. 10     —

Les épreuves plongées dans ce bain perdent leur teinte rosée pour prendre successivement un ton rouge, qui se modifie bientôt en devenant brun et violet. Les épreuves peuvent être examinées à une légère lumière diffuse pour mieux apprécier leur coloration. Si on les retire lorsqu'elles ont acquis le ton brun, une fois terminées elles posséderont un ton sépia ; le ton violet leur donnera le ton noir de gravure. Il est préférable de ne virer ces épreuves que légèrement, car l'hyposulfite modifie leur tonalité et permet de compenser un manque de virage, et cela en les laissant séjourner un temps plus ou moins long dans le bain fixateur. Dans le virage, la surface des épreuves a un aspect bleuâtre terne, qui ne prendra son brillant que dans l'hyposulfite ; on n'a donc pas à s'en inquiéter.

Après le virage, les épreuves sont rapidement lavées à quatre ou cinq eaux, puis mises au fixage dans un bain d'hyposulfite de soude à 15 0/0 ; elles perdent aussitôt leur coloration brune pour devenir jaunâtres ou havane clair, mais peu à peu cette teinte se modifie et remonte vers le ton rouge brique ou brunâtre. On les retire quand elles sont encore beaucoup plus rouges que la teinte qu'on désire leur voir conserver, car elles foncent énormément en séchant, puis on les soumet à un lavage prolongé.

A l'article hyposulfite de soude, j'ai donné une autre formule de virage pour ces sortes d'épreuves qui sert en même temps de bain fixateur ; j'ai fait remarquer à cette occasion que cette manière d'agir ne me semblait pas absolument recommandable, en raison de l'action sulfurante des solutions renfermant des sulfocyanures, de l'hyposulfite de soude et du chlorure d'or ; il est donc plus certain, au point de vue de la durabilité des épreuves, de faire les deux opérations séparément, en ayant, de plus, le soin de bien laver les épreuves sorties du virage avant de les plonger dans l'hyposulfite de soude.

**Virage aux sels de platine.** — A l'article *Chlorure de platine*, j'ai fait connaître le bain de virage au chlorure acide de M. de Caranza, en faisant remarquer que l'usage d'un tel bain rongeait si énergiquement les épreuves, qu'il était nécessaire de pousser très loin leur impression pour les voir conserver finalement une intensité suffisante, en même temps je disais qu'il serait préférable d'avoir recours aux sels de platine au minimum. Durant l'impression de cet ouvrage, M. P. Mercier a mis dans le commerce un virage aux sels de platine qui peut avantageusement remplacer ceux aux sels d'or, il a ensuite communiqué à l'Académie des sciences la méthode générale de virage des épreuves aux sels d'argent, aux sels de platine et aux métaux du groupe du platine. C'est cette note de M. Mercier que je vais analyser dans les lignes suivantes.

Cet auteur fait d'abord remarquer que lorsqu'on soumet aux solutions de platine au maximum une image aux sels d'argent, l'image est rongée et disparaît sans qu'un dépôt de platine vienne la remplacer;

$$2\,Ag + Pt\,Cl^4 = 2\,AgCl + PtCl^2,$$

tandis que si l'on se sert d'une dissolution de platine au minimum, additionnée d'un acide organique ou minéral, destiné à diminuer la stabilité du sel platineux en présence de l'argent, il y a réellement substitution, c'est-à-dire que dans l'épreuve une partie de l'argent est remplacée par du platine, dans les proportions de 1 atome de platine pour 2 atomes d'argent qui entrent en dissolution.

$$2\,Ag + PtCl^2 = 2\,AgCl^2 + Pt.$$

La même réaction se produit avec les dissolutions acides des sels au minimum des autres métaux du groupe du platine, tels que le palladium, l'iridium, l'osmium.

Pour préparer le bain de virage au platine, on peut se servir d'un chloroplatinite tout formé, ou réduire au minimum le tétrachlorure de platine du commerce en le faisant bouillir avec une solution faible de tartrate de soude (renfermant 1 gramme de tartrate de soude pour 4 grammes de tétarchlorure de platine à réduire au minimum) jusqu'à ce que la liqueur, primitivement jaune, ait pris une teinte gris terne ; on complète ensuite le volume de 1 litre avec de l'eau distillée, et on acidule le bain au moyen de 5 grammes d'acide sulfurique pur. Les acides organiques réducteurs, tels que l'acide tartrique, oxalique ou formique, ne permettent pas au virage de se conserver longtemps surtout à la lumière.

Si on se sert d'un chloroplatinite, la préparation du virage est encore plus simple, puis-

qu'il ne s'agit plus que de faire une dissolution
des produits aux doses suivantes :

Chloroplatinite de potassium.        1 gramme.
Eau distillée ................        1,000 grammes.
Acide sulfurique pur ........        5        —

Ces dissolutions donnent rapidement aux
images sur papier albuminé tous les tons
pourpres des virages à l'or et en plus le ton
noir, si on pousse plus loin le virage.

Les virages aux sels des autres métaux du
groupe du platine, n'ont pas une importance
aussi grande, car le prix de ces sels est trop
élevé pour que l'on songe à en faire usage, et
d'ailleurs les teintes que l'on obtient ne sauraient être comparées à ceux que communique
le platine.

Je terminerai cet ouvrage en reproduisant
quelques tables destinées à évaluer au moyen
des aéromètres, la richesse des liqueurs acides
et des principales solutions salines usitées en
photographie.

TABLEAUX :

Densité à + 15° des solutions d'acide sulfurique donnant
leur richesse en acide sulfurique-mono-hydraté SO⁴H:

| DENSITÉS | SO⁴HO/00 | DENSITÉS | SO⁴H 0/00 |
|---|---|---|---|
| 1.8426 | 100 | 1.480 | 58 |
| 1.842 | 99 | 1.469 | 57 |
| 1.8406 | 98 | 1.4586 | 56 |
| 1.840 | 97 | 1.448 | 55 |
| 1.8384 | 96 | 1.438 | 54 |
| 1.8376 | 95 | 1.428 | 53 |
| 1.8356 | 94 | 1.418 | 52 |
| 1.834 | 93 | 1.408 | 51 |
| 1.831 | 92 | 1.398 | 50 |
| 1.827 | 91 | 1.3886 | 49 |
| 1.822 | 90 | 1.379 | 48 |
| 1.816 | 89 | 1.370 | 47 |
| 1.809 | 88 | 1.361 | 46 |
| 1.802 | 87 | 1.351 | 45 |
| 1.794 | 86 | 1.342 | 44 |
| 1.786 | 85 | 1.333 | 43 |
| 1.777 | 84 | 1.324 | 42 |
| 1.767 | 83 | 1.315 | 41 |
| 1.756 | 82 | 1.306 | 40 |
| 1.745 | 81 | 1.2976 | 39 |
| 1.734 | 80 | 1.289 | 38 |
| 1.722 | 79 | 1.281 | 37 |
| 1.710 | 78 | 1.272 | 36 |
| 1.698 | 77 | 1.264 | 35 |
| 1.686 | 76 | 1.256 | 34 |
| 1.675 | 75 | 1.2476 | 33 |
| 1.663 | 74 | 1.239 | 32 |
| 1.665 | 73 | 1.231 | 31 |
| 1.639 | 72 | 1.223 | 30 |
| 1.627 | 71 | 1.215 | 29 |
| 1.615 | 70 | 1.2066 | 28 |
| 1.604 | 69 | 1.193 | 27 |
| 1.592 | 68 | 1.190 | 26 |
| 1.580 | 67 | 1.182 | 25 |
| 1.568 | 66 | 1.174 | 24 |
| 1.557 | 65 | 1.167 | 23 |
| 1.545 | 64 | 1.159 | 22 |
| 1.534 | 63 | 1.1516 | 21 |
| 1.523 | 62 | 1.144 | 20 |
| 1.512 | 61 | 1.136 | 19 |
| 1.501 | 60 | 1.129 | 18 |
| 1.490 | 59 | 1.121 | 17 |

### Densité à + 15° des solutions d'acide chlorhydrique donnant leur richesse en gaz chlorhydrique.

| DENSITÉ | Hcl pour 0/0 | DENSITÉ | Hcl pour 0/0 |
|---|---|---|---|
| 1.200 | 40.777 | 1.0899 | 18.349 |
| 1.1964 | 39.961 | 1.0813 | 16.718 |
| 1.875 | 37.923 | 1.0738 | 15.087 |
| 1.1782 | 35.884 | 1.0657 | 13.155 |
| 1.1681 | 33.845 | 1.0577 | 11.824 |
| 1.1599 | 32.213 | 1.0497 | 10.194 |
| 1.1494 | 30.174 | 1.0417 | 8.563 |
| 1.1410 | 28.544 | 1.0337 | 6.632 |
| 1.1308 | 26.505 | 1.0279 | 5.709 |
| 1.1226 | 24.874 | 1.0200 | 4.078 |
| 1.1143 | 23.242 | 1.0120 | 2.447 |
| 1.1031 | 21.611 | 1.0060 | 1.224 |
| 1.0980 | 19.980 | | |

### Densité à + 15° des solutions d'acide azotique donnant leur richesse en acide azotique monohydraté.

| DENSITÉS | ACIDE Azo⁵Ho pour 0/0 | DENSITÉ | ACIDE Azo⁵Ho pour 0/0 |
|---|---|---|---|
| 1.530 | 99.84 | 1.372 | 59.59 |
| 1.529 | 99.52 | 1.353 | 56.10 |
| 1.514 | 95.27 | 1.331 | 52.33 |
| 1.506 | 93.01 | 1.323 | 50.09 |
| 1.494 | 89.56 | 1.293 | 47.18 |
| 1.486 | 87.45 | 1.274 | 43.53 |
| 1.482 | 86.17 | 1.237 | 37.95 |
| 1.463 | 80.96 | 1.211 | 33.86 |
| 1.438 | 74.01 | 1.172 | 28.00 |
| 1.432 | 72.39 | 1.157 | 25.71 |
| 1.429 | 71.24 | 1.105 | 17.47 |
| 1.419 | 69.20 | 1.067 | 11.41 |
| 1.400 | 66.07 | 1.045 | 7.72 |
| 1.381 | 61.21 | | |

Densité à + 15° des solutions d'acide acétique
donnant leur richesse en acide acétique cristallisable.

| DENSITÉS | ACIDE ACÉTIQUE cristallisable pour 0/0 | DENSITÉS | ACIDE ACÉTIQUE cristallisable pour 0/0 |
|---|---|---|---|
| 1.0350......... | 25 | 1.0679......... | 59 |
| 1.0363......... | 26 | 1.0691......... | 61 |
| 1.0375......... | 27 | 1.0702......... | 63 |
| 1.0388......... | 28 | 1.0712......... | 65 |
| 1.0400......... | 29 | 1.0721......... | 67 |
| 1.0412......... | 30 | 1.0729......... | 69 |
| 1.0424......... | 31 | 1.0733......... | 70 |
| 1.0436......... | 32 | 1.0740......... | 72 |
| 1.0447......... | 33 | 1.0741......... | 74 |
| 1.0459......... | 34 | 1.0747......... | 76 |
| 1.0470......... | 35 | 1.0748......... | 77 |
| 1.0481......... | 36 | 1.0748......... | 78 |
| 1.0492......... | 37 | 1.0748......... | 79 |
| 1.0502......... | 38 | 1.0748......... | 80 |
| 1.0513......... | 39 | 1.0747......... | 81 |
| 1.0523......... | 40 | 1.0744......... | 83 |
| 1.0533......... | 41 | 1.0742......... | 85 |
| 1.0543......... | 42 | 1.0736......... | 86 |
| 1.0552......... | 43 | 1.0726......... | 88 |
| 1.0562......... | 44 | 1.0713......... | 90 |
| 1.0571......... | 45 | 1.0695......... | 92 |
| 1.0589......... | 47 | 1.0674......... | 94 |
| 1.0307......... | 49 | 1.0644......... | 93 |
| 1.0623......... | 51 | 1.C625......... | 97 |
| 1.063......... | 53 | 1.0604......... | 98 |
| 1.0653......... | 55 | 1.0580......... | 99 |
| 1.0366......... | 57 | 0.0553......... | 100 |

Quantités correspondantes de divers bromures
employés en photographie.

| BROMURE D'AMMONIUM | BROMURE DE POTASSIUM | BROMURE DE SODIUM | BROMURE DE ZINC |
|---|---|---|---|
| 1. | 1.214 | 1.055 | 1.147 |
| 0.823 | 1. | 0.865 | 0.945 |
| 0.952 | 1.156 | 1. | 1.092 |
| 0.871 | 1.058 | 0.915 | 1. |

Quantité d'hyposulfite de soude dissous dans l'eau d'après le degré aréométrique Baumé que marquent ces solutions.

| DEGRÈS DE L'ARÉOMÈTRE | QUANTITÉ D'HYPOSULFITE de soude par litre | DEGRÈS DE L'ARÉOMÈTRE | QUANTITÉ D'HYPOSULFITE de soude par litre |
|---|---|---|---|
| 1 | 19.4 | 19 | 369.4 |
| 2 | 38.8 | 20 | 388.9 |
| 3 | 58.3 | 21 | 408.3 |
| 4 | 77.7 | 22 | 427.8 |
| 5 | 97.2 | 23 | 447.2 |
| 6 | 116.6 | 24 | 466.7 |
| 7 | 136.1 | 25 | 486.1 |
| 8 | 155.5 | 26 | 505.6 |
| 9 | 175.0 | 27 | 525.0 |
| 10 | 194.4 | 28 | 544.5 |
| 11 | 213.9 | 29 | 563.9 |
| 12 | 233.3 | 30 | 583.4 |
| 13 | 252.8 | 31 | 602.8 |
| 14 | 272.2 | 32 | 621.3 |
| 15 | 291.7 | 33 | 641.7 |
| 16 | 311.1 | 34 | 661.2 |
| 17 | 330.6 | 35 | 680.6 |
| 18 | 350.0 | 36 | 700.0 |

Quantités correspondantes de divers composés d'argent employés en photographie.

| ARGENT | NITRATE | CHLORURE | BROMURE | IODURE |
|---|---|---|---|---|
| 1. | 1.574 | 1.328 | 1.741 | 2.176 |
| 0.6353 | 1. | 0.844 | 1.106 | 1.382 |
| 0.7723 | 1.184 | 1. | 1.310 | 1.638 |
| 0.5744 | 0.904 | 0.763 | 1. | 1.250 |
| 0.4595 | 0.723 | 0.610 | 0.800 | 1. |

## Quantités correspondantes de divers sels d'or employées en photographie.

| OR | CHLORURE | CHLORURE D'OR ET POTASSIUM | CHLORURE D'OR ET DE SODIUM |
|---|---|---|---|
| 1. | 1.542 | 2.1018 | 2.0220 |
| 0.6485 | 1. | 4.3645 | 1.3110 |
| 0.4751 | 0.7326 | 1. | 0.9611 |
| 0.4943 | 0.7623 | 1.0405 | 1. |

## Quantités correspondantes de divers iodures employés en photographie.

| IODURE D'AMMONIUM | IODURE DE POTASSIUM | IODURE DE SODIUM | IODURE DE CADMIUM | IODURE DE ZINC |
|---|---|---|---|---|
| 1. | 1.145 | 1.035 | 1.262 | 1.099 |
| 0.874 | 1. | 0.903 | 1.102 | 0.960 |
| 0.967 | 1.107 | 1. | 1.220 | 0.630 |
| 0.793 | 0.907 | 0.820 | 1. | 0.871 |
| 0.910 | 1.042 | 0.941 | 1.148 | 1. |

Tableau des degrés Baumé que doivent marquer les solutions salines bouillantes pour fournir de beaux cristaux par le refroidissement.

| SOLUTION | Baumé | SOLUTION | Baumé |
|---|---|---|---|
| Acétate de sodium ....... | 22° | Carbonate de soude...... | 28° |
| Acide oxalique............ | 12° | Hyposulfite de soude..... | 21° |
| Alun ammoniacal... ...... | 20° | Iodure de potassium..... | 60° |
| Alun de potasse.. ......... | 20° | Oxalate de potasse (neutre) | 30° |
| Bromure d'ammonium..... | 30° | Sulfate ferreux........... | 32° |
| Bromure de potassium.... | 40° | Sulfate de fer ammoniacal. | 30° |
| Bromure de sodium....... | 55° | Sulfite de soude.. ....... | 25° |

# APPENDICE

Durant l'impression de cet ouvrage, quelques nouvelles substances ont été appliquées aux opérations photographiques ; parmi ces produits, quelques-uns ont déjà acquis une importance assez grande pour que je n'hésite pas à ajouter leur étude à ces *Leçons de chimie photographique*.

**Bisulfite de soude.** $NaO,S^2O^4$. — *Préparation*. — Ce sel se prépare en faisant passer jusqu'à refus et sans refroidir les flacons, un courant d'acide sulfureux gazeux dans une solution de une partie de carbonate de soude dans deux parties d'eau. Par le refroidissement de la liqueur, dont la température s'était notablement élevée durant le traitement, il se forme des cristaux de bisulfite de soude, les eaux-mères, évaporées à l'abri du contact de l'air, fournissent une nouvelle quantité de bisulfite.

*Propriétés*. — Ce sel possède une saveur

sulfureuse piquante très désagréable ; on l'emploie dans l'industrie à divers usages, notamment comme agent décolorant dans la fabrication du papiér et les opérations du blanchiment, ou bien on met à profit la propriété qu'il possède d'entraver, même à très faibles doses, les fermentations et les altérations des produits organiques.

*Usages.* — Dans ces derniers temps, on a proposé d'ajouter une certaine quantité de bisulfite de soude aux bains d'hyposulfite de soude destinés au fixage des négatifs ; la formule suivante en est un exemple :

```
Eau...................... 1,000 grammes.
Hyposulfite de soude ....   200    —
Bisulfite de soude .......    50    —
```

Si on ne possédait que du sulfite neutre de soude (servant à la préparation des bains révélateurs), on pourrait néanmoins l'utiliser pour composer un bain de fixage possédant des propriétés semblables au précédent, en transformant ce sel en bisulfite, au moyen de la quantité théorique d'acide sulfurique.

Durant ce traitement, il se formerait bien du sulfate de soude, mais ce sel, inerte dans le cas dont il s'agit, ne porterait aucun obstacle. Dans ce dernier cas, on modifierait la préparation du bain de fixage de la manière suivante :

Dans les 1,000 grammes d'eau, on ferait d'abord dissoudre 50 grammes de sulfite neutre de soude et on ajouterait peu à peu 11 grammes d'acide sulfurique du commerce; dans cette première solution, on ajouterait en dernier lieu 200 grammes d'hyposulfite de soude.

Les négatifs fixés dans l'une de ces deux solutions mixtes de bisulfite et d'hyposulfite de soude, perdent toute coloration jaunâtre qui leur aurait été communiquée par les bains de de développement; on les sort parfaitement clairs et brillants; d'un autre côté, la couleur de l'argent réduit se modifie et devient très favorable à la rapidité du tirage.

**Iconogène** ou **Eikonogène.** — Ce produit, découvert dans le courant de l'année 1889, par le D$^r$ Andressen, de Berlin, se présente, lorsqu'il est pur, sous forme de cristaux bien définis, à peine jaunâtres, qui prennent une couleur plus accentuée à la lumière.

L'iconogène est un sel acide de soude de l'amido-napthol B monosulfonique.

$$C^{10}H^5.\begin{cases} So^3Na. \\ Ho. \\ AzH^2. \end{cases}$$

Il est relativement peu soluble dans l'eau et dans les solutions de sulfite de soude, puisque,

à la température ordinaire, on n'arrive à leur
en faire dissoudre que 1.6 à 1.7 0/0.

L'ammoniaque et les substances alcalines
l'altèrent rapidement en lui faisant acquérir
une couleur brune.

L'acide nitrique agit énergiquement sur l'iconogène en produisant une belle matière colorante jaune, virant au rouge avec l'eau.

L'iconogène est un puissant réducteur des
sels d'argent, plus énergique que l'hydroquinon
et l'acide pyrogallique, disent les uns, moins
énergique, disent les autres.

Si, sur cette question, les avis sont contradic-
toires, on est unanime à reconnaître qu'il fait
apparaître l'image beaucoup plus rapidement
que l'hydroquinon et qu'elle est aussi complète
que possible dès le début, la suite du développement n'ayant alors pour but que de donner
l'intensité nécessaire que doit posséder un bon
cliché ; il faut même ne pas craindre de pousser
cette intensité à un degré assez prononcé, car
la transparence de l'argent réduit est, avec ce
révélateur, beaucoup plus accentuée qu'elle ne
paraît à l'œil, et si on n'avait pas soin de pousser le développement plus qu'on ne le fait, par
exemple avec l'acide pyrogallique, on s'exposerait à avoir des images plates et sans relief.

Pour conclure, on reconnaît généralement à
l'iconogène, employé comme révélateur, les

qualités et les défauts que j'énumère dans les propositions suivantes :

1° La durée du développement est notablement abrégée, et même en traitant des glaces ayant reçu une pose très courte, l'image se dessine dès le début avec tout le modelé possible, qu'on ne fait pour ainsi dire que renforcer en prolongeant le développement;

2° Comme le bain révélateur ne brunit pas sensiblement, en restant un temps relativement long exposé à l'air, on n'a pas à craindre de le voir communiquer une coloration quelconque à la gélatine qui puisse nuire à la transparence du cliché, lequel reste au contraire parfaitement clair et sans voile; il s'en suit encore que les doigts de l'opérateur ne sont pas tachés, ce qui, on le sait, a une certaine importance pour un grand nombre d'amateurs;

3° La couleur de l'argent réduit, n'étant pas modifiée par des colorations accidentelles de la gélatine, ainsi que cela se produit avec l'acide pyrogallique ou les bains vieux et déjà colorés d'hydroquinon, se présente avec un ton noir bleuâtre très favorable à la rapidité du tirage, rappelant en cela les clichés développés à l'oxalate de fer, mais dans lesquels la finesse est plus grande;

4° Le même bain peut servir à développer successivement plusieurs clichés sans que ceux-ci présentent entre eux de différence appréciable;

5° On reproche par contre à l'iconogène de fournir souvent des images plates et sans vigueur ; aussi, dès le début, plusieurs opérateurs ont-ils cherché à l'associer aux autres révélateurs pour éviter ce défaut.

Je reviendrai sur cette question après avoir donné les formules généralement adoptées pour composer les révélateurs à base d'iconogène.

Parmi ces diverses formules, voici celles qui, étant adoptées par le plus grand nombre, semblent donner les meilleurs résultats.

(A) Sulfite neutre de soude .... 20 grammes.
    Eau distillée.............. 300 —
    Iconogène ............. ... 5 —
(B) Eau distillée............. 100 —
    Carbonate de soude........ 11 —

Pour préparer la solution A, faites chauffer les 300 grammes d'eau et ajoutez en premier lieu le sulfite de soude, dès qu'il est dissous, on ajoute les 5 grammes d'iconogène assez finement pulvérisé ; on facilite la dissolution au moyen d'une baguette de verre et on verse le liquide dans un flacon que l'on bouche exactement.

Pour l'usage, mélanger 3 parties de A et 1 partie de B ; cependant il me semble préférable d'opérer de la manière suivante :

Dans la cuvette, on verse, pour une glace 13 $\times$ 18 par exemple, 60 centimètres cubes de

la solution A, la glace est mise en contact avec
ce liquide dont on la laisse s'imprégner une minute environ, on ajoute ensuite la solution B
par fractions, 5 à 6 centimètres cubes, jusqu'à
ce que l'image se complète. On conserve, en
agissant ainsi, une certaine élasticité au révélateur, on gradue son énergie suivant la durée
de l'exposition ; à ce premier avantage il s'en
ajoute un second, car, bien qu'un même bain à
l'iconogène puisse développer un nombre de
plaques assez grand, sans qu'il y ait à constater
un affaiblissement notable dans ses propriétés
révélatrices, on a la ressource, en n'ajoutant
tout d'abord qu'une partie de la solution alcaline, de le remonter par la suite, en ajoutant de
nouvelles quantités de carbonate de soude, jusqu'à ce que l'on ait finalement employé la dose
normale de 20 centimètres cubes.

Si on constate que le cliché, par suite de
surexposition, sera gris et sans contrastes, quelques gouttes de bromure de potassium à 10 0/0
auront pour effet, en vertu de leur action retardatrice, de donner le relief nécessaire.

Il me semble que la méthode la plus rationnelle
d'employer l'iconogène consiste à conduire le
développement, ainsi que je viens de le dire, à
agir, en un mot, avec le nouveau produit, à peu
près comme on agit avec l'acide pyrogallique
ou, si l'on veut, de composer le révélateur d'a-

près l'impression reçue, ce qui est possible, et non de se servir d'un révélateur toujours identique et qu'il faut appliquer, tel quel, à des surfaces qui se trouvent généralement dans des conditions d'impression très différentes. L'iconogène, pas plus que l'hydroquinon, ne peuvent servir à composer un révélateur automatique, convenant également bien aux glaces surexposées et à celles qui n'ont reçu qu'une pose insuffisante; pour retirer de ces glaces le meilleur parti possible, il faut toujours que, par le raisonnement, on vienne modifier l'énergie du révélateur et la proportionner à l'impression lumineuse.

Ceci m'amène à dire qu'il serait alors presque nécessaire de composer un révélateur neuf pour chaque glace, je suis, comme M. Audra, assez de cet avis, car, d'une part, le prix de l'iconogène et les doses que l'on emploie ne s'opposent pas à ce léger sacrifice, qui permet, d'autre part, de faire acquérir à chaque cliché le plus de qualités possibles. Tout au plus, pour un travail courant, ou lorsqu'on sait d'avance que toutes les glaces se trouvent dans les mêmes conditions de pose, peut-on successivement les soumettre au même bain en le modifiant légèrement, s'il y a lieu, par des additions successives de carbonate de soude ou de bromure de potassium.

Ce qui précède, me fait rejeter à *priori* toutes les formules de révélateurs complets à l'iconogène, tels qu'on les obtient en mélangeant immédiatement toute la quantité de la solution A à la totalité de la solution B. Ces révélateurs présentent le premier inconvénient de n'en pouvoir pas graduer l'énergie et un second, commun à tous les révélateurs complets sans exception, qui réside en ce qu'ils sont moins actifs à mesure qu'ils vieillissent, de telle sorte que l'on ne sait jamais au juste de quelle activité est doué le réactif que l'on va employer.

Pour des instantanées très rapides, on recommande de remplacer le carbonate de soude par de la potasse caustique, en préparant le révélateur de la manière suivante : On fait une première solution de

> Potasse caustique . . . . . . . . . . .   5 grammes.
> Sulfite de soude. . . . . . . . . . . . .   10      —
> Eau distillée bouillante . . . . . .   150      —

à laquelle on ajoute :

> Iconogène . . . . . . . . . . . . . . . . . .   5      —

On laisse refroidir et on conserve dans un flacon exactement bouché. Cette solution constitue, en effet, un réducteur très énergique, qui permet d'obtenir une image complète dans le même temps qu'elle serait à peine venue avec tout autre révélateur ; mais je m'empresse d'ajouter qu'elle serait venue tout aussi bien avec le révé

lateur ordinaire, à la seul condition d'y consacrer un peu plus de temps.

Si on considère que ce bain, dans lequel un
alcali caustique figure en proportions assez
fortes, peut compromettre, en été surtout, l'adhérence de la gélatine, on doit se demander s'il
est absolument recommandable et s'il n'est pas
plus prudent de s'en tenir à la formule ordinaire, qui paraît bien suffisante à la plupart des
opérateurs; pour ma part, bien qu'opérant en
hiver et avec un obturateur très rapide, je l'ai
toujours trouvé susceptible de répondre à tous
les besoins. J'ajoute enfin que les bains dans
lesquels figure de la potasse ou de la soude
caustiques, se colorent assez rapidement.

L'iconogène, ai-je dit au début, peut produire et produit souvent des clichés que l'on
trouve trop plats, spécialement lorsqu'il s'agit
de paysages; on a cherché à éviter ce défaut de
plusieurs manières : les uns conseillent de faire
apparaître les grandes lumières et de leur donner une certaine intensité en se servant d'un
révélateur vieux et, par conséquent, déjà chargé
de bromure de sodium, et de finir le cliché dans
un révélateur neuf. A cette première méthode,
plusieurs opérateurs préfèrent celle qui consiste
à associer l'iconogène et un autre réducteur
pour composer le bain de développement et à se
servir ainsi de révélateurs mixtes à l'iconogène

et à l'acide pyrogallique ou à l'hydroquinon. M. Corrompt, dans *l'Amateur photographe*, nous fait connaître la formule d'un révélateur mixte à l'iconogène et à l'acide pyrogallique, avec lequel il a obtenu d'excellents résultats, soit comme énergie, soit comme intensité. De mon côté, je cherche à associer l'hydroquinon et l'iconogène dans les proportions les plus convenables pour que les clichés conservent toute l'harmonie nécessaire et en tâchant, au moyen de *correctifs* appropriés, d'éviter l'action des composants les uns sur les autres. Les résultats déjà obtenus, me permettent d'avancer que, par ce moyen, on peut espérer trouver un révélateur possédant toutes les qualités désirables.

On pourrait encore chercher à augmenter la solubilité de l'iconogène dans le révélateur, au moyen d'un réactif inerte, ce qui permettrait, en augmentant la dose du produit, de donner à l'image la vigueur jugée nécessaire, on remplacerait par ce moyen l'addition des réducteurs plus solubles que l'on fait ainsi concourir à ce même but.

Après le développement complet, les glaces sont lavées à plusieurs eaux, soumises à un bain d'alun, s'il y a tendance aux soulèvements, et enfin fixées et lavées.

---

Paris — Soc. d'Imp. PAUL DUPONT (Cl.) 258.6.90

# L'AMATEUR PHOTOGRAPHE

## REVUE ILLUSTRÉE

### DE LA

# PHOTOGRAPHIE

## Dans le Monde Entier

*Paraissant le 1er et le 15 de chaque mois.*

## ABONNEMENTS :

|                                          | France.   |   | Étranger. |   |
|------------------------------------------|-----------|---|-----------|---|
| Édition ordinaire . . . . . . . . .      | 10 fr.    | » | 12 fr.    | » |
| Édition de luxe (cont. 12 pl. hors texte). | 15      | » | 17        | » |

PRIX DU NUMÉRO : 50 Centimes

On ne s'abonne pas pour moins d'une année

## 1890 — 6me ANNÉE

# BULLETIN

## DES

# SOCIÉTÉS PHOTOGRAPHIQUES

## DE

# FRANCE

CONTENANT LE COMPTE RENDU DES PRINCIPALES SOCIÉTÉS PHOTOGRAPHIQUES
DU MONDE ENTIER

PARAISSANT TOUS LES MOIS

## ABONNEMENTS :

Paris et Départements....   3 fr.   »
Étranger..................   3 fr. 50

1890. — 2ᵉ ANNÉE

*L'Administration répond à toutes les demandes de renseignements et se met obligeamment à la disposition de ses abonnés en tout ce qui peut leur être utile.*

Mathet, L.
Leçons élémentaires de chimie
* 2 8 5 3 1